湖北省2024年度新工科新形态教材建设项目

海军重点建设教材

化学原理及应用

第二版 知识图谱版

李瑜 王轩 李红霞 主编

化学工业出版社

·北京·

内容简介

《化学原理及应用》(第二版)以化学学科的核心——化学反应为主线，围绕自然界元素如何通过化学键组成物质、物质间化学反应的基本原理、化学基本原理的应用三个核心问题设置了化学原理、化学与应用上、下两篇共6章内容。上篇化学原理包括物质结构与性质、化学反应基本规律、电化学基本原理等3章，物质结构与性质部分主要介绍原子结构、分子结构、晶体结构以及金属单质、新型碳单质和有机高分子化合物的结构与性质；化学反应基本规律部分主要从化学热力学和化学动力学两个方面阐述了化学反应的基本规律；电化学基本原理部分包括电池、电极、电解等基本原理及腐蚀防护基本原理。下篇化学与应用，主要包括化学与舰船、化学与军事、化学与电子信息材料等3章，突出化学基本原理在舰船、军事、电子信息方面的应用。本书配有知识图谱、微课视频等，读者可扫码获取。

《化学原理及应用》(第二版)可作为高等院校机械、电子、材料、地质、能源、环境、冶金、海洋等非化学化工类专业尤其是船舶与海洋工程、军事工业、电子信息材料专业的基础化学课程教材使用。也可供高等学校相关专业教师以及企事业单位科技工作者学习参考。

图书在版编目(CIP)数据

化学原理及应用 / 李瑜，王轩，李红霞主编. 2版. -- 北京 : 化学工业出版社， 2025. 8. --(海军重点建设教材)(湖北省2024年度新工科新形态教材建设项目). -- ISBN 978-7-122-48391-1

Ⅰ. O6

中国国家版本馆CIP数据核字第2025M276K7号

责任编辑：马泽林　杜进祥　　　装帧设计：刘丽华

责任校对：李露洁

出版发行：化学工业出版社

(北京市东城区青年湖南街13号　邮政编码100011)

印　　装：大厂回族自治县聚鑫印刷有限责任公司

787mm×1092mm　1/16　印张16　彩插1　字数413千字

2026年1月北京第2版第1次印刷

购书咨询：010-64518888　　　售后服务：010-64518899

网　　址：http://www.cip.com.cn

凡购买本书，如有缺损质量问题，本社销售中心负责调换。

定　　价：49.00元

前 言

《化学原理及应用》是海军重点建设教材项目的主要建设成果之一，该教材以化学学科知识体系的完整性为基础，重点突出化学基本原理与海军军事装备间的联系，将舰用化学电源、舰船平台腐蚀与防护、潜艇大气控制、舱内环境净化等海军特色军事应用融入基本原理。2015年公开出版后反响良好，曾受到教育部化学化工类教学指导委员会相关委员的高度评价，是支撑海军工程大学“大学化学”课程获评湖北省一流本科课程、海军优秀课程、海军精品课程的重要教材。但《化学原理及应用》出版时间距今已10年，教材内容形式滞后于时代与学科发展。针对这一问题，课程团队对第一版教材做了修订，开展数智化改造升级。本版教材突出化学学科基础知识与信息技术的融合应用。

本次修订梳理了教材知识图谱，依托数字化技术将知识点相关视频嵌入教材对应章节，借助AI技术为读者推送知识点相关研究前沿及其在军事装备中的相关应用，凸显教材数智化特征，以适应当前AI赋能基础教育高质量发展趋势。

本书由李瑜、王轩、李红霞主编并确立编写大纲。具体编写人员分工如下：第1章由李瑜、李曦共同执笔；第2章由李红霞、王轩、辛颉共同执笔；第3章由李帅杰、李宇、肖玲共同执笔；第4～6章由肖玲、李红霞共同修订，全书由李瑜、王轩、李红霞整理定稿。

由于学科发展涵盖领域众多，发展速度快，加之编者水平及能力有限，书中疏漏之处敬请读者提出宝贵意见和建议。

编者

2025年1月

第一版前言

化学是在原子、分子和离子层次上研究物质的组成、结构和性质以及物质的化学变化规律和变化中的能量关系的学科。化学和物理学都是自然科学的核心学科。现代化学自18世纪诞生以来，为人类作出了杰出的贡献，在科学发展和人类文明进步中有举足轻重的作用和地位。现代文明的三大支柱——能源、材料和信息，无一不涉及化学问题。化学工业同微电子工业一样是国民经济的支柱产业，化学已渗透到现代工农业、军事领域和人类生活的各个角落，许多专家认为，在人类最关心的环境、新能源、新材料、医药卫生、粮食增产、资源利用等问题中，化学处于中心地位，是一门满足社会需求的中心学科。化学同其他学科互相渗透，日益密切，派生了大量的交叉学科和边缘学科。化学是联系许多自然科学及工程技术的重要媒介，是自然科学中处于承上启下地位的学科，并且是信息技术、能源技术、生物工程、激光技术、空间技术、海洋工程等新技术门类的重要支柱。

高等教育的主要目标是培养学生科学文化综合素质教育以及思维能力、认知能力、分析问题和解决问题能力。化学课程一直与物理等课程共同担当着培养学生科学素质的重任，是科学素质教育的不可或缺的组成部分。化学的思维、化学的方法、化学的能力与大多数非化学课程有明显的差别，在化学教学中，把那些渗透在生活和工程实际中的问题，与化学变化的基本理论相结合，将使受教育者的思维更加开阔、知识层次更加深厚。海军为技术密集型军种，其舰船平台和武备所处的海水和海洋大气环境为化学活性很高的环境，作为未来一名指挥军官和工程技术人员，必须具备一定的化学素养和化学思维能力。化学知识的缺陷，将会影响其正确分析问题和解决问题的能力。具备一定的化学知识和技能，将有助于我们运用物质特性及其变化的观点解释、分析和处理工作中遇到的许多与化学密切相关的问题。

针对现行大学化学教材同军事装备特别是和海军舰船实际联系不多的问题，本书突出化学原理与海军舰船实际相联系及化学在军事上的应用等内容，使课程内容更加贴近实际。本书在保持内容科学化和系统化的基础上，将整个内容分为上、下两篇：化学原理篇以及化学与应用篇。化学原理篇为基础理论部分，分三章介绍化学反应基本规律、电化学基本原理以及物质结构与性质；化学与应用篇重点介绍化学在海军舰船以及军事和电子信息方面的应用知识，其中包括：化学与舰船、化学与军事、化学与电子信息三章内容。

本书的编写体现了编者的一贯思想，在某些内容编排上采用了一些新的创意，力图准确、简明地阐述化学基本原理，简明扼要和深入浅出地论述基本概念，使学员能够较好地了解化学学科的基本理论和知识；另一方面，本书突出化学在海军舰船和军事上的应用，重点介绍与舰船动力、舰船防护、舰船隐身等密切相关的化学知识，发挥课程在海军人才培养中的作用。本书有少量选学内容，排小号字以示区别，各校可根据教学实际自行选择。

本书由余红伟、魏徵、晏欣等编写。第 1 章由余红伟、魏徵、晏欣、饶秋华、李瑜共同编写；第 2 章由魏徵、余红伟、晏欣、朱金华共同编写；第 3 章由余红伟、魏徵、晏欣、宋玉苏、李瑜共同编写，第 4 章由余红伟、魏徵、晏欣、文庆珍共同编写；第 5 章由魏徵、晏欣、余红伟、王轩共同编写；第 6 章由魏徵、余红伟、王轩、李瑜编写；附录由魏徵编写。全书由余红伟、魏徵、晏欣统稿。在本书的编写过程中，海军工程大学王源升教授提出了很多宝贵意见并在百忙中审阅书稿，同时本教材得到“海军院校和士兵训练机构教材重点建设项目”支持，特别是得到了海军工程大学训练部装备处支持，在此一并致谢。

本书参考了许多已公开出版的教材和文献，并引用了其中的一些图表、数据和习题，在此向所有参考书和文献的作者们表示最诚挚的谢意。

由于编者水平的限制，书中难免有疏漏和不妥之处，敬请读者和专家批评指正。

编者

2015 年 1 月于武汉

目 录

上篇 化学原理

下篇 化学与应用

上篇

化学原理

世界由物质构成，物质是人类赖以生存的基础。自然科学中的物理学、化学、生物学、地理学、天文学等都是以物质作为研究对象。不同学科研究物质的尺度和侧重面不一样，但它们是相互联系、相互交叉的。化学是在原子、分子水平上(即在10^{-10}～10^{-6}m尺度范围内)对颗粒物质进行研究的学科，其主要的研究内容是物质的组成、结构、性能以及物质的化学变化规律和变化中的能量关系，其中，化学反应是化学研究中的中心课题。在研究化学反应和物质利用的过程中，必然会涉及如下问题：

① 化学反应的本质是什么？物质的性质与其结构和组成有什么关系？

② 化学能与电能如何相互转化？金属腐蚀的根本原因是什么？如何进行防护？

③ 物质与物质之间能否发生反应？若能自发反应，反应的限度是什么？化学反应过程中的能量变化关系如何？反应的速率是多少？反应的机理又如何？

本篇分三章论述这些问题。第1章介绍物质的原子结构、分子结构、晶体结构以及金属单质和有机高分子化合物的结构与性质；第2章从化学热力学和化学动力学两个方面阐述化学反应的基本规律；第3章重点讨论电化学基本原理及其应用。

第 1 章
物质结构与性质

物质结构与性质

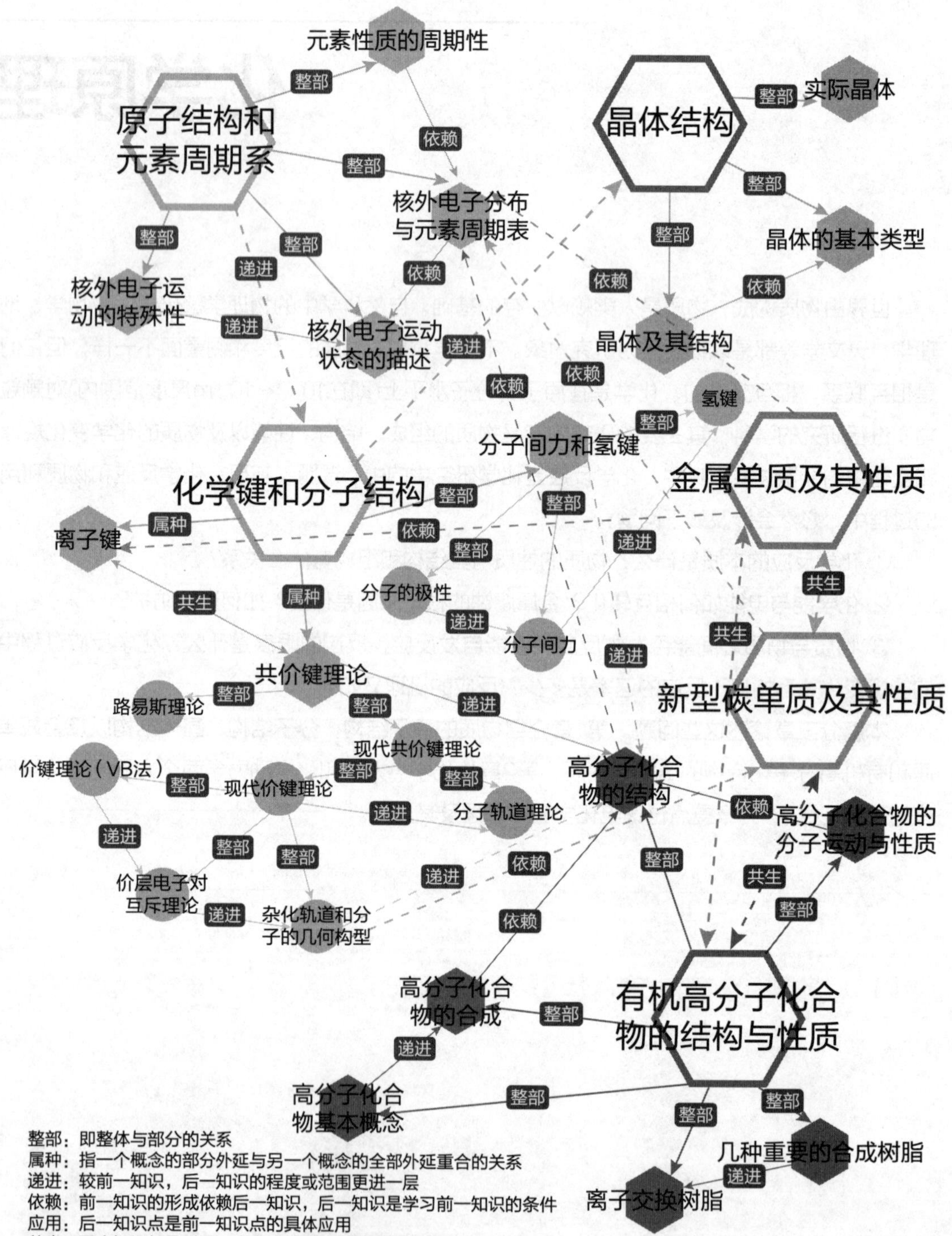

整部：即整体与部分的关系
属种：指一个概念的部分外延与另一个概念的全部外延重合的关系
递进：较前一知识，后一知识的程度或范围更进一层
依赖：前一知识的形成依赖后一知识，后一知识是学习前一知识的条件
应用：后一知识点是前一知识点的具体应用
共生：两个知识都是对同一个主题的不同方面进行介绍

众所周知，世界是由物质构成的，不同的物质表现出不同的物理和化学性质，即使是同一元素组成的物质，也会因其结构的不同而表现出截然不同的性质。物质结构与性质的关系是化学学科的一个基本问题。

宏观的物质可以看成是由大量的微观粒子（原子或离子）经排列、堆积、聚集而成的，其中既有直接堆积而成的（例如稀有气体和非晶态金属），更多的则是经过若干个结构层次构成的，例如原子（离子）经过分子、晶胞等构成宏观物质。从微观到宏观的所有结构中，最重要和最基础的是原子结构、分子结构和晶体结构，本章前三节将分别讨论这些结构。

物质的性质是由其结构所决定的，而物质的性质又决定了其用途。物质的组成、结构与性质也是化学学科研究的重要内容。本章后两节将介绍金属单质、非金属单质和有机高分子化合物的组成、结构与性质。

1.1 原子结构和元素周期系

在原子组合成分子的过程（化学反应）中，尽管原子核在不断运动，但不发生变化，因此，在化学中一般不涉及原子核结构的知识。学习物质结构一般都是从原子结构开始，也就是说，在化学学科中，原子结构是了解物质微观结构的最深层次。学习原子结构知识，有助于了解原子是如何结合成分子的以及弄清化学反应的本质。在化学反应中，原子没有发生质变，但其核外电子的运动状态发生了改变，因此，化学学科讨论原子结构，实际上仅限于讨论原子核外电子的运动状态。

1.1.1 核外电子运动的特殊性

1.1.1.1 量子化特征

量子化（quantized）是指质点的运动和运动中的能量状态的变化均是不连续的，而是以某一距离或能量单元为基本单位做跳跃式变化。1900年，德国物理学家普朗克（M. K. E. L. Planck）为解释黑体辐射中能量密度按频率分布的现象，首先提出了量子的概念。此后，普朗克量子的假设被大量的实验结果所证实。在微观世界里，量子化现象是普遍存在的，是微观粒子运动的基本特征。

原子光谱是研究原子结构的主要手段，人们对原子结构的认识是同原子光谱实验分不开的。原子在火焰、电弧、电火花等作用下，发出的光经过棱镜后，得到一根根的光谱线，这种光谱是不连续的线状光谱。光谱中每一条谱线对应于一种频率的光波，各种原子线状光谱的谱线波长都有一定的规律性。其中最简单的是氢原子光谱，它是通过氢气在真空放电管中高压放电分解成氢原子而发光，该光波经过棱镜后得到的线状光谱，其中在可见光区有五条谱线（图1-1），此外在紫外区和红外区还有其他谱线。1890年，瑞典科学家里德堡（J. R. Rydberg）把氢原子线状光谱的一系列谱线归纳为一个统一的经验公式：

$$\nu=3.29\times10^{15}\left(\frac{1}{n_1^2}-\frac{1}{n_2^2}\right)$$

式中，ν 为谱线的频率；n_1 和 n_2 为正整数，且 $n_1<n_2$。在可见光区氢原子的五条谱线的 n_1 均为2，n_2 分别为3、4、5、6、7。上式表明，谱线的频率不是随意的，而是随着 n_1 和

n_2 的改变做跳跃式的改变，即光的频率是不连续的，具有量子化的特征。

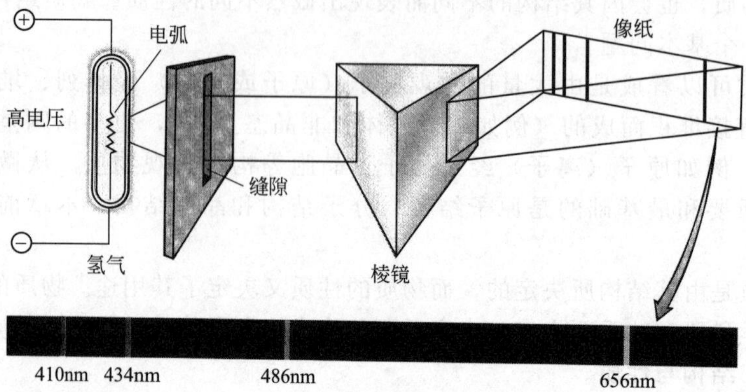

图 1-1 氢原子光谱

显然，经典物理学的理论无法解释原子的线状光谱，揭示了经典物理学与微观世界的矛盾。为此，1913 年，丹麦物理学家玻尔（N. H. D. Bohr）根据普朗克的量子论和卢瑟福的原子模型，对氢原子光谱的形成和氢原子的结构提出了著名的玻尔理论：

① 原子中的电子只能在半径和能量都确定的定态轨道上运动，轨道半径 r 和能量 E 分别为

$$r=n^2a_0(a_0=53\text{pm},\text{称为玻尔半径};n\ \text{为正整数})$$

$$E=-2.18\times10^{-18}/n^2$$

② 在离核越近的轨道中，电子被原子核束缚越牢，其能量越低；在离核越远的轨道上，其能量越高。轨道的这些不同的能量状态，称为能级。轨道不同，能级也不同。在正常状态下，电子尽可能处于离核较近、能量较低的轨道上运动，这时原子所处的状态称为基态，其余的称为激发态。

③ 电子从一个定态轨道跳到另一个定态轨道，在这过程中会放出或吸收能量，其辐射能频率与两个定态轨道之间的能量差有关，即：

$$h\nu=\Delta E(h\ \text{为普朗克常数})$$

玻尔理论是物质结构理论的一个里程碑，它不仅可以导出里德堡公式，而且还成功地解释了原子的稳定性和氢原子的线状光谱，预测了氢原子光谱的新线系，玻尔为此荣获了 1922 年诺贝尔物理学奖。但玻尔理论无法解释氢原子光谱的精细结构和多电子原子光谱，这是因为玻尔理论仍未脱离经典力学的框架，它只是在经典力学连续性概念的基础上，加上了一些人为的量子化条件。而在玻尔之后的研究证明，经典力学不能正确地反映微观粒子的运动规律。与宏观物质的运动不同，微观粒子运动具有其特殊性，这就是波粒二象性。

1.1.1.2 波粒二象性

自牛顿时期开始，人们对光的认识一直有两种观点：以牛顿（Newton）为代表的一派认为光是一种直线运动的微粒（粒子学说）；而以惠更斯（C. Huygens）为代表的一派认为光是一种波（波动学说）。1905 年，爱因斯坦（E. Einstein）为了解释光电效应，提出了光子学说，阐明了光子具有波粒二象性（wave-particle duality），即光是微粒和波的矛盾统一体，在不同情况下有所侧重，在辐射、与物质作用时，粒子性表现突出，如光电效应、黑体辐射等要从粒子性观点来解释；而光在空间的传播，波动性表现突出，要从波动性来解释光的偏振、干涉和衍射现象。但它的波动性不同于经典的波动性，具有量子化特征，光子出现符合统计规律，其在空间出现的概率密度正比于光子强度或光波振幅的平方。

1923 年，法国巴黎大学的学生德布罗意（L. V. de Broglie）受爱因斯坦关于光具有波粒

二象性的观点的启发，在其毕业论文中大胆预言：一切实物粒子都具有波粒二象性。具有一定质量和一定速度的实物粒子的波长 λ 可由下式求得：

$$\lambda=\frac{h}{p}=\frac{h}{mv}$$

式中，p 为粒子的动量；v 为粒子的运动速度；m 为粒子的质量。上式就是著名的德布罗意关系式，它把物质微粒的波粒二象性联系在一起。按照德布罗意的预言，波粒二象性是个普遍现象。对于没有静止质量的光子来说是这样，对于具有静止质量的电子、质子乃至宏观物体也是如此。波动性显著与否，取决于实物粒子的尺寸与其对应的实物波（也称德布罗意波）波长的相对大小。当波长远远大于实物尺寸（直径）时，该实物运动就显露出明显的波动性，当波长远远小于实物尺寸时，波动性不明显，可以忽略。

1927 年，美国物理学家戴维森（C. J. Davisson）和革麦（L. H. Germer）通过电子衍射实验证实了电子的波动性。他们发现，当电子射线穿过一薄晶片或晶体粉末时，也能像单色光通过小圆孔一样，发生衍射现象（图 1-2）。通过对电子衍射图的分析和计算，得出电子衍射波的波长，其数值与按德布罗意公式计算的电子波长数值一致，从而证实了德布罗意假说的正确性。其后，更多的实验证实了各种微观粒子都具有波粒二象性，它是微观粒子运动的基本特征。1929 年，德布罗意因提出微观粒子的波粒二象性荣获了诺贝尔物理学奖。

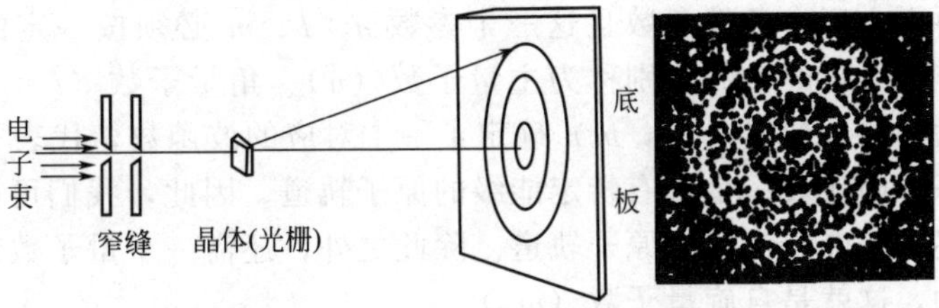

图 1-2　电子衍射及其衍射图案

从电子的衍射图案上看，衍射强度强（光亮）的位置，电子出现的机会大，衍射强度弱的地方，电子出现的机会小。因此，电子波是一种概率波。

1.1.1.3　统计性

由于电子具有波粒二象性，故电子的运动同宏观物体的运动完全不同。例如，我们可以同时准确地测量或计算出卫星的位置和速度，而对于微观粒子电子而言，其在核外的运动没有确定的轨迹。1927 年，德国物理学家海森堡（W. Heisenberg）提出了测不准原理：不可能同时准确地测定微观粒子运动的速度和空间位置。电子衍射实验证实了电子是一种概率波，符合统计规律。在物理上，我们用求解 Maxwell 电磁场方程得到的波函数来描述光波，光子出现的概率密度正比于波函数的平方，同光子相似，电子也具有波动性，也可以用波函数来描述其核外电子的运动状态，电子出现的概率密度也正比于波函数的平方。

1.1.2　核外电子运动状态的描述

1.1.2.1　波函数和原子轨道

原子中核外电子的运动具有波粒二象性，所以原子核外电子运动应服从某种波动规律，可以用波函数来描述核外其运动特征和所处的状态。1926 年，奥地利物理学家薛定谔（E. Schrödinger）依据德布罗意物质波的思想，以微观粒子的波粒二象性为基础，参照电磁波的波动方程，建立了描述微观粒子运动规律的波动方程，即著名的薛定谔方程：

$$\frac{\partial^2 \psi}{\partial x^2}+\frac{\partial^2 \psi}{\partial y^2}+\frac{\partial^2 \psi}{\partial z^2}+\frac{8\pi^2 m}{h^2}(E-V)\psi=0$$

式中，ψ 为波函数，是描述原子核外电子运动状态的一种数学表达式；x、y、z 为空间坐标；E 为系统总能量；V 为系统势能；m 为电子质量。在薛定谔方程中，包含着体现微粒性的物理量 m、E 和 V；也包含体现波动性的物理量 ψ。

从理论上讲，通过求解薛定谔方程就可得到波函数，并且许多解在数学上是合理的，但只有满足特定条件的解才有物理意义，可用来描述核外电子运动状态。求解方程得出的不是一个具体数值，而是波函数的数学函数式。一个波函数就表示原子核外电子的一种运动状态并对应一定的能量值，为了借助直观的原子轨道概念，量子力学把波函数称为原子轨道(orbital)。但这里所说的原子轨道同宏观物体固定轨道以及波尔理论原子轨道（orbit）的含义不同，它只是反映了核外电子运动状态表现出的波动性和统计性规律。

1.1.2.2 四个量子数

薛定鄂方程为二阶偏微分方程，为了方便求解，一般先将空间坐标（x，y，z）转换成球坐标（r，φ，θ），即将 $\psi(x, y, z)$ 转换成 $\psi(r, \varphi, \theta)$，再进行变量分离，将 $\psi(r, \varphi, \theta)$ 分解为径向分布函数 $R(r)$ 和角度分布函数 $Y(\varphi, \theta)$ 的乘积。为了得到描述电子运动状态的合理解，需要引入三个条件参数且这三个参数 n、l、m 必须按一定的规律取值。我们把这三个取值不连续变化的参数分别称为主量子数（n）、角量子数（l）和磁量子数（m）。一组确定的、合理的量子数（n，l，m）确定了一个对应的波函数，代表了核外电子绕核运动的一种运动状态，即代表一个具有特定能级的原子轨道。因此，我们可以化繁为简，只用三个量子数来描述核外电子运动的原子轨道。除此之外，还需一个量子数来描述电子在原子轨道中的自旋运动，这就是自旋量子数（m_s）。

（1）主量子数（n） 主量子数反映了核外电子离核的远近，电子离核由近到远分别用数值 $n=1, 2, 3, \cdots$ 的有限正整数来表示。n 是决定原子轨道能级高低的主要因素，故称主量子数。n 取值越大，轨道能量越高，电子出现概率最大的区域离核越远。对于氢原子，$n=1$ 为基态，$n>1$ 为激发态，且电子的能量仅由 n 确定。一个 n 值表示一个电子层，与各 n 值相对应的电子层符号如下：

主量子数 n	1	2	3	4	5	6	7
电子层符号	K	L	M	N	O	P	Q

（2）角量子数（l） 角量子数与角动量有关，决定了核外电子波函数的形状，故称为电子亚层，取值受 n 的制约，可以取从 $0\sim(n-1)$ 的正整数。对于氢原子，n 相同，l 不同，电子的能量相同；对于多电子原子，n 相同，l 不同，电子的能量不同。

每个 l 值代表一个亚层。K 电子层只有一个亚层，L 电子层有两个亚层，以此类推。亚层习惯用光谱符号表示。角量子数、亚层符号及原子轨道形状的对应关系如下：

角量子数	0	1	2	3
亚层符号	s	p	d	f
轨道形状	圆球形	哑铃形	花瓣形	花瓣形

在多电子原子的同一电子层中，随着 l 的增大，原子轨道能量也依次升高，即 $E_{ns}<E_{np}<E_{nd}<E_{nf}$。但与主量子数决定的电子层间的能量差别相比，角量子数决定的同一电子层中亚层间的能量差要小得多。

（3）磁量子数（m） 原子轨道不仅有一定的形状，并且还具有不同的空间伸展方向。

磁量子数 m 就是用来描述原子轨道在空间伸展方向的。磁量子数的取值受角量子数的制约，它可取从 $+l \sim -l$ 包括 0 在内的整数值，l 确定后，m 可有（$2l+1$）个值。当 $l=0$ 时，$m=0$，即 s 轨道只有 1 种空间取向；当 $l=1$ 时，$m=-1$、0、+1，即 p 轨道有 3 种空间取向；当 $l=2$ 时，$m=-2$、-1、0、+1、+2，即 d 轨道有 5 种空间取向。因此 s 亚层只有一个原子轨道，p 亚层有 3 个原子轨道，d 亚层有 5 个原子轨道，f 亚层有 7 个原子轨道。磁量子数不影响原子轨道的能量，n 和 l 都相同的几个原子轨道能量是相同的，这样的轨道称等价轨道或简并轨道。例如 n 和 l 相同的 3 个 p 轨道、5 个 d 轨道、7 个 f 轨道都是简并轨道。

综上所述，用 n、l、m 三个量子数可确定一个能量、形状和伸展方向一定的原子轨道。

（4）自旋量子数（m_s） 1922 年，德国物理学家施特恩（O. Stern）和格拉赫（W. Gerlach）精密观察强磁场存在下的原子光谱时发现，大多数谱线其实是由靠得很紧的两条谱线所构成的。1925 年，美籍荷兰物理学家乌仑贝克（G. E. Uhlenbeck）和古德斯密特（S. A. Goudsmit）为此提出了电子自旋的假设：即电子除绕核运动外，还有自身的旋转运动。根据量子力学计算，自旋角动量沿外磁场方向的分量为 $M_s = m_s h/2\pi$。M_s 是量子化的，所以 m_s 是量子数，即自旋量子数。这说明电子的自旋具有两个方向，顺时针方向和逆时针方向，分别用符号“↑”和“↓”表示。自旋量子数的取值为 $\pm\frac{1}{2}$。

由以上的讨论可知，n、l、m、m_s 四个量子数确定了电子的空间运动状态和自旋运动状态，即四个量子数决定了电子在原子核外的完整运动状态，这样核外任意一个电子的运动状态可以用四个量子数来描述。四个量子数与核外电子运动的可能状态数如表 1-1 所示。

表 1-1 四个量子数、原子轨道数及可能的状态数

n	l	轨道名称	m	轨道数	m_s	各层状态数
1	0	1s	0	1	$\pm\frac{1}{2}$	2
2 2	0 1	2s 2p	0 −1,0,+1	1 3	$\pm\frac{1}{2}$	8
3 3 3	0 1 2	3s 3p 3d	0 −1,0,+1 −2,−1,0,+1,+2	1 3 5	$\pm\frac{1}{2}$	18
4 4 4 4	0 1 2 3	4s 4p 4d 4f	0 −1,0,+1 −2,−1,0,+1,+2 −3,−2,−1,0,+1,+2,+3	1 3 5 7	$\pm\frac{1}{2}$	32

1.1.2.3 电子云

电子波是一种概率波，而波函数只是描述电子的运动状态，没有直观物理意义，但电子在核外的运动符合统计规律。我们知道，光强度正比于光波振幅的平方，而光的强度显然同光子密度成正比，即光子密度正比于光波波函数的平方。德国物理学家波恩（M. Born）首先用同光子类比的方法指出，对于电子来说，电子在核外空间出现的概率密度（单位体积出现的概率）与电子波函数的平方成正比。这样 $|\psi|^2$ 的物理意义很直观，表示电子在核外空间出现的概率密度。为了形象地表示电子在原子核外空间的概率密度分布情况，常用密度不同的小黑点来表示概率密度的大小，这种用小黑点的疏密表示电子出现概率密度大小的图像称为电子云。黑点较密的地方，表示电子出现的概率密度较大；黑点较稀疏处，表示电子出现的概率密度较小。氢原子 1s 电子云如图 1-3 所示，可以看出，氢原子 1s 电子云呈球形对

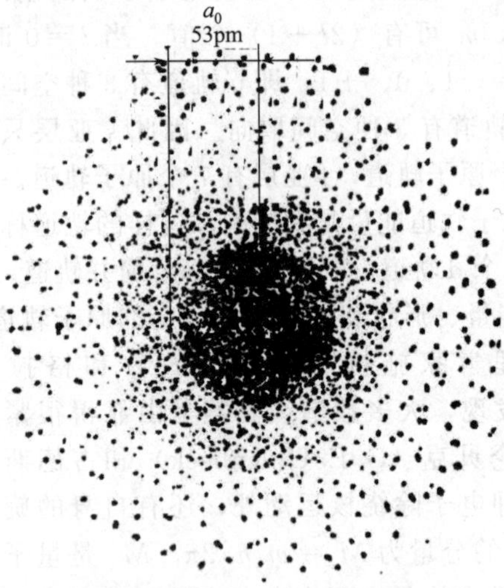

图 1-3 氢原子 1s 电子云

称分布，且电子出现的概率密度随离核距离的增大而减小。

1.1.2.4 原子轨道和电子云的角度分布图

化学反应的本质是原子组合过程中电子运动状态的改变，所以电子运动波函数（原子轨道）的角度分布图对于我们理解化学键的形成和分子构型是有帮助的。将波函数 $\psi(r,\ \varphi,\ \theta)$ 的角度分布函数 $Y(\varphi,\ \theta)$ 对 φ 和 θ 作图，所得的图像就是原子轨道的角度分布图，其剖面图如图 1-4 所示。原子轨道的角度分布图表示的是原子轨道的形状及其在空间的伸展方向。图中的正负号不是表示正负电荷，而是表示 $Y(\varphi,\ \theta)$ 值是正值还是负值，或者说是表示原子轨道角度分布图形的对称性。符号相同，表示对称性相同。符号不同，表示反对称。需要指出的是，原子轨道角度分布图不是原子轨道的图像，只是其中的一部分。

电子云的角度分布图是将 $|\psi(r,\varphi,\theta)|^2$ 中的角度分布部分 $|Y(\varphi,\theta)|^2$ 对 φ 和 θ 作图所得的图像。电子云的角度分布图同波函数的角度分布图相似，但无正负之分，并且瘦些。

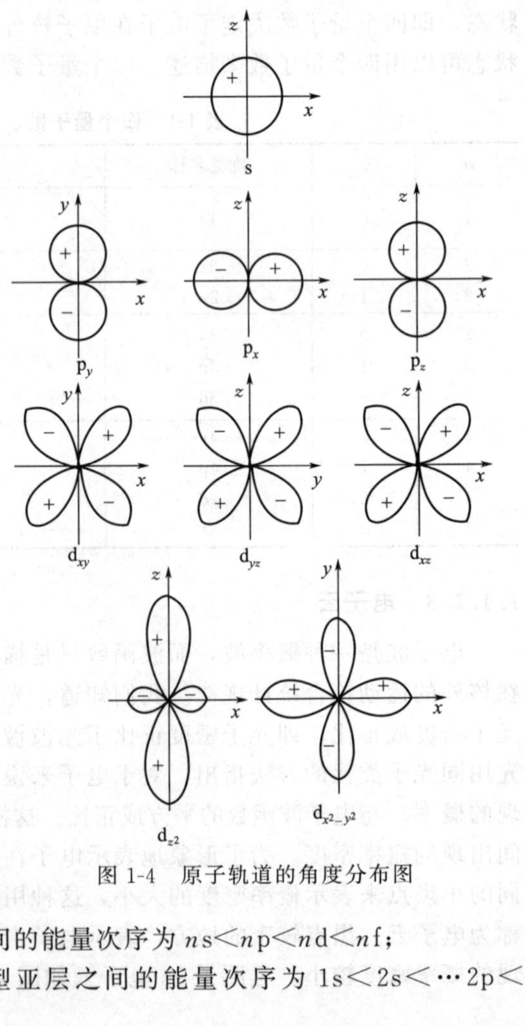

图 1-4 原子轨道的角度分布图

1.1.3 核外电子分布与元素周期系

对于氢原子来说，其核外的一个电子通常是位于基态的 1s 轨道上。但对于多电子原子来说，其核外电子是按能级顺序分层排布的。

1.1.3.1 多电子原子轨道的能级

在多电子原子中，由于电子间的相互排斥作用，原子轨道能级关系较为复杂。1939 年，美国化学家鲍林（L. C. Pauling）根据光谱实验结果总结出多电子原子中各原子轨道能级相对高低的情况，并用图示近似地表示出来，称为鲍林近似能级图（图 1-5）。

图中圆圈表示原子轨道，其位置的高低表示各轨道能级的相对高低，图中每一个方框中的几个轨道的能量是相近的，称为一个能级组。相邻能级组之间能量相差比较大。能级组的划分与周期表中周期的划分是一致的。从图 1-5 可以看出：

① 同一原子中的同一电子层内，各亚层之间的能量次序为 ns＜np＜nd＜nf；

② 同一原子中的不同电子层内，相同类型亚层之间的能量次序为 1s＜2s＜…2p＜

3p<…；

③ 同一原子中第三层以上的电子层中，不同类型的亚层之间，在能级组中常出现能级交错现象，如 4s<3d<4p、5s<4d<5p、6s<4f<5d<6p。

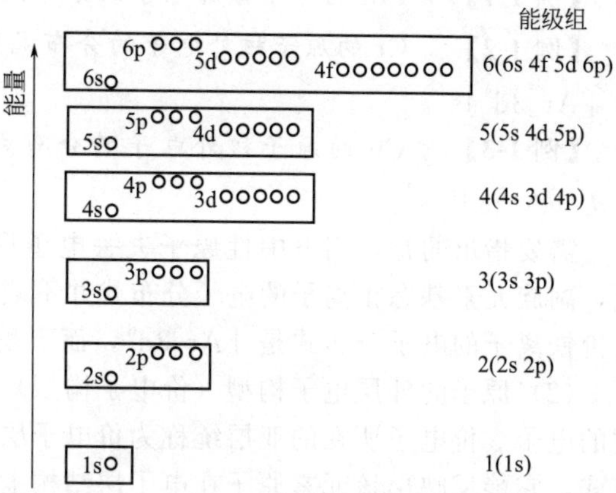

图 1-5　鲍林近似能级图

1.1.3.2　核外电子分布的三个原则

根据原子光谱实验以及对元素周期系的分析、归纳和总结，科学家提出了核外电子分布的三个原则。

(1) 泡利不相容原理　1929 年，美籍奥地利科学家泡利（W. E. Pauli）提出：在同一原子中不可能有四个量子数完全相同的电子，即每个轨道最多只能容纳 2 个自旋方向相反的电子，这就是泡利不相容原理。根据泡利不相容原理，可以推算出每一电子层上电子的最大容量为 $2n^2$（参见表 1-1）。

(2) 能量最低原理　自然界中任何系统总是能量越低状态越稳定，这个规律称为能量最低原理，原子核外电子的分布也遵循这个原理。所以，在不违背泡利不相容原理的前提下，电子总是优先进入能量最低的轨道，只有当能量低的轨道填满后，电子才依次占据能量较高的轨道。因此电子填充可依据鲍林近似能级图（图 1-5）逐级填充。为了便于记忆，可按图 1-6 中箭头所指的次序，依次进行填充。

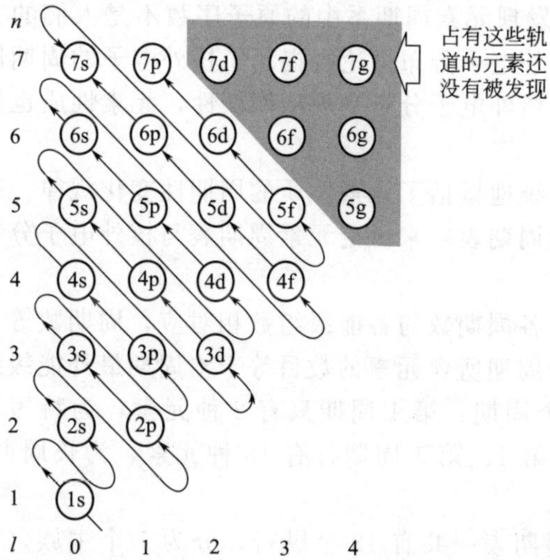

图 1-6　电子填充的能级次序示意图

(3) 洪德规则　德国物理学家洪特（F. Hund）根据大量光谱实验数据提出：在同一亚层的等价轨道上，电子将尽可能占据不同的轨道，且自旋方向相同，这就是洪德规则。此外，洪德根据光谱实验还总结出另一条规则：等价轨道在全充满（p^6 或 d^{10} 或 f^{14}）、半充满（p^3 或 d^5 或 f^7）或全空（p^0 或 d^0 或 f^0）的状态下是比较稳定的。

1.1.3.3　核外电子分布式和外层电子构型

(1) 原子核外电子分布式　多电子原子核外电子分布的表达式称为核外电子分布式。根据电子的排布原则，利用能级图给出的电子填充次序，就可以确定周期系中绝大多数元素的基态原子核外电子的分布式。但个别元素的原子核外电子分布还不能用上述三原则加以解释，对此，必须尊重事实，并在此基础上去探求更符合实际的理论解释。需要指出的是书写电子分布式一般按量子数从小到大的次序进行。

由于参加化学反应的只是原子的外层电子，内层电子结构一般是不变的，因此，可以用“原子实”来表示原子的内层电子结构。当内层电子构型与稀有气体的电子构型相同时，就用该稀有气体的元素符号来表示原子的内层电子构型，并称之为原子实。

【例 1-1】 $_{25}Mn$ 的原子核外电子的分布式为 $1s^2 2s^2 2p^6 3s^2 3p^6 3d^5 4s^2$ 或 $[Ar]3d^5 4s^2$。

【例 1-2】 $_{24}Cr$ 的原子核外电子的分布式为 $1s^2 2s^2 2p^6 3s^2 3p^6 3d^5 4s^1$ 或 $[Ar]3d^5 4s^1$，不是 $[Ar]3d^4 4s^2$。

【例 1-3】 $_{29}Cu$ 的原子核外电子的分布式为 $1s^2 2s^2 2p^6 3s^2 3p^6 3d^{10} 4s^1$ 或 $[Ar]3d^{10} 4s^1$，不是 $[Ar]3d^9 4s^2$。

需要指出的是，当电中性原子失去电子形成正离子时，总是首先失去最外层电子，因此，副族元素基态正离子的电子分布式并不能按能量最低原理和洪特规则进行填充。例如：二价铁离子的电子分布式是 $[Ar]3d^6$，而不是 $[Ar]3d^5 4s^1$。

(2) 原子的外层电子构型（价电子构型） 价电子是指原子参加化学反应时，能用于成键的电子。价电子所在的亚层统称为价电子层。原子的外层电子构型是指价电子层的电子分布式，它能反映出该元素原子在电子层结构上的特征。外层电子（价电子）和最外层电子是两个不同概念，对于主族元素来说，两者是相同的；对于副族元素来说，外层电子数等于最外层电子数加上次外层的 d 亚层电子数；对于 La 和 Ac 系元素来说，外层电子数还应包括倒数第二层的 f 电子数。例如：^{24}Cr 原子的价电子构型为 $3d^5 4s^1$；^{25}Mn 的为 $3d^5 4s^2$；^{29}Cu 的为 $3d^{10} 4s^1$。

1.1.3.4 核外电子分布与周期系

1869 年，俄国化学家门捷列夫（Д. И. Мен-əeneeв）在总结对比当时已知的 60 多种元素的性质时发现了化学元素之间的本质联系——元素周期律，把化学元素排成序列，元素的性质按原子量递增发生周期性的递变。1911 年，年轻的英国物理学家莫塞莱（H. G. J. Moseley）在分析元素的特征 X-射线时发现元素周期系中的原子序数不是人们的主观赋值，而是原子核内的质子数。随后的原子核外电子分布理论则揭示了核外电子的周期性分层结构。因此，元素周期律实质上就是：随着核外电子分布呈现出周期性，元素性质也呈现出周期性递变。

元素周期表是元素周期律的体现形式，它系统地概括了元素性质的周期性变化规律。现以常用的维尔纳长式周期表（见书中所附的元素周期表）来讨论元素周期表与核外电子分布的关系。

(1) 周期 从核外电子分布规律可以看出，各周期数与各能级组数相对应，周期数等于元素原子最高能级组数或原子的电子层数；每个周期所含元素的数目等于本周期最外能级组所有轨道能容纳的电子数。因此，周期表有七个周期：第 1 周期只有 2 种元素，为特短周期；第 2、第 3 周期各有 8 种元素，为短周期；第 4、第 5 周期各有 18 种元素，为长周期；第 6、第 7 周期有 32 种元素，为特长周期。

(2) 族 周期表中的纵行，称为族。元素周期表一共有 18 个纵行，分为 7 个主族（ⅠA～ⅦA)、1 个 0 族和 8 个副族（ⅢB～ⅦB、Ⅷ、ⅠB、ⅡB)。同族元素虽然电子层数不同，但价电子构型基本相同（少数除外），所以原子价电子构型相同是元素分族的实质。主族、ⅠB 和ⅡB 的族数等于最外层电子数；ⅢB～ⅦB 的族数等于最外层 s 电子数和次外层 d 电子数之和；Ⅷ族元素最外层 s 电子数和次外层 d 电子数之和为 8～10；0 族元素最外层电子数为 2 或 8。

(3) 元素的分区 周期表中的元素除按周期和族的划分外，还可以根据元素原子的外层电子构型进行分区。周期表将可依次划分为五个区。

① s 区：包括ⅠA 和ⅡA 族的元素，外层的构型为 $ns^{1\sim2}$。

② p 区：包括ⅢA 到ⅦA 族以及 0 族的元素，外层电子构型为 $ns^2np^{1\sim6}$。

③ d区：包括ⅢB到ⅦB和Ⅷ族的元素，外电子层的构型为 $(n-1)d^{1\sim9}ns^{1\sim2}$（Pd为 $4d^{10}$）。

④ ds区：包括ⅠB和ⅡB族的元素，外层电子构型为 $(n-1)d^{10}ns^{1\sim2}$。

⑤ f区：包括镧系和锕系元素。

1.1.4　元素性质的周期性

由于原子核外电子层结构呈周期性的变化，因此，元素的一些与电子层结构有关的基本性质，如有效核电荷、原子半径、电离能、电子亲和能、电负性等也呈现出明显的周期性。

1.1.4.1　有效核电荷（Z^*）

在多电子原子中，任一电子不仅受到原子核的吸引，同时还受到其他电子的排斥。内层电子和同层电子对某一电子的排斥作用，势必削弱原子核对该电子的吸引，这种作用称为屏蔽效应。屏蔽效应的结果，使该电子实际上受到的核电荷（有效核电荷 Z^*）的引力比原子序数（Z）所表示的核电荷的引力要小。屏蔽作用的大小可以用屏蔽常数（σ）来表示：

$$Z^* = Z - \sigma$$

由此可见，屏蔽常数可理解为被抵消的那部分核电荷。元素原子序数增加时，原子的有效核电荷 Z^* 呈现周期性变化（图1-7）：同一短周期，从左到右，Z^* 显著增加；同一长周期，从左到右，前半部分 Z^* 增加不多，后半部分显著增加；同一族，从上到下，Z^* 增加，但不显著。

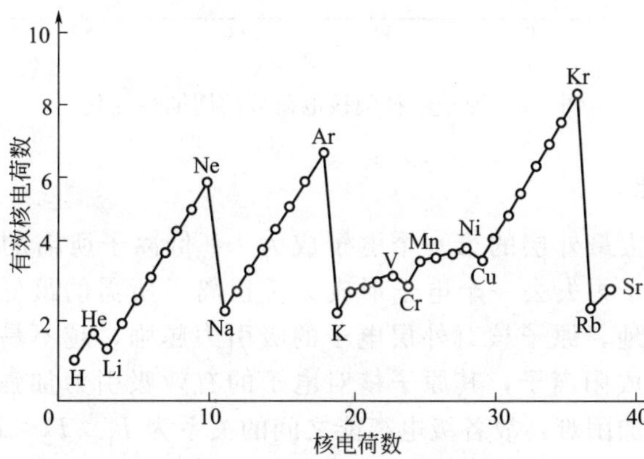

图1-7　有效核电荷数的周期性变化

1.1.4.2　原子半径

假设原子呈球形，在固体中原子间相互接触，以球面相切，这样只要测出单质在固态下相邻两原子间距离的一半就是原子半径。但是，由于电子在原子核外的运动是符合概率分布的，没有明显的界线，所以原子的大小无法直接测定。通常所说的原子半径，是通过实验测得的相邻两个原子的原子核之间的距离（核间距），核间距被形象地认为是该两原子的半径之和。通常根据原子之间成键的类型不同，将原子半径分为以下三种：

① 金属半径：是指金属晶体中相邻的两个原子核间距的一半。

② 共价半径：是指某一元素的两个原子以共价键结合时，两核间距的一半。

③ 范德华半径：是指分子晶体中紧邻的两个非键合原子间距的一半。

由于作用力性质不同，三种原子半径相互间没有可比性。一般来说，范德华半径最大，金属半径次之，共价半径最小。

图 1-8 显示原子半径（r）随核电荷数呈现周期性的变化。可以看出：对于主族元素，从左到右随着原子序数的增加，核电荷数增大，原子半径减小（例如从 Na 到 Cl）。从上至下，尽管核电荷数增多，但由于电子层数增多的因素起主导作用，所以原子半径增加（例如 Li、Na、K、Rb、Ce）；对于过渡元素，从左到右，由于新增加的电子填入了次外层的 $(n-1)$d 轨道上，对于决定原子半径大小的最外电子层上的电子来说，次外层的 d 电子部分地抵消了核电荷对外层 ns 电子的引力，使有效核电荷增大得比较缓慢。因此，d 区过渡元素从左向右，原子半径只是略有减小，且程度不大；到了 ds 区元素，由于次外层的 $(n-1)$d 轨道已经全充满，d 电子对核电荷的抵消作用较大，超过了核电荷数增加的影响，导致原子半径反而有所增大；从上到下，原子半径一般只是稍有增大。其中第 5 与第 6 周期的同族元素之间原子半径非常接近，这主要是镧系收缩造成的结果。

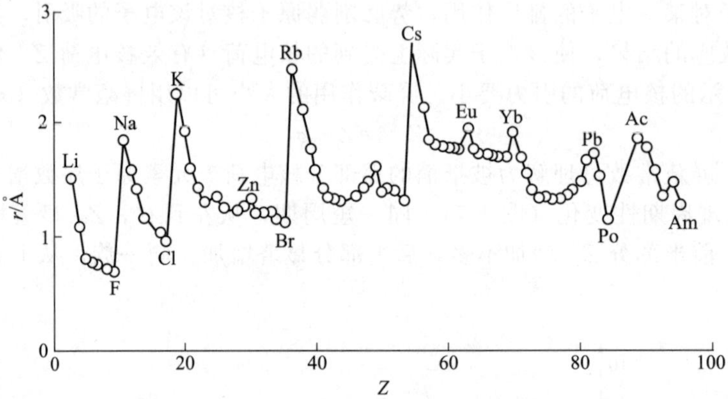

图 1-8 原子半径随核电荷数的周期性变化

1.1.4.3 元素的电离能

基态的气体原子失去最外层的第一个电子成为+1 价离子所需的能量称为第一电离能（I_1）；从 1 价气态正离子再失去一个电子形成 2 价正离子所需的最低能量称为第二电离能（I_2）；依次类推。一般地，原子核对外层电子的吸引力越强，越不易失去电子，电离能就越大。由于失去电子形成阳离子，其原子核对电子的有效吸引力加强，离子的半径有所减小，要再失去电子就更加困难，故各级电离能之间的关系为 $I_1<I_2<I_3<I_4<\cdots$。

一般使用第一电离能来衡量原子失去电子成为阳离子的倾向，即元素的第一电离能越小，则该元素越易失去电子，金属性越强。反之亦然。

图 1-9 显示第一电离能随核电荷数呈现周期性的变化。可以看出：在同一周期，从左至右，核电荷增多，原子半径减小，第一电离能增大（如从 Li 到 Ne）。但有一些例外，如第二周期中：I_1(B)$<I_1$(Be)；I_1(O)$<I_1$(N)。其原因在于外层电子构型不同：如 B 为 $2s^22p^1$、Be 为 $2s^22p^0$。B 易于失去一个电子变成 $2s^22p^0$ 稳定结构（洪特规则），导致电离能降低；而 Be 因为已是 $2s^22p^0$ 稳定结构，难以失去电子，导致 Be 的第一电离能高于 B 的第一电离能。其他的例外都是相同的原因。而同一周期过渡元素自左至右电离能变化不大，规律性也较差；对于同主族元素，自上而下，核电荷数增大，原子半径增大，电离能相应减少，但 La 系收缩作用使得 I_1(Ga)$>I_1$(Al)、I_1(Tl)$>I_1$(In)、I_1(Pb)$>I_1$(Sn)。

电离能不仅能用来衡量元素的原子失去电子能力的强弱，还可以通过对各级电离能数据的分析，判断金属元素通常所处的化合状态。如 Al，其第一、第二、第三电离能数值不大

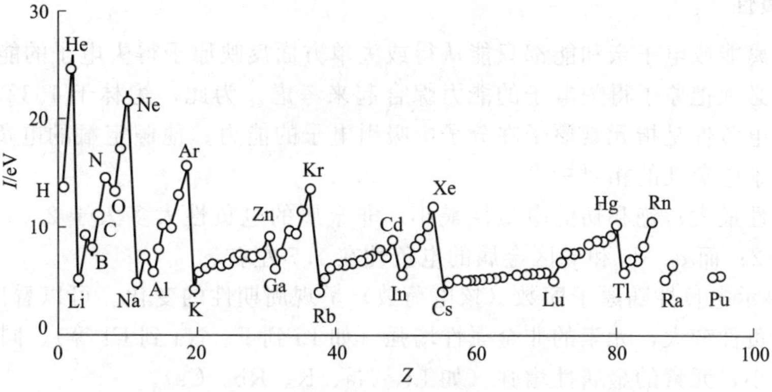

图 1-9 第一电离能随核电荷数的周期性变化

且相差也不大，而第四电离能相对增大许多，这表明铝原子在与其他元素原子化合时易于失去三个电子，难于失去四个电子，从而形成+3 价阳离子。其原因可从外层电子构型看出：

$$Al:2s^2 2p^1 \longrightarrow Al^{3+}:2s^0 2p^0。$$

即铝原子易于失去外层 3 个电子，从而达到并保持稳定结构。元素原子逐级电离能数据的突跃变化也间接证明了核外电子的分层分布。

1.1.4.4 电子亲和能

基态的气态原子得到一个电子形成−1 价气态阴离子所放出的能量，称为元素的第一电子亲和能，相应也有第二、第三电子亲和能等。电子亲和能常用符号 E 表示，单位为 eV 或 kJ。电子亲和能取负值是系统放出能量，而电离能取正值却是系统吸收能量。电子亲和能可用于衡量元素原子得到电子成为阴离子的倾向，元素原子的电子亲和能越负，表明该原子获得电子的能力越强，一般表明该元素的非金属性越强。表 1-2 列出了部分主族元素的第一电子亲和能。由于电子亲和能的数据不全，故影响了它的应用。

表 1-2 主族元素的第一电子亲和能 单位：$kJ \cdot mol^{-1}$

元素	第一电子亲和能	元素	第一电子亲和能	元素	第一电子亲和能	元素	第一电子亲和能	元素	第一电子亲和能	元素	第一电子亲和能
Li	−60.4	B	−27	C	−123	N	7	O	−142.5	F	−331.4
Na	−53.2	Al	−45	Si	−135	P	−72.4	S	−202.5	Cl	−352.4
K	−48.9	Ga	−30	Ge	−120	As	−78	Se	−197	Br	−327.9
Rb	−47.4	In	−29	Sn	−122	Sb	−102	Te	−192	I	−298.4
Cs	−45.5	Tl	−30	Pb	−110	Bi	−110	Po	−190	At	−270

从表 1-2 可以看出，同周期从左至右，元素原子第一电子亲和能绝对值增大（例外在于核外电子分布的稳定性，如 Be、N 等）；同族从上而下，元素原子第一电子亲和能绝对值总的趋势是减小的，但电子亲和能最小值不是出现在第二周期的元素，而是出现在第三周期的元素。如 Cl、S、P、Si、Al 等。这是因为第二周期的元素由于没有 d 轨道，原子半径远远小于第三周期的元素，这造成第二周期的原子内电子密度较大，对获得电子有相对较大的排斥，导致其获得电子时放出的能量相对较小。第三周期的元素由于有 d 轨道，原子半径较大，原子内电子密度较小，对获得电子有相对较小的排斥，导致其获得电子时放出的能量相对较大。

1.1.4.5　电负性

元素的电离能或电子亲和能都只能从得或失单方面反映原子得失电子的能力，但在原子相互化合时，必须把原子得失电子的能力综合起来考虑。为此，鲍林于 1932 年提出电负性的概念，所谓电负性是指元素原子在分子中吸引电子的能力。他假定氟的电负性为 4.0，作为确定其他元素电负性的相对标准。

氟的电负性最大；铯和钫的电负性最小；非金属的电负性大多大于 2.0；s 区金属电负性大多小于 1.2；而 d、ds 和 p 区金属的电负性在 1.7 左右。

图 1-10 显示电负性随原子序数（核电荷数）呈现周期性的变化。可以看出，同周期中，自左向右，电负性变大，元素的非金属性增强（如 Li 到 F、Na 到 Cl 等）。同族中，自上而下，电负性变小，元素的金属性增强（如 Li、Na、K、Rb、Cs）。

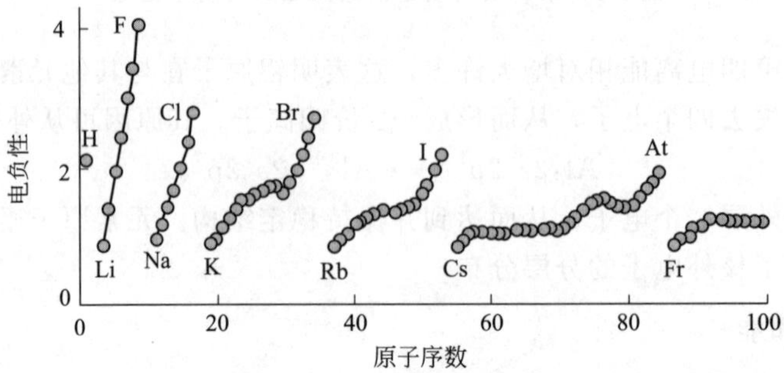

图 1-10　元素电负性随原子序数的周期性变化

1.2　化学键和分子结构

迄今人们已经发现了 100 多种元素，正是由这些元素的原子构成了这个丰富多彩的物质世界。人们通常遇到的物质（单质和化合物），除稀有气体外，都不是以单原子的状态存在，而是以原子之间相互结合形成的分子或晶体状态存在。在分子或晶体内，原子或离子之间必然存在着强烈的相互吸引作用把它们结合起来。我们把分子或晶体内邻近粒子（原子或粒子）间这种强烈的相互吸引作用称为化学键（chemical bond）。化学键按其特点一般可分为离子键、共价键和金属键三种基本类型。

1.2.1　离子键

1916 年，德国化学家柯塞尔（W. Kossel）根据稀有气体原子的电子层结构特别稳定的事实，首先提出了离子键理论。根据这一理论，原子形成离子晶体时，通过失去或得到电子形成具有稳定电子层结构的正、负离子，这两种正负离子通过静电引力形成离子型化合物。这种由正负离子静电吸引所产生的化学结合力称为离子键（ionic bond）。例如离子型化合物 NaCl 的形成过程可简单地表示如下：

$$n\mathrm{Na}(3s^1)\xrightarrow{-ne^-}n\mathrm{Na}^+(2s^2 2p^6)$$

$$n\mathrm{Cl}(3s^2 3p^5)\xrightarrow{+ne^-}n\mathrm{Cl}^-(3s^2 3p^6)$$

$$\longrightarrow n\mathrm{Na}^+\mathrm{Cl}^-$$

离子键的本质是静电引力。由离子键形成的离子型化合物分子一般只存在高温的蒸气中（如 NaCl 蒸气），绝大多数情况下，离子型化合物主要是以离子晶体的形式存在。离子晶体通常具有较高的熔点、硬度，易溶于水，其熔融液和水溶液均能导电。

当球形正负离子相互靠近时，尽管有静电吸引，但由于它们外层电子云以及两原子核间产生的排斥作用使正负离子不能无限靠近而在保持一定距离的位置上振动，从而使正负离子的电子云保持各自的独立性，形成正负端，所以离子键是有极性的。由于离子电荷的分布是球形对称的，在各个方向上的静电效应是等同的，一个离子可以与多个异号电荷离子相吸引，只要离子周围的空间允许，每一离子尽可能多地吸引异号电荷离子，因此，离子键没有方向性和饱和性。值得注意的是，不要以为一种离子周围所配位的异号电荷离子的数目是任意的，恰恰相反，离子晶体中每种离子都有一定的配位数，它主要取决于正负离子的相对大小，并使得异号离子间的吸引力大于同号离子间的排斥力。例如，NaCl 晶体中一个钠离子周围有 6 个氯离子；而 CsCl 晶体中，一个铯离子周围有 8 个氯离子。

离子键的离子性与成键元素的电负性有关，一般来说，元素的电负性差值越大，电子转移越完全，键的离子性就越强。但近代实验表明，即使是在电负性最小的 Cs 和电负性最大的 F 形成典型的离子化合物 CsF 中，键的离子性也只有 92%，也就是说，还有 8%的共价性。当两个原子电负性差值为 1.7 时，它们所形成的化学键中，单键的离子性和共价性各占 50%。因此，1.7 是个重要的参考数值，如果电负性差值大于 1.7，离子性大于 50%，可认为是离子键。但电负性差值大于 1.7 的两种不同原子是否能形成离子键，还要看所成的键是否具有离子键的特征。例如，HF 中，两元素的电负性之差为 1.9，但 HF 中的化学键是共价键。

1.2.2 共价键

两种电负性相差很大的原子通过形成离子键形成离子型化合物或离子晶体。那么同种原子或两个电负性相差较小的原子是如何结合成分子的呢？为了说明相同原子组成的单质分子（如 H_2、N_2、Cl_2 等）、不同非金属元素原子结合形成的分子（如 HCl、CO_2 等）以及大量有机化合物分子中的化学键的本质，1916 年，美国化学家路易斯（G. N. Lewis）提出了经典的共价键理论。他认为，在形成分子时，每个原子都有使本身达到稳定的稀有气体 2 电子或 8 电子构型的倾向，这种倾向可以通过两原子之间共用电子对的方式来实现。这种成键原子间通过共享电子对形成的化学键称为共价键（covalent bond）。用小黑点代表价电子，可以表示原子形成分子时共用一对或若干对电子以满足稀有气体电子构型的情景。为了方便起见，也常以一条短线代替两个小黑点，作为共享一对电子形成共价键的符号，这些电子结构式统称为路易斯结构式。例如，H_2、H_2O、HCl、N_2 分子的路易斯结构式为

$$\mathrm{H:H}\quad \mathrm{H:O:H}\quad \mathrm{H:Cl}\quad \mathrm{N\vdots\vdots N}$$

$$\mathrm{H{-}H}\quad \mathrm{H{-}O{-}H}\quad \mathrm{H{-}Cl}\quad \mathrm{N{\equiv}N}$$

路易斯的共价键理论成功地解释了电负性相近或相同的原子是如何组成分子的。但许多客观事实仍然难以得到解释，例如：两个带负电的电子为何不排斥反而配对使两原子结合成分子？有不少化合物，如 PCl_5、BF_3 等，其中心原子的外层电子数并不满足稀有气体外层电子构型却为何仍能稳定存在？

为了解决这些问题，1927 年，美国物理学家海特勒（W. Heitler）和伦敦（F. London）首次运用量子力学研究最简单的氢分子的形成，成功阐明了共价键的本质。接着，美国化学家鲍林进一步将量子力学处理氢分子的方法推广应用到其他分子体系，发展成现代价键理论

和杂化轨道理论。1932 年，美国化学家莫里肯（R. S. Mulliken）和德国化学家洪特（F. Hund）又从不同角度提出了分子轨道理论。这些理论有助于我们从不同的角度认清分子的形成、结构和性质。本书只介绍现代价键理论和杂化轨道理论。

1.2.2.1 共价键的形成及其本质

海特勒和伦敦用量子力学的方法研究了两个氢原子结合成为氢分子时所形成共价键的本质。他们将两个氢原子相互作用时的能量作为两个氢原子核间距 R 的函数进行计算，得到了如图 1-11 所示的两条曲线。

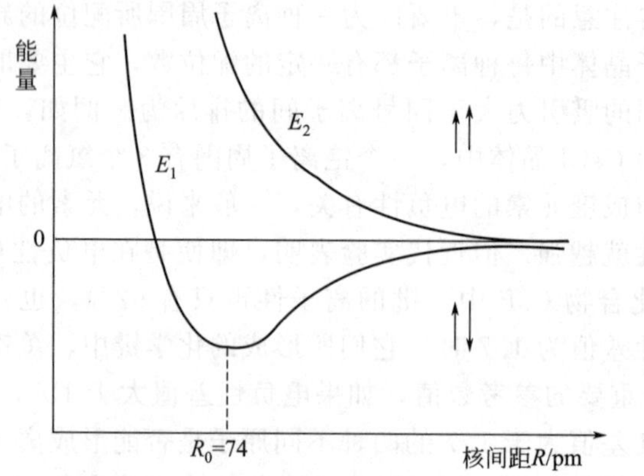

图 1-11 H_2 形成时能量与核间距的关系图

如果两个氢原子的 1s 电子运动状态不同（即自旋方向相反），当它们相互趋近时，两原子产生了吸引作用，整个系统的能量降低（见图 1-11 中的 E_1 曲线）。当两个氢原子核间距为 74pm 时，系统能量达到最低，表明两个氢原子在核间距为 74pm 的平衡距离 R_0 处成键，形成了稳定的氢分子，这就是氢分子的基态（图 1-12）。如果两个氢原子继续接近，则原子间的排斥力将迅速增加，能量曲线 E_1 急剧上升，排斥作用又将氢原子推回平衡位置。因此，氢分子中的两个氢原子在平衡距离 R_0 附近振动。R_0 即为氢分子单键的键长。氢分子在平衡距离 R_0 时与两个自由氢原子相比能量降低的数值近似等于氢分子的键能 436kJ · mol^{-1}。

当 1s 电子运动状态完全相同（即自旋方向相同）的两个氢原子相距很远时，它们之间基本上不存在相互作用力。但当它们互相趋近时，逐渐产生了排斥作用，能量随核间距减小而急剧上升（见图 1-11 中的 E_2 曲线），系统能量始终高于两个氢原子单独存在时的能量，不能形成稳定氢分子，这种状态称为氢分子的排斥态（图 1-12）。

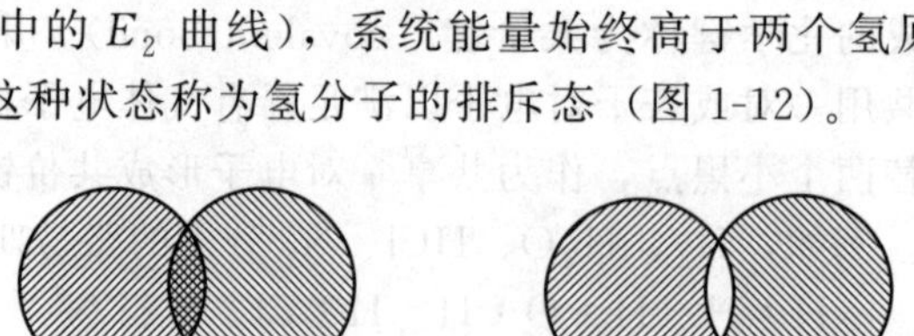

图 1-12 氢分子的基态和排斥态

由量子力学原理可知，当 1s 电子自旋方向相反的两个氢原子相互靠近时，随着核间距 R 的减小，两个 1s 原子轨道发生重叠，按照波的叠加原理可以发生同相位重叠（即同号重叠），使两核间形成了一个电子出现的概率密度增大的区域，从而削弱了两核间的正电排斥力，系统能量降低，达到稳定状态——基态。实验测得氢分子中的核间距为 74pm，而氢原子的玻尔半径为 53pm，可见氢分子中两个氢原子的 1s 轨道必然发生了重叠。若 1s 电子自旋方向相同的两个氢原子相互靠近时，两个 1s 原子轨道发生不同相位重叠（即异号重叠），使两核间电子出现的概率密度减小，增大了两核间的排斥力，系统能量升高，即为不稳定状态——排斥态。

1.2.2.2 现代价键理论的基本要点

把量子力学处理氢分子系统的上述结果推广到其他分子系统，发展成为现代价键理论（valence bond theory）。价键理论又称电子配对法，其基本要点是：

① 两原子接近时，自旋方向相反的未成对的价电子可以配对，形成共价键。若 A、B 两个原子各有一个自旋方向相反的未成对价电子，可以互相配对形成稳定的共价单键 A—B。无未成对价电子的原子，不可能形成共价分子；若 A、B 两个原子各有两个或三个自旋方向相反的未成对价电子，则可以形成双键 A═B 或叁键 A≡B 。如氮原子有三个未成对价电子，若与另一个氮原子的三个未成对价电子自旋方向相反，则可以配对形成叁键 N≡N 。

② 原子轨道重叠时，只有波函数为同号时才能实现有效的重叠，这称为原子轨道的对称匹配条件。

③ 成键原子的原子轨道相互重叠得越多，形成的共价键越稳定。因此两原子应尽可能地沿着原子轨道最大重叠的方向形成共价键，这就是原子轨道最大重叠原理。

1.2.2.3 共价键的特征——饱和性和方向性

（1）共价键的饱和性　原子在形成共价分子时所形成的共价键数目，取决于它所具有的未成对电子的数目。因此，一个原子有几个未成对电子（包括激发后形成的未成对电子），便可与几个自旋方向相反的未成对电子配对成键，这就是共价键的饱和性。两个氢原子通过自旋方向相反的 1s 电子配对形成 H—H 单键结合成 H_2 分子后，就不能再与第三个 H 原子的未成对电子配对了。氮原子有三个未成对电子，可与三个氢原子的自旋方向相反的未成对电子配对形成三个共价单键，结合成 NH_3。

（2）共价键的方向性　根据原子轨道最大重叠原理，在形成共价键时，原子间总是尽可能沿着原子轨道最大重叠的方向成键。轨道重叠越多，电子在两核间出现的概率密度越大，形成的共价键就越稳定。除 s 轨道呈球形对称外，p、d、f 轨道在空间都有一定的伸展方向。在成键时，为了达到原子轨道的最大程度重叠，形成的共价键必然会有一定的方向性，共价键的方向性决定了共价分子具有一定的空间构型。

1.2.2.4 共价键的类型

按原子轨道重叠方式及重叠部分对称性的不同，可以将共价键分为 σ 键和 π 键两类。

（1）σ 键　若两原子轨道按“头碰头”的方式发生轨道重叠，轨道重叠部分沿着键轴（即成键原子核间连线）呈圆柱形对称，这种共价键称为 σ 键（图 1-13）。

（2）π 键　两原子轨道按“肩并肩”的方式发生轨道重叠，轨道重叠部分对通过键轴的一个平面具有镜面反对称，这种共价键称为 π 键（图 1-14）。例如：N_2 分子中两个 N 原子，各以三个 3p 轨道（$3p_x$，$3p_y$，$3p_z$）相互重叠形成共价叁键。设键轴为 x 轴，结合时，每个 N 原子的未成对 $3p_x$ 电子彼此沿 x 轴方向，以“头碰头”的方式重叠，形成一个 σ 键。此时每个 N 原子的 $3p_y$ 和 $3p_z$ 电子便只能采取“肩并肩”的方式重叠，形成两个 π 键（图 1-14）。

σ 键和 π 键是两类性质不同的共价键。由于 π 键的电子云不像 σ 键那样集中在两核的连线上，核对 π 电子的束缚力较小，π 键的能量较高，稳定性较低，易于反应（如乙烯的加成反应）。

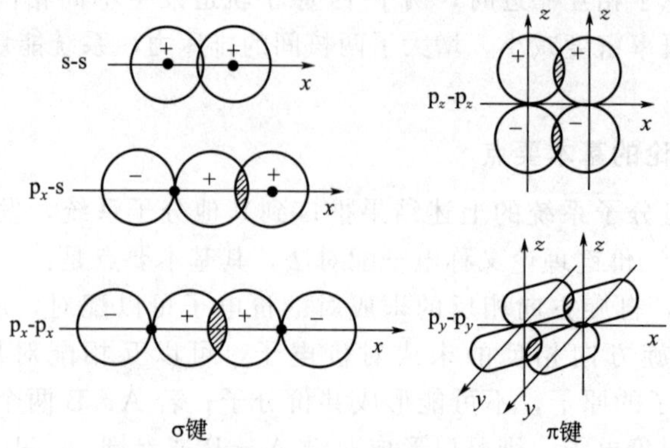

图 1-13　σ 键和 π 键重叠方式示意图

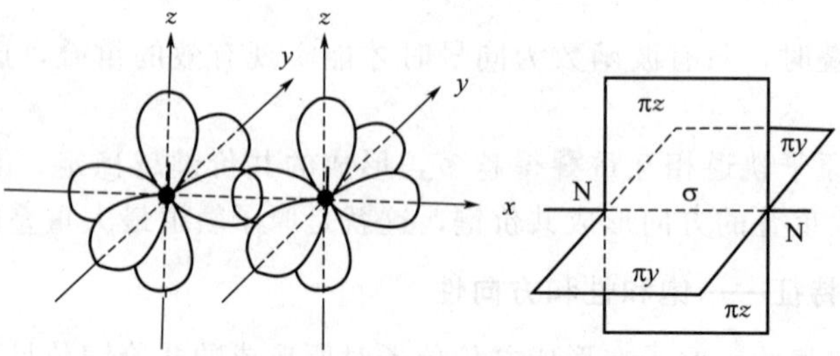

图 1-14　N_2 分子的共价键示意图

如果共价键的共用电子对是由两原子中的一个原子提供的，则形成的共价键称为配位共价键，简称配位键（coordination bond）。提供电子对的原子称为电子对给予体（donor），接受电子对的原子称为电子对接受体（acceptor）。例如，配离子 NH_4^+ 的形成：

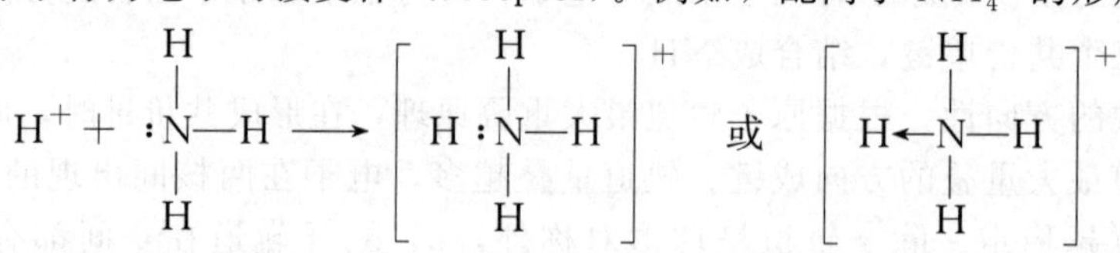

通常用“→”表示配位键，以区别于正常共价键。形成配位键必须具备两个条件：一是一个原子的价电子层有未共用的电子对，即孤对电子；二是另一个原子的价电子层有空轨道。

1.2.3　杂化轨道和分子的几何构型

价键理论虽成功地解释了许多共价键分子的形成，阐明了共价键的本质及特征，但在解释一些分子成键以及分子的空间结构方面遇到了困难。例如，Be 原子的核外电子分布式为 $1s^2 2s^2$，按价键理论，没有未成对电子，不能形成共价键，但有 $BeCl_2$ 共价分子的存在；B 原子的核外电子分布式为 $1s^2 2s^2 2p^1$，按价键理论，只能形成一个共价键，但实际上，BF_3 有三个共价键；C 原子的核外电子分布式为 $1s^2 2s^2 2p^2$，有两个未成对电子，按价键理论只能形成两个共价键，但有 CH_4 分子存在；O 和 N 形成 H_2O 分子和 NH_3 分子，按价键理论，其键角为 90°，而实际上却分别为 104°45′和 107°18′。为了更好地解释多原子分子的实际空间构型和性质，1931 年，鲍林提出了杂化轨道理论（hybrid orbital theory），丰富和发展了现代价键理论。

1.2.3.1 杂化轨道理论的基本要点

杂化轨道理论从电子具有波动性、波可以叠加的观点出发，认为一个原子和其他原子形成分子时，中心原子所用的成键原子轨道（即波函数）不是原来纯粹的 s 轨道或 p 轨道，而是它们组合起来的新的成键轨道。其要点如下：

① 在共价键的形成过程中，由于原子间的相互影响，同一原子中能量相近的若干不同类型的原子轨道可以“混合”起来，重新组合形成一组成键能力更强的新的原子轨道。这个过程称为原子轨道的杂化（hybridization）。所得到的新的原子轨道称为杂化轨道（hybrid orbital）。

② n 个原子轨道杂化后，形成 n 个能量相同、成分相同并具有一定空间构型的杂化轨道。

1.2.3.2 杂化轨道类型和分子的几何构型

根据参与杂化的原子轨道的种类和数目的不同，可将杂化轨道分成以下几类。

（1）sp 杂化　能量相近的一个 ns 轨道和一个 np 轨道杂化，可形成两个等价的 sp 杂化轨道。每个 sp 杂化轨道含一半的 ns 轨道成分和一半的 np 轨道的成分，轨道呈一头大、一头小，两个 sp 杂化轨道之间的夹角为 180°（图 1-15）。因此，形成的分子呈直线形构型。

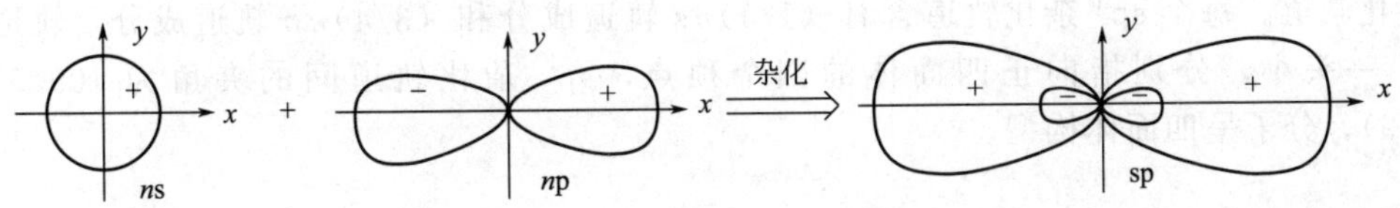

图 1-15　sp 杂化过程示意图

下面以气态 $BeCl_2$ 分子的形成过程加以说明。基态 Be 原子的外层电子构型为 $2s^2$，无未成对电子，按价键理论不能再形成共价键，但 Be 的一个 2s 电子可以激发进入 2p 轨道中，激发态 Be 原子的外层电子构型为 $2s^1 2p^1$，采取 sp 杂化，形成两个等价的 sp 杂化轨道，指向直线的两端，分别与 Cl 原子的 3p 轨道沿键轴方向重叠，生成两个（sp-p）σ 键（图 1-16），故 $BeCl_2$ 分子呈直线形，键角为 180°。其他 sp 杂化的例子有 $HgCl_2$、$ZnCl_2$、CO_2、乙炔等。

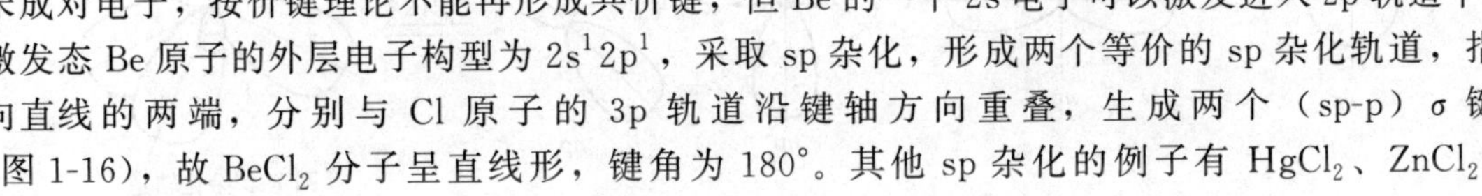

图 1-16　$BeCl_2$ 分子的形成过程示意图

（2）sp^2 杂化　能量相近的一个 ns 轨道和两个 np 轨道杂化，可形成三个等价的 sp^2 杂化轨道。每个 sp^2 杂化轨道含有 (1/3)ns 轨道成分和 (2/3)np 轨道成分，sp^2 杂化轨道之间的夹角为 120°（图 1-17）。分子呈平面三角形构型。下面以气态 BF_3 分子的形成过程加以说明。

基态 B 原子的外层电子构型为 $2s^2 2p^1$，似乎只能形成一个共价键。按杂化轨道理论，成键时，B 的一个 2s 电子被激发到空的 2p 轨道上，激发态 B 原子的外层电子构型为 $2s^1 2p_x^1 2p_y^2$，取 sp^2 杂化，形成三个等价的 sp^2 杂化轨道，指向平面三角形的三个顶点，分别与 F 的 2p 轨道重叠，形成三个（sp^2-p）σ 键，键角为 120°（见图 1-18），所以，BF_3 分子为平面三角形构型。其他 sp^2 杂化的例子有 $AlCl_3$、乙烯等。

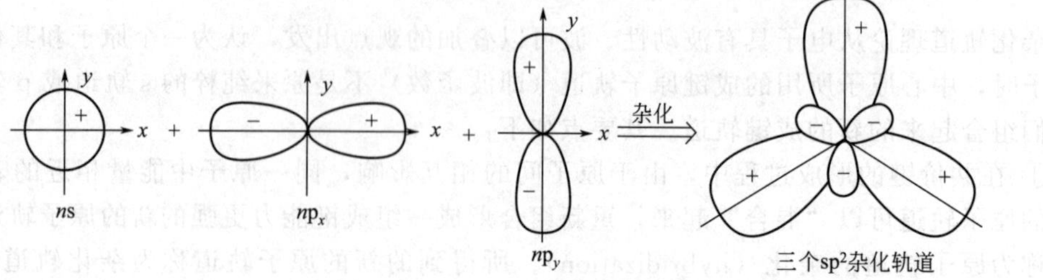

图 1-17　sp^2 杂化过程示意图

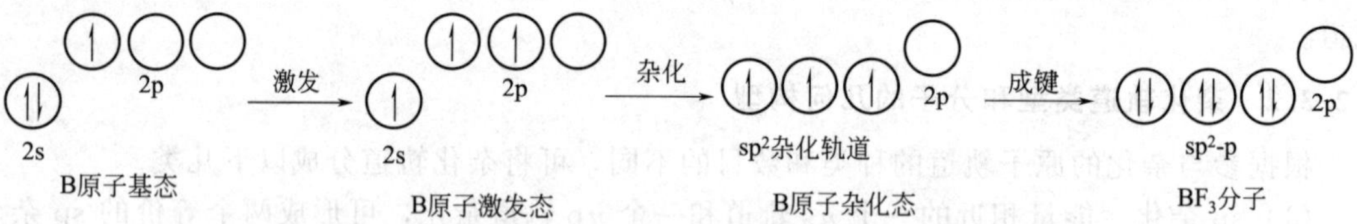

图 1-18　BF_3 分子的形成过程示意图

（3）等性 sp^3 杂化　能量相近的一个 ns 轨道和三个 np 轨道杂化，可形成四个等价的 sp^3 杂化轨道。每个 sp^3 杂化轨道含有（1/4）ns 轨道成分和（3/4）np 轨道成分，轨道呈一头大、一头小，分别指向正四面体的四个顶点，sp^3 杂化轨道间的夹角为 109.5°（见图 1-19），分子呈四面体构型。

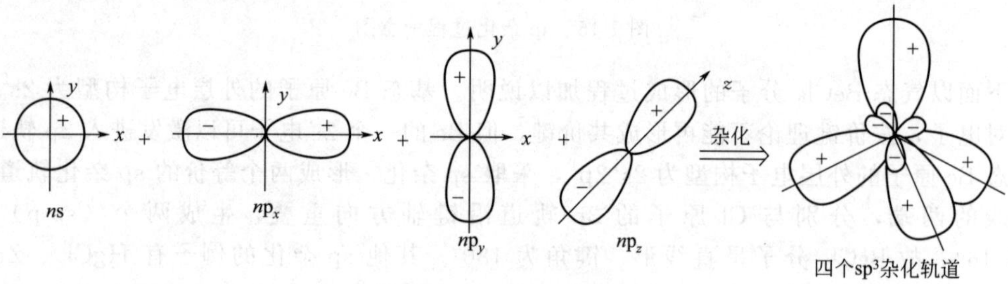

图 1-19　sp^3 杂化过程示意图

下面以 CH_4 分子的形成为例加以说明。基态 C 原子的外层电子构型为 $2s^2 2p^2$，似乎只能形成两个共价键。按杂化轨道理论，成键时 C 的一个 2s 电子被激发到空的 2p 轨道上，激发态 C 原子的外层电子构型为 $2s^1 2p_x^1 2p_y^1 2p_z^1$，取 sp^3 杂化，形成四个等价的 sp^3 杂化轨道，指向正四面体的四个顶点，分别与 H 的 1s 轨道重叠，形成四个（sp^3-s）σ 键，键角为 109.5°（见图 1-20）。所以，CH_4 分子为正四面体构型。其他等性 sp^3 杂化的例子有 SiH_4、$GeCl_4$ 等。

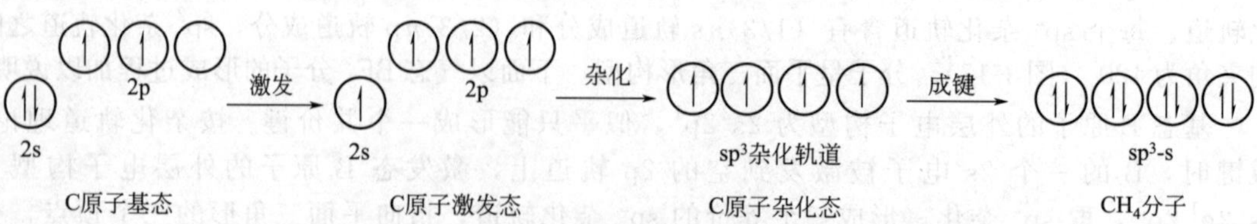

图 1-20　CH_4 分子的形成过程示意图

(4) 不等性 sp^3 杂化 若中心原子有不参与成键的孤对电子占有的原子轨道参与了杂化，便可形成能量不等、成分不完全相同的新的杂化轨道，这种杂化称为不等性杂化，形成的杂化轨道称为不等性杂化轨道。NH_3、H_2O 分子就属于这一类。

基态 N 原子的外层电子构型为 $2s^1 2p_x^1 2p_y^1 2p_z^1$，成键时，这四个原子轨道发生了 sp^3 杂化，得到四个 sp^3 杂化轨道，其中有三个 sp^3 杂化轨道分别被未成对电子占有，能与三个 H 原子的 1s 电子形成三个 σ 键，第四个 sp^3 杂化轨道则为孤对电子所占有（见图 1-21）。该孤对电子不参与成键，其电子云较密集于 N 原子的周围，对其他三个键有排斥作用，使其键角由 109.5°压缩到 107.3°，故 NH_3 分子呈三角锥形（图 1-22）。其他的例子还有 PCl_3、PH_3 等。

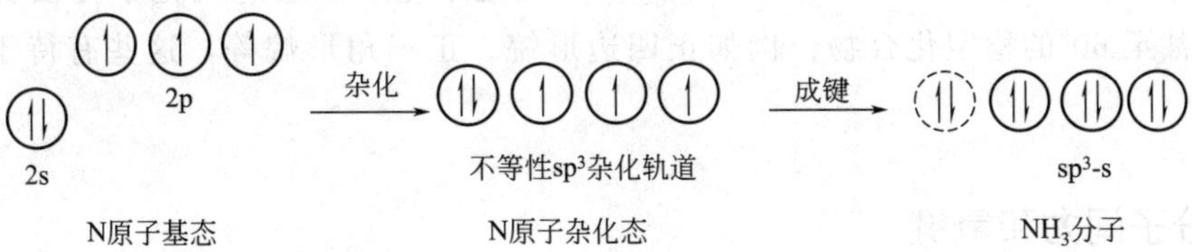

图 1-21 NH_3 分子的形成过程示意图

基态 O 原子的外层电子构型为 $2s^2 2p_x^1 2p_y^1 2p_z^1$，成键时四个原子轨道发生 sp^3 杂化，得到四个 sp^3 杂化轨道，其中两个 sp^3 杂化轨道有未成对电子，能与两个 H 原子的 1s 电子形成两个 σ 键，另外两个 sp^3 杂化轨道分别被孤对电子所占有（见图 1-23）。两对孤对电子对两个键的排斥更大，使键角被压缩到 104.5°，故 H_2O 分子的空间构型呈 V 形（见图 1-24）。其他的例子还有 H_2S、OF_2 等。

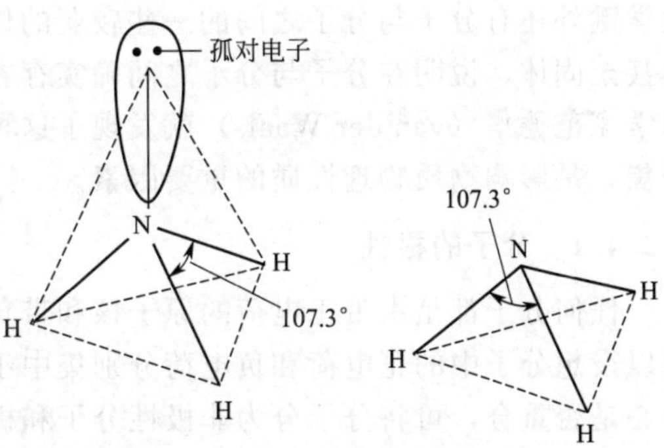

图 1-22 NH_3 分子的空间构型

以上介绍了 s 轨道和 p 轨道的三种杂化形式以及相应分子的几何构型。表 1-3 对上述杂化形式和分子几何构型进行了简要的归纳。

图 1-23 H_2O 分子的形成过程示意图

表 1-3 s-p 杂化的类型、分子几何构型及实例

杂化类型	杂化轨道数	分子几何构型	键角	实例
sp	2	直线形	180°	$BeCl_2$、$HgCl_2$、CO_2、乙炔
sp^2	3	平面正三角形	120°	BF_3、BCl_3、$AlCl_3$、乙烯
sp^3	4	正四面体形	109.5°	CH_4、CCl_4、SiH_4、$GeCl_4$
不等性 sp^3	4	三角锥形	107.3°	NH_3、PH_3、PCl_3
		V 字形	104.5°	H_2O、H_2S、OF_2

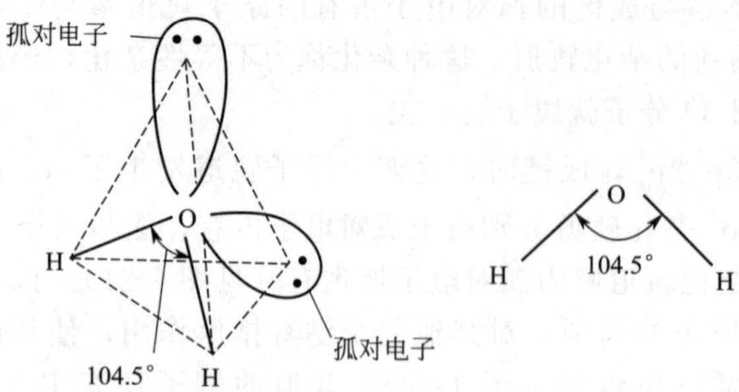

图 1-24　H_2O 分子的空间构型

第三周期及其以后元素的原子，价电子层中有 d 轨道。若 $(n-1)$d 或 nd 轨道与 ns、np 轨道的能级比较接近，成键时还有可能发生 spd 或 dsp 杂化。例如 SF_6 分子中的 S 原子采取 sp^3d^2 杂化成键，形成正八面体结构。鲍林提出的杂化轨道理论较好地解释了绝大多数共价化合物的分子构型，是迄今为止最为实用的价键理论，但也面临着新的挑战，近来化学家通过光化学方法合成了键角小于 90°，甚至 60°的稳定化合物：例如正四边形烷、正三角形烷等，这些有待于新的理论去解释。

1.2.4　分子间力和氢键

化学键是决定分子化学性质的主要因素，但影响物质的性质特别是物理性质的因素，除化学键外还有分子与分子之间的一些较弱的作用力。在温度足够低时，许多气体能凝聚为液体甚至固体，说明在分子与分子之间确实存在着一种相互吸引作用。早在 1873 年，荷兰物理学家范德华（van der Waals）就发现了这种作用力。这种作用力大小约在每摩尔几到几十千焦，是影响物质物理性质的重要因素。

1.2.4.1　分子的极性

任何分子都是由带正电荷的原子核和带负电荷的核外电子组成。正如物体有重心一样，可以设想分子中的正电荷和负电荷分别集中于一点，形成正、负电荷中心。根据正、负电荷中心是否重合，可将分子分为非极性分子和极性分子两大类。

正负电荷中心重合的分子为非极性分子（nonpolar molecule）[图 1-25(a)]。例如，同核双原子分子 H_2、O_2、N_2、Cl_2、Br_2 等，由于两原子的电负性相同，两原子核对共享电子对的吸引能力相同，正负电荷中心必然重合，它们是非极性分子；正负电荷中心不重合的分子为极性分子（polar molecule）[图 1-25(b)]。例如，异核双原子分子 HCl、HF、HBr、CO、NO 等，由于两原子的电负性不同，两原子核对共享电子对的吸引能力不同，它们之间的共价键是极性键，其中电负性大的原子吸引电子的能力强，负电荷中心更靠近该原子核，而正电荷中心则靠近电负性较小的原子，这样正负电荷中心不重合，它们是极性分子。

对于多原子分子而言，分子是否有极性，不仅取决于键是否有极性，而且还与分子的空间构型有关。例如：CO_2 分子中 C═O 键虽为极性键，但 CO_2 为线形对称构型，正负电荷中心重合，是非极性分子；CCl_4 分子中 C—Cl 键有极性，但该分子为对称的正四面体构型，正负电荷中心重合，是非极性分子；SO_2 分子中 S═O 键为极性键且 SO_2 分子不是对称构型，正负电荷中心不重合，是极性分子。

分子极性的大小由偶极矩（dipole moment，μ）来衡量，分子的正负电荷中心构成了分子的两个极称为偶极（dipole）（图 1-26），两个极之间的距离叫偶极长度（d）。若正负电荷中心所带的电量分别为 $+q$ 和 $-q$，则分子的偶极矩定义为

$$\mu = qd$$

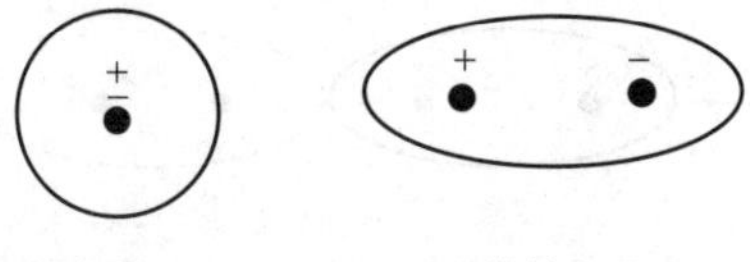

图 1-25　非极性分子和极性分子

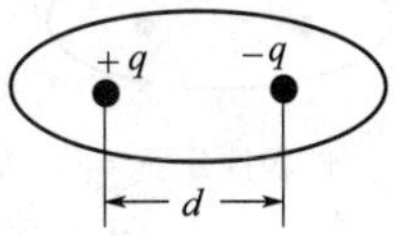

图 1-26　偶极示意图

偶极矩是一个矢量，其方向规定从正电荷指向负电荷。分子的偶极矩 μ 可以用实验方法测定，单位为 C·m 或 D（德拜，1D=3.33564×10^{-30}C·m）。μ 值既可以说明分子极性的强弱，也能提供判断分子空间构型的信息。μ 越大，分子的极性越强，因此可以根据偶极矩 μ 的大小比较分子极性的相对强弱。

1.2.4.2　分子间力

分子间作用力是分子与分子之间的一种弱的相互作用力，是一种短程吸引力，与分子间距离的 6 次方成反比，所以，随分子间距离的增大，分子间力迅速地减小。根据力产生的特点，分子间力可分为色散力、诱导力和取向力三种类型。

（1）色散力　室温下碘、萘是固体，苯是液体；在低温下，Cl_2、N_2、O_2 以及稀有气体也能液化，表明这些非极性分子之间存在相互作用力。任何一个分子，由于电子的运动和核的振动，会出现电子和核的瞬间相对位移，引起分子中正负电荷中心分离，产生瞬时偶极(instantanons dipole)。当两个非极性分子相互靠近时［如图 1-27(a) 所示］，瞬时偶极会诱使邻近的非极性分子产生正负电荷中心分离，相邻分子会在瞬时产生异极相邻的状态［如图 1-27(b) 或图 1-27(c) 所示］，分子间因此而产生了静电引力。由于从量子力学导出的这种力的计算公式与光色散公式相似，因此把这种力称为色散力（dispersion force），其实二者并无联系。虽然瞬时偶极仅在瞬时出现，存在时间极短，但由于分子处于不断运动之中，因此造成正负电荷中心的相互分离状态却是时刻存在的，即不断地重复产生瞬时偶极，故分子之间始终存在着这种色散力。

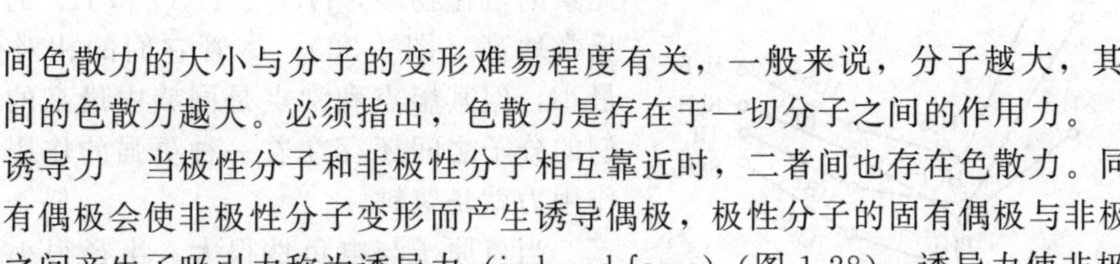

图 1-27　非极性分子相互作用示意图

分子间色散力的大小与分子的变形难易程度有关，一般来说，分子越大，其变形越容易，分子间的色散力越大。必须指出，色散力是存在于一切分子之间的作用力。

（2）诱导力　当极性分子和非极性分子相互靠近时，二者间也存在色散力。同时，极性分子的固有偶极会使非极性分子变形而产生诱导偶极，极性分子的固有偶极与非极性分子的诱导偶极之间产生了吸引力称为诱导力（induced force）（图 1-28）。诱导力使非极性分子产生了偶极，也使极性分子的极性增强。

极性分子的偶极矩越大，非极性分子的变形性越大，分子间产生的诱导力就越大。诱导力存在于极性分子与非极性分子以及极性分子与极性分子之间，也会出现在离子和离子、离子和分子之间。

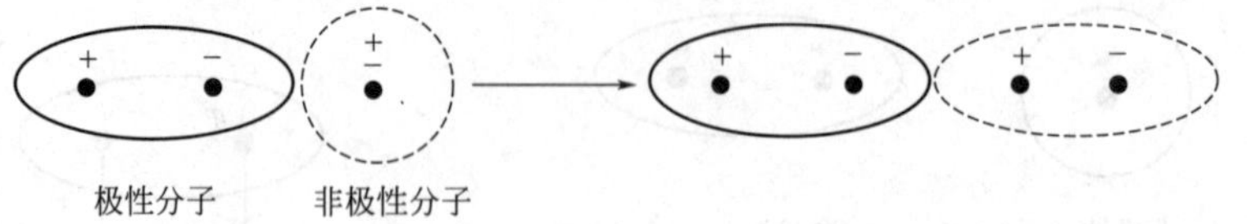

图 1-28　极性分子与非极性分子相互作用示意图

(3) 取向力　两个极性分子互相靠近时，分子间不仅存在色散力和诱导力，而且由于极性分子固有偶极的作用，产生同极相斥，异极相吸现像，使极性分子在空间转向成为异极相邻的状态，以静电引力互相吸引。这种由极性分子在空间取向形成的作用力，称为取向力 (orientation force)（图 1-29）。

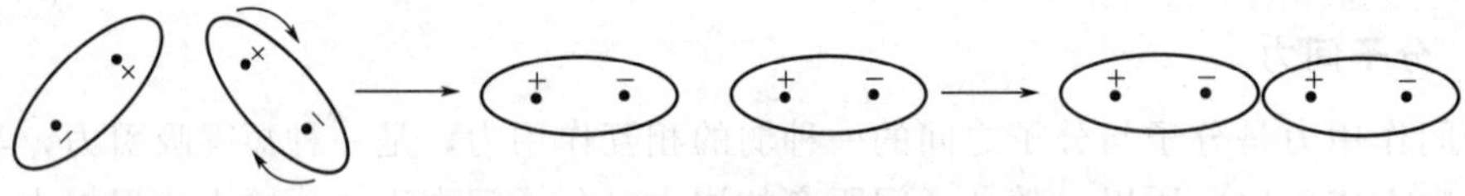

图 1-29　极性分子相互作用示意图

取向力与分子的偶极矩的平方成正比，即分子的极性越大，取向力越大。但与绝对温度成反比，温度越高，取向力越弱。取向力源自极性分子间固有偶极，因此只存在于极性分子之间，并且分子的极性愈大，取向力也愈大。

(4) 分子间力对物质物理性质的影响　分子间力是一种静电引力，没有方向性和饱和性，除少数极性很大的分子外，大多数分子间的作用力以色散力为主。分子间力对物质的物理性质如熔点、沸点、溶解性等有显著的影响，一般地，物质相对分子质量越大，越易变形，色散力就越大，分子间力也就越大，熔点和沸点就越高。例如，F_2、Cl_2、Br_2、I_2 的熔、沸点随相对分子质量的增加而升高，这是由于色散力随相对分子质量增大而增强的缘故。

分子间力也可以说明物质相互溶解情况。例如，I_2 和 CCl_4 都是非极性分子，I_2 与 CCl_4 之间的色散力较大，因此 I_2 易溶于 CCl_4；H_2O 是极性分子，非极性的 CCl_4 分子之间的力以及极性 H_2O 分子之间的力均大于 CCl_4 和 H_2O 分子之间的吸引力，所以 CCl_4 不溶于 H_2O。由此可见，物质的相互溶解符合相似相溶原则。

1.2.4.3　氢键

对同类物质而言，熔点和沸点一般随相对分子质量的增加而增加。但在ⅤA、ⅥA 和ⅦA 族元素的氢化物中，NH_3、H_2O 和 HF 的熔、沸点反常地高（图 1-30）。尽管它们的相对分子质量最小，但其熔点和沸点是同族中最高的，说明它们的分子之间还存在着一种更强的作用力，这种作用力就是氢键。

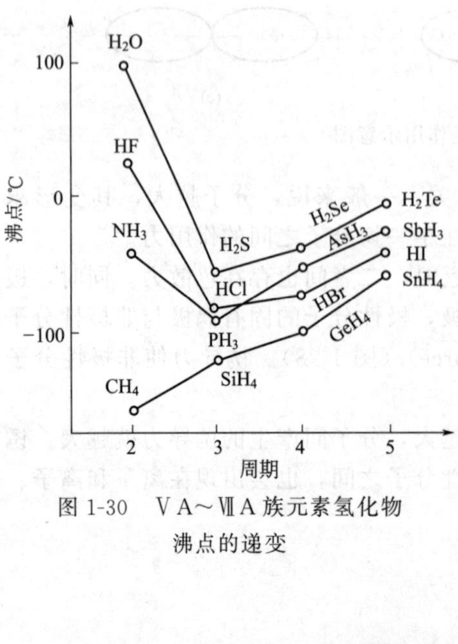

图 1-30　ⅤA～ⅦA 族元素氢化物沸点的递变

当氢原子与电负性很大、半径很小的原子 X（如 F、O、N 等）以共价键结合时，由于 X 原子吸引电子的能力很强，共用电子对强烈偏向于 X 原子，氢原子几乎成为没有电子云的只带有正电荷的“裸核”，它的半径又很小，电荷密度很大，它可以与另一个电负性很大，且半径较小的原子

Y（如 F、O、N 等）的孤对电子充分靠近产生吸引力，形成 X—H…Y 键，即氢键（hydrogen bond）。氢键的本质为静电相互作用，其数值同分子间力处在同一数量级，所以把它归入分子间作用力的范畴，但它又不完全类同于分子间作用力，具有方向性和饱和性。由于氢键的存在使得 HF、H_2O 和 NH_3 与同族相应的氢化物相比，熔点和沸点反常地高。氢键可分为分子间氢键和分子内氢键两种。例如，HF 和 CH_3COOH 分子中存在分子间氢键［图 1-31(a)］；邻硝基苯酚和水杨醛分子中存在分子内氢键［图 1-31(b)］。

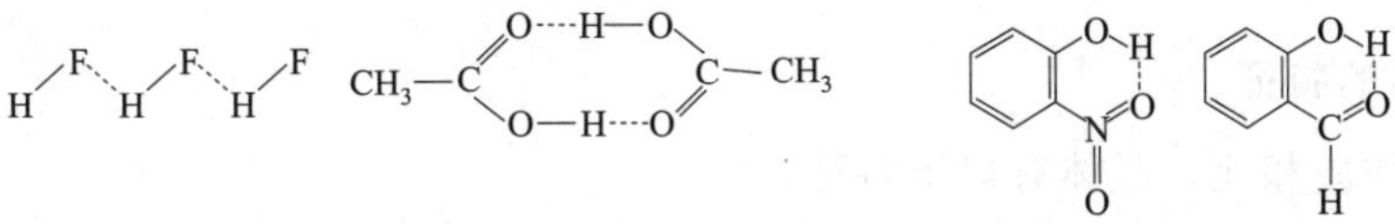

(a) 分子间氢键　　(b) 分子内氢键

图 1-31　分子间和分子内氢键

在液态水中，H_2O 分子间由于氢键的作用可以形成缔合分子（图 1-32）。当水凝固成冰时，同样以氢键结合形成了缔合的固态分子（图 1-33）。由于氢键的方向性限制，结晶的水分子必须按照氢键键轴排列，所以冰的排列不是最紧密排列，体积会发生膨胀，导致冰的密度反比 4℃下水的密度小。

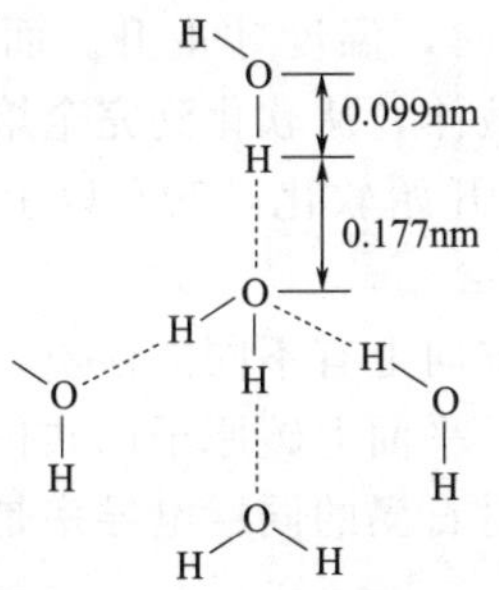

图 1-32　水的缔合分子

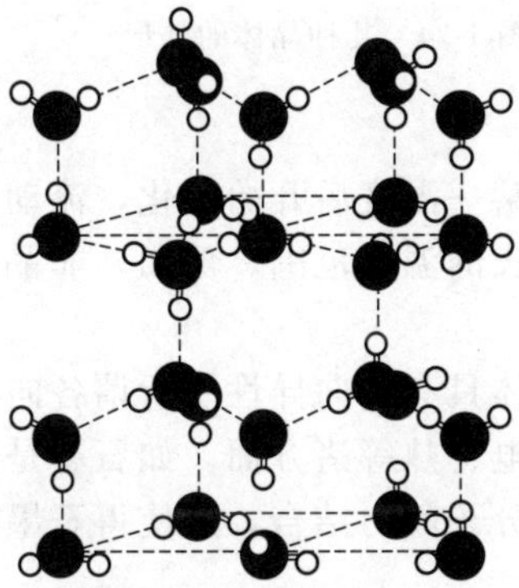

图 1-33　冰的结构

氢键广泛存在于无机含氧酸、有机羧酸、醇、酚、胺分子之间。氢键在生物大分子如蛋白质、核酸、糖类等中起有重要作用。蛋白质分子的 α-螺旋结构就是靠羰基（C═O）的氧和亚氨基（—NH）上的氢以氢键（C═O…H—N）彼此连接而成的。脱氧核糖核酸（DNA）的双螺旋结构各圈之间也是靠氢键连接而维持其一定的空间构型、增强其稳定性的。可以说，没有氢键的存在，也就没有这些特殊而又稳定的生物大分子结构，而正是这些生物大分子支撑了生物机体，担负着贮存营养、传递信息等各种生物功能。

1.3　晶体结构

物质通常呈固、液和气三种聚集状态。而固体又可分为晶体（crystal）和非晶体（noncrystal）两大类。晶体一般都具有整齐、规整的几何外形，自然界中绝大多数固体物质是晶体。非晶体则没有一定的几何外形，非晶体物质也称为无定形体（amorphous solid），如石蜡、沥青、松香、玻璃等。有一些物质如石墨，外观上好像没有整齐的几何外形，但实际上它是由极小的晶体组成。这种物质称为微晶体（tiny crystal），仍属于晶体。同一物质，由于形成条件的不同，可以成为晶体，也可以成为非晶体，例如石英是二氧化硅的晶体，而燧石则是二氧化硅的非晶体。一般认为，晶体物质的质点（分子、原子、离子）作有规则的排列，而无定形物质的质点呈混乱分布。正是由于质点排列的差异，决定了两者的不同。

1.3.1　晶体及其结构

1.3.1.1　晶体的特征

与无定形物质相比，晶体有以下特征：

（1）晶体有固定的几何外形　从外观上看，晶体一般都具有一定的几何外形。例如食盐（NaCl）晶体具有整齐的立方体外形、石英（SiO_2）晶体是六角柱体外形、方解石（$CaCO_3$）晶体是棱面体（图 1-34）。但有时由于形成晶体的条件不同而导致同一晶体的外表形状如大小、长短等可能有些差异，但是晶体表面的夹角（晶角）是相同的，仍为同一晶体。

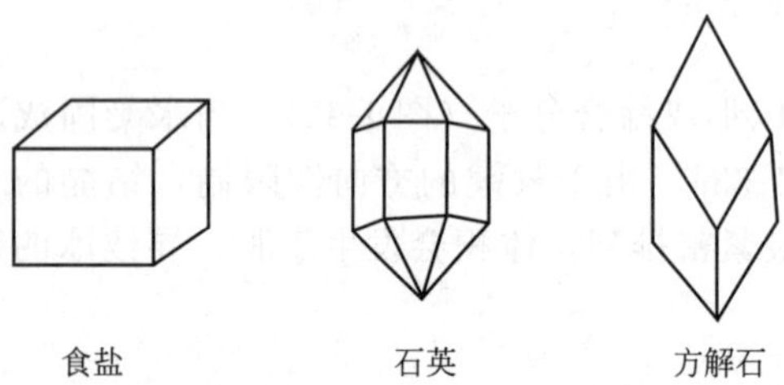

图 1-34　几种晶体的外形

（2）晶体有固定的熔点　加热晶体时，达到熔点，晶体开始熔化，直到晶体全部熔化变成流动的液体时，温度才上升。而无定形态物质被加热到某一温度后开始软化，流动性增大，最后变成液体，从软化到完全熔化，中间要经历一段较长的温度范围。例如，非晶体松香在 50～70℃开始软化，70℃以上才变成黏性液体。

（3）晶体具有各向异性　所谓各向异性指晶体在不同方向上有不同的性质，这些性质涉及力、光、电、热等诸方面。如石墨是片层状的晶体，同一平面上碳原子以共价键结合，层与层之间以分子间力结合，这使得石墨易于分层开裂，同时石墨的同层电导率是层间电导率的一万倍。

晶体可分为单晶体和多晶体。单晶体（single crystal）是由一个晶核沿各个方向均匀生长而形成的，其晶体内部离子按一定规则整齐排列，例如单晶硅、单晶锗等。单晶多在特定条件下才能形成，自然界中较为少见。通常见到的晶体是由很多单晶颗粒杂乱堆积而成。尽管单晶颗粒是各向异性的，但由于颗粒排列杂乱无序，各向异性相互抵消，整个晶体无各向异性的特征，这种晶体称为多晶体（polycrystal）。多数金属及其合金都是多晶体。

1.3.1.2　晶体的内部结构

为了便于研究晶体的几何结构和周期性，法国结晶学家布拉维（A. Bravias）提出：可将晶体中规整排列的微粒抽象为几何学中的点，这些点在空间按一定规律重复排列而成的几何图形称为晶格（lattice）或点阵。晶体实际上可看成是离子、原子或分子按晶格结构排列而成的物质，每个微粒的位置就是晶格结点或阵点。

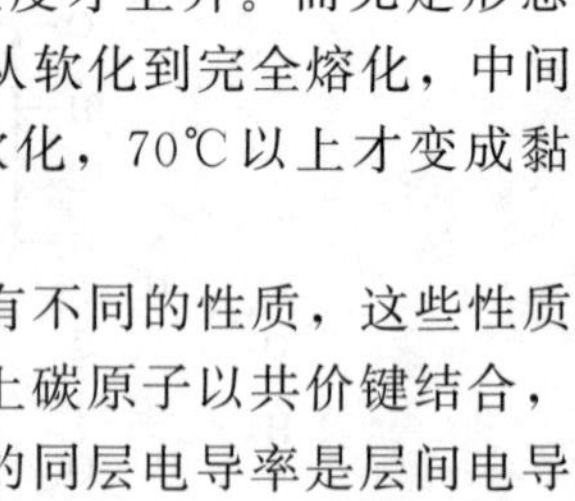

图 1-35　晶胞参数

晶格中代表晶体结构特征的最小独立单位称为晶胞（crystal cell）。晶胞通常为一个平行六面体（布拉维晶胞），整个晶体是由完全等同的晶胞在三维空间无间隙地堆积而成。晶胞中三个边长 a、b、c（晶轴）和三个棱边的夹角 α、β、γ（晶角）合称为晶胞参数（图 1-35），晶胞参数决定了布拉维晶胞的尺寸和形状。由于晶胞参数的差别，一共有七大晶系，14 种晶格：立方、立方体心、立方面心、四方、四方体心、正交、正交底心、正交面心、正交体心、单斜、单斜底心、三斜、六方、三方。正是由于晶轴长短不一定相等，晶角也不一定一致，才导致了晶体在各个方向上的性质不一定相同，即晶体具有各向异性。

1.3.2 晶体的基本类型

根据晶格结点上粒子的种类及粒子之间的结合力不同，晶体可分为离子晶体、原子晶体、分子晶体和金属晶体四种基本类型。

1.3.2.1 离子晶体

离子型化合物虽然在气态时有可能形成离子型分子，如 LiF 在气态时存在单独的 LiF 分子，但离子型化合物主要是以晶体形式存在，这种由正、负离子通过离子键结合形成的晶体叫离子晶体。由于离子键的作用力较强，所以离子晶体具有较高的熔点和沸点，硬度大，质脆，延展性差，难挥发，易溶于极性溶剂，是热和电的不良导体，但在溶于水或熔融状态时能够导电。离子晶体的性质和空间结构与离子的尺寸（离子半径）密切相关。

（1）离子半径　离子和原子一样，电子云没有明确的界面，故其真实半径是无法确定的，但若把离子晶体中的正、负离子看成是相互接触的圆球，这时相邻两个正负离子核间的平衡距离 d 就等于正负离子的接触半径（以 r_+、r_- 表示）之和：$d=r_+ + r_-$。核间距 d 可以通过 x 射线衍射实验测得。

同一周期元素电子层结构相同的正离子，其半径随电荷数增大而减小，负离子半径随电荷数增大而稍有增加，但变化不大；同一主族元素具有相同电荷数的离子半径随核电荷数增大而增大。离子半径是决定离子型化合物中正负离子之间静电引力大小的因素之一，直接影响离子晶体中离子键的强弱，进而影响到离子晶体的性质。

（2）AB 型离子晶体的结构类型　按离子晶体内正、负离子空间排列方式的不同，可以得到不同空间结构的离子晶体。AB 型离子化合物有 NaCl 型、CsCl 型和立方 ZnS 型三种典型的离子晶体（图 1-36）。

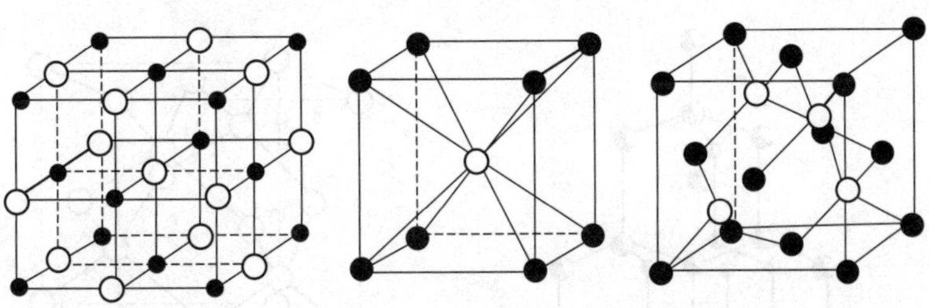

(a) NaCl型　(b) CsCl型　(c) ZnS型

图 1-36　三种典型的 AB 型离子晶体结构

NaCl 型是最常见的晶体构型，它的晶胞形状是立方体，晶胞的大小完全由一个晶轴的长度决定，每个离子被六个相反电荷的离子包围。在离子晶体中，将与一个离子直接相连的带异号电荷的离子数称为配位数。NaCl 型离子晶体的配位数是 6；CsCl 型离子晶体的晶胞形状是正立方体，晶胞的大小也完全由一个晶轴的长度决定，组成晶体的离子被分布在正立方体的八个顶点和中心上，每个离子周围有八个异号电荷离子，配位数为 8；ZnS 本身是共价性质的化合物（应属共价晶体），但有些 AB 型离子化合物具有 ZnS 的点阵结构，正离子位于 Zn 的位置上，负离子位于 S 的位置上，属于面心立方晶格。每个离子均被 4 个带异号电荷的离子所包围，配位数是 4。

不同正、负离子结合成离子晶体时，由于离子种类、离子外层电子构型、离子电荷、离子半径以及外界条件的不同，形成离子晶体的配位数和空间结构也不尽相同，其中主要取决于正、负离子的半径比。对于 AB 型离子晶体，晶体类型与正、负离子的半径比（r_+/r_-）的关系有如表 1-4 所示的半径比定则。此外，离子晶体的构型还与离子的电荷、电子构型以及外界条件有关。正、负离子之间如果有强烈的极化作用，晶体的构型就会偏离上述一般规则。故晶体到底采取何种构型，应由实验来确定。

表 1-4　正负离子半径比与晶体构型和配位数的关系

r_+/r_-	配位数	晶体构型	实例
0.225～0.414	4	立方 ZnS 型	BeO，BeS，BeSe，BeTe，ZnO，CuCl 等
0.414～0.732	6	NaCl 型	NaBr，KI，LiF，MgO，CaO，CaS 等
0.732～1.00	8	CsCl 型	CsCl，CsBr，CsI，TlCl，TlBr，NH_4Cl 等

（3）离子晶体的稳定性　离子晶体的稳定性可由晶格能的大小来衡量。晶格能是指在标准状态下，破坏 1mol 离子晶体，使其变为组分气态离子所需要吸收的能量，用 U 来表示。例如在 298.15K 和标准状态下，NaCl 的晶格能为 786kJ·mol^{-1}。

晶格能一般无法通过实验直接测定，大多数的晶格能都是利用热化学循环法（玻恩-哈伯循环法）间接计算得到的。对于晶体构型相同的离子晶体，离子电荷数越高，离子半径越小，晶格能就越大，离子晶体越稳定，其熔点就越高，硬度越大。

1.3.2.2　原子晶体

晶格结点原子通过共价键结合而成的晶体，称为原子晶体。属于原子晶体的有金刚石、二氧化硅（β-方石英）、碳化硅（SiC）、氮化硼（BN）、碳化硼（B_4C）、单质硅、单质硼等。

金刚石晶体是典型的原子晶体，碳原子的 2s 电子被激发到 2p 原子轨道上，形成单电子分占的 4 个 sp^3 杂化轨道，与另外 4 个碳原子形成共价键，构成四面体构型（图 1-37）。金刚石晶体中碳原子对称分布、等距排列，结合力很强，故金刚石熔点高，硬度大。

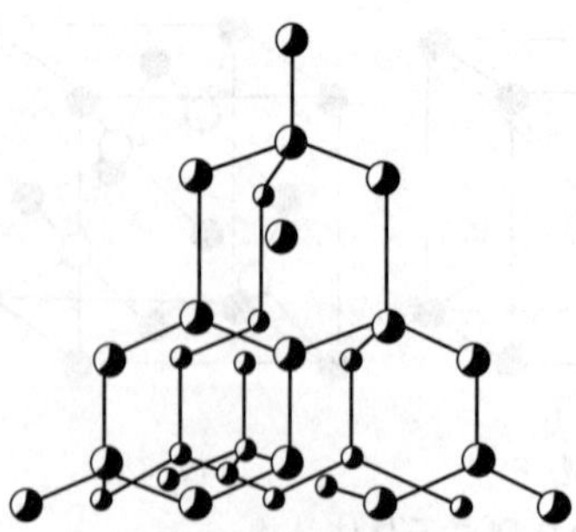

(a) 金刚石的晶体结构

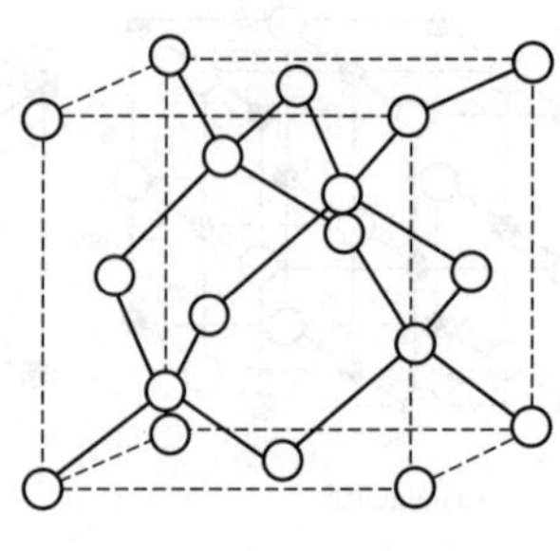

(b) 金刚石晶体的晶胞

图 1-37　金刚石的结构

在原子晶体中，不存在独立的简单小分子，整个晶体是一个巨大的分子，因此这类晶体没有确定的相对分子质量，其化学式，例如二氧化硅的 SiO_2 和碳化硅的 SiC，仅仅代表晶体中两种元素的原子个数之比。

由于原子晶体中原子之间以键能很大的共价键结合，所以晶体稳定性高，熔点高，硬度大，延展性差，一般均是电和热的不良导体，在大多数常见溶剂中不溶解。原子晶体多被用作耐磨、耐火的工业材料。

1.3.2.3 分子晶体

凡靠分子间力（包括氢键）结合而成的晶体统称为分子晶体。在分子晶体的晶格结点上排列的是极性或非极性分子（也包括像稀有气体那样的单原子分子）。属于分子晶体的有非金属单质（如碘、白磷等）、非金属化合物（如硼酸、草酸等）以及许多有机化合物。干冰（固体二氧化碳）就是一种典型的分子晶体（图1-38）。

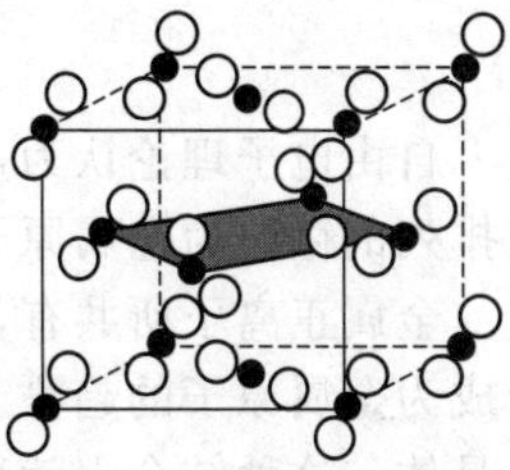

图1-38 干冰的晶体结构

在分子晶体中，存在单个分子。分子内的原子之间是以共价键相结合的，但分子与分子之间的作用力却远比离子键、共价键要弱。因此一般熔点、沸点低，硬度小，有较大挥发性，在固态或熔化时通常不导电。但由极性分子构成的分子晶体能溶于极性溶剂中，在极性溶剂作用下产生可自由移动的离子，故溶于极性溶剂如水后能导电。

1.3.2.4 金属晶体

晶格结点上的金属离子、原子和晶格内自由运动的电子靠金属键结合而成的晶体称为金属晶体。对于金属单质而言，晶体中原子在空间的排列可近似地看成是等径圆球的堆积。为了形成稳定的结构，金属原子力求达到最紧密的堆积，使每个金属原子拥有尽可能多的相邻原子（通常是8个或12个原子），金属的这种紧密堆积称为金属的密堆积，因此，金属一般都有较高的密度。金属晶体通常有三种基本的堆积方式：配位数为12的六方密堆积、配位数为12的面心立方密堆积和配位数为8的体心立方密堆积（图1-39）。这三种密堆积的晶格如图1-40所示。一些金属晶体所属的晶格类型如下：

六方密堆积晶格 La、Y、Mg、Zr、Hg、Cd、Co等；

面心立方密堆积晶格 Sr、Ca、Pb、Ag、Au、Al、Cu、Ni等；

体心立方密堆积晶格 K、Rb、Cs、Li、Na、Cr、Mo、W、Fe等。

金属晶体中金属原子之间的作用力称为金属键，金属键没有方向性和饱和性。为了说明金属键的本质，目前主要采用自由电子理论（free electron theory）和金属能带理论（band theory of metals）来解释。

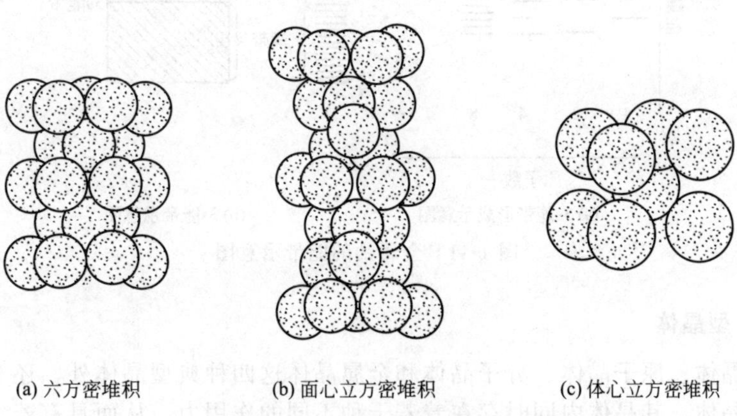

(a) 六方密堆积　(b) 面心立方密堆积　(c) 体心立方密堆积

图1-39 等径圆球的密堆积

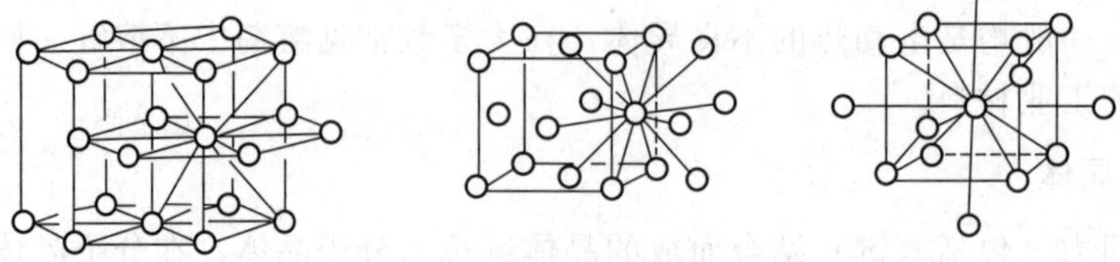

图 1-40　三种典型密堆积的晶格

自由电子理论认为，金属原子极易失去电子变成金属正离子，所以金属晶体内晶格结点上排列的微粒为金属原子和金属正离子。从金属原子脱离下来的电子为整个晶体内的金属原子、金属正离子所共有，并能在它们之间自由运动，故称为自由电子。金属离子亦有结合电子成为金属原子的趋势。这样，自由电子就把金属正离子和金属原子结合在一起，形成了金属晶体，这种结合力就称为金属键。这一理论借用了共价键理论中共用电子的概念，因此这种键可以认为是改性的共价键（modified covalent bond）。但与一般的共价键不同，它们的共用电子是离域的，是属于整个金属晶体内所有原子和离子的，因此金属键是一种少电子多中心的键。

金属的能带理论是在分子轨道理论的基础上发展起来的。根据分子轨道理论，两个能量相近的原子轨道可通过适当的线性组合形成两个分子轨道，其中一个是能量降低的成键轨道；另一个是能量升高的反键轨道。分子中的电子按能级由低到高依次填充，并且满足泡利不相容原理，即每个分子轨道可最多容纳 2 个自旋方向相反的电子。在金属晶体中，原子密集堆积，原子轨道可组合成数量庞大的分子轨道，使系统能量降低。例如 Na 的外层电子构型为 $3s^1$，钠晶体中大量的钠原子以 3s 轨道参与组合，形成数量庞大的分子轨道，其中一半为成键轨道，另一半为反键轨道。由于分子轨道数目多，相邻分子轨道间的能级差必定很小，以至于这些能级已经连成一片，宛如一条有一定宽度的能量带，即能带（energy band）（图 1-41）。填满电子的能带叫满带（filled band），满带中的电子不能自由跃迁。没有电子的能带称为空带或导带（empty band）。满带和空带有一段电子不能停留的区域叫禁带（forbidden band）。物质不同，禁带的宽度也不同。对于金属来说，禁带宽度很窄，通电时，电子很容易从满带跃迁到导带而导电。

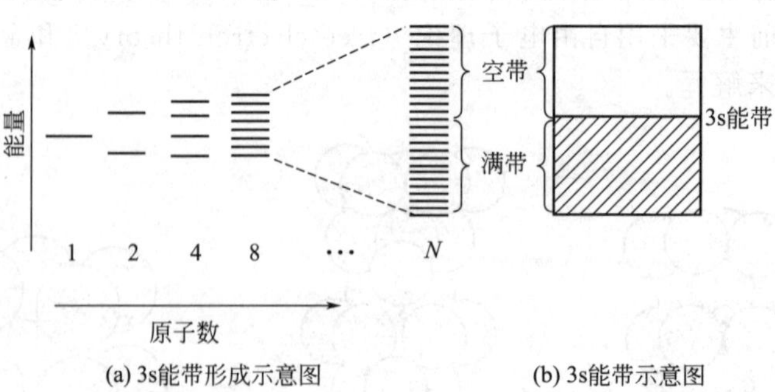

图 1-41　金属钠的能带示意图

1.3.2.5　混合型晶体

除了离子晶体、原子晶体、分子晶体和金属晶体这四种典型晶体外，还有一种混合型晶体或称过渡型晶体，其晶体内同时存在着若干种不同的作用力，从而具有若干种晶体的结构和性质。典型的例子是石墨晶体（图 1-42）。

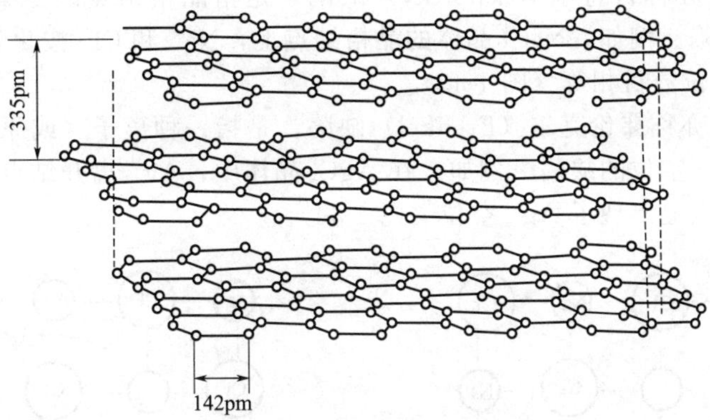

图 1-42　石墨的层状结构

石墨晶体中，同一层中的碳原子用 sp^2 杂化轨道与相邻的三个碳原子以 σ 共价键相连结，键角 120°，形成大的平面片状结构。碳原子还剩下一个有一个 p 电子的 p 轨道，这些 p 轨道与杂化轨道所在平面相垂直，互相并行发生肩并肩重叠，形成了同层碳原子之间的大 π 键。大 π 键中的 π 电子可在整个层面中自由活动，相当于金属键中的自由电子，因此这种大 π 键亦是非定域的多中心键，故石墨具有金属光泽，能导电、导热。石墨中相邻两层之间仅以较弱的分子间力相结合，距离为 335pm，故易发生相对滑动，可作润滑剂。同一层中的碳原子之间结合的共价键很强，故石墨熔点高、化学性质稳定。石墨晶体内既有共价键，又有类似金属键那样的非定域键以及分子间力，故石墨晶体兼有原子晶体、金属晶体和分子晶体的特征，是一种混合键型晶体。

一些无机物如线状和片状硅酸盐、碘化镉、碘化镁、氯化镉、氯化镍、氮化硼和云母、黑磷等也属于混合型晶体。

1.3.3　实际晶体

以上两节讨论的都是理想晶体（ideal crystal）的几何图像，离子、原子或分子都是精确地、有规则地排列在晶格结点上。而实际上，仅在 0K 时才有这种理想结构。在 0K 以上，晶体常常不规则、不完整，即或多或少存在着缺陷。因此实际晶体总是有缺陷的，理想的完整晶体难以获得。化学组成和结构都偏离理想晶体的不完整晶体，往往有相当重要的意义和实用价值。晶体的缺陷影响了它的化学活性以及物理性质，经过适当处理，改变缺陷的形式和数量后，可以得到具有特定性能的新型材料。近代晶体结构理论和实验研究也表明，晶体化合物中各元素原子数并不一定总是简单的整数比，有相当一部分是非整比化合物。本节简要介绍晶体缺陷和非整比化合物。

1.3.3.1　晶体缺陷

实际晶体中离子、原子、分子离开了正常位置或被杂质所取代，就会造成晶体缺陷（crystal defects）。从几何的角度看，晶体缺陷可以分为点缺陷、线缺陷和面缺陷三大类，其中以点缺陷最普遍。点缺陷是由于晶体中离子（或原子）从晶格结点上移位，产生了空位，或外来的杂质离子（或原子）取代原有的粒子，或晶格间隙位置上存在间隙离子（或原子）。根据产生缺陷的原因，可分为本征缺陷和化学杂质缺陷。

（1）本征缺陷　本征缺陷是指那些不含外来杂质，仅因本身结构不完整产生的缺陷，主要包括空位缺陷、间充缺陷、错位缺陷、非整比缺陷等。

① 空位缺陷　亦称肖特基（Schottky）缺陷，是指晶格结点缺少某些原子（或离子）而出现了空位的缺陷。例如，NaCl 晶体的晶格结点上，Na^+ 和 Cl^- 按化学计量比同时空位，即 Na^+ 和 Cl^- 的空位数目相等（图 1-43）。

② 间充缺陷　亦称弗伦克尔（Frenkel）缺陷，是指一种离子（或原子）离开原来位置移向晶格间隙而留下空位的缺陷。例如，在 AgCl 晶体中，Ag^+ 离开结点位置间充入晶格的空隙之中，而在结点上出现了 Ag^+ 空位（图 1-44）。

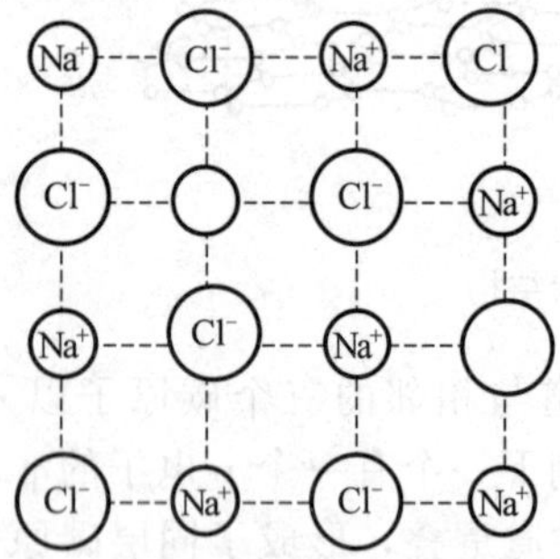

图 1-43　NaCl 晶体中的空位缺陷

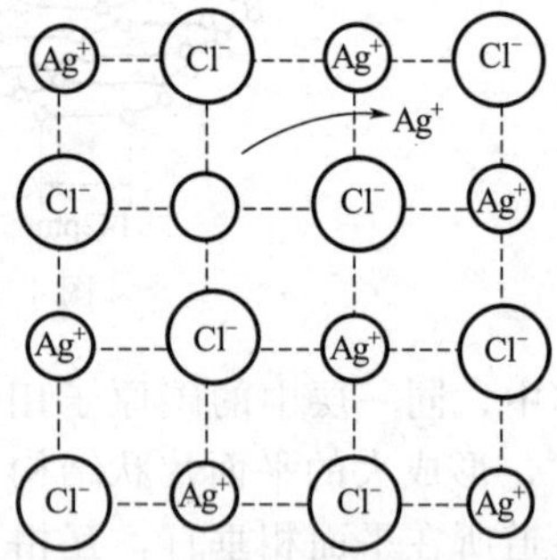

图 1-44　AgCl 晶体中的间充缺陷

③ 错位缺陷　是指在晶格结点上，A 类原子占据了 B 类原子应占据的位置而产生的缺陷。非整比缺陷是指晶体的组成偏离了定组成定律的缺陷。例如，组成为 $Zn_{1+\delta}O$ 的氧化锌晶体，过量的 Zn 原子可进入 ZnO 晶格的空隙，同时把它的 2 个 4s 电子松弛地束缚在其周围，这类晶体缺陷因含有自由电子而可以导电。

（2）化学杂质缺陷　化学杂质缺陷是由杂质原子（或离子）进入晶格以后引起的缺陷。杂质原子（或离子）可以取代晶格结点上原有的原子（或离子），产生取代式缺陷。通常电负性接近、半径相差不大的元素原子可以互相取代。例如，基本无色透明的 α-Al_2O_3 晶体（刚玉），掺入 1%的 Cr^{3+} 后形成杂质缺陷，即为具有良好光学性能的红宝石。Si 作为杂质原子可以掺入砷化镓（GaAs）晶体中，取代 Ga 或 As 的位置，形成取代式杂质缺陷。

半径较小的杂质原子（或离子）也可以间充进入晶格的空隙之中。

晶体中的缺陷破坏了点阵结构，会对晶体的物理、化学性质产生重要影响，在晶体的光学、电学、磁学、声学、热学和力学等方面出现新的功能特性。人们已经利用晶体缺陷制造出许多性质优异的功能材料和结构材料。例如 ZrO_2 高温陶瓷材料的熔点为 2983K，可制成火箭、宇宙飞船的前锥体，它是多成分集合体，其内部具有众多面缺陷的晶体。而若在 ZrO_2 中加入 Cr_2O_3 形成复合陶瓷，其耐热性比 ZrO_2 要高 4 倍。

1.3.3.2　非化学计量化合物

晶体尽管普遍存在缺陷，但它们多数仍然具有固定的组成，其中各元素原子数目均呈简单的整数比，也就是说它们是化学计量化合物（stoichiometric compound）。近代晶体结构理论和实验研究表明，由于晶体缺陷的存在，有相当一部分晶体化合物中各元素原子数不是简单的整数比，而是非整比化合物或非化学计量化合物（non-stoichiometric compound）。例如，1987 年美国休斯敦大学首次制得的、超导起始温度高达 90K 的化合物 $YBa_2Cu_3O_{7-\delta}$（$0\leqslant\delta\leqslant0.5$）就是非整比化合物。

过渡元素的二元化合物，如氧化物、氢化物、硫化物、氮化物、碳化物等常出现非整比性。非整比意味着在化合物中金属或非金属过量或短缺。例如方铁矿在 900℃时，其组成为 $FeO_{1+\delta}$，其中 δ 为 0.09～0.19。晶体缺陷是造成化合物组成非整比性的重要原因。在层状结构的层间嵌入某些离子、原子或分子，也可形成非整比化合物。在 TiS_2 中掺入 Li 形成的 $Li_\delta TiS_2$，其导电性很好，可作为锂电池中的电解质。

非整比化合物虽与相同组成元素的整比化合物在组成上有些偏差，但一般不影响其化学性质和基本结构，然而在导电性、磁性、光学性能、催化性能等方面却显示了其独特的性质。因此利用晶体的缺陷和非整比化合物具有的物理性质，可能制成许多具有特殊性能的晶体，以满足人们的各种需要。

1.4 金属单质及其性质

金属按传统的分法可分为黑色金属和有色金属两大类。黑色金属指的是铁、锰、铬及其合金，其中最重要的是铁及其合金（钢）。有色金属指的是除铁、锰、铬以外的其他金属，一共有 80 余种，它又可分为轻金属如 Li，Be，Mg，Al，Ti；重金属如 Cu，Zn，Cd，Hg，Pb；高熔点金属或难熔金属如 W，Mo，Zr，V；稀土金属如 La，Ce，Pr，Nd 等；稀散金属如 Ga，In，Ge；贵金属如 Au，Ag，Pt，Pd 等。常用的有色金属有铝、铜、镁、钴、钨、锡、铅、锌、银、铂、金等。其中，铝和铝合金的用途最为广泛，现已成为除钢铁以外用量最大的金属。

1.4.1 过渡金属元素通论

在人类已发现的 112 种元素中，金属元素有 88 种，约占元素总数的 80%。它们在周期表中的位置可以通过在硼－硅－砷－碲－砹和铝－锗－锑－钋之间划一条对角线来区分，对角线上方是非金属元素，下方是金属元素，而上方紧靠对角线的元素硼、硅、砷和碲则为半金属或准金属元素。自然界中存在较多的金属元素，有铝、铁、钠、钾、钙、镁等。由于中学化学已介绍了大部分的主族金属元素，因此，下面仅讨论过渡金属元素。

元素周期表中 d 区和 ds 区元素统称过渡金属元素，分别位于第四、第五、第六周期的中部。由于同周期元素的性质相似，故可将过渡元素分为三个系列：

第一过渡系：Sc Ti V Cr Mn Fe Co Ni Cu Zn

第二过渡系：Y Zr Nb Mo Tc Ru Rh Pd Ag Cd

第三过渡系：La Hf Ta W Re Os Ir Pt Au Hg

过渡金属元素在原子结构上的共同特点是它们的价电子依次填充在次外层的 d 亚层上。其价电子构型为 $(n-1)d^{1\sim10}ns^{1\sim2}$（钯 $4d^{10}5s^0$ 例外），最外层只有 1 个或 2 个电子，它们的金属性比同周期的 p 区元素强，但比同周期的 s 区元素弱。

1.4.1.1 过渡金属单质的物理性质

与同周期的 s 区元素相比，过渡元素的原子半径一般较小，并且从左到右原子半径逐渐减小，直到ⅠB 族后出现回升。过渡元素单质晶体大多数是紧密堆积方式，配位数高（12），晶格空隙率小，它们的 ns 电子和部分 $(n-1)d$ 电子也能参与成键，因此金属键较强甚至很强，反映出单质一般都具有较大的密度和硬度以及较高的熔点，这些特性突出地表现在ⅥB、ⅦB 和Ⅷ族金属上。过渡金属的导电性和热膨胀性质相差很大。导电率高的金属几乎都集中在ⅠB 族，银是所有金属中导电率最高的，铜次之。除银、铜、金外，其他过渡金属的导电性都较差。热膨胀系数大的金属多出现在ⅡB 族，其中汞最大。金属延展性的差别也很大，如钨的延展性很好而锰则质硬且脆。有些过渡金属有磁性，如铁和镍具有铁磁性，其他具有未成对电子的金属则表现出顺磁性。表 1-5 列出了过渡金属的一些物理性质。

表 1-5　过渡金属单质的某些物理性质

第一过渡系	Sc	Ti	V	Cr	Mn	Fe	Co	Ni	Cu	Zn
颜色	银白	银灰	浅灰	银灰	灰红	银白	银白	银白	紫红	青白
密度/g·cm^{-3}	3.0	4.51	6.1	7.2	7.3	7.86	8.9	8.9	8.92	7.14
熔点/K	1814	1933	2163	2131	1517	1808	1768	1728	1358	692.5
沸点/K	3003	3533	3673	2913	2397	3273	3873	3112	2855	1180
硬度		4		9	6	4.5	5.5	4	3	2.5
第二过渡系	Y	Zr	Nb	Mo	Tc	Ru	Rh	Pd	Ag	Cd
颜色	暗灰	浅灰	钢灰	银白	银白	灰色	灰白	银白	银白	银白
密度/g·cm^{-3}	4.48	6.52	8.57	10.2	11.5	12.5	12.4	12.0	10.5	8.64
熔点/K	1795	2128	2741	2890	2473	2583	2239	1825	1233	593.9
沸点/K	3203	4648	5400	5073	4973	3973	3973	3143	2450	1040
硬度		4.5		6		6.5		5	2.5	2
第三过渡系	La	Hf	Ta	W	Re	Os	Ir	Pt	Au	Hg
颜色	银色	灰色	灰黑	灰黑	银白	灰蓝	灰色	银白	黄色	银白
密度/g·cm^{-3}	6.17	13.3	16.6	19.4	21.0	22.5	21.4	21.4	19.3	13.6
熔点/K	1194	2500	3269	3683	3453	3318	2713	2047	1336	234.1
沸点/K	3743	5473	5698	5273	6158	4373	4773	4073	2980	3839
硬度			7	7		7	6.5	4.5	2.5	

1.4.1.2　过渡金属单质的化学性质

过渡金属元素最外层电子数几乎保持不变，同一过渡系中每增加一个元素，电子进入次外层，有效核电荷增加不多（只增加 0.15），所以从左至右原子半径的缩小和金属性的减弱比较缓慢，这些使得同一过渡系元素的性质有明显的相似性，这种相似性甚至超过同族性质的相似性。除ⅢB 族外，从上至下金属的活泼性略有降低。与主族元素的情况相反，第一过渡系元素的活泼性高于第二和第三过渡系，例如，除铜外，第一过渡系的金属都能与稀酸发生置换反应，而第二和第三过渡系的金属则难以发生。锆和铪只溶于氢氟酸，钌、铑、锇、铱等甚至不溶于王水。第三过渡系元素由于受镧系收缩的影响，原子半径和第二过渡系相应的元素很接近，因此，它们的性质也十分相似。应当指出的是，ⅢB 族比较特殊，其金属性自上而下增强，是过渡元素中最活泼的金属，例如，在空气中 Sc、Y、La 能迅速地被氧化，与水作用放出氢气，其活泼性接近碱土金属。

过渡金属元素的价电子不仅包括最外层的 s 电子，还包括次外层的 d 电子。由于最外层电子多为 2 个，故多数都有 +2 价。又由于次外层 d 电子全部或部分参与成键，故过渡金属元素有多种价态（ⅢB 族只有 +3 价除外），例如 Mn 就有 +2、+3、+4、+6 和 +7 价，对应的典型化合物为 $MnSO_4$、Mn_2O_3、MnO_2、K_2MnO_4 和 $KMnO_4$。

过渡元素的另一特点是它们的离子很容易形成配离子，这与多数离子次外层还有空的 d 轨道有关。此外，多数过渡元素的水合离子呈现出特征颜色，这可能也与离子有未成对 d 电子有关。

1.4.2　金属单质的主要制备方法

在自然界中，除了 Au、Ag、Cu 和 Hg 能以游离的单质形式存在外，其他金属均以化合物的形式存在。在这些金属化合物中，金属均为正价，要制备金属单质，就必须使金属化合物还原，使金属的化合价降至0价。在工业上，通常采用冶炼的方法，主要包括：热还原法、热分解法和电解法。

1.4.2.1　热还原法

热还原法是一种使用最广和最古老的制备金属的方法。常用的还原剂是碳、一氧化碳、氢气和活泼金属。远古时代，人类就已掌握用木炭加热还原铜矿石、锡矿石和铁矿石制备金属铜、锡、铁及其合金，相关的反应式为

$$Cu_2O + C = 2Cu + CO$$

$$2Sn_2O + C = 4Sn + CO_2$$

$$2Fe_2O_3 + 3C = 4Fe + 3CO_2$$

金属钨可用氢气还原三氧化钨制备：

$$WO_3 + 3H_2 = W + 3H_2O$$

金属铬等可用廉价活泼的金属铝还原其氧化物制备：

$$Cr_2O_3 + 2Al = 2Cr + Al_2O_3$$

1.4.2.2　热分解法

有些金属可通过加热分解相应的氧化物或卤化物制备。例如：

$$ThI_4 = Th + 2I_2$$

$$2HgO = 2Hg + O_2$$

1.4.2.3　电解法

电解是最强的还原手段，任何金属阳离子化合物都可以电解，在电解池的阴极上可以得到金属单质。电解法制得的金属纯度高，但耗电量大、成本高，故一般只用来制备铝、钙、镁、钠、钾等活泼金属以及对纯度要求很高的金属。

1.4.3　金属合金的类型

纯金属虽然有一些优良的性质，但它们的强度和硬度都较低，价格较高，制备复杂，难以满足工程上的各种要求。除了某些特殊的用途外，工业上应用纯金属并不多，而大量使用的是它们的合金。合金是由两种或两种以上的金属元素或金属元素与非金属熔合在一起所得到的具有金属特性的物质。由于组成和结构的不同，合金在性质上也有很大差异。

合金的种类很多，根据组成和结构的不同，合金可以分为机械混合物、固溶体和金属化合物三种基本类型。

1.4.3.1　机械混合物合金

两种金属在熔融状态时可完全或部分互溶，但在凝固时各组分金属又分别独立结晶析出，组成两种金属晶体的混合物，这种混合物称为机械混合物合金。组成机械混合物合金的组分在显微镜下可以观察到各自的晶体或它们的混合晶体，整个合金不完全均匀。该种合金的熔点、导电、导热等性质与组分金属的性质有很大的区别，取决于各组分的性能以及它们各自的形状、数量、大小及分布情况等。如纯锡和纯铅的熔点分别是232℃和327.5℃，而含锡63%的铅锡合金熔点只有181℃，可用作焊锡。

1.4.3.2　固溶体合金

一种金属与另一种（或多种）金属或非金属熔融时互相溶解，凝固时形成的组分均匀的固体称为金属固溶体。其中含量多的金属称溶剂金属，含量少的称溶质金属（或非金属）。固溶体保持着溶剂金属的晶体类型，而溶质原子则以不同的方式分布在溶剂金属的晶格中。根据溶质原子在溶剂晶格中所处位置的不同，固溶体可分为取代（置换）固溶体和间隙固溶体两种，纯金属和固溶体晶格原子分布如图 1-45 所示。

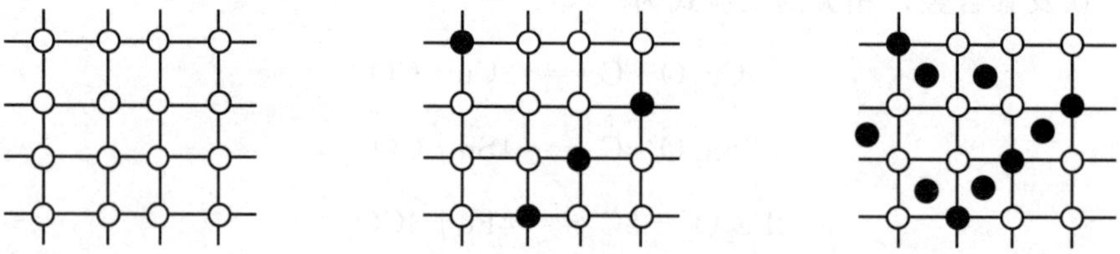

(a) 纯金属的晶格　　(b) 取代固溶体的晶格　　(c) 间隙固溶体的晶格

图 1-45　纯金属和固溶体中原子分布示意图

○代表溶剂原子；●代表溶质原子

一般来说，原子半径相近、外层电子结构相似、电负性相差不大的金属容易形成取代固溶体。例如 Ag-Au、Au-Cu、Mo-W、Fe-Cr 等合金就属于这种类型。原子半径很小的溶质原子，如 H、B、C、N、O 等，易嵌入溶剂金属晶格的间隙中，形成间隙固溶体。

无论是取代固溶体还是间隙固溶体，都保持着溶剂（基体）金属的晶体结构，基本上仍具有溶剂金属的性质。但金属（或非金属）溶质的嵌入对溶剂金属的性能将会产生一定影响。例如黄铜（铜锌合金）比纯铜坚硬。钢（如碳钢、锰钢等）的硬度高于纯铁。特别是ⅣB、ⅤB、ⅥB 族金属的碳、氮、硼的间隙固溶体（如 ZrC、W_2C）等，熔点、硬度特别高，远超过原金属，这种合金俗称硬质合金。这是因为在形成固溶体时，溶质原子除嵌入溶剂金属晶格间隙外，还与溶剂金属形成部分共价键。

1.4.3.3　金属化合物合金

当两种金属元素原子的外层电子结构、电负性和原子半径相差较大时，所形成的金属化合物（金属互化物）称为金属化合物合金。金属化合物合金的晶格不同于原来的金属晶格。通常又分为正常价化合物和电子化合物两大类。

正常价化合物合金是金属原子间通过化学键形成的、具有固定的组成的合金。例如 Mg_2Pb、Na_3Sb、Fe_4B_2 等就属于这类合金。这类合金的化学键介于离子键和金属键之间，其导热、导电性比纯金属差，而其熔点、硬度却比纯金属高。大多数金属化合物属于电子化合物。这类化合物以金属键相结合，其成分可在一定范围内变化。

1.5　新型碳单质及其性质

碳元素可以说是自然界最为神奇的元素，它不仅是构成地球上生命体不可或缺的元素，而且还构成了许多性质奇特的碳单质，例如最为坚硬的金刚石、可以导电的石墨以及具有吸附作用的活性炭。在纳米世界，碳元素的表现也同样神奇，它构成了结构和性能奇特的、具有多种功能的新型纳米碳单质：石墨烯（graphene）、富勒烯（fullerene）和碳纳米管（carbon nanotube）。

1.5.1 石墨烯

石墨烯是三种碳纳米材料中最晚得到的一个。众所周知，石墨是三维材料，石墨晶体是由平面的层型分子靠范德华力堆积而成。而1985年发现的富勒烯是零维材料以及1991年发现的碳纳米管是一维材料，因此，人们很早就意识到可能存在碳二维材料。尽管严格的二维晶体在热力学上是不稳定的，但经过长期的探索，于2004年，Novoselov等第一次用机械剥离法获得单层、2层和3层石墨烯片层，而且可在外界环境中稳定地存在。随后科学家发现，石墨烯片层表现出物质微观状态下固有的粗糙性，表面会出现褶皱。可能正是这些三维褶皱巧妙地促使二维晶体结构稳定存在。石墨烯片层上存在大量的悬键使得它处于动力学不稳定的状态，而褶皱的存在使得在石墨烯边缘的悬键可与其他的碳原子相结合，从而使系统能量降低。

完美的石墨烯具有理想的二维晶体结构，它由六边形晶格组成，可以看作是一层被剥离的石墨片层。其每个碳原子通过很强的σ键与其他3个碳原子相连接，这些很强的C—C键致使石墨烯片层具有优异的结构刚性。碳原子有4个价电子，这样每个碳原子都贡献一个未成键的π电子，这些与平面垂直的π电子可形成π轨道，π电子可在晶体中自由移动，赋予石墨烯良好的导电性。

石墨烯是构建其他维数碳素材料的基本单元。它可以包裹起来形成零维的富勒烯、卷起来形成一维的纳米碳管以及层层堆积形成三维的石墨（如图1-46所示）。

石墨烯可通过多种方法制备，这些方法包括机械剥离法、化学剥离法、化学分散法、Diels-Alder反应法、SiC表面石墨化法、金属表面外延法、化学气相沉积法等。

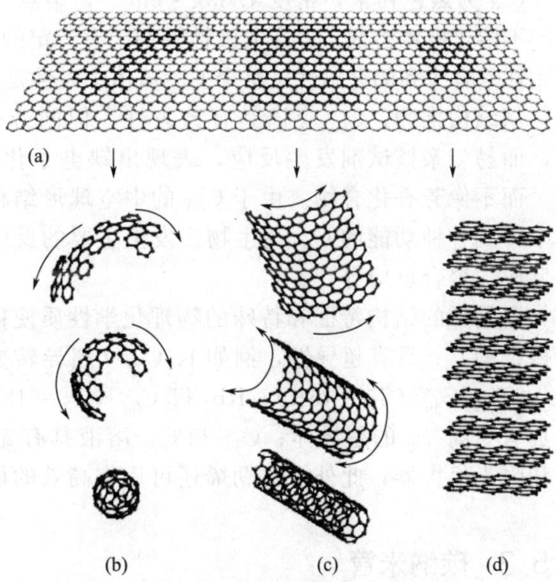

图1-46 由石墨烯（a）构成富勒烯（b）、纳米碳管（c）和石墨（d）的示意图

石墨烯是强度最高的材料，可以用作超轻型飞机、超坚韧防弹衣、太空电梯等；石墨烯是零带隙半导体，具备独特的载流子特性和优异的电学质量，制造微型晶体管将能够大幅度提升计算机的运算速度，未来会取代硅成为下一代半导体材料；从光学角度来说，石墨烯是一种“透明”的导体，可以用来替代现在的、未来资源短缺的铟氧化物薄膜，用作液晶显示材料。此外，石墨烯还可用作电极材料、传感器、储氢材料、高效催化剂、超导材料等。

1.5.2 富勒烯

富勒烯可以看成是由石墨烯包裹起来形成的零维材料。1985年，在模拟星际间及恒星附近碳原子族的形成过程中，Kroto等用研究半导体和金属原子族的激光超生团族束流发生器观察了在超声氦气中激光蒸发SiC_2的实验。当用石墨代替SiC_2时，从质谱中发现存在一系列由偶数个碳原子形成的分子，其中一个比其他峰强度大 20～25 倍，质量数对应于 C_{60}，即富勒烯 C_{60}（受到著名建筑设计师 Fuller 设计的加拿大蒙特利尔市万国博览馆美国馆的短程线圆屋顶结构的启发而提出的名字）、或足球烯（Footballene，与足球结构类似）或巴基球（Buckyball）。为此，Kroto、Curl 和 Smalley 荣获了 1996 年度诺贝尔化学奖。

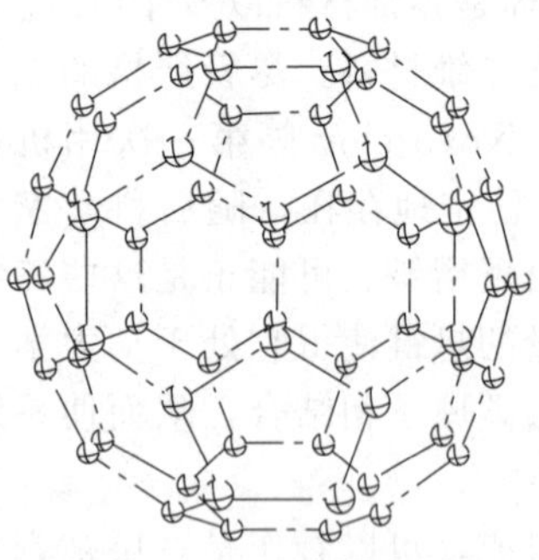
图 1-47　C_{60} 结构示意图

C_{60} 是由 60 个碳原子构成的球形 32 面体，具球形结构，即由 12 个五边形和 20 个六边形组成，其中五边形彼此不相连（图 1-47）。每个碳原子以 sp^2 杂化轨道与相邻三个碳原子相连形成 σ 单键，剩余 p 轨道在 C_{60} 球壳外围和内腔形成球面离域大 π 键。因此 C_{60} 分子中，碳与碳之间形成的键，不是单纯的单键或双键，而是类似苯分子中的介于单键和双键之间的特殊键。C_{60} 分子中五边形的边长为 146pm，六边形的短边边长为 139pm，介于 C—C 单键键长 154pm 和 C═C 双键键长 134pm 之间。虽然 C_{60} 中价电子数多达 240 个，由于结构上的高度对称性，使这些电子形成高度简并，有重叠的分子轨道，因而 C_{60} 是一种较稳定的分子。

自从 1990 年 Krastchmer 等人发明用电弧法大量合成 C_{60} 以来，人们探索出许多生产富勒烯及其衍生物的新方法，主要有：电弧法、催化法、微空模板法、等离子束轰击法、激光法、电解合成法、碳氢合成法以及高温高压法提取富勒烯及其衍生物等。目前仍以电弧法为最有效、成本最低。

C_{60} 为黑色粉末，密度 1.65g・cm^{-3}，熔点＞700℃。由于高度对称，故 C_{60} 是非极性分子，不溶于极性溶剂，但在非极性溶剂中有一定的溶解度。C_{60} 分子中五元环具有强的顺磁性，六元环具有缓和的介磁性，整个 C_{60} 球体中磁性是中性的，但其电荷转移复合物具软铁磁性。

从结构推测，C_{60} 应该具有芳香性，但同芳香化合物不一样，它难与亲电试剂发生反应，而易与亲核试剂发生反应，表现出缺电子化合物的反应性。其化学行为像缺电子的烯烃，而不像芳香化合物。由于 C_{60} 的中空球形结构使得它能在球的内外表面都能进行反应，从中得到各种功能的 C_{60} 衍生物。发生主要的反应包括亲核加成反应、自由基反应、氧化还原反应、聚合反应等。

富勒烯的结构特征和特殊的物理化学性质使得它在许多领域具有潜在的应用。用金属或碳掺杂的 C_{60} 具有超导性，例如 K_3C_{60}（超导转变温度，T_c＝18K）、Rb_3C_{60}（T_c＝28K）、$Rb_{2.7}Ti_{2.2}C_{60}$（T_c＝45K）、$Rb_1Ti_2C_{60}$（T_c＝48K）等，有人预言掺杂 C_{240} 和 C_{540} 可能成为具有更高 T_c 的超导体；C_{60} 和 C_{70} 溶液具有光限幅性，可作为数字处理器中的光阈值器件和强光保护器；此外，富勒烯还可用作高效的催化剂等。

1.5.3　碳纳米管

碳纳米管可看成是石墨烯卷起来形成的一维纳米材料。1991 年日本科学家饭岛澄男用电镜观察到在电弧法制备 C_{60} 过程中，阴极炭黑中含有一些直径为 4～30nm、长约 1μm、由 2～50 个同心管构成的针状物——碳纳米管。碳纳米管分为单壁碳纳米管和多壁碳纳米管两大类。多壁碳纳米管是由几个到几十个单壁碳纳米管同轴构成，管间距约为 0.34nm，稍大于单晶石墨的层间距 0.335nm，且层与层之间的排列是无序的。碳原子的六边形排列和碳间距的出现反映了碳纳米管具有类石墨单晶的结构。但单壁碳纳米管其结构接近于理想的富勒烯，两端之间是有单层的同柱面封闭。单壁碳纳米管可分为扶手式（armchair）碳纳米管、锯齿形（zigza）碳纳米管和手性碳纳米管（chiral）三种类型（图1-48）。这些类型的碳纳米管的形成取决于由六边形碳环构成的石墨烯是如何卷起来形成圆筒形的，不同卷曲方向和角度将会得到不同类型的碳纳米管。

制备碳纳米管方法有很多，主要包括电弧法、激光蒸发法、催化剂气相分解法等。

碳纳米管的侧面是由六边形碳环（石墨片）组成，但在管身弯曲和管端口封顶的半球帽形部位则含有一些五边形和七边形的碳环结构。因为构成这些不同碳环结构的C—C共价键是自然界中最稳定的化学键之一，所以碳纳米管应该具有非常好的力学性能，其强度接近于碳-碳键的强度。单壁碳纳米管的杨氏模量和剪切模量都与金刚石相当，其强度是钢的100倍，而密度却只有钢的1/6，同时还具有较好的柔性，其延伸率可达百分之几，是一种新型的超级纤维材料。

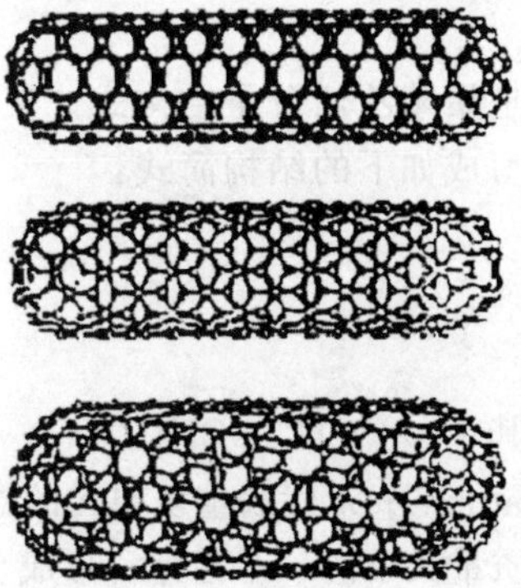
(a)
(b)
(c)

图1-48　扶手式碳纳米管（a）、锯齿形碳纳米管（b）和手性碳纳米管（c）

碳纳米管与石墨一样，碳原子之间是 sp^2 杂化，每个碳原子有一个未成对电子位于垂直于层片的 π 轨道上，因此碳纳米管具有优良的导电性能。根据卷曲情况的不同，碳纳米管的电学特性不同，例如，单臂纳米管具有金属的导电性，而锯齿形纳米管和手性纳米管中部分为半导体性，部分为导体。因此，具有导电性的碳纳米管可用作纳米集成电路中的连接线，而半导体性碳纳米管则可以用来制作纳米电子器件。

碳纳米管具有较强的宽带微波吸收性能、重量轻、导电性可调、高温抗氧化性能强和稳定性好等优点，因而它是一种有前途的理想微波吸收剂，可用于隐形材料、电磁屏蔽材料或暗室吸波材料。国外已有公司宣布开发出碳纳米管聚合物复合微波吸收材料。

碳纳米管具有良好的储氢性能，单壁碳纳米管储氢达到4%，钾掺杂多壁碳纳米管储氢达14%，锂掺杂多壁碳纳米管储氢高达20%，因此，掺杂碳纳米管是很有潜力的储氢材料，将促进氢燃料汽车的研发。

碳纳米管由于尺寸小，比表面积大，表面的键态和颗粒内部不同，表面原子配位不全等导致表面的活性位置增加，是理想的催化剂载体材料。

1.6　有机高分子化合物的结构与性质

有机高分子化合物（又称高分子或聚合物）是由一种或多种小分子通过共价键一个接一个地连接而成的链状、枝化或网状的大分子。一般地，把相对分子质量大于10000的有机化合物称作高分子化合物（macromolecule）或聚合物（polymer）；相对分子质量较大但不到10000的有机化合物称为低聚物或齐聚物（oligomer）。

1.6.1　高分子化合物基本概念

1.6.1.1　高分子化合物的组成

高分子化合物虽然相对分子质量很大，但是其化学组成比较简单，单个高分子化合物往往由许多个相同的结构单元通过共价键重复连接而成。例如，聚苯乙烯是由苯乙烯结构单元重复连接而成：

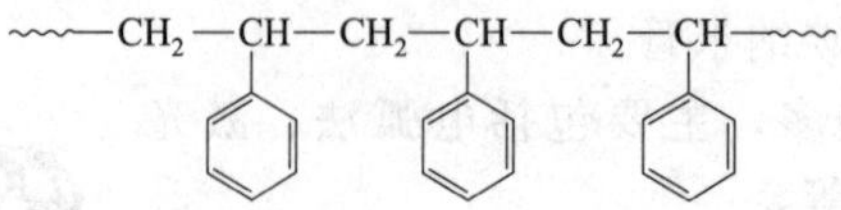

上式是聚苯乙烯分子结构式。聚苯乙烯分子量很大，端基的影响可以忽略不计，故可将上述式子写成如下的结构简式：

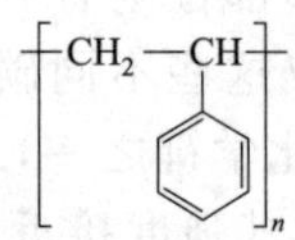

其中：$—CH_2—CH(C_6H_5)—$为结构单元（structuralunit），亦称链节（chain）或重复单元（repeatunit）；n 代表重复单元的数目，又称聚合度（degree of polymerization），它是衡量分子相对质量大小的一个指标；形成上述结构单元的苯乙烯小分子称作单体（monomer）。

1.6.1.2　高分子化合物的分类

高分子化合物种类繁多，分类方法也有多种，可从单体来源、合成方法、用途、热性能、高分子化合物结构等角度来进行分类。下面仅介绍两种分类方法。

（1）按照高分子化合物的来源分类　按来源，可将高分子化合物分为天然、合成和半合成高分子化合物三大类。

① 天然高分子化合物：在自然界中自然形成的高分子化合物，如棉花纤维、木质纤维、蚕丝、淀粉、蛋白质、天然橡胶、杜仲胶等。

② 合成高分子化合物：由小分子单体经聚合反应制成的高分子化合物。如聚乙烯、尼龙等。

③ 半合成高分子化合物：以天然高分子化合物为原料，进行化学改性后得到的高分子化合物。如硝酸纤维素、醋酸纤维素、甲基纤维素等。

（2）按照高分子化合物主链的组成分类　按构成主链的元素不同，可将高分子化合物分为碳链、杂链和元素有机高分子化合物。

① 碳链高分子化合物：在高分子主链上只有碳元素。如聚乙烯、聚丙烯、聚丙烯腈等。

② 杂链高分子化合物：高分子主链上除碳外，还含有氧、氮、硫、磷等元素。如聚酯、聚酰胺等。

③ 元素有机高分子化合物：大分子主链上含有钛、硅、铝、锡等元素而在侧基上含有有机基团。如聚硅氧烷、聚钛氧烷等。

1.6.1.3　高分子化合物的命名

高分子化合物的命名方法有多种，因此，同一种高分子化合物往往有几个名称。最常用的是通俗命名法。所谓通俗命名法是在单体名称前冠以“聚”字，例如：由乙烯聚合得到的高分子化合物叫“聚乙烯”；由氯乙烯聚合得到的高分子化合物叫“聚氯乙烯”；由己二酸、己二胺制得的高分子化合物称为“聚己二酸己二胺”等。对于缩聚物，常以结构单元相连的键来命名，例如醇酸缩聚物叫聚酯、羧酸与有机胺缩聚物叫聚酰胺、碳酸酰氯（光气）与酚羟基的缩聚物叫聚碳酸酯等等。

由两种单体缩聚而成的高分子化合物，如果结构比较复杂或不太明确，则往往在单体名称后加上“树脂”二字来命名。如由苯酚和甲醛合成的高分子化合物叫做“酚醛树脂”。现在，“树脂”这个名词的应用范围已被扩大，通常把未加工成型的纯高分子化合物叫树脂，如聚苯乙烯树脂等。此外，还有一些高分子化合物习惯使用商品名称，例如聚酰胺又叫尼龙。

1.6.2　高分子化合物的合成

高分子化合物除了直接从自然界得到外，更多的是通过小分子单体的聚合反应或高分子化合物的化学反应得到。能够将单体变成聚合物的化学反应称为聚合（polymerization），主要包括：加成聚合（简称加聚）、缩合聚合（简称缩聚）、开环聚合等。

1.6.2.1　加成聚合

烯类、二烯烃和炔烃类单体在引发剂作用下通过加成反应形成相应的高分子化合物的聚合称为加成聚合（addition polymerization）。包括均聚和共聚。

（1）均聚　均聚（homopolymerization）为同种单体进行的加成聚合，所得高分子化合物中只含一种单体链节，产物称为均聚物（homopolymer）。下面举三个代表性的均聚例子。

【例 1-4】　四氟乙烯均聚成聚四氟乙烯

$$nCF_2{=}CF_2 \longrightarrow \left[CF_2-CF_2 \right]_n$$

【例 1-5】　乙烯和取代烯烃的均聚

$$nCH_2{=}\underset{X}{\overset{R}{C}} \longrightarrow \left[CH_2-\underset{X}{\overset{R}{C}} \right]_n$$

式中，R＝H 时，X＝H、CH_3、C_6H_5、Cl、CN、$OCOCH_3$、OC_2H_5、$COOCH_3$、COOH 和 $CONH_2$ 分别对应于聚乙烯、聚丙烯、聚苯乙烯、聚氯乙烯、聚丙烯腈（腈纶）、聚乙酸乙烯酯、聚乙烯基乙醚、聚丙烯酸甲酯、聚丙烯酸和聚丙烯酰胺；当 R＝CH_3 时，X＝CH_3、$COOCH_3$ 和 COOH 分别对应于聚异丁烯（丁基橡胶）、聚甲基丙烯酸甲酯（有机玻璃）和聚甲基丙烯酸。

【例 1-6】　二烯烃的均聚

$$nCH_2{=}CH-\underset{X}{C}{=}CH_2 \longrightarrow \left[CH_2-CH{=}\underset{X}{C}-CH_2 \right]_n$$

式中，X＝H、CH_3 和 Cl 分别为聚丁二烯（顺式为顺丁橡胶）、聚异戊二烯（顺式与天然橡胶相同）和聚氯丁二烯（氯丁橡胶）。

（2）共聚　共聚（copolymerization）是指两种或两种以上的单体一起进行加成聚合。生成的聚合物中含有两种或两种以上的链节，称为共聚物（copolymer）。下面举三个有代表性的共聚例子：

【例 1-7】　乙烯和丙烯的共聚（共聚物为乙丙橡胶）

$$nCH_2{=}CH_2+mH_2C{=}\underset{CH_3}{CH} \longrightarrow \left[CH_2-CH_2 \right]_n \left[CH_2-\underset{CH_3}{CH} \right]_m$$

【例 1-8】　丁二烯与苯乙烯或丙烯腈的共聚

$$nH_2C{=}CH-CH{=}CH_2+mH_2C{=}\underset{X}{CH} \longrightarrow \left[CH_2-CH{=}CH-CH_2 \right]_n \left[CH_2-\underset{X}{CH} \right]_m$$

式中，当 X＝C_6H_5（苯基）时，共聚物为丁苯橡胶；当 X＝CN 时，共聚物为丁腈橡胶。

1.6.2.2　缩合聚合

单体在生成高分子化合物的同时，还有小分子副产物生成的聚合，称为缩合聚合（condensation polymerization)，简称缩聚。缩聚得到聚合物往往具有官能团形成的特征键，如酰胺键、酯键、醚键、氨酯键、碳酸酯键等，因此，大部分缩聚物是杂链高分子化合物。例如己二胺与己二酸生成聚酰胺 66（尼龙 66）的缩聚反应为

$$n\,HOOC(CH_2)_4COOH + n\,H_2N(CH_2)_6NH_2 \longrightarrow HO\!\left[\overset{\overset{O}{\|}}{C}(CH_2)_4\overset{\overset{O}{\|}}{C}NH(CH_2)_6NH\right]_n\!H + (2n-1)H_2O$$

1.6.2.3　开环聚合

一些具有环张力的环醚、内酰胺、内酯等环状化合物在特定的催化剂作用下，环被打开并形成高分子化合物的聚合，称为开环聚合（ring-openning polymerization）。许多商品化的聚合物是通过开环聚合制备的，例如，单体浇铸尼龙-6、聚甲醛和聚氧杂环丁烷三种工程塑料都是通过开环聚合制备的，相关的开环聚合反应如下：

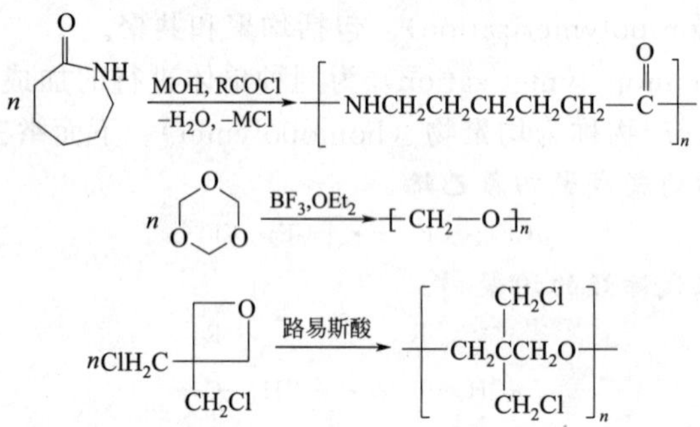

1.6.2.4　高分子化合物的化学反应

当高分子化合物的主链或侧基中含有可进行化学反应的基团时，可进一步进行化学反应以制备具有新性能或功能的另一种高分子化合物，或制备一些无法直接从小分子得到的高分子化合物。很多功能高分子的功能基团是通过高分子化合物的化学反应而引入的。根据聚合物和基团（侧基和端基）的变化，高分子化合物的化学反应可分为相似转变（聚合度基本不变，只有侧基和/或端基变化的反应）、聚合度变大的反应（交联、接枝、嵌段、扩链等反应）以及聚合度变小的反应（解聚、降解等）。

1.6.3　高分子化合物的结构

高分子化合物许多独特的性能是由其丰富的、多层次的结构所决定的。了解高分子的结构以及结构与性能的关系，有助于我们了解高分子材料的性能，更好地使用高分子材料，甚至设计合成出新型高分子材料。高分子化合物结构包括单个高分子本身的链结构和许许多多高分子之间的排列堆积的聚集态结构这两方面。而单个高分子的链结构包括高分子链的近程和远程两个结构层次；聚集态结构则包括三级结构和四级结构。

1.6.3.1　高分子链的近程结构

高分子链的近程结构常称为高分子化合物的一级结构，是构成高分子化合物最基本的微观结构，是反映高分子化合物各种特性的最主要结构层次，直接影响高分子化合物的熔点、密度、溶解性等性能。高分子链近程结构包括结构单元的化学组成、键接方式、空间构型、序列结构、链的几何形状等方面。

（1）高分子链的化学组成　按照主链的化学组成，可分为碳链大分子、杂链大分子、元素有机大分子等。化学组成不同，性能和结构都不同。

（2）结构单元的键接方式　大分子链是由许多结构单元通过共价键键接起来的链状分子。在缩聚过程中，结构单元的键接方式比较固定。但在加聚过程中，单体构成大分子的键接方式比较复杂，存在多种可能的键接方式。例如单烯类单体（$CH_2=CHR$）在聚合过程中可能的键接方式有头-尾、头-头和尾-尾键接三种：

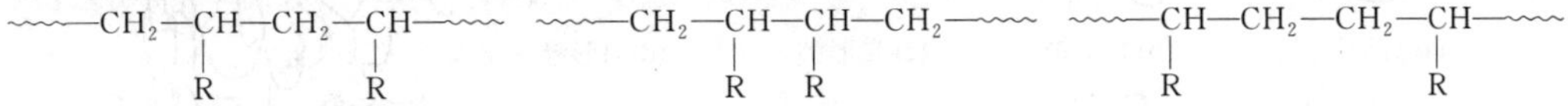

头-尾　　头-头　　尾-尾

（3）高分子链的构型　构型是指分子中由化学键所连接的原子在空间的几何排列。这种排列是稳定的，要改变构型必须经过化学键的断裂与重组。高分子链的构型包括几何异构和旋光异构。

① 几何异构　在双烯类单体采取 1,4-加成聚合时，因大分子主链上存在双键以及同双键相连的基团在双键两侧的排列方式不同而有顺式（*cis-*）构型和反式（*trans-*）构型之分，它们称为几何异构体。例如，丁二烯用 Co、Ni 和 Ti 催化，可得顺式含量高达 94％的顺丁橡胶，而用 V 催化则得到以反式为主的聚合物。顺式和反式聚丁二烯的结构式为：

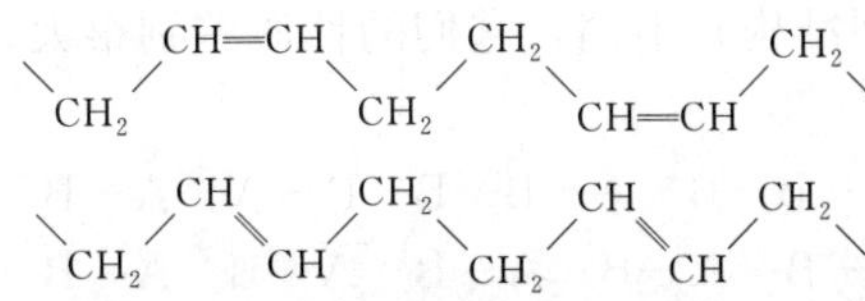

顺式聚丁二烯

反式聚丁二烯

顺式聚丁二烯结构对称性差，分子链间的距离大，室温下为弹性优良的橡胶，而反式聚丁二烯结构规整性好，容易结晶，室温下为塑料。聚异戊二烯也存在顺反几何异构体，天然橡胶顺式含量高达 98％，因此具有优良的弹性，而古塔波胶为反式聚异戊二烯，室温下为塑料。

② 旋光异构　如果碳原子上所连接的四个原子（或原子基团）各不相同时，则该碳原子就称为不对称碳原子（手性碳原子）。由于每个不对称碳原子都有 D-及 L-两种可能构型，所以当一个高分子链含有 n 个不对称碳原子时就有 2^n 个可能的排列方式。例如，单取代烯烃的每个结构单元中都有一个手性碳原子，结构单元在空间的排列有三种典型的情况，各个不对称碳原子都具有相同的构型（D-构型或 L-构型）时称为全同立构；若 D-构型和 L-构型交替出现，则称为间同（间规）立构；若 D-构型及 L-构型无规分布，则称为无规立构（图 1-49）。全同立构和间同立构都属于有规立构，可通过烯烃的配位聚合得到。

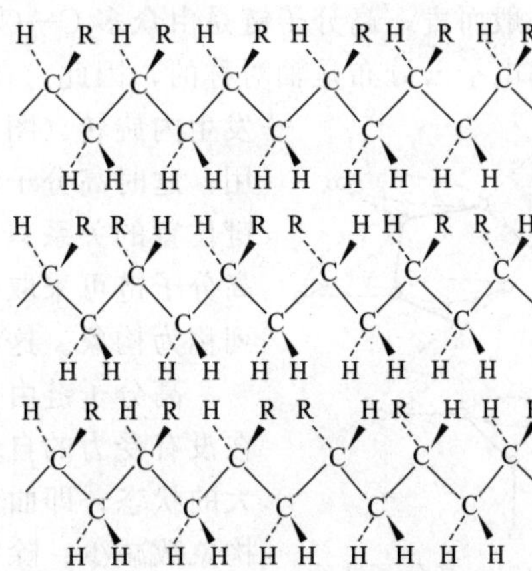

全同

间同

无规

图 1-49　单取代烯烃的旋光异构体

对于低分子物质，不同的空间构型常有不同的旋光性。但对高分子链，虽然含有许多不对称碳原子，但由于内消旋或外消旋的缘故，一般并不显示旋光性。立体规整性对高分子化合物性能有很大影响，有规立构的高分子由于取代基在空间的排列规则，大都能结晶，强度和软化点也较高。

（4）高分子链的几何形状　高分子链的几何形状多样，主要包括线形（linear）、无规支化链形（branched）、星形（star）、H 形、梳形（comb）、梯形（ladder）、树枝形（dendrimer)、网络链形（crosslinked）等（如图 1-50 所示）。

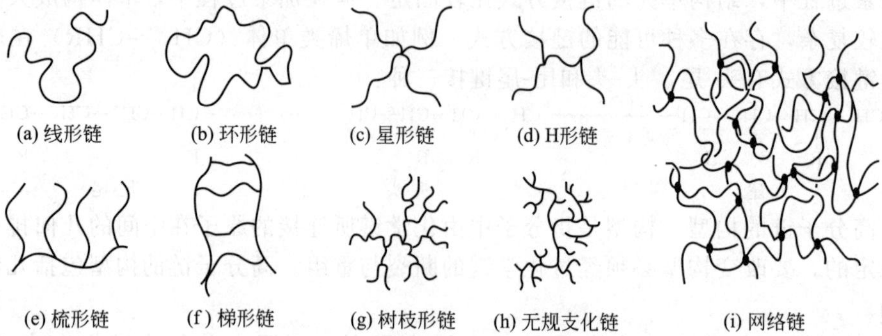

图 1-50 常见高分子链的形状

（5）共聚物大分子链的序列结构 如果高分子化合物由两种或两种以上的单体共聚合成，则高分子链的结构更加复杂。例如，对于单体 A 和 B 的共聚，控制共聚条件，可以得到无规、交替、嵌段和接枝四种类型的共聚物。尽管四种类型的共聚物化学组成相同，但由于两种结构单元的排列方式（序列结构）不同，它们的性质差别很大。四种共聚物的序列结构如下：

① 无规共聚物：—A—A—A—B—B—A—B—B—B—A—A—B—

② 交替共聚物：—A—B—A—B—A—B—A—B—A—B—A—B—

③ 嵌段共聚物：—A—A—A—A—···—A—B—B—B—B—···—B—

④ 接枝共聚物：—A—A—A—A—A—A—A—A—A—A—A—A—
—BBBBB┘ └BBBBBBB—

1.6.3.2 高分子链的远程结构

高分子链的远程结构亦称为高分子化合物的二级结构，是单个高分子链在空间所存在的各种形状，即高分子链的构象结构。

一般而言，高分子链是由众多 C—C 单键或 C—N、C—O、Si—O 等单键构成的。这些单键的电子云分布是轴对称的，因此，在高分子链运动时这些单键（如 C—C 键）可以绕轴发生内旋转（图 1-51）。如果不考虑取代基对这种内旋转的阻碍作用，这时高分子链上每一个单键在空间所能采取的位置与前一个单键位置的关系只受键角的限制。由于热运动下单键的内旋转作用，高分子链可采取各种可能的形态，每种形态所对应原子及键空间排列称为构象。这种能够改变其构象的性质称为柔顺性。

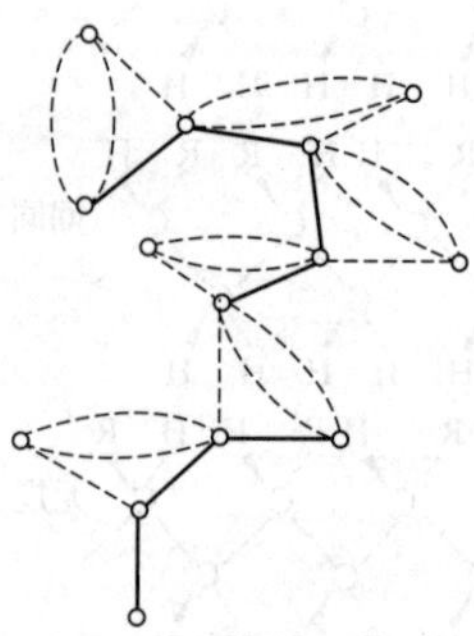

图 1-51 高分子链的内旋转

高分子链由许多单键构成，内旋转作用产生数量庞大的构象，在没有受力的自然状态下，高分子链总是采取构象数（构象熵）最大的状态，即曲卷态。一旦受到外力作用，高分子链可以伸展开来，构象数减少；除去外力后，高分子链又恢复到热力学稳定的曲卷态，显示出优异的弹性，高分子链的柔顺性越好，其弹性越好。

高分子链的柔顺性是决定高分子化合物特性的基本因素。柔顺性主要来源于内旋转，而内旋转的难易又取决于内旋转位阻的大小。凡是使内旋转位阻增加的因素都使柔性减小，这些因素包括：主链结构、取代基、链的规整性、氢键等。

内旋转位阻首先与主链结构有关，化学键的键长越大，相邻非键合原子或原子团间的距离就越大，内旋转位阻就越小，链的柔顺性就越大。因此柔顺性的大小次序是：Si—O>

C—O>C—C。

取代基对高分子链柔顺性的影响取决于取代基的极性、体积和位置。一般而言，取代基的极性越强、体积越大，内旋转位阻就越大，高分子链的柔顺性就越小。

热运动促使单键内旋转，内旋转使高分子链处于构象熵大的卷曲状态，而呈现众多的构象。但除熵值因素之外，决定高分子形态的还有能量因素，位能越低的形态在能量上越稳定。高分子链的实际形态取决于这两个基本因素的竞争，在不同条件下，这两个因素的相对重要性不同，因此就产生各种不同的形态，主要包括下面几种类型。

① 伸直链：在这种形态中，每个链节都采取能量最低的反式链，整个高分子呈锯齿状。拉伸结晶的聚乙烯就是典型的例子。

② 折叠链：如聚乙烯单晶中某些高分子链就采取这种形态，聚甲醛晶体中高分子链也是这样。

③ 螺旋形链：全同立构的聚丙烯大分子链、蛋白质、核酸等大分子链大都是这样的螺旋形。形成螺旋状的原因是，采取这种形态时，相邻的非键合原子基团间距离较大，排斥作用较小，或者有利于形成分子内的氢键。

④ 无规线团：大多数合成的线形高分子化合物在熔融态或溶液中，其分子链都呈无规线团状，这是较为典型的高分子链形态。

1.6.3.3　高分子化合物聚集态结构

高分子化合物聚集态结构主要是指三级结构，是在分子间力作用下，大分子相互聚集在一起所形成的组织结构。聚集态结构强烈地受二级结构的影响，它是在材料加工时形成的，是决定材料使用性能的主要因素，受工艺条件的影响。一般来说，一级和二级结构间接影响材料的性能，而三级结构直接影响材料的性能。

高分子化合物聚集态结构分为晶态结构和非晶态（无定形）结构两种类型。结构简单的、一级和二级结构规则的以及分子间作用力强的高分子化合物易于形成晶体结构。一级结构比较复杂和不规则的高分子化合物则往往形成无定形即非晶态结构。

1.6.4　高分子化合物的分子运动与性质

高分子化合物的性质是由其多层次结构所决定的，需通过分子运动体现出来。同一种高分子化合物，由于温度的不同，即分子运动情况的不同，可以表现出完全不同的宏观性质。例如，天然橡胶制品在常温下是柔软和富有弹性的材料，但用液氮（77K）冷却时，就变成了像玻璃一样硬而脆的固体；室温下有机玻璃是塑料，一旦升温至 373K 以上，就变得像橡皮一样富有柔性和弹性。因此，为了弄清高分子化合物的使用性能，还需要了解高分子化合物的分子运动特征以及运动对其物理状态的影响。

1.6.4.1　高分子化合物的分子运动与力学状态

（1）高分子化合物的分子运动特征　分子运动的性质和程度取决于温度。不同的运动形式所需活化能是不同的，因此不同形式的运动具有不同的临界温度，在此温度之下，该形式的运动处于“冻结”状态。高分子化合物的分子运动具有如下两个特点。

① 分子运动具有多重性：高分子化合物具有多重运动单元，如侧基、支链、链节、链段及整个高分子链等。高分子化合物分子运动方式有：键长、键角的振动或扭曲；侧基、支链或链节的摇摆、旋转；分子内旋转及整个高分子的重心位移等。

② 分子运动具有明显的松弛特性：具有时间依赖性的过程称为松弛过程。

任何系统在外场（力、电、磁等）作用下，都要由一种平衡状态过渡到与外场作用相适应的另一种平衡状态。外场的作用亦称“刺激”，受到外场“刺激”后，系统状态的变化称为“响应”或应变。从施加刺激到观察响应的时间间隔 t，称为时间尺度，简称为时间。任何系统在外场作用下，从原来的平衡状态过渡到另一平衡状态是需要一定时间的，即有一个速度问题。这样的过程在物理学上称为“松弛过程”或“弛豫过程”或“延滞过程”。所以松弛过程也就是速度过程，在化学上就是化学动力学过程。这种过程的快慢可用松弛时间来衡量，松弛时间越长，过程越慢。严格而言，一切运动过程都有松弛特性。但诸如键长、键角的振动、扭曲等松弛过程在一般时间尺度内观察不到，可视为不存在松弛过程。高分子化合物的分子运动单元（除键长、键角及其他小单元外）一般都较大，松弛时间较长，所以在一般时间尺度下即可观察到明显的松弛特性。既然分子运动是一个速度过程，要达到一定的运动状态，提高温度和延长时间具有相同的效果，这称为时-温等效原理。高分子化合物的分子运动原则上都符合时-温等效原理。

(2) 非晶态高分子化合物的三种力学状态　高分子化合物主要存在晶态和非晶态（无定形）两种固体结构。非晶态高分子化合物随温度的升高呈现出三种力学状态（物理状态）：玻璃态、高弹态和黏流态。

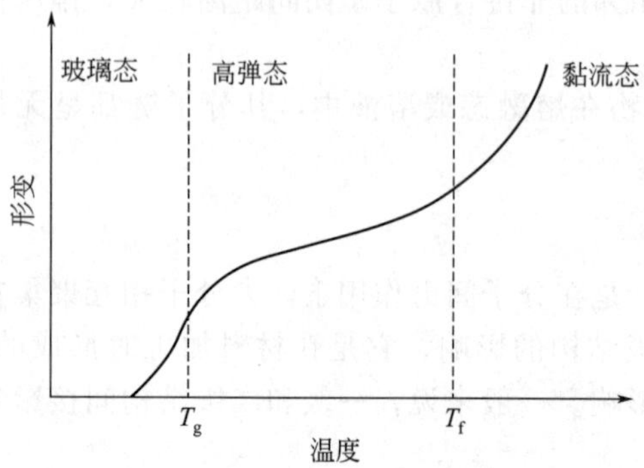

图 1-52　非晶态高分子化合物的温度-形变曲线

如果对非晶态高分子化合物试样施加一恒定外力，观察试样发生的形变与温度之间的关系，可以得到如图 1-52 所示的温度-形变曲线。当温度较低时，由于分子间的作用力大以及热运动能量低，因此只发生侧基、键长、键角等的局部运动，而整个高分子链和链段（约含 50～100 个 C—C 键的运动单元）的运动处于“冻结”状态，此时高分子化合物表现出虎克（Hook）弹性，像玻璃一样，没有柔顺性，质硬而脆，并且在外力作用下，发生的形变很小，故称玻璃态。

当温度升至某一定范围后，此时热运动能虽不能激发整个高分子链的运动，但可以激发链段运动，此时，在外力作用下，形变较大，并在随后的温度区域间保持相对稳定。一旦除去外力后，形变可迅速恢复，表现出橡胶弹性的特征，故称高弹态。

当温度再进一步升高，热运动的能量就可激发整个高分子链的运动，此时高分子链之间可以发生平移，形变量大幅增加且多为不可逆形变，高分子化合物变成黏性流体，故称黏流态。

由玻璃态开始向高弹态转变的温度，称为玻璃化转变温度，简称玻璃化温度，用 T_g 来表示；由高弹态开始向黏流态转变的温度，称为黏流温度，用 T_f 来表示。

在室温下，塑料处于玻璃态，而橡胶处在高弹态。玻璃化温度是非晶态塑料使用的上限温度，也是橡胶使用的下限温度。对于结晶高分子化合物，熔点则是其使用的上限温度。

1.6.4.2　高分子化合物的性质

(1) 力学性质　作为材料使用，总是要求高分子化合物具有必要的力学性能，对多数应用而言，力学性能比其他物理性能更为重要。在所有材料中，高分子材料的力学性能可变范围最宽，包括从液体、软橡皮到很硬的刚性固体。例如，在室温下，聚苯乙烯制品很脆，容易敲碎；而尼龙制品却很坚韧，不易变形也不易破碎；轻度交联的天然橡胶制品受力可伸长好几倍，解除外力后还能基本上恢复原状；而胶泥变形后，却保持着新的形状。高分子化合物力学性质的多样性，为其不同的应用提供了广阔的选择余地。由于高分子化合物具有长链结构及其分子运动具有明显松弛的特征，因此高分子化合物的力学性质具有温度和时间的依赖性。

高分子化合物力学性质可用应力和应变、弹性模量、机械强度等物理量来描述。机械强度是指材料抵抗外力破坏的能力，主要包括：抗拉强度、抗冲击强度、抗弯强度、硬度等。由于高分子化合物的破坏过程具有松弛的特征，所以其机械强度除与结构、聚合度、结晶度、取向度、极性、填料、增塑剂等有关外，还与载荷速率及温度等外界条件有关。

一般地，随着聚合度增加，分子间作用力增大，高分子化合物的机械强度增加，但增到一定程度后，机械强度增加十分缓慢，基本上达到恒定值；随着结晶度的增加，高分子化合物的硬度增加，但其抗弯和抗冲强度下降；极性越大，分子间力越强，强度越高，如存在氢键作用则会使强度进一步增大，例如聚酰胺（尼龙）系列高分子化合物，就具有非常高的机械强度；增强填料一般会使高分子化合物的机械强度增加；增塑剂则会使高分子化合物的抗拉强度和硬度下降，但会提高高分子化合物的抗冲强度。

(2) 电学性质　高分子化合物的电学性质是指其在外加电压或电场作用下的行为及其所表现出的各种物理现象，包括导电性质、在交变电场中的介电性质、在强电场中的击穿现象以及发生在高分子化合物表面的静电现象。在通常情况下，绝大多数高分子化合物是良好的电绝缘体，已广泛地用作绝缘材料和介电材料，但其绝缘性随交变电场频率的不同表现出很大的差异，这主要由其化学结构所决定。若高分子化合物有极性，必存在偶极，这些偶极在交变电场作用下会发生频繁取向，而取向运动又受到高分子链的阻碍，这样必然消耗部分电能，这就是介电损耗。根据高分子化合物极性的不同，可将高分子化合物分为以下四类。

① 非极性高分子化合物：其偶极矩 $\mu=0D$，介电常数 $\varepsilon=1.8\sim2$，如聚乙烯和聚四氟乙烯，绝缘性极优，适宜用作高频绝缘材料。

② 弱极性高分子化合物：其偶极矩 $\mu<0.5D$，介电常数 $\varepsilon=2\sim3$，如聚苯乙烯、天然橡胶、聚异丁烯等，可作中频绝缘材料。

③ 极性高分子化合物：其偶极矩 $\mu>0.5D$，介电常数 $\varepsilon=3\sim4$，如聚氯乙烯、有机玻璃、尼龙等，可作中低频绝缘材料。

④ 强极性高分子化合物：其偶极矩 $\mu>0.7D$，介电常数 $\varepsilon=4\sim7$，如酚醛塑料、脲醛塑料、聚酯等，只能作低频绝缘材料。

(3) 高分子化合物的溶解性质　线性和支化的高分子化合物一般可溶于一定的溶剂形成溶液，但这个溶解过程相当缓慢，首先经历体积膨胀（溶胀）的过程，然后完全分散到溶剂中形成均匀的溶液；对于网状高分子化合物，只能溶胀而不能溶解。高分子化合物浓溶液的黏度一般是很高的，可用来拉膜、纺丝。高分子化合物的溶剂焊接、溶液纺丝、溶液铸膜等工艺过程都依赖于其溶解性质。

高分子化合物的溶解度取决于其结构和选用的溶剂，一般来说，分子量大，结晶度高，链间分子作用力大，溶解度就低，对于溶剂的选择，可根据极性相似的原则。例如，对于低极性的高分子化合物聚苯乙烯，可选用低极性的苯、甲苯、二甲苯等作溶剂；对于极性高分子化合物有机玻璃，可选用丙酮、氯仿、二氯甲烷、四氢呋喃等作为溶剂；对于强极性和存在氢键的高分子化合物聚乙烯醇，可选用强极性和存在氢键的水、甲醇、乙醇等作为溶剂。

1.6.5 几种重要的合成树脂

合成树脂是纯合成高分子化合物的别称。有的合成树脂虽为分子量还不太高的齐聚物，但其固化后可形成体型（交联）高分子化合物。合成树脂已广泛地用作舰船涂料、黏合剂和舰船复合材料的制造，下面介绍其中几种重要的合成树脂。

1.6.5.1　环氧树脂

环氧树脂（epoxy resin）通常指端基为环氧基或侧链含有环氧基的高分子化合物或有机化合物的总称。一般是由多元酚、多元醇、多元酸、多元胺与过量的环氧氯丙烷缩聚或烯烃氧化得到。未固化前，环氧树脂为液体到固体的线性低分子量齐聚物或有机化合物，同固化剂反应后可形成热固性树脂，从而体现出其黏结等性能。环氧树脂主要包括缩水甘油醚型环氧树脂、缩水甘油酯型环氧树脂、缩水甘油胺型环氧树脂、脂肪族环氧化物、脂环族环氧化物和混合型环氧树脂。其中双酚 A 型环氧树脂产量最大（约占环氧树脂总量的 80%），用途最广。其他品种是为特殊的用途发展起来的，虽然产量小，但呈现出逐年增加的趋势，并且有独特的性能，应用领域也十分广泛。

（1）环氧树脂的制备方法　双酚 A 型环氧树脂（齐聚物）是由双酚 A 和环氧氯丙烷在 NaOH 存在下反应制得的，反应式如下：

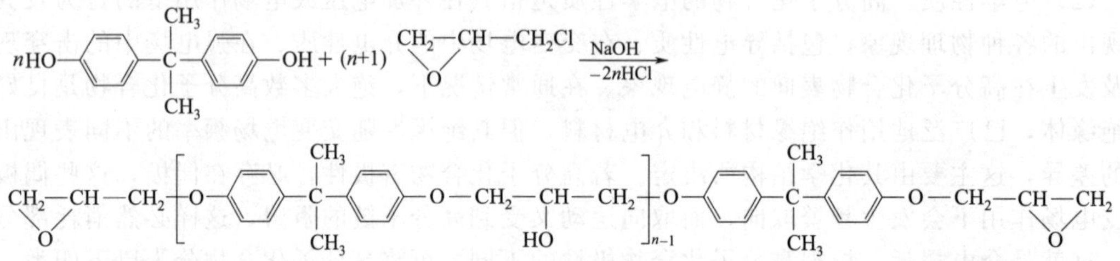

（2）环氧树脂的固化方法　环氧树脂中有环氧基和羟基，可通过它们能够发生的开环偶联和缩合反应进行固化交联，形成体型高分子化合物。常用的固化剂有：多元脂肪胺（如 593：二乙烯三胺与环氧丙烷丁基醚加成物）、含芳基的多元胺（如 T31：多胺、甲醛和苯胺的 Manich 反应产物）、聚酰胺（如 651：桐油酸与多元胺反应得到的桐油酸二聚体多元胺）、酮亚胺、聚硫醚、羧酸和酸酐、氨基树脂、酚醛树脂等。在实际应用中，应根据环氧值（100g 树脂中含环氧基的物质的量）来计算固化剂的用量。

（3）环氧树脂的性能　环氧树脂为线型齐聚物。国内主要的双酚 A 环氧树脂有 E51、E44、E42、E20、E12 和 E06（数字表示 100g 环氧树脂中环氧基的百分数。例如，E51 表示环氧基为 51%的环氧树脂），它们能溶于许多有机溶剂。E51、E44 和 E42 常温下为黏稠液体，受热黏度降低，而 E20、E12 和 E06 常温下为固体，加热可软化甚至熔融。由于环氧树脂结构中含有众多的强极性基团，因此，固化后环氧树脂具有优异的黏接力和黏附力，并且具有优良的机械性能、电绝缘性能和良好的耐化学品性能，同时易于成型加工和进行改性。

（4）环氧树脂的用途　环氧树脂固化物主要用作黏合剂（俗称万能胶）、涂料树脂、密封胶、电子电器灌封材料、发泡材料、电绝缘材料、玻璃钢构件及玻璃钢船只、功能复合材料等。

1.6.5.2　不饱和聚酯

不饱和聚酯（unsaturated polyester）是指主链上含有不饱和双键的线性聚酯，由不饱和二元酸或酸酐和一定量的饱和二元酸或酸酐的混合物与饱和二元醇或二元酚缩聚得到的、分子量为 1000～5000 的缩聚物。由于含有不饱和的双键，可与烯类单体加成共聚，形成交联的热固性树脂。因用于不饱和聚酯生产的原料种类繁多，故不饱和聚酯的品种也很多，已工业化生产的品种有：通用型、胶衣型、耐化学型、耐高温型、透明型、柔韧型、低挥发型、阻燃型、浇铸型、板材型、模压型、发泡型等不饱和聚酯。

（1）不饱和聚酯的制备方法 通用的不饱和聚酯（如市售的191和196不饱和聚酯）一般采用马来酸酐和一定量邻苯二甲酸酐与饱和二元醇先高温下缩聚形成高黏性液体不饱和聚酯，冷却后用单体（如苯乙烯等）稀释并加入适量的阻聚剂（如对苯二酚、苯醌、叔丁基邻苯二酚等）得到可浇铸的液体树脂。典型的缩聚反应为

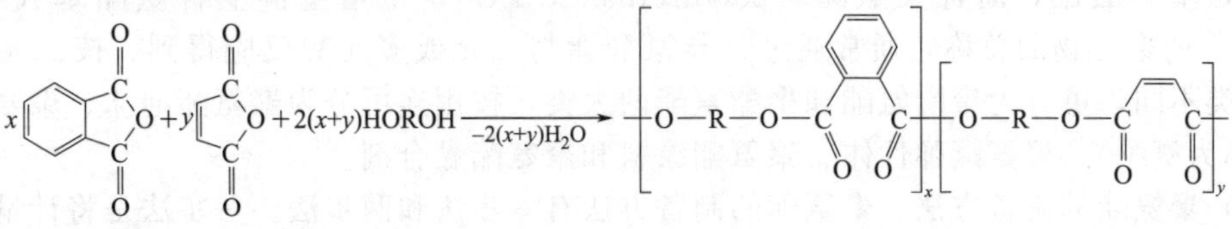

$R=CH_2CH_2, CH_2CH_2OCH_2CH_2, CH(CH_3)CH_2, CH(CH_3)CH_2OCH(CH_3)CH_2,$

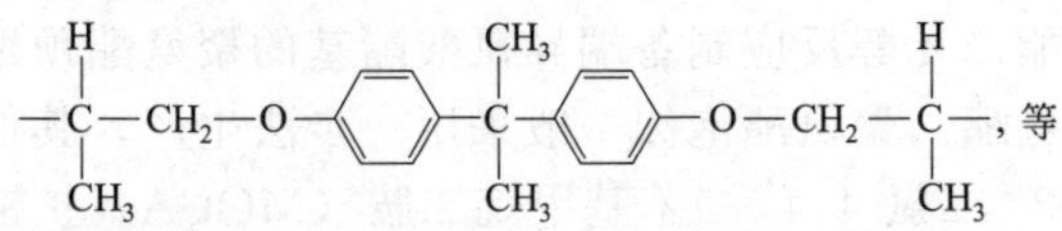

（2）不饱和聚酯的固化方法 不饱和聚酯可通过自由基加聚反应室温固化交联，形成体型树脂。常用的引发剂有：过氧化环已酮、过氧化甲乙酮、过氧化苯甲酰、过氧化异丙苯等；常用的促进剂和加速剂有：环烷酸钴、辛酸钴、N,N-二甲基苯胺、N,N-二乙基苯胺等。

（3）不饱和聚酯的性能 常温下不饱和聚酯为黏性液体，具有良好的成型性和工艺性，颜色、黏度、触变性、适用期、固化温度、固化时间等可根据需要进行调节。固化产物具有较高的力学性能、尺寸稳定性能、耐化学品性能及电绝缘性能。不饱和聚酯还可用不同增强材料和填料增强以及用其他树脂进行共混改性。

（4）不饱和聚酯的用途 不饱和树脂制品有增强型和非增强型两大系列。非增强型不饱和聚酯主要用作家具涂料、纽扣、工艺品、人造大理石、人造玛瑙、人造花岗岩、板材、胶衣树脂、食品容器等；增强不饱和聚酯（如玻璃钢）主要用作小型舰船、雷达天线罩、功能复合材料、化工防腐设备、车辆部件、机械零部件、门窗、卫生设备、娱乐设备、食品设备、运动器材等。

1.6.5.3 乙烯基酯树脂

乙烯基酯树脂（vinyl ester resin），又称环氧丙烯酸酯，是环氧树脂与一元不饱和酸的开环加成产物，兼顾了环氧树脂和不饱和聚酯的特性。

（1）乙烯基酯树脂的制备方法 环氧树脂与一元不饱和羧酸在阻聚剂存在以及叔胺、磷化氢或碱催化下开环加成，冷却后用交联单体（如苯乙烯、甲基苯乙烯、双环戊二烯、丙烯酸酯等）稀释，得到可浇铸的液体乙烯基酯树脂。典型的反应如下：

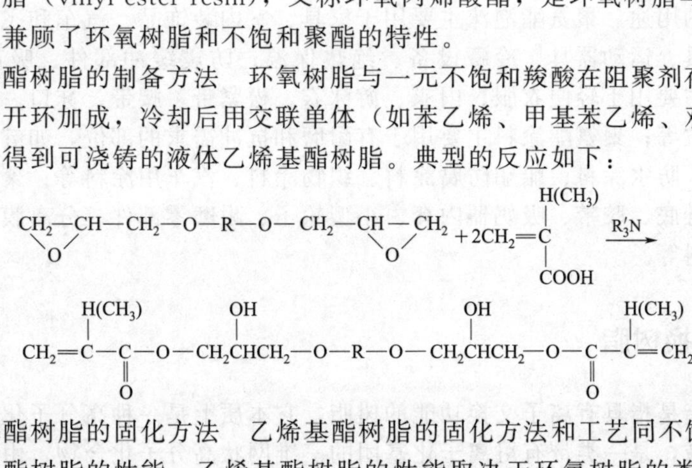

（2）乙烯基酯树脂的固化方法 乙烯基酯树脂的固化方法和工艺同不饱和聚酯相似。

（3）乙烯基酯树脂的性能 乙烯基酯树脂的性能取决于环氧树脂的类型。用双酚A环氧树脂制备的乙烯基酯树脂具有优良的耐热性、黏接性和耐化学品性，成型工艺简单，尺寸稳定性好，力学性能优良。

（4）乙烯基酯树脂的用途 乙烯基酯树脂主要用于玻璃钢储罐、舰船、槽车、管道、风

机叶片、汽车部件、防腐内衬等以及用作腻子、胶泥、黏合剂、防腐涂料、保护涂料、光固化涂料等。

1.6.5.4　聚氨酯

聚氨基甲酸酯，简称聚氨酯（polyurethane，PU），是指主链上含氨酯基（—NH—COO—）的聚合物的总称，通常通过二异氰酸酯与二元或多元醇反应得到。按二元或多元醇的种类不同，可分为聚醚氨酯和聚酯氨酯两大类，按用途可分为聚氨酯泡沫、聚氨酯纤维（我国称为氨纶）、聚氨酯弹性体、聚氨酯涂料和聚氨酯黏合剂。

（1）聚氨酯的制备方法　聚氨酯的制备方法有一步法和两步法。一步法是将计量的二异氰酸酯、聚醚或聚酯二元醇、扩链剂或交联剂、催化剂以及其他助剂混合均匀，浇铸成型。两步法是通过二异氰酸酯与聚醚或聚酯二元醇反应制备端异氰酸酯基的聚氨酯预聚物，然后预聚物扩链或交联形成线性或体型聚氨酯。聚氨酯泡沫一般采用一步法生产，其他用途的聚氨酯一般采用两步法生产。例如用 3,3′-二氯-4,4′-二苯基甲烷二胺（MOCA）扩链的浇铸聚氨酯弹性体的合成反应如下：

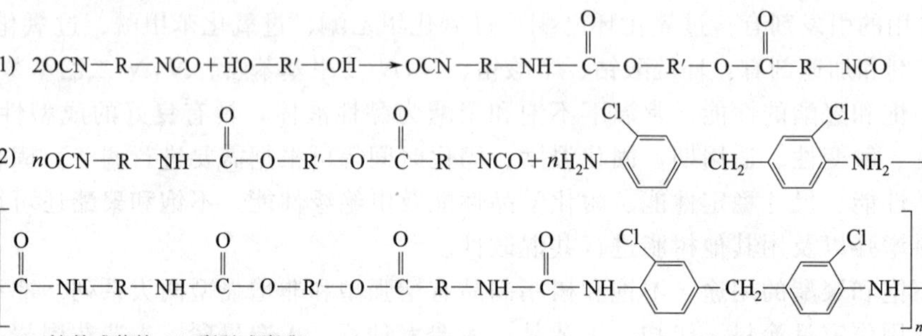

R=烷基或芳基，R′=聚醚或聚酯

（2）聚氨酯的性能　软质聚氨酯泡沫塑料具有质地柔软、容重低、弹性大、吸音、隔热（热导率极低）、耐寒、耐油等特点；硬质聚氨酯泡沫塑料具有比刚性大、容重低、吸音、隔热（热导率极低）、耐寒、耐油、使用温度高等特点；聚氨酯纤维具有高弹性、耐磨、舒适等特点；聚氨酯涂料具有优良的柔性、抗冲击性、耐磨性、耐溶剂性、耐候性和黏附力；聚氨酯弹性体具有优异的耐磨性和耐油性、良好的硬度和弹性等特点。

（3）聚氨酯的用途　聚氨酯泡沫主要用于家具、室内装饰品、汽车和飞机内装饰、门窗框架、包装、玩具、运动器具、冷藏设备、绝热保温、防震缓冲部件、吸声材料、日用品等；聚氨酯纤维主要用于轻便衣服、内衣、游泳衣、松紧带、腰带、袜口、绷带、飞行服和航天服的紧身部位等；聚氨酯涂料主要用于有耐磨和抗冲需求的部位，如健身房和舞厅地板涂层、户外涂料、防水涂料、船舶防腐涂料、织物涂料、汽车用涂料等；聚氨酯弹性体主要用作轮胎胎面、鞋底、胶带、吸奶器内套、小型轮子、耐磨零部件、分离膜、减振橡胶、第二代水声吸声材料等。

1.6.6　离子交换树脂

离子交换树脂是指具有离子交换功能的树脂，它本质上是一种高分子化合物多元酸或高分子化合物多元碱，是一类带有可离子化基团的三维网状高分子化合物，由不溶不熔的骨架和结合在骨架上的功能基团及其所带的反号可交换离子三部分组成。

1.6.6.1　离子交换树脂的类型

根据所带离子化基团的不同，离子交换树脂一般可分为阳离子交换树脂、阴离子交换树脂和两性离子交换树脂。按树脂物理结构的不同，离子交换树脂可分为凝胶型、大孔型和载体型离子交换树脂。阳离子交换树脂又可分为强酸性和弱酸性阳离子交换树脂，阴离子交换树脂又可分为强碱性和弱碱性阴离子交换树脂。

(1) 阳离子交换树脂　阳离子交换树脂是指具有酸性基团的离子交换树脂，它能够把溶液中的各种阳离子（如 Na^+、Ca^{2+}、Mg^{2+} 等）交换成氢离子。阳离子交换树脂具有—SO_3H、—COOH、—$PO(OH)_2$ 等酸性基团，其中最常用的是带—SO_3H 功能基团的强酸型苯乙烯系阳离子交换树脂，其分子简式可表示为 R—SO_3H。强酸型苯乙烯系阳离子交换树脂可通过苯乙烯与少量二乙烯苯共聚形成不溶的苯乙烯-二乙烯苯共聚物球形颗粒，然后经磺化（用浓 H_2SO_4 高温反应）制备，反应式为

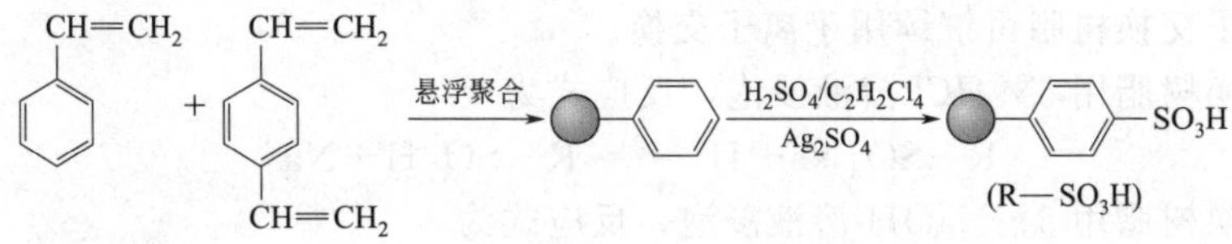

(2) 阴离子交换树脂　阴离子交换树脂是指具有碱性基团的离子交换树脂，它能够把溶液中各种阴离子交换为氢氧根离子。阴离子交换树脂具有—NH_2、—NHR′、—NR'_2、—$N^+R'_3OH^-$ 等碱性基团（R′为烷基），其中最常用的是带—$N^+(CH_3)_3OH^-$ 功能基团的强碱型苯乙烯系阴离子交换树脂，其分子简式为 R—$N^+(CH_3)_3OH^-$。强碱性阴离子交换树脂通常由苯乙烯-二乙烯苯共聚物球形颗粒分别经氯甲基化和季铵化生成季铵盐型阴离子交换树脂，然后再用 NaOH 溶液处理得到，反应式为

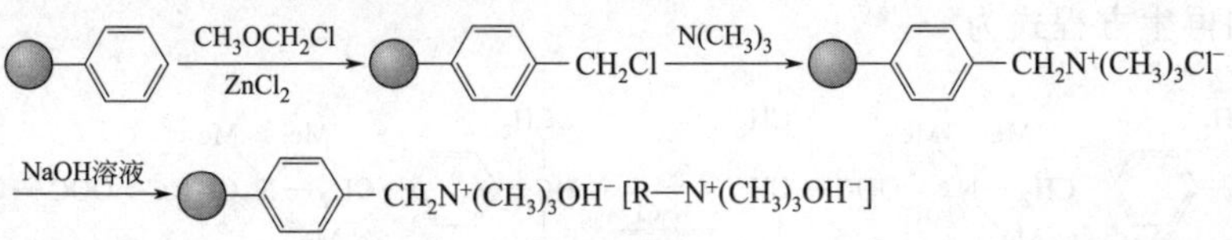

(3) 两性离子交换树脂　两性离子交换树脂是同时具有阳离子和阴离子交换基团的树脂。两性离子交换树脂一般可通过单体的共聚或高分子反应将两种基团先后引入来制备。其中蛇-笼树脂是一种最为实用的两性离子交换树脂。所谓蛇-笼树脂是一种在具有电荷功能基的交联体上交缠又带相反电荷功能基的线型高分子的树脂，在蛇-笼树脂中，交联高分子树脂称之为笼，线型高分子树脂称为"蛇"，蛇-笼树脂因此而得名。例如：季铵型强碱性阴离子交换树脂作基体树脂，加入丙烯酸单体聚合，再用 Na_2CO_3 中和可得到弱酸强碱型蛇-笼树脂（Ⅰ）；强酸性阳离子交换树脂吸收乙烯基吡啶单体，然后引发单体聚合可以得到强酸弱碱型蛇-笼树脂（Ⅱ）：

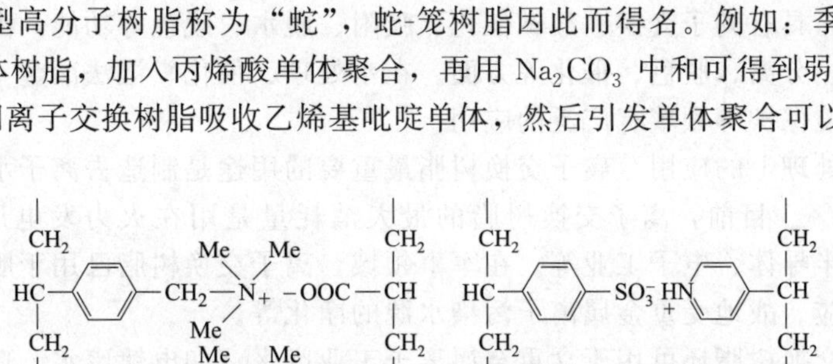

（Ⅰ）　　　　　　　　　　（Ⅱ）

1.6.6.2　离子交换树脂的交换和再生原理

(1) 阳离子和阴离子交换树脂的交换和再生原理　通过用阳离子和阴离子交换树脂处理含 NaCl 的水制备去离子水来说明离子交换树脂的交换原理和反应。

首先将含离子的水通过填装有阳离子交换树脂的交换柱（阳柱），然后从阳柱流出的水再通过填装有阴离子交换树脂的交换柱（阴柱）。由交换作用所产生的 H^+ 和 OH^- 可结合为水，而离子则留在树脂上，所以通过阳柱和阴柱后，可得到去离子水。相关的交换反应如下：

阳柱发生的反应：$R—SO_3H+Na^+ \longrightarrow R—SO_3Na+H^+$

阴柱发生的反应：$R—N^+(CH_3)_3OH^- +Cl^- \longrightarrow R—N^+(CH_3)_3Cl^- +OH^-$

理论上，含有杂质离子的水通过阴、阳两种树脂就可制得去离子水。在实际应用中，为了获得更纯的去离子水，在水样经过阳离子交换柱和阴离子交换柱后，最后经过一个阳离子和阴离子混合交换柱。

离子交换树脂使用一段时间后，由于交换饱和会失去交换能力，需要对树脂进行再生。再生之后的离子交换树脂可继续用于离子交换。

阳离子交换树脂用5%HCl溶液浸泡，反应式为

$$R—SO_3Na+H^+ \longrightarrow R—SO_3H+Na^+$$

阴离子交换树脂用5%NaOH溶液浸泡，反应式为

$$R—N(CH_3)_3Cl+OH^- \longrightarrow R—N(CH_3)_3OH+Cl^-$$

（2）蛇-笼两性离子交换树脂的交换和再生原理　蛇-笼树脂中交联树脂离子与线型高分子反号离子间的静电引力作用，使得线型反号离子高分子不易被洗脱，而能反复使用。它的应用原理是离子阻滞而非离子交换，即树脂中的阴、阳离子截留阻滞处理液中强电解质而排斥有机物，因此，称为离子阻滞法。用它处理水中的离子时，离子会吸附到树脂上，吸附饱和后，可用水再生，无需用酸碱再生，因此比较方便、实用和经济。例如：蛇-笼树脂（1）的阻滞和再生方程式为

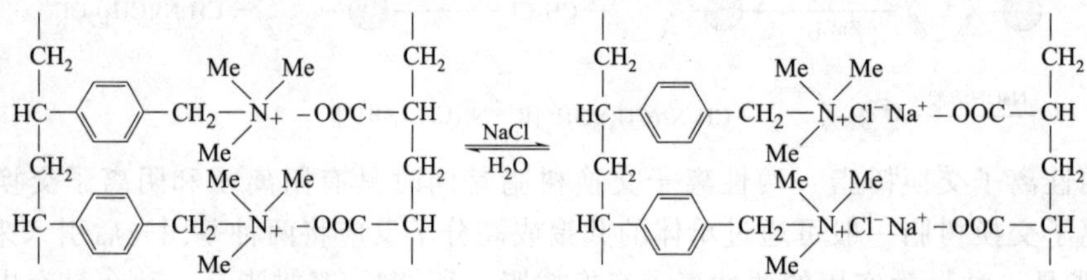

1.6.6.3　离子交换树脂的应用

离子交换树脂具有离子交换、酸碱催化、吸附、脱水、脱色等功能，因此，可用于物质净化、浓缩富集、分离、脱色、催化等方面。在水处理、催化、湿法冶金（贵金属的提取）、制药、制糖、环境保护等领域有广泛的应用。

（1）在水的处理上的应用　离子交换树脂最重要的用途是制造去离子水和硬水软化，用量约占总量的90%。目前，离子交换树脂的最大消耗量是用在火力发电厂的纯水处理上，其次是原子能、半导体、电子工业等。在军事领域，离子交换树脂已用于舰艇锅炉用水的软化、舰艇淡水供应、战地受重金属离子污染水源的净化等。

此外，离子交换树脂还可用于含重金属离子工业废水（如电镀废水、造纸废水、矿冶废水、生活污水，影片洗印废水等）的处理以及放射性废水的处理。

（2）在湿法冶金上的应用　离子交换树脂对离子的交换特性，使得其适用于含量极低贵金属的富集、分离和提纯。在铀、钍等超铀元素、稀土金属、重金属、轻金属、贵金属和过渡金属的分离、提纯和回收方面，离子交换树脂均起着十分重要的作用。例如：利用离子交换树脂，可从氰化物中回收金；利用阴离子交换树脂，可从低品位铀矿的硫酸浸出液中浓缩和提出核工业的铀，吸附了铀的阴离子交换树脂再用 HNO_3-$NaNO_3$ 溶液淋洗，可得到高浓度的铀溶液，从而对铀进行了富集。相关的反应式为

$$2[R—CH_2N^+(CH_3)_3]_2SO_4^{2-}+[UO_2(SO_4)_3]^{4-} \rightleftharpoons [R—CH_2N^+(CH_3)_3]_4[UO_2(SO_4)_3]^{4-}+2SO_4^{2-}$$

$$[R—CH_2N^+(CH_3)_3]_4[UO_2(SO_4)_3]^{4-}+4NO_3^- \rightleftharpoons 4R—CH_2N^+(CH_3)_3NO_3^-+[UO_2(SO_4)_3]^{4-}$$

利用离子交换树脂，还可从许多海洋生物（例如海带）中提取碘、溴、镁等重要化工原料。离子交换树脂也可用于选矿，在矿浆中加入离子交换树脂可改变矿浆中水的离子组成，使浮选剂更有利于吸附所需要的金属，提高浮选剂的选择性和选矿效率。

（3）在食品和医药工业上的应用　离子交换树脂在制糖、酿酒、烟草、乳品、饮料、调味品等食品加工以及制药中都有广泛的应用。例如：在酒类生产中，利用离子交换树脂改进水质及进行酒的脱色、去浑和去除酒中的酒石酸、水杨酸等杂质，提高酒的质量。酒类经过离子交换树脂的去铜、锰、铁等离子，可以增加贮存稳定性。经处理后的酒，香味纯，透明度好，稳定性可靠，是各种酒类生产中不可缺少的一项工艺步骤；在乳制品生产中，可用离子交换树脂调节乳制品的组成，增加乳液的稳定性，延长存放时间。还可用离子交换树脂来调节牛奶中钙的含量，除去乳品中离子性杂质，如锶（Sr）、碘（I_2）等污染物等；在味精生产中，利用离子交换树脂对谷氨酸的选择性吸附，可除去产品中的杂质和对产品进行脱色；在药物生产中，利用离子交换树脂对药剂的脱盐、吸附分离、提纯、脱色和中和处理。也可用来提取中草药的有效成分。

（4）用作有机合成的催化剂　离子交换树脂作为固体酸、碱催化剂的一个门类，具有催化效率高、后处理操作简便、不腐蚀设备、不污染环境、产品纯度高等优点，已在有机合成反应如酰基化、烷基化、酯化、醚化、醛酮缩合、异构化、环氧化和开环等反应中得到广泛的应用。

习题

一、判断题

1. 微观粒子的能量是量子化的。（　）

2. 原子轨道就是原子核外电子运动的轨道，这与宏观物体运动轨道的含义相同。（　）

3. 磁量子数 $m=0$ 的轨道都是球形的。（　）

4. 原子核外每电子层最多容纳 $2n^2$ 个电子，所以元素周期系第四周期有 32 种元素。（　）

5. p 原子轨道的角度分布图是两个外切的等径圆，图中的正、负号代表电荷符号。（　）

6. 元素周期系形成的内在原因是原子核外电子层结构变化的周期性。（　）

7. 元素的电离能越小，其金属性越弱。（　）

8. 金属元素和非金属元素之间形成的键不一定都是离子键。（　）

9. 离子型化合物中不可能含有共价键。（　）

10. 过渡元素都是金属，它们不与非金属元素形成共价键。（　）

11. sp^2 杂化轨道是由某个原子的 1s 轨道和 2p 轨道混合形成的。（　）

12. 在 CCl_4、$CHCl_3$ 和 CH_2Cl_2 中，C 都采用 sp^3 杂化，因此这些分子都是正四面体形。（　）

13. NH_3 和 BF_3 都是四原子分子，所以二者空间构型相同。（　）

14. 非极性分子中的化学键一定是非极性键。（　）
15. HCN 是直线形分子，所以是非极性分子。（　）
16. 色散力只存在于非极性分子之间，取向力只存在于极性分子之间。（　）
17. 乙醇和甲醚分子量相同，所以沸点相同。（　）
18. 共价化合物都是分子晶体，所以它们的熔沸点都很低。（　）
19. 一般晶格能越大的离子晶体，熔点越高，硬度也越大。（　）
20. 凡有规则外形者都必定是晶体。（　）
21. 二元醇和二元酸发生聚合反应后，有水的生成，因此为加聚反应。（　）
22. 具有极性基团的高分子化合物，在极性溶剂中易溶胀或溶解。（　）
23. 非晶态高分子化合物因自然卷曲，故都有一定的弹性。（　）
24. 高分子化合物强度高是由于聚合度大、分子间作用力大的缘故。（　）
25. 线性晶态高分子化合物随温度的变化有三种性质不同的物理状态。（　）
26. 塑料的使用温度都在玻璃化温度以下，橡胶的使用温度都在玻璃化温度以上。（　）
27. 聚合物在橡胶态时，黏弹性表现最为明显。（　）

二、选择题

1. 描述一确定的原子轨道（即一个空间运动状态），需用的参数是（　）。

A. n、l　　B. n、l、m　　C. n、l、m、m_s　　D. n

2. $n=3$、$l=2$ 时，m 可取的数值有（　）。

A. 1 个　　B. 3 个　　C. 5 个　　D. 7 个

3. 下列描述核外电子运动状态的各组量子数中，可能存在的是（　）。

A. 3，0，1，+1/2　　B. 3，2，2，+1/2

C. 2，−1，0，−1/2　　D. 2，0，−2，+1/2

4. 决定多电子原子中能级高低的是（　）。

A. n　　B. n 和 l　　C. n、l 和 m　　D. n、l、m 和 m_s

5. 下列基态原子的电子构型中，正确的是（　）。

A. $3d^9 4s^2$　　B. $3d^4 4s^2$　　C. $3d^{10}$　　D. $3d^8 4s^2$

6. 某元素原子的价电子层构型为 $3d^6 4s^2$，则该元素的符号为（　）。

A. Mn　　B. Fe　　C. Co　　D. Ni

7. Pb^{2+} 的电子构型属于（　）。

A. 8 电子构型　　B. 9～17 电子构型　　C. 18 电子构型　　D. 18+2 电子构型

8. 下列原子或离子中，半径最大的是（　）。

A. P　　B. S^{2-}　　C. Mg^{2+}　　D. Cl^-

9. 对于主族元素，同一周期从左→右元素的原子半径的变化趋势是（　）。

A. 渐小　　B. 增大　　C. 先增后减　　D. 先减后增

10. 下列四种电子构型的原子中，第一电离能最小的是（　）。

A. ns^2np^3　　B. ns^2np^4　　C. ns^2np^5　　D. ns^2np^6

11. 下列元素的电负性大小次序中正确的是（　）。

A. O<N<F　　B. F<Cl<O　　C. H<P<As　　D. As<S<Cl

12. 下列关于共价键说法错误的是（　）。

A. 两个原子间键长越短，键越牢固

B. 两个原子半径之和约等于所形成的共价键键长

C. 两个原子间键长越长，键越牢固

D. 键的强度与键长无关

13. 下列关于杂化轨道说法错误的是（ ）。

A. 所有原子轨道都参与杂化

B. 同一原子中能量相近的原子轨道参与杂化

C. 杂化轨道能量集中，有利于牢固成键

D. 杂化轨道中一定有一个电子

14. 下列物质中，既有共价键又有离子键的是（ ）。

A. KCl　B. CO　C. Na_2SO_4　D. NH_3

15. 下列说法中正确的是（ ）。

A. BCl_3 分子中B—Cl键是非极性的

B. BCl_3 分子是极性分子，而B—Cl键是非极性的

C. BCl_3 分子中B—Cl键不都是极性的

D. BCl_3 分子是非极性分子，而B—Cl键是极性的

16. 下列各分子中，是极性分子的为（ ）。

A. $BeCl_2$　B. BF_3　C. NF_3　D. CH_4

17. 下列各物质中只需克服色散力就能使之汽化的是（ ）。

A. HCl　B. C　C. N_2　D. $MgCO_3$

18. 下列化合物中，有分子内氢键的化合物是（ ）。

A. H_2O　B. NH_3　C. CH_3F　D. HNO_3

19. 下列晶体中，属于原子晶体的是（ ）。

A. I_2　B. LiF　C. AlN　D. Cu

20. 一个金属的面心立方晶胞中的金属原子数是（ ）。

A. 2　B. 4　C. 6　D. 8

21. 下列氯化物熔点高低次序中错误的是（ ）。

A. LiCl<NaCl　B. $BeCl_2$>$MgCl_2$　C. KCl>RbCl　D. $ZnCl_2$<$BaCl_2$

22. 下列晶体熔化时，需要破坏共价键的是（ ）。

A. SiO_2　B. HF　C. KF　D. Pb

23. 在下列各种晶体熔化时，只需克服色散力的是（ ）。

A. $SiCl_4$　B. HF　C. NaCl　D. SiC

24. 下列化合物熔点高低顺序正确的是（ ）。

A. SiO_2>HCl>HF　B. HCl>HF>SiO_2

C. SO_2>HF>HCl　D. HF>SiO_2>HCl

25. 骗子常用铜锌合金制成的假金元宝骗人。你认为下列方法不易区别其真伪的是（ ）。

A. 测定密度　B. 放入硝酸中　C. 放入盐酸中　D. 观察外观

26. 过渡元素的下列性质错误的是（ ）。

A. 过渡元素水合离子都有颜色

B. 过渡元素的离子易形成配离子

C. 过渡元素大多有可变的化合价

D. 过渡元素的价电子包括 ns 和 $(n-1)$d 电子

27. 下列分子可通过加聚来合成高分子化合物的是（ ）。

A. $CHCl_3$　B. C_2F_4　C. C_6H_6　D. C_3H_8

28. 可通过缩聚来合成高分子化合物的分子是（　　）。

A. CH_3NH_2　　B. $H_2N(CH_2)_2COOH$

C. HCOOH　　D. CH_3CH_2OH

29. 下列高分子化合物中，分子链柔顺性最小的是（　　）。

A. 丁腈橡胶　　B. 聚丁二烯　　C. 聚苯乙烯　　D. 丁苯橡胶

30. 最适宜作高频绝缘材料的聚合物是（　　）。

A. 有机玻璃　　B. 天然橡胶　　C. 聚乙烯　　D. 聚苯乙烯

31. 玻璃化转变温度 T_g 是判断高分子材料使用范围的重要依据之一，（　　）。

A. 橡胶的 T_g 应低于使用温度　　B. 塑料的 T_g 应低于使用温度

C. 橡胶和塑料的 T_g 都应尽量高　　D. 橡胶和塑料的 T_g 都应尽量低

32. 适合作橡胶的高分子化合物应当是（　　）。

A. T_g 较低的晶态高分子化合物　　B. 网状高分子化合物

C. T_g 较高的非晶态高分子化合物　　D. T_g 较低的非晶态高分子化合物

三、填空题

1. 某元素原子的最外层有 2 个电子，其主量子数 $n=4$，在次外层 $l=2$ 的原子轨道中电子已完全充满。则该元素的原子序数为________，原子核外电子的分布式为________。该元素位于元素周期表第______周期，第______族，是______区元素。

2. 已知 M^{3+} 3d 轨道中有 3 个电子，则 M 原子的核外电子分布式为________，该元素位于元素周期表第______周期，第______族，是______区元素。

3. 磷的第一电离能比硫的第一电离能______，这可解释为________。

4. 电负性是讨论分子中原子吸引________的能力。在元素周期表中电负性最大的元素是________，它是典型的________元素。

5. 根据杂化轨道理论，BF_3 分子的空间构型为________，电偶极矩零，NF_3 分子的空间构型为________。

6. 采用等性 sp^3 杂化轨道成键的分子，其几何构型为________；采用不等性 sp^3 杂化轨道成键的分子，其几何构型为________和________。

7. 根据已知的价电子构型完成下表的其他空白：

元素	周期	族	最高氧化数	价层电子构型	电子分布式	原子序数
甲				$3s^2$		
乙				$5d^56s^2$		
丙				$4s^24p^2$		
丁				$4d^{10}5s^2$		

8. 分子间普遍存在且起主要作用的分子间力是________，它随相对分子质量的增大而________。

9. 在 C_2H_6，NH_3，CH_4 等分别单独存在的物质中，分子间有氢键的是________。

10. MgO 晶体比镁晶体的延展性________，石墨晶体比金刚石晶体的导电性________，SiO_2 晶体的硬度比 SiI_4 晶体________，I_2 晶体________溶于水，NaI 晶体_________溶于水。

11. 金刚石属_________晶格。单位晶格中的结点数是_________，单位晶胞中的碳原子数是_________。

12. 元素周期系中共有_________种金属元素。其中熔点最高的金属是_________，硬度最大的金属是_________，导电性最好的金属是_________。

13. 工程上常将金属分为_________和_________两大类，前一类包括_________，后一类包括_________。

14. 金属合金的类型有_________、_________和_________。

15. 从矿石冶炼金属是基于_________反应。除C和CO外，还可用还原性金属如_________，称金属还原法。对于还原性很强的金属，应该用_________冶炼。

16. 高分子化合物 $\text{+}CH_2—CH_2\text{+}_n$ 的名称是_________、结构单元是_________、合成它的单体是_________、n 是_________。若 $n=10000$，其分子量是_________。

17. 合成丁腈橡胶的单体结构式为_________和_________；合成丁苯橡胶的单体结构式为_________和_________。

18. 非晶态高分子化合物由低温到高温经历_________、_________和_________的变化。

19. 玻璃化温度高于使用温度的高分子化合物称为_________；而低于使用温度的高分子化合物称为_________。

四、问答题

1. 简要说明各量子数的物理含义、取值范围和相互间的关系。

2. 已知基态原子的价电子构型分别为（1）$3s^2 3p^5$；（2）$3d^6 4s^2$；（3）$5s^2$；（4）$5d^{10} 6s^1$，确定它们在周期表中属于哪个区、哪个族、哪个周期？

3. 元素周期系从上到下、从左到右原子半径呈现什么变化规律？

4. 周期表中哪一个元素的电负性最大？哪一个元素的电负性最小？周期表从左到右和从上到下元素的电负性变化呈现什么规律？

5. 什么是“La系收缩”？它对元素的性质产生哪些影响？

6. 为什么共价键具有饱和性和方向性，而离子键无饱和性和方向性？

7. s、p原子轨道主要形成哪几种类型的杂化轨道？中心原子利用上述杂化轨道成键时，其分子构型如何？

8. 试用杂化轨道理论判断下列各物质：PH_3、CH_4、OF_2、NF_3、BBr_3 和 SiH_4 是以何种杂化轨道成键，并说明各分子的形状及是否有极性。

9. 实验测定 BF_3 为平面三角形，而 $[BF_4]^-$ 为正四面体形。试用杂化轨道的概念说明在 BF_3 和 $[BF_4]^-$ 中硼的杂化轨道类型有何不同？

10. 何为极性分子和非极性分子？分子的极性与化学键的极性有何联系？

11. 用分子间力说明以下事实：

① 常温下 F_2、Cl_2 是气体，溴是液体而碘是固体；

② HCl、HBr、HI的熔点和沸点随分子量增大而升高；

③ 稀有气体He、Ne、Ar、Kr、Xe沸点随分子量增大而升高。

12. 什么叫作氢键？哪些分子间易形成氢键？形成氢键对物质的性质有哪些影响？

13. 棒球运动员说：“湿天棒球变得又软又重，真不好打。”试分析其中的科学道理。

14. 要使 BaF_2、F_2、Ba、Si晶体熔融，需分别克服何种作用力？

15. 下列固态物质的化学式如下：SiO_2、CO_2、H_2O、Na、MgO、Si，指出它们分属

于何种构型的晶体？

16. CO_2 和 SiO_2 的化学式相似，但物理性质完全不同，为什么？

17. 简述高分子化合物溶解过程的特点及溶解选择的原则。

18. 为什么高速行驶中的汽车内胎易爆破？

19. 简述环氧树脂能用作“万能胶”的原因。

20. 简述环氧树脂、不饱和树脂、乙烯基树脂和聚氨酯的主要用途。

第2章
化学反应基本规律

化学反应基本规律

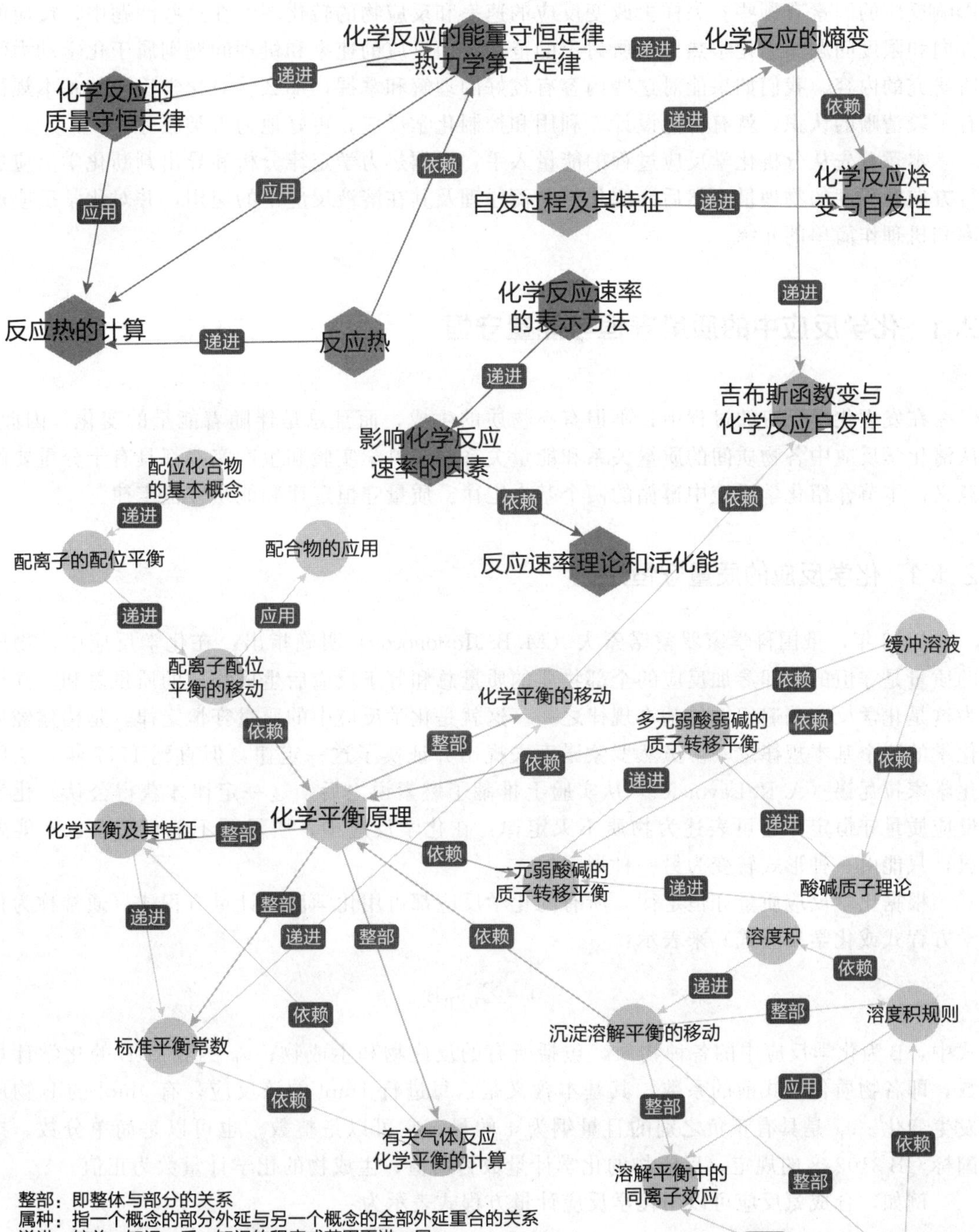

整部：即整体与部分的关系
属种：指一个概念的部分外延与另一个概念的全部外延重合的关系
递进：较前一知识，后一知识的程度或范围更进一层
依赖：前一知识的形成依赖后一知识，后一知识是学习前一知识的条件
应用：后一知识点是前一知识点的具体应用
共生：两个知识都是对同一个主题的不同方面进行介绍

尽管自然界存在的物质种类很多，但供人类直接使用的物质并不多，人类使用的许多物质都是以自然界物质为原料，通过化学反应转化和合成制得的。也就是说，利用化学反应可以合成出人类所需的新物质和新材料，因此，化学反应是化学研究中的中心课题。在生活、生产和科研工作中，人们经常与各种各样的物质打交道，不可避免地要面对和处理各种与物质变化有关的问题。因此人们总想知道在一定条件下某一指定反应能不能自发进行？若能自发进行，反应的限度是什么？反应遵循什么规律？反应的速率是多少？反应的机理又如何？影响反应的因素有哪些？怎样去改变反应的速率和反应物的转化率？在这些问题中，反应的方向和限度问题属于化学热力学所讨论的范畴；而反应的速率和机理问题则属于化学动力学所研究的内容。我们如果能对这些内容有较好的理解和掌握，那么就对化学反应的基本规律有了较清晰的认识，就有可能设计、利用和控制化学反应，更好地为人类服务。

本章首先从分析化学反应过程的能量入手，根据热力学定律分析和导出判断化学反应进行方向和程度的物理量，然后介绍化学平衡原理及其在溶液反应中的应用，并对化学反应速率和机理作简单的介绍。

2.1　化学反应中的质量守恒与能量守恒

在发生化学反应的过程中，不但有新物质的生成，而且总是伴随着能量的变化。因此，认清化学反应中各物质间的质量关系和能量关系对于科学实验和生产实践都具有十分重要的意义。本节介绍化学反应中遵循的两个基本定律：质量守恒定律和能量守恒定律。

2.1.1　化学反应的质量守恒定律

1748 年，俄国科学家罗蒙诺索夫（M. B. Ломоносов）明确指出：在化学反应中，物质的质量是守恒的，即参加反应的全部物质的质量总和等于反应后生成物质的质量总和，并认为这是化学反应普遍遵循的基本规律之一。这就是化学反应中的质量守恒定律，是构建经典化学的三个基本规律之一。虽然罗蒙诺索夫提出并证实了这一定律，但直到 1777 年，法国化学家拉瓦锡（A. R. Lavoisier）从实验上推翻了燃素说之后，这一定律才获得公认。化学反应质量守恒定律还可表述为物质不灭定律：在化学反应中，质量既不能创造，也不能毁灭，只能由一种形式转变为另一种形式。

根据化学反应质量守恒定律，所有的化学反应都可用化学反应计量方程式（通常称为化学方程式或化学反应式）来表示：

$$0=\sum_B \nu_B B$$

式中，B 为化学反应中的各种物质，包括所有的反应物和生成物；ν_B 为物质 B 的化学计量数，即各物质化学式前的系数，其基本含义是：每进行 1mol 的该反应，有 νmol 的 B 物质发生变化。ν_B 是具有正负之别的且量纲为 1 的量，它可以是整数，也可以是简单分数。按国标 GB 3102.8 的规定，反应物的化学计量数为负值，生成物的化学计量数为正值。

例如，合成氨反应可以用化学反应计量方程式表示为：

$$0=2NH_3-N_2-3H_2$$

习惯写为

$$N_2+3H_2 \xlongequal{} 2NH_3$$

2.1.2 化学反应的能量守恒定律——热力学第一定律

人们经过长期的生产实践和科学实验证明：能量既不能被消灭，也不能被创造，但可以从一种形式转化为另一种形式，也可以从一种物质传递到另一种物质，在转化和传递过程中能量的总值保持不变。这是自然界的一个普遍的基本规律，即能量守恒定律或热力学第一定律。要给出热力学第一定律的数学表示式，必须了解热力学的一些基本概念。

2.1.2.1 系统与环境

为了研究方便，人们常常把被研究的对象与其周围的物质划分开来，这种被划出来作为研究对象的物质称为系统（system）；除系统以外而与系统密切联系的其他部分则称为环境（surroundings）。

根据系统与环境之间物质和能量交换的情况，可将热力学系统分为

① 敞开系统：系统与环境之间既有物质交换，又有能量交换；

② 封闭系统：系统与环境之间没有物质交换，只有能量交换；

③ 孤立系统：系统与环境之间既没有物质交换，也没有能量交换。

例如，将一个盛有一定量热水的容器选作系统，则容器以外的空气等其他相关部分就是环境。如果该容器是敞口的，则该系统为敞开系统，因为在容器的内外除有热量交换外，还有物质的交换（如水的蒸发和气体的溶解）；如果容器是带塞的玻璃瓶，则该系统就成为一个封闭系统，因为这时玻璃瓶的内外只能有热量交换，而无物质交换；如果上述容器是一个带塞的保温瓶，则该系统就基本上可以看成一个孤立系统，因为这时瓶的内外既无物质交换，又无热量交换。当然，绝对的孤立系统是不存在的，因为既没有绝对不传热的物质，更没有能将热、声、光、电、磁等所有的能量形式都完全隔绝在外的材料。

2.1.2.2 系统的状态与状态函数

要描述一个系统，就必须确定它的温度、压力、体积、组成等一系列物理和化学特性。如果系统的各项特性都是确定的，就可以说此时的系统处于某种确定的状态（state）。所以，系统的状态是由系统的性质来描述的，它是系统中一切特性的总和。当系统处于一定的状态时，这些性质都具有确定的数值。如果系统中某一种或几种性质发生了变化，系统的状态也就随之发生变化，即由一种状态转变为另一种状态。由此可见，系统的性质和状态之间存在着一一对应的关系，即存在着一定的函数关系。实际上，系统的每一种物理量都是系统状态的函数，简称状态函数（state function）。一些用以确定系统状态性质的物理量，如温度、压力、体积、物质的量以及随后将要讨论的热力学函数都属于状态函数。

系统的各状态函数之间是互相关联的。例如，对于理想气体来说，如果知道了压力、体积、温度、物质的量这四个状态函数中的任意三个，就能用理想气体状态方程式确定另外一个状态函数的数值。

状态函数有两种重要性质：

① 系统的状态一定，状态函数就具有确定值；

② 系统从一种状态转变到另一种状态时，状态函数（x）的变化量（Δx）只取决于系统的始态（变化前的状态）和终态（变化后的状态），而与变化所经历的途径无关。

例如，在 100kPa 下，将 1mol $H_2O(l)$ 从 298K 升高到 328K，所经历的变化途径不论是由始态的 298K 直接加热到终态的 328K，还是先从始态的 298K 冷却到 278K 后，再升温到终态的 328K，其温度的变化都是 30K：

$\Delta T=328\text{K}-298\text{K}=30\text{K}$，可见，温度 T 是一个状态函数。

再如，位于高处的一定质量的水流到低处，可以采取不同的流动方式：垂直下落，或经过弯延的方式流下。无论采取何种流动途径，只要水流下的始态和终态的高度确定，它的势能变化就是相同的，所以势能也是一个状态函数。

2.1.2.3 能量的传递形式——热和功

能量是物体做功和放热的潜在本领，包括热能、机械能、电能、化学能、核能等。当系统的状态发生变化时，系统与环境之间必然伴随着能量的传递或交换，其传递或交换形式可概括为“热”和“功”两种。

在热力学中，把系统与环境之间因温度的不同而交换或传递的能量称为热（heat），用符号 Q 表示；把除了热以外的一切交换或传递的能量都称为功（work）。热和功的正负通常是站在系统的立场来规定的：系统从环境吸热（获得能量），热为正值；系统向环境放热（损失能量），热为负值；系统对环境做功（损失能量），功为负值；环境对系统做功（获得能量），功为正值。热和功的单位都采用 J 或 kJ。

在化学反应过程中，系统与环境除有热的交换外，往往也伴随着做功。热力学中涉及最多的功是系统因体积变化而与环境交换的体积功（亦称膨胀功），用 W 表示；体积功以外的其他功（如电功、表面功等）都称为非体积功（亦称非膨胀功或有用功），用 W' 表示。

系统只有在状态发生变化时才能与环境发生能量交换，系统发生变化时吸收（或放出）多少热、得到（或给出）多少功，其数值不仅与变化的始、终状态有关，还与变化所经历的途径有关，所以热和功不是系统的状态函数。对于从相同的始态到相同的终态的变化过程，变化所经历的途径不同，热和功的值就不同。因此，在计算某一变化过程中系统与环境交换的热和功时，不能仅看过程的始、终状态，而必须根据变化所经历的途径来进行计算。这一点与状态函数明显不同。

2.1.2.4 热力学能

热力学能（thermodynamic energy），又称内能，是系统内部能量的总和，用符号 U 表示，单位为 J 或 kJ。它包括系统内部各物质的分子平动能、分子转动能、分子振动能、电子运动能、分子间相互作用势能、核能等，但不包括系统整体运动的动能和系统整体处于外力场中所具有的势能。在一定条件下，系统的热力学能和系统中的物质的量成正比，即热力学能具有加和性。对于理想气体来说，热力学能 U 只是温度的函数。

热力学能是个状态函数，当系统处于一定的状态时，系统的热力学能便具有确定的数值。但由于人们对微观世界的认识还不够清楚，所以热力学能的绝对数值尚无法确定。不过这并不影响实际问题的处理，实际运用中只需知道热力学能的改变量就够用了，无需追究它的绝对值。根据状态函数的性质，热力学能的改变量 ΔU 只取决于系统的始、终状态，而与其变化的途径无关。ΔU 可通过系统状态变化过程中系统与环境之间所交换的热和功来计算。

2.1.2.5 能量转化和守恒定律（热力学第一定律）

能量不会无中生有，也不能无形消失，只会从一种形式向另一种形式转化。对一封闭系统，如果系统处于某一内能为 U_1 的始态，当系统从环境吸收热 Q，同时系统对环境做一定量的功 W，系统变化到内能为 U_2 的终态，系统中热力学能的变化量（$\Delta U=U_2-U_1$）必定等于系统与环境交换热（Q）功（W）量的总和：

$$\Delta U=U_2-U_1=Q+W$$

上式为热力学第一定律的数学表达式，其微分式可表示为

$$dU=\delta Q+\delta W$$

式中，δQ 和 δW 分别为热和功的微小传递量（Q 和 W 不是状态函数，不存在全微分）。下面举例说明热力学第一定律的应用。

【例 2-1】 系统始态的能量状态为 U_1，在经历了下述两个不同的途径后，热力学能的变化量 ΔU 各为多少？这一结果说明了什么？

① 从环境吸收了 480J 的热量，又对环境做了 270J 的功。

② 向环境放出了 60J 的热量，而环境则对系统做了 270J 的功。

解 ① 由题意知，$Q=480\text{J}$，$W=-270\text{J}$，所以 $\Delta U=Q+W=480-270=210$（J）

② 由题意知，$Q=-60\text{J}$，$W=270\text{J}$，所以 $\Delta U=Q+W=-60+270=210$（J）

系统经历了①、②两个不同变化途径后，系统的热力学能变化量均为 210J。结果表明，当系统从同一始态出发不管经历何种途径，只要变化过程的热力学能变化量相同，则会得到同一个终态能量。这也体现了状态函数“殊途同归”的特性。

2.1.3 反应热

化学反应的发生常伴随着能量（热能、声能、光能、电能等）的变化，最常见的是伴随热能的变化，有的反应为放热反应，有的反应为吸热反应。通常把只做体积功，且始态（反应物）和终态（生成物）具有相同温度时，系统吸收或放出的热量叫作化学反应的热效应，简称反应热（heat of reaction）。根据反应进行的条件，反应热可分为恒容反应热和恒压反应热。

研究化学反应热所关心的问题是：怎样测量化学反应的反应热，理论上怎样利用前人积累的大量实验数据来计算化学反应的反应热。

2.1.3.1 恒容反应热与热力学能变

在恒容条件下进行的化学反应，例如在高压釜中反应、用弹式量热计测定反应热的反应等，系统的体积保持不变（恒容），$\Delta V=0$，故体积功为 0；另外根据反应热的定义，反应过程中只有体积功，而不做非体积功，故非体积功为零。由热力学第一定律得到：

$$\Delta U=Q_V+W=Q_V$$

式中，Q_V 为恒容反应热。在不做非体积功的恒容过程中，反应热等于系统热力学能的变化，即恒容反应热 Q_V 在数值上等于热力学能变 ΔU，于是人们便可通过在弹式量热计中测定恒容反应热的办法来获得热力学能变 ΔU 的数值。

2.1.3.2 恒压反应热与焓变

在实际生产中，许多的化学反应都是在恒压条件下进行的（如敞口容器中进行的反应，压力约为 101kPa），此时环境压力保持恒定，系统与环境间往往有体积功的传递。

在恒压反应过程中，若系统的体积是膨胀的（见图 2-1），即 $V_2>V_1$，则系统对环境做体积功 W，按规定，W 应取负值，所以

$$W=-F\Delta L=-pS\Delta L=-p\Delta V$$

式中，F 为压力；S 为边界面的截面积；ΔL 为边界面移动的位移。

若系统的体积是压缩的，即 $V_2<V_1$，则是环境对系统做体积功 W，按规定，W 应取正值，所以，上式仍然适用。

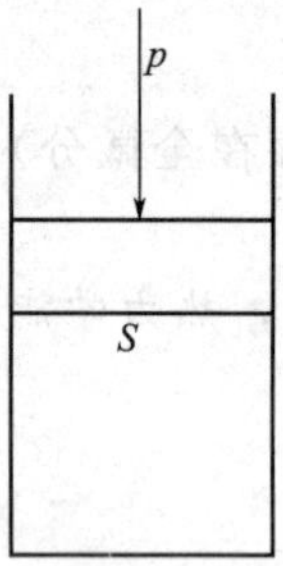

图 2-1　体积功示意图

根据热力学第一定律可得：

$$\Delta U = Q_p + W = Q_p - p\Delta V$$

$$Q_p = \Delta U + p(V_2 - V_1) = (U_2 + pV_2) - (U_1 + pV_1)$$

式中，Q_p 为恒压反应热。由于 U、p 和 V 都是状态函数，所以，它们的组合（$U+pV$）当然也是状态函数，并且是一种能量组合形式，热力学上就把这个新的状态函数定义为焓（enthalpy），用符号 H 表示，即

$$H \equiv U + pV$$

焓在化学热力学中是个重要的物理量，可从以下几个方面来理解其意义和性质：

① 焓为状态函数，具有能量量纲，单位为 J 或 kJ。

② 焓变值等于系统在恒压过程中反应热。在其他类型的变化过程中，焓变值不等于反应热。

③ 焓与热力学能一样，其绝对值无法确定。但状态变化时，系统的焓变却是确定的可求的。

④ 焓的大小与物质的量有关，具有加和性。

根据焓的定义，恒压反应热可表示为

$$Q_p = H_2 - H_1 = \Delta H$$

上式表明，恒压反应热在数值上等于系统的焓变（ΔH）。由于人们所接触的绝大多数反应都是在敞口容器中进行的，为恒压反应，因此，常常用焓变来表示反应热。

若 $\Delta H<0$，$Q_p<0$，则反应为放热反应；若 $\Delta H>0$，$Q_p>0$，则反应为吸热反应。

2.1.3.3　恒压反应热与恒容反应热的关系

恒容反应热可以很方便地通过实验测定，而恒压反应热很难通过实验测定，但可通过恒容反应热进行计算。对于恒温恒压无其他功的化学反应，由焓的定义可知：

$$\Delta H = \Delta U_p + p\Delta V = \Delta U_V + p\Delta V \text{（对于理想气体，}\Delta U_p = \Delta U_V\text{）}$$

$$Q_p = Q_V + p\Delta V$$

对于固体和溶液中的反应，反应前后体积变化不大，即 $\Delta V \approx 0$，所以有：

$$\Delta H \approx \Delta U \text{ 或 } Q_p \approx Q_V$$

对于气体反应：

$$0 = \sum_B \nu_B B(g)$$

如果将气体作为理想气体处理，根据理想气体状态方程（$pV=nRT$）可得：

$$\Delta H = \Delta U + \sum_{B(g)} \nu_B RT \text{ 或 } Q_p = Q_V + \sum_{B(g)} \nu_B RT$$

式中，R 为摩尔气体常数（$R=8.314\text{J}\cdot\text{K}^{-1}\cdot\text{mol}^{-1}$）。需要指出的是，在反应系统中，若有固态和液态物质参与反应，计算时无需考虑，即只根据气体物质的 ν_B（化学计量系数）进行计算。

【例 2-2】　火箭燃料偏二甲肼［$(CH_3)_2N_2H_2$］的燃烧反应为

$$(CH_3)_2N_2H_2(l) + 6O_2(g) = 2CO_2(g) + 2NO_2(g) + 4H_2O(l)$$

在氧弹中测得 1mol 偏二甲肼完全燃烧放出的热量为 1896kJ，计算上述反应在 298.15K 和恒压条件下的焓变。

解　已知 $Q_V = -1896\text{kJ}\cdot\text{mol}^{-1}$，则反应在恒容条件下的 $\Delta U = -1896\text{kJ}\cdot\text{mol}^{-1}$。由于理想气体的热力学能 U 只是温度的函数，故反应在恒压条件下的 $\Delta U = -1896\text{kJ}\cdot\text{mol}^{-1}$。

根据 $\Delta H=\Delta U+\sum_{B(g)}\nu_B RT$，则反应在 298.15K 和恒压条件下的 ΔH 为

$$\Delta H=\Delta U+2RT+2RT-6RT=\Delta U-2RT=-1896-2\times 8.314\times 10^{-3}\times 298.15$$
$$=-1901\ (\text{kJ}\cdot\text{mol}^{-1})$$

答：偏二甲肼燃烧反应在 298.15K 和恒压条件下的焓变为 $-1901\text{kJ}\cdot\text{mol}^{-1}$。

2.1.4 反应热的计算

由于大多数化学反应是在恒压下进行的，所以这里主要讨论恒压反应热（即焓变）的计算。前面已介绍根据实验测得的恒容反应热来计算恒压反应热（即焓变），实际上，我们完全没有必要通过测得每一个反应的恒容反应热来计算该反应的恒压反应热（即焓变），因为许多反应的焓变是已经知道的（前人测量和计算得到），即前人已积累了大量的反应热数据，这为恒压反应热的计算奠定了基础。下面介绍两种反应热或焓变的计算方法。

2.1.4.1 根据已知的反应热进行计算——盖斯定律

1840 年，瑞士籍俄国化学家盖斯（G. H. Hess）根据一系列实验事实，总结出盖斯定律（Hess' Law）：一个化学反应无论是一步还是几步完成，它们的反应热是相同的。或者说，反应热只与反应系统的始态和终态有关，而与变化的途径无关。盖斯定律是热力学第一定律的一种特殊形式和必然结果，也是状态函数性质的具体体现，因为无论是恒容反应热还是恒压反应热，其数值上等于状态函数的变化值，而状态函数的变化值只取决于始态和终态，与变化的途径无关。利用这一定律，可以由已知的反应热来计算难以测量的反应热。

例如，C 与 O_2 反应生成 CO 气体的反应热难以直接测量，我们可以设计一个如下所示的循环，由两个可以测量反应热的反应（C 与 O_2 反应生成 CO_2 气体的反应；CO 气体与 O_2 反应生成 CO_2 气体的反应）来间接求出 C 与 O_2 反应生成 CO 气体的反应热。

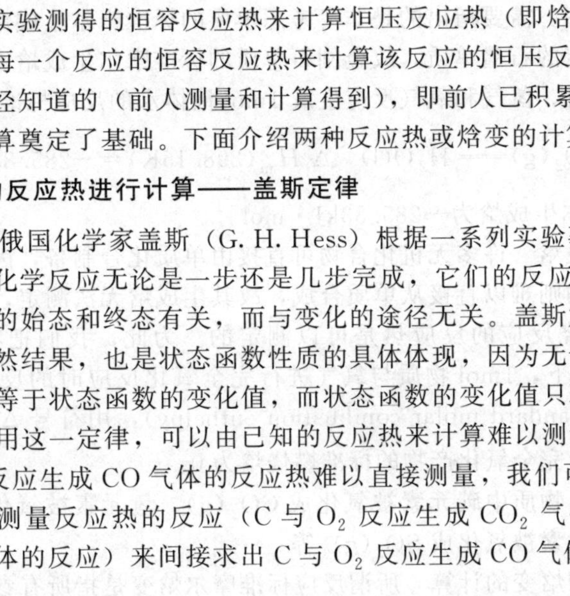

由盖斯定律可得：$\Delta H_1=\Delta H_2+\Delta H_3$

所以，$\Delta H_2=\Delta H_1-\Delta H_3$

ΔH_1 和 ΔH_3 可由实验准确测得，故 ΔH_2 可求出。

此外，由盖斯定律还可引申出：若一个化学反应可由若干个反应加和得到，则其反应热等于若干个反应热的加和，即反应相加减，反应热相加减。

2.1.4.2 根据标准热力学数据计算——反应标准摩尔焓变的计算

化学反应焓变在数值上等于恒压反应热。实际上，“恒压”恒在什么压力之下，其反应热是不一样的，因为不同的压力之下，系统所做的体积功不同，因而恒压焓变值也有所不同。因此热力学在处理化学反应系统时，必须选定物质的某一状态作为“计算和比较的标准”，这一人为选定的标准状态称为热力学标准状态（简称标准态）。

对于不同聚集态的物质系统，标准态的含义不同：气体的标准态是指该气体分压等于 100kPa（标准压力 $p^{\ominus}$）的状态；纯液体或固体的标准态是指该纯液体或纯固体处于 100kPa 压力下的状态；溶液中溶质的标准态是指在标准压力下该溶质浓度为 $1\text{mol}\cdot\text{kg}^{-1}$（标准浓度 $b^{\ominus}$）的状态。

应该注意的是：标准状态是人为指定的理想状态，是作为比较的共同标准。标准状态并不一定是真实存在的，更不等于实际系统的指定状态。

（1）标准摩尔生成焓　在指定温度 T 时，由参考态单质生成 1mol 物质 B 的化学反应标准摩尔焓变称为物质 B 的标准摩尔生成焓（standard molar enthalpy of formation），用符号 $\Delta_f H^{\ominus}_{m,B}(T)$ 或 $\Delta_f H^{\ominus}_{m}(B,T)$ 表示，单位为 $kJ\cdot mol^{-1}$。其中下标 f 表示生成反应，下标 m 表示每摩尔，上标⊖表示标准态。参考态单质通常是指在所讨论的温度、压力下最稳定状态的单质。如不标明，T 就是指 298.15K。

根据标准摩尔生成焓的定义，所有参考态单质的标准摩尔生成焓都等于零，因为它们自己生成自己，没有焓变。需要指出的是非参考态单质的标准摩尔生成焓不为零，例如碳元素的参考态单质是最稳定的石墨单质，故金刚石单质的标准摩尔生成焓不为零。

例如，298.15K 时，氢气和氧气反应生成 1mol 液体水的反应标准摩尔焓变为

$$H_2(g)+\frac{1}{2}O_2(g) = H_2O(l)\quad \Delta_r H_m(298.15K)=-285.83kJ\cdot mol^{-1}$$

则 $H_2O(l)$ 的标准摩尔生成焓为 $-285.83kJ\cdot mol^{-1}$。

（2）标准摩尔燃烧焓　许多无机化合物可直接由单质化合制备，因此其生成焓可通过实验测定。而有机化合物则难以直接从单质合成，故其生成焓无法测定，但多数有机化合物能在氧气中燃烧，其燃烧反应的反应热是可以测定的。为此，我们把在指定温度（通常是 298.15K）和标准状态下，1mol 物质与氧气进行完全氧化反应时的反应热，定义为该物质的标准摩尔燃烧焓（standard molar combustion enthalpy），用符号 $\Delta_c H^{\ominus}_{m,B}(T)$ 表示，单位为 $kJ\cdot mol^{-1}$。规定完全氧化产物的标准燃烧焓为 0。

完全氧化指的是：物质中碳元素被氧化成 $CO_2(g)$、氢元素被氧化成 $H_2O(l)$、氮元素被氧化成 $N_2(g)$、硫元素被氧化成 $SO_2(g)$ 等。

（3）反应标准摩尔焓变的计算　所谓反应标准摩尔焓变是指所有参与反应的物质（反应物和生成物）都处在标准态时的反应焓变，用 $\Delta_r H^{\ominus}_{m}(T)$ 表示，单位为 $kJ\cdot mol^{-1}$。

反应标准摩尔焓变既可应用盖斯定律由已知的化学反应的标准摩尔焓变来计算，还可由化合物的标准摩尔生成焓或标准摩尔燃烧焓来计算。

在 298.15K 和标准状态下，对于反应：

$$aA+bB = pC+qD$$

可设想由下图所示的两种途径来实现反应物到生成物，一种是反应物 A 和 B 反应直接生成 C 和 D；另一种是反应物 A 和 B 先分解成相应的单质，然后再由单质化合生成 C 和 D：

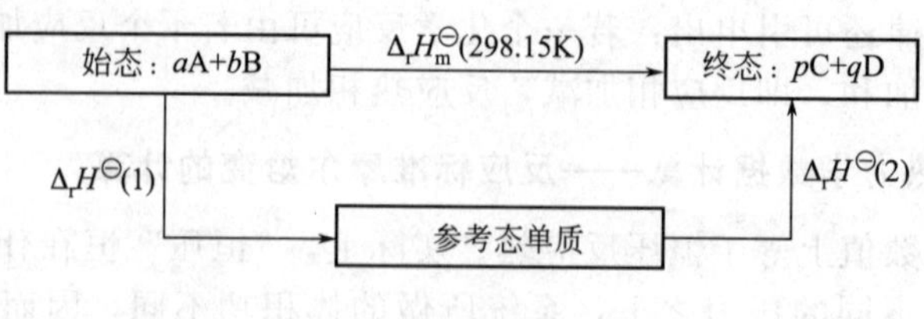

根据盖斯定律：

$$\Delta_r H^{\ominus}_{m}(298.15K)=\Delta_r H^{\ominus}(1)+\Delta_r H^{\ominus}(2)$$

$$\Delta_r H(1)=-a\Delta_f H^{\ominus}_{m,A}(298.15K)-b\Delta_f H^{\ominus}_{m,B}(298.15K)$$

$$\Delta_r H(2)=p\Delta_f H^{\ominus}_{m,C}(298.15K)+q\Delta_f H^{\ominus}_{m,D}(298.15K)$$

$$\Delta_r H^{\ominus}_{m}(298.15K)=p\Delta_f H^{\ominus}_{m,C}(298.15K)+q\Delta_f H^{\ominus}_{m,D}(298.15K)$$
$$-a\Delta_f H^{\ominus}_{m,A}(298.15K)-b\Delta_f H^{\ominus}_{m,B}(298.15K)$$

由此可知，对于反应：$0=\sum_B \nu_B B$，其 298.15K 的反应标准摩尔焓变为

$\Delta_r H_m^{\ominus}(298.15K)=\sum_B \nu_B \Delta_f H_{m,B}^{\ominus}(298.15K)$

同理，在 298.15K 下，反应标准摩尔焓变也可通过标准摩尔燃烧焓计算：

$$\Delta_r H_m^{\ominus}(298.15K)=-\sum_B \nu_B \Delta_C H_{m,B}^{\ominus}(298.15K)$$

利用本书附录 1 或相关化学手册中各物质的标准摩尔生成焓或标准燃烧焓数据，就可求出在标准态下化学反应的标准摩尔焓变。在计算时需要注意物质的状态和反应式的书写形式。在温度变化区域内无相变时，有：

$$\Delta_r H_m^{\ominus}(T)\approx \Delta_r H_m^{\ominus}(298.15K)$$

【例 2-3】 葡萄糖在人体内发生氧化反应并释放出大量的热，因此医院广泛使用等渗的葡萄糖注射液为病人提供能量。试计算葡萄糖氧化反应的标准摩尔焓变。

解　查表可知：$\Delta_f H_m^{\ominus}(CO_2, g, 298.15K)=-393.5kJ\cdot mol^{-1}$

$$\Delta_f H_m^{\ominus}(H_2O, l, 298.15K)=-285.83kJ\cdot mol^{-1}$$

$$\Delta_f H_m^{\ominus}(C_6H_{12}O_6, s, 298.15K)=-1260kJ\cdot mol^{-1}$$

葡萄糖的氧化反应方程式为

$$C_6H_{12}O_6(s)+6O_2(g)=\!=\!=6CO_2(g)+6H_2O(l)$$

故该反应的标准摩尔焓变为

$$\Delta_r H_m^{\ominus}(298.15K)=\sum_B \nu_B \Delta_f H_{m,B}^{\ominus}(298.15K)$$

$$=6\times(-393.5)+6\times(-285.83)-(-1260)=-2816(kJ\cdot mol^{-1})$$

答：在 298.15K 和标准状态下，每摩尔葡萄糖发生氧化反应放出 2816kJ 的热量。

2.2　化学反应进行的方向

上一节介绍了化学反应过程中的能量转化问题及热力学第一定律，但是热力学第一定律并不能告诉我们在指定条件下化学反应能否自发进行。这个问题需要用热力学第二定律来解决。下面先从自发过程入手，分析自发过程的特征以及影响过程自发性的因素，从而根据热力学第二定律导出判断过程自发性的通用判据。

2.2.1　自发过程及其特征

所谓自发过程（spontaneous process）就是在一定条件下不需任何外力帮助就能自动进行的过程，即不需要外界对其做功就能自动发生的过程。留心观察，可以发现自然界中自发过程都有一定的方向性。例如：水总是自发地从高处流向低处；热总是自发地从高温物体传给低温物体；气体总是自发地从高压区扩散至低压区；溶液中物质总是从浓度大处向浓度小处扩散；电流自发从电势高处流向电势低处。但实际上若没有外力的作用，这些过程都不可能自发地逆向进行。仔细分析这些现象后可知，自发过程的方向和限度是能够借助某种判据来预先判断的。比如在上述实例中，水自动流动的方向是水位差小于零（$\Delta h<0$）的方向，限度是 $\Delta h=0$；热自动传递的方向是温差小于零（$\Delta T<0$）的方向，限度是 $\Delta T=0$；气体自动扩散的方向则是压差小于零（$\Delta p<0$）的方向，限度是 $\Delta p=0$；溶液中物质自动扩散的方向是浓度差小于零（$\Delta b<0$）的方向，限度是 $\Delta b=0$；电流自发流动的方向是电势差小于零（$\Delta E<0$）的方向，限度是 $\Delta E=0$。显然，对不同的过程用不同的物理量来判断过程的

方向和程度是十分不方便的，那么对于物理过程和化学反应来说，能否找到一个普遍适用的判据来预测在一定条件下指定的物理过程和化学反应的自发方向和限度呢？这具有十分重要的意义。

总结上述物理过程，可以得出自发过程的特征：

① 具有单向性。它们都是自发从非平衡态向平衡态的方向变化，而逆过程不能自发进行。所以说一切自发过程都是不可逆的。

② 具有一定的限度。任何自发过程进行到平衡状态时宏观上就不再继续进行。

③ 内在推动力是系统能量趋向于最低和（或）混乱度倾向于最大。

④ 具有做有用功的能力。所有自发过程通过一定的装置都可以做有用功。

2.2.2　化学反应焓变与自发性

在中学化学中，我们接触到了许多不需要外界做功就能自发进行的化学反应，例如：

$$Zn+2HCl = ZnCl_2+H_2$$

$$NaOH+HCl = NaCl+H_2O$$

$$C+O_2 = CO_2$$

这些自发化学反应同样具有自发过程的特征，应该存在物理量可以判断反应的方向和程度。1878 年，法国科学家贝特洛（P. M. Berthelot）和丹麦科学家汤姆森（J. Thomsen）提出：自发的化学反应趋向于使系统放出最多的能量，即主张用焓变来判断反应发生的方向。他们认为放热反应（$\Delta H<0$）因系统能量降低，应该能自发进行。上述自发反应的例子均为放热反应，显然这一观点有一定的合理性，但也有反例，确实存在一些能自发进行的吸热反应或物理过程，例如下面两个吸热的化学反应在室温下均能自发进行：

$$N_2O_5(s) = 2NO_2(g)+\frac{1}{2}O_2(g)$$

$$Ba(OH)_2 \cdot 8H_2O(s)+2NH_4SCN(s) = Ba(SCN)_2(s)+2NH_3(g)+10H_2O(l)$$

这表明焓变是决定化学反应方向的一个重要因素，但不是唯一的因素，因此焓变不足以作为反应方向的判据。从以上能够自发进行的吸热反应来看，系统从始态到终态，混乱程度增大。再观察一些物理过程，例如：滴一滴墨水于水中，墨水马上扩散，逆过程几乎不可能；烟在空气中扩散，逆过程几乎不可能。

综上所述，这些自发过程都是朝着混乱度增大的方向进行，也就是说，混乱度是决定过程方向的另一重要因素。为了对系统的混乱度进行定量描述，需引入熵的概念。

2.2.3　化学反应的熵变

2.2.3.1　熵

熵（Entropy）是人们定义的一个热力学函数，作为系统混乱度的量度，用符号 S 表示，单位为 $J \cdot K^{-1}$。系统的混乱度越大，熵值也越大。熵与热力学能和焓一样，是系统的状态函数，因为系统的状态一定，系统内微观粒子的排列组合就一定，混乱度就一定。

根据熵的定义，物质的熵值一般呈现如下变化规律：

① 对于同一物质的不同聚集态而言，$S(g)>S(l)>S(s)$；

② 对于相同温度下同一聚集态的不同物质而言，分子越大，结构越复杂，其熵值越大；

③ 对于同一聚集态的同一物质而言，温度越高，其熵值越大；

④ 对于气体物质而言，压力加大，熵值减小。对于固态和液态物质而言，改变压力对其熵值的影响不大。

2.2.3.2　化学反应标准摩尔熵变的计算

（1）物质的绝对熵　对于纯物质的完整晶体而言，当热力学温度为0K时，热运动应完全停止，系统的混乱度最低。因为是纯物质，理论上不含任何杂质粒子，表示系统的组分是完全单一的，在组成方面具有最高的规整性，混乱度为零。而完整晶体则表示该纯物质的结构为单晶，而且没有任何晶体缺陷，因而在晶体结构方面也具有最高的规整性，混乱度为零；绝对零度时，物质的分子、离子、原子的一切热运动完全停止了，因而从理论上讲，在此条件下，整个系统的熵也就处于最低值。热力学上将此状态下的熵值规定为零，即"在热力学温度为0K时，任何纯物质的完整晶体的熵值为零"，这就是热力学第三定律。因为0K时纯物质完整晶体的熵值为0，故物质的熵的绝对值是可知的，因此，将物质在其他温度下的熵值称为绝对熵。

（2）物质的标准摩尔熵　在指定温度和标准状态下，1mol某物质的绝对熵称为该物质的标准摩尔熵，用 $S_m^\ominus(T)$ 表示，单位为 $J \cdot K^{-1} \cdot mol^{-1}$。本书附录1中列出了一些物质在298.15K时的标准摩尔熵数据。应该注意的是，在298.15K时，任何参考态单质的标准摩尔熵都不等于零，即 $S_m^\ominus(298.15K) \neq 0$。这与前面介绍的标准摩尔生成焓是不同的。

（3）反应标准摩尔熵变的计算　对于反应：$0=\sum_B \nu_B B$，其298.15K的标准摩尔反应熵变为

$$\Delta_r S_m^\ominus(298.15K)=\sum_B \nu_B S_{m,B}^\ominus(298.15K)$$

在计算时需要注意物质的状态和反应的书写形式。在温度变化区域内无相变时，有：

$$\Delta_r S_m^\ominus(T) \approx \Delta_r S_m^\ominus(298.15K)$$

【例 2-4】　求反应 $N_2O_5(s) = 2NO_2(g) + \frac{1}{2}O_2(g)$ 的 $\Delta_r S_m^\ominus(298.15K)$。

解　查表可知 $S_m^\ominus(298.15K)(J \cdot K^{-1} \cdot mol^{-1})$ 为

$N_2O_5(s)$	$NO_2(g)$	$O_2(g)$
113.4	240.1	205.14

$$\Delta_r S_m^\ominus(298.15K)=\sum_B \nu_B S_{m,B}^\ominus(298.15K)=2\times240.1+205.14/2-113.4=469.4(J \cdot K^{-1} \cdot mol^{-1})$$

答：反应在298.15K下的标准摩尔反应熵变为 $469J \cdot K^{-1} \cdot mol^{-1}$。

2.2.3.3　熵变与自发性——熵增原理

从理论上讲，系统的任何过程进行的方向和限度问题，最终均可由热力学第二定律来判断。热力学第二定律与第一定律一样，也是一个公理，是人们长期实践经验的总结。第二定律的表述方法有很多种，例如：不可能把热从低温物体传到高温物体，而不引起其他变化（德国物理学家R. Clausius于1854提出）；不可能从单一热源吸取热使之完全变成功，而不发生其他变化（英国物理学家L. Kelvin于1852提出）。实际上，上述两种表述方法是等价的。根据Carnot循环和Clausius不等式可以得出热力学第二定律的数学表示式。

当系统由状态 A 变化到状态 B 时，系统熵变与实际过程的热温熵的关系为

$\Delta S-\sum\limits_{A \to B}\left(\frac{\delta Q}{T}\right) \geqslant 0$（大于0，表示不可逆过程，即自发过程；等于0，表示可逆过程，即平衡态）上式的微分表示式为

$$dS=\frac{\delta Q}{T}$$

对于一个孤立系统，$Q=0$，因此，热力学第二定律的数学表示式可表示为

$\Delta S_{孤立}>0$ 自发过程

$\Delta S_{孤立}=0$ 可逆过程或平衡态（限度）

$\Delta S_{孤立}<0$ 不存在过程（非自发过程）

即在孤立系统中，自发过程总是朝着熵值增大的方向进行。这是热力学第二定律的另一种表述，也称为熵增加原理。

2.2.4 吉布斯函数变与化学反应自发性

用熵增原理来判断过程的方向和限度要求的是孤立系统，实际应用时受到了限制，因此有必要找出一个更方便的判据。焓判据有片面性，而熵增原理判据有条件限制，将两者综合考虑构成的一个新判据，称为吉布斯函数变。

2.2.4.1 化学反应进行方向判据的导出

由热力学第二定律引出的熵增加原理能够判断孤立系统中过程进行的方向。为了导出判断反应进行的方向的公式，我们将反应系统和与其密切相关的环境看成是一个孤立系统，该孤立系统的熵变等于反应系统的熵变和环境的熵变之和，即：

$$\Delta S_{孤立}=\Delta S_{反应系统}+\Delta S_{环境}=\Delta S+\Delta S_{环境}$$

对化学反应系统（封闭系统）而言，与其密切相关的环境是一个很大的热源，与系统进行的热交换（反应热）对环境来说是一个微小量，该热交换过程可近似地认为是等温可逆过程，在等温等压条件下引起环境的熵变可表示为

$$\Delta S_{环境}=-\Delta H/T$$

因此，孤立系统的熵变为

$$\Delta S_{孤立}=\Delta S-\Delta H/T$$

根据热力学第二定律有：

$\Delta S_{孤立}=\Delta S-\Delta H/T>0$ 自发过程

$\Delta S_{孤立}=\Delta S-\Delta H/T=0$ 可逆过程或平衡态(限度)

$\Delta S_{孤立}=\Delta S-\Delta H/T<0$ 不存在过程(非自发过程)

将上述表示进行变换可得：

$\Delta H-T\Delta S<0$ 自发过程

$\Delta H-T\Delta S=0$ 可逆过程或平衡态(限度)

$\Delta H-T\Delta S>0$ 非自发过程

因此，$\Delta H-T\Delta S$ 这个组合的物理量就是判断化学反应或物理过程进行方向和限度的判据。

2.2.4.2 化学反应进行方向的判据——吉布斯函数变

1876 年，美国化学家吉布斯（J. W. Gibbs）导出了在等温等压下反应进行方向的判据，他引入了一个新的热力学函数——吉布斯函数（G），其定义式为

$$G\equiv H-TS$$

由 G 的定义可知，吉布斯函数 G 是由物理量 H、T 和 S 组合而成的。由于 H、T 和 S

均是状态函数，所以它们的组合 G 也必然是状态函数，并且 G 是一种能量形式，其单位为 J 或 kJ。

由 G 的定义式可推得，在等温等压下，系统发生状态变化时，其吉布斯函数变为

$$\Delta G=\Delta H-T\Delta S$$

上式称为吉布斯公式，它是非常重要的公式。该公式把影响化学反应自发性的能量因素（这里表现为恒压反应热（ΔH）、混乱度因素（ΔS）和绝对温度因素（T）完美地统一在吉布斯函数变（ΔG）中。根据上面的推导结果，ΔG 就是判断反应自发性的判据，在等温、等压和无有用功条件下，有：

$$\Delta G<0 \text{ 自发过程}$$

$$\Delta G=0 \text{ 平衡态(可逆过程)}$$

$$\Delta G>0 \text{ 非自发过程}$$

上式表明，在等温等压和不做有用功的条件下，化学反应总是自发地向着系统吉布斯函数变小于零的方向进行，直至吉布斯函数变为零，即达到平衡态。因此，吉布斯函数变是化学反应自发进行的推动力。

ΔG 作为反应方向和过程的统一判据，实际上包括了焓变 ΔH 和熵变 ΔS 这两个因素，而 ΔH 和 ΔS 有正有负，因此 ΔG 是正还是负还与温度有关，有下列四种情况：

① 焓减熵增过程（恒定有利过程）：$\Delta H<0$，$\Delta S>0$，此时 ΔG 恒为负值（$\Delta G<0$），此类反应在等温等压下任何温度都能自发进行。例如：$H_2(g)+F_2(g)=\!=\!=2HF(g)$

② 焓增熵减过程（恒定不利过程）：$\Delta H>0$，$\Delta S<0$，此时 ΔG 恒为正值（$\Delta G>0$），这类反应在等温等压下任何温度都不能自发进行。例如：$CO(g)=\!=\!=C(s)+\frac{1}{2}O_2(g)$

③ 焓增熵增过程（高温有利过程）：$\Delta H>0$，$\Delta S>0$，此时焓变与熵变两个因素互相制约，温度对反应方向的影响起决定性作用。高温时，$\Delta G<0$，反应能自发进行；低温时，$\Delta G>0$，反应不能自发进行。例如：$N_2(g)+O_2(g)=\!=\!=2NO(g)$。

④ 焓减熵减过程（低温有利过程）：$\Delta H<0$，$\Delta S<0$，此时焓变与熵变两个因素也相互制约，但与第③种情况相反。高温时，$\Delta G>0$，反应不能自发进行；低温时，$\Delta G<0$，反应能自发进行。例如：$HCl(g)+NH_3(g)=\!=\!=NH_4Cl(s)$。

需要指出的是，热力学只能指出反应的方向和限度，但不能说明反应的速率。如果某个反应的吉布斯函数变小于零，但反应速率很慢，则就有可能在实际上观察不到反应的发生，在这种情况下，应当设法寻找催化剂，使反应速率增加。然而，对于热力学上不可能自发进行的反应，则不必费心去寻找催化剂了，那将是徒劳的。

2.2.4.3　标准摩尔吉布斯函数变的计算与应用

（1）利用物质标准摩尔生成吉布斯函数进行计算　在指定温度 T 时，由参考态单质生成 1mol 纯物质 B 时反应的标准摩尔吉布斯函数变，称为该物质 B 的标准摩尔生成吉布斯函数（standard molar Gibbs function of formation）。用 $\Delta_f G_{m,B}^{\ominus}(T)$ 表示，单位为 $kJ\cdot mol^{-1}$。附录 1 中列出了一些物质的标准摩尔生成吉布斯函数。通常情况下，指定温度选为 298.15K。显然，参考态单质的标准摩尔生成吉布斯函数为零。

当参与化学反应的所有物质都处于标准状态时，该反应的吉布斯函数变成为标准摩尔吉布斯函数变。用 $\Delta_r G_m^{\ominus}(T)$ 表示，单位为 $kJ\cdot mol^{-1}$。与前面介绍过的反应标准摩尔焓变的计算类似，反应的标准摩尔吉布斯函数变也可以根据其状态函数性质和加和性特点，通过标准摩尔生成吉布斯函数求得。

对于反应：$0=\sum_B \nu_B B$，其 298.15K 的标准摩尔吉布斯函数变为

$$\Delta_r G_m^\ominus(298.15K)=\sum_B \nu_B \Delta_f G_{m,B}^\ominus(298.15K)$$

需要指出的是，$\Delta_r G_m^\ominus$ 与 $\Delta_r H_m^\ominus$ 不同，同一反应的 $\Delta_r G_m^\ominus$ 在不同的温度下有不同的值。

(2) 根据 $\Delta_f H_m^\ominus$ (298.15K) 和 $S_m^\ominus$(298.15K) 数据和吉布斯公式进行计算

$$\Delta_r H_m^\ominus(298.15K)=\sum_B \nu_B \Delta_f H_{m,B}^\ominus(298.15K)$$

$$\Delta_r S_m^\ominus(298.15K)=\sum_B \nu_B S_{m,B}^\ominus(298.15K)$$

根据吉布斯公式 $\Delta G=\Delta H-T\Delta S$，则

$$\Delta_r G_m^\ominus(298.15K)=\Delta_r H_m^\ominus(298.15K)-T\Delta_r S_m^\ominus(298.15K)$$

又已知在无相变情况下，

$$\Delta_r H_m^\ominus(T)\approx\Delta_r H_m^\ominus(298.15K)$$

$$\Delta_r S_m^\ominus(T)\approx\Delta_r S_m^\ominus(298.15K)$$

故任意温度下反应的标准摩尔吉布斯函数变可表示为

$$\Delta_r G_m^\ominus(TK)\approx\Delta_r H_m^\ominus(298.15K)-T\Delta_r S_m^\ominus(298.15K)$$

(3) $\Delta_r G_m^\ominus(T)$ 的应用

① 判断反应在标准状态下的自发性，即

$\Delta_r G_m^\ominus(T)<0$，反应在标准状态下可以自发进行

$\Delta_r G_m^\ominus(T)>0$，反应在标准状态下不能自发进行

② 计算在标准状态下反应自发进行的温度　根据 $\Delta_r G_m^\ominus(T)$的表示式可求出反应在标准状态下自发进行的温度条件。反应要自发进行，则 $\Delta_r G_m^\ominus(T)\leqslant 0$，即：

$$\Delta_r H_m^\ominus(298.15K)-T\Delta_r S_m^\ominus(298.15K)\leqslant 0$$

因此有：

$$T\geqslant\left|\frac{\Delta_r H_m^\ominus(298.15K)}{\Delta_r S_m^\ominus(298.15K)}\right|(\Delta_r S_m^\ominus>0)\text{或 } T\leqslant\left|\frac{\Delta_r H_m^\ominus(298.15K)}{\Delta_r S_m^\ominus(298.15K)}\right|(\Delta_r S_m^\ominus<0)$$

2.2.4.4 吉布斯函数变和标准摩尔吉布斯函数变的关系——热力学等温式

根据标准热力学数据计算得到的标准摩尔吉布斯函数变只能判断反应在标准状态下的自发性和计算标准状态下的自发温度。若反应在非标准状态下进行，则需根据标准摩尔吉布斯函数变和系统物质的分压或浓度来计算非标准状态下的吉布斯函数变。在等温条件下，这种吉布斯函数变与标准摩尔吉布斯函数变的关系式称为热力学等温式。下面以气体反应为例，推导出热力学等温式。

(1) 气体反应热力学等温式的导出　对于非标准状态和标准状态下的气体反应：

$$0=\sum_B \nu_B B(p_B)\rightarrow\Delta_r G_m$$
$$\uparrow \Delta G$$
$$0=\sum_B \nu_B B(p_B=p^\ominus)\rightarrow\Delta_r G_m^\ominus$$

非标准状态和标准状态下反应吉布斯函数变的差别是，物质 B 由分压为标准压力变成 p_B 时所引起的吉布斯函数变 ΔG，因此有：

$$\Delta_r G_m=\Delta_r G_m^\ominus+\Delta G$$

根据热力学第二定律，对于无穷小量的等温过程（可逆过程），其熵变可表示为

$$dS=\delta Q/T$$

由热力学第一定律和第二定律表示式可得：$dU=\delta Q+\delta W=TdS-pdV$

将焓的定义式微分可得：$dH=dU+d(pV)=dU+pdV+Vdp=TdS+Vdp$

将吉布斯函数定义式微分可得：$dG = dH - d(TS) = dH - TdS - SdT = Vdp - SdT$

在等温条件下，根据理想气体状态方程可得：

$$dG_B = Vdp = \frac{\nu_B RT}{p} dp$$

因此，ΔG 可通过上式的定积分与求和得到：

$$\Delta G = \sum_B \int_{p^\ominus}^{p_B} \frac{\nu_B RT}{p} dp = RT\ln\prod_B (p_B/p^\ominus)^{\nu_B}$$

式中，Π 表示连乘积算符。因此，气体反应热力学等温式可表示为

$$\Delta_r G_m = \Delta_r G_m^\ominus + RT\ln\prod_B (p_B/p^\ominus)^{\nu_B}$$

对于溶液中反应，其热力学等温式的推导需溶液理论知识，在此不作推导。

(2) 热力学等温式及其应用　对于任一反应：$0 = \sum_B \nu_B B$，其热力学等温式可表示为

$$\Delta_r G_m = \Delta_r G_m^\ominus + RT\ln J$$

式中，J 为反应商。

对于气体反应，反应商表示为

$$J = \prod_B (p_B/p^\ominus)^{\nu_B}$$

对于溶液反应，反应商表示为

$$J = \prod_B (b_B/b^\ominus)^{\nu_B}$$

需要指出的是，若参与反应的物质既有气体，又有溶液时，反应商 J 的表示为混杂形式，即气体用分压商表示，溶液中的离子或分子用浓度商表示。而固体和纯液体不写入 J 中。

根据热力学等温式，可计算出反应在非标准状态下的吉布斯函数变，从而可判断在非标准状态下反应进行的方向、计算反应在非标准状态下自发进行的温度以及导出平衡常数的表示式。根据热力学等温式导出平衡常数的表示式将在下一节中介绍。下面通过一个例子说明热力学等温式的应用。

【例 2-5】 已知反应 $CaCO_3(s) = CaO(s) + CO_2(g)$ 的热力学数据如下：

	$CaCO_3(s)$	$CaO(s)$	$CO_2(g)$
$\Delta_f H_m^\ominus(298.15K)/kJ \cdot mol^{-1}$	-1206.93	-635.09	-393.5
$S_m^\ominus(298.15K)/J \cdot K^{-1} \cdot mol^{-1}$	92.9	39.75	213.64

若知 $p(CO_2) = 30Pa$（空气中二氧化碳的体积分数为 0.03%），通过计算判断反应在 1000K 的自发性，并计算自发进行的温度条件。

解　$\Delta_r H_m^\ominus(298.15K) = \sum_B \nu_B \Delta_f H_{m,B}^\ominus(298.15K) = -635.09 - 393.5 + 1206.93 = 178.34\ (kJ \cdot mol^{-1})$

$\Delta_r S_m^\ominus(298.15K) = \sum_B \nu_B S_{m,B}^\ominus(298.15K) = 213.64 + 39.75 - 92.9 = 160.49\ (J \cdot K^{-1} \cdot mol^{-1})$

$\Delta_r G_m^\ominus(1000K) \approx \Delta_r H_m^\ominus(298.15K) - 1000\Delta_r S_m^\ominus(298.15K) = 178.34 - 160.49 = 17.85\ (kJ \cdot mol^{-1})$

根据热力学等温式：$\Delta_r G_m = \Delta_r G_m^\ominus + RT\ln\prod_B (p_B/p^\ominus)^{\nu_B}$

$\Delta_r G_m(1000K) = \Delta_r G_m^\ominus(1000K) + RT\ln[p(CO_2)/p^\ominus] = 17.85 + 8.314\ln(0.03/100)$

$= -49.6\ (kJ \cdot mol^{-1})$

反应的吉布斯函数变小于0，故反应能够自发进行。

反应自发温度的计算：$\Delta_r G_m(1000K)=\Delta_r G_m^{\ominus}(1000K)+RT\ln[p(CO_2)/p^{\ominus}]\leqslant 0$

$$\Delta_r H_m^{\ominus}(298.15K)-T\Delta_r S_m^{\ominus}(298.15K)+RT\ln[p(CO_2)/p^{\ominus}]\leqslant 0$$

$$T\geqslant\frac{\Delta_r H_m^{\ominus}(298.15K)}{\Delta_r S_m^{\ominus}(298.15K)-R\ln[p(CO_2)/p^{\ominus}]}=782.4\ (K)$$

答：反应在1000K时能够自发进行，自发温度为782.4K。

2.3　化学反应进行的限度——化学平衡

上节介绍了如何判断化学反应的自发方向，解决了化学反应在指定条件下自发进行的方向性问题。此外，在实际生产中，人们还十分关注化学反应进行的程度问题。例如，当化学反应达到某一条件下的限度时，系统中各物质间的关系如何？怎样用热力学函数来描述反应的限度？化学反应限度受哪些因素的影响？这些问题就是化学平衡的问题，是化学学科讨论的中心问题之一，这些对实际生产具有重要的指导意义。

通过计算反应的转化率，可以判断该反应是否有生产价值；通过研究外界条件（如浓度、压力和温度）对化学平衡的影响，可以更好地控制条件使反应朝着人们期望的方向进行。

2.3.1　化学平衡原理

在同一条件下，能同时向正逆两个方向进行的化学反应称为可逆反应。习惯上，把从左向右进行的反应称为正反应，反方向进行的反应称为其逆反应。从理论上讲，所有的化学反应都具有可逆性，只是不同反应的可逆程度不同而已。众所周知，ΔG 是化学反应的推动力，化学反应朝着消除 ΔG 差值的方向进行，直到 ΔG 为零，反应达到其限度，此时，反应物的量并不为零，这表明任何反应都有限度，存在可逆性。反应的可逆性和不彻底性是一般化学反应的普遍特征。

2.3.1.1　化学平衡及其特征

随着自发反应的进行，反应的 ΔG 不断增加，直至 $\Delta G=0$，这时化学反应达到其最大限度，系统内物质B的组成不再随时间而改变。我们称该反应系统达到了热力学平衡状态，简称化学平衡（chemical equilibrium）。只要系统的外界条件保持不变，这种平衡状态就会一直持续下去。由此可见，化学平衡的标志是 $\Delta G=0$，即生成物与反应物的吉布斯函数相等。化学平衡具有如下特征：

① 化学平衡是一种动态平衡。任何反应达到平衡后，反应物与生成物的浓度或分压都不再随时间变化。表面上看似乎反应已经停止，但实际上正向反应和逆向反应仍在不断进行。只不过朝两个方向进行的反应速率相等而已，即正逆反应效果相互抵消。例如，对于碳酸钙的分解反应：

$$CaCO_3(s)\rightleftharpoons CaO(s)+CO_2(g)$$

在一定温度下，反应达到平衡时，用放射性同位素^{14}C标记法可以证实：$CaCO_3$ 仍在不断分解生成CaO和 CO_2，与此同时，CaO与 CO_2 仍在不断地化合形成 $CaCO_3$。并且系统中 CO_2 的分压仍维持不变。

② 到达平衡状态的途径是双向的。例如，对于上述碳酸钙的分解反应，既可从碳酸钙的分解方向到达平衡，又可从 CaO 与 CO_2 的化合方向到达平衡。只要温度确定，不论从哪个方向都能到达同一平衡状态。

③ 化学平衡是相对的，同时也是有条件的。一旦维持平衡的条件发生了变化，原有的平衡将被破坏，形成平衡的移动，然后通过体系内部各组分间的调整，在新的条件下建立新的平衡。

④ 在一定温度下，指定的化学反应一旦建立平衡，反应物与生成物的浓度或分压都不再随时间变化，因此，以化学方程式中各物质的化学计量数为指数的各物种浓度商或分压商的幂次连乘积，即此时的反应商必为一常数，该常数就称为平衡常数（equilibrium constant）。

根据实验测定数据计算的平衡常数，叫实验平衡常数，从热力学推导出来的平衡常数，叫标准平衡常数（以下简称平衡常数）。

2.3.1.2　标准平衡常数

（1）标准平衡常数的定义　对于化学反应：$0=\sum_B \nu_B B$，其标准平衡常数 $K^\ominus$ 定义为

$$K^\ominus=\Pi_B(p_B^{eq}/p^\ominus)^{\nu_B}\text{（气体反应）}$$

$$K^\ominus=\Pi_B(b_B^{eq}/b^\ominus)^{\nu_B}\text{（溶液反应）}$$

式中，p_B^{eq} 和 b_B^{eq} 分别为物质 B 平衡时的分压或平衡时的浓度。由于相对分压或相对浓度是无量纲的，所以标准平衡常数是无量纲的量。在书写和应用平衡常数表达式时应注意如下几点：

① 标准平衡常数仅仅是温度的函数，而与浓度和分压无关。因此，其定义式中各组分的分压（或浓度）应为平衡状态时的分压（或浓度）。

② 由于表达式以反应计量方程式中各物质的化学计量数为幂指数，所以 $K^\ominus$ 的表达式与化学反应方程式的写法有关，对同一化学反应，若反应方程式采用的计量数不同，则 $K^\ominus$ 的表达式也不同。

③ 纯固体和液体不包括在 $K^\ominus$ 的表示式中。

（2）多步反应平衡的平衡常数　对于任何一个给定的化学反应，只要其计量方程式相同，无论反应分几步完成，其平衡常数表达式都完全相同，这就是多重平衡规则（multiple equilibrium regulation）。也就是说当某总反应为若干个分步反应之和（或之差）时，则总反应的平衡常数为这若干个分步反应平衡常数的乘积（或商）。例如，反应

$$SO_2(g)+NO_2(g) \rightleftharpoons SO_3(g)+NO(g)\text{（平衡常数为 }K^\ominus\text{）}$$

可由下面两个反应相加得到：

$$SO_2(g)+\frac{1}{2}O_2(g) \rightleftharpoons SO_3(g)\text{（平衡常数为 }K_1^\ominus\text{）}$$

$$NO_2(g) \rightleftharpoons NO(g)+\frac{1}{2}O_2(g)\text{（平衡常数为 }K_2^\ominus\text{）}$$

根据多重平衡规则，反应的平衡常数可表示为 $K^\ominus=K_1^\ominus K_2^\ominus$

多重平衡规则说明标准平衡常数与系统达到平衡的途径无关，仅取决于系统的状态，即反应物（始态）和生成物（终态）。

（3）标准平衡常数的导出及其应用　化学反应的标准平衡常数 $K^\ominus$ 可由相应条件下反应的标准摩尔吉布斯函数变求得。当反应达到化学平衡时，反应的 $\Delta_r G_m$ 为零，此时反应方程式中任何物质 B 的浓度或分压均为平衡态的浓度或分压，反应商等于标准平衡常数。由热力学等温式可得：

$$\Delta_r G_m=\Delta_r G_m^\ominus+RT\ln J=\Delta_r G_m^\ominus+RT\ln K^\ominus=0$$

$$\ln K^{\ominus}=-\frac{\Delta_r G_m^{\ominus}}{RT} \text{或} \lg K^{\ominus}=-\frac{\Delta_r G_m^{\ominus}}{2.303RT}$$

从上式可以看出，在一定温度下，化学反应的标准摩尔吉布斯函数变愈小，$K^{\ominus}$值愈大，反应就愈完全，进行的程度愈大；反之，标准摩尔吉布斯函数变愈大，$K^{\ominus}$值愈小，反应完成的程度愈小。因此，标准摩尔吉布斯函数变也可反映出化学反应进行的程度。将上述标准平衡常数的导出式代入到热力学等温式中，则有：

$$\Delta_r G_m=-RT\ln K^{\ominus}+RT\ln J=RT\ln\frac{J}{K^{\ominus}}$$

将反应商J与标准平衡常数$K^{\ominus}$进行比较，可以得出判断化学反应进行方向的判据：

若$J<K^{\ominus}$，则$\Delta_r G_m^{\ominus}<0$，反应向正向进行，直到平衡；

若$J=K^{\ominus}$，则$\Delta_r G_m^{\ominus}=0$，系统处在平衡态；

若$J>K^{\ominus}$，则$\Delta_r G_m^{\ominus}>0$，反应向逆向进行，直到平衡。

2.3.1.3　化学平衡的移动

化学平衡为动态和一定条件下的平衡，平衡是相对和暂时的。一旦维持平衡的外界条件发生了改变（例如浓度、压力、温度的变化），原有的平衡遭到破坏，反应系统中物质的分压或浓度随之改变，各种物质间通过反应使其浓度或分压发生调整，直至调整到新的反应商J重新等于$K^{\ominus}$，反应系统建立了新的平衡。这种因外界条件的改变而使化学反应从一种平衡状态向另一种平衡状态转变的过程称为化学平衡的移动（shift in chemical equilibrium）。

(1) 浓度（或气体分压）对化学平衡的影响　对于一个在一定温度下已达化学平衡的反应系统，此时反应商$J=K^{\ominus}$。若增加反应物的浓度（或分压）或降低生成物的浓度（或分压），则J值变小，因此$J<K^{\ominus}$，此时系统不再处于平衡状态，反应必然向正方向进行，使反应物更多转化成生成物，J值随之增大，直到J重新等于$K^{\ominus}$，系统又重新建立了新的平衡。不过在新的平衡系统中，各组分的平衡浓度已发生了变化；反之，若在已达到平衡的系统中降低反应物浓度（或分压）或增加生成物浓度（或分压），使$J>K^{\ominus}$，此时平衡将向逆方向移动，使反应物浓度增加，生成物浓度降低，直到J重新等于$K^{\ominus}$，系统达到新的平衡。

根据平衡移动的原理，在实际生产中，人们为了尽可能充分地利用较贵的、难以得到的某种原料，往往使用过量的另一种廉价、易得的原料与其反应，以使平衡尽可能向正方向移动，提高前者的转化率，达到充分利用前者的目的。而如果从平衡系统中不断将产物分离取出，使生成物的浓度（或分压）不断降低，则平衡将不断地向产物方向移动，直到某原料基本上被消耗完全，这样也可充分利用原料，提高实际产率。

(2) 压力对化学平衡的影响　压力变化对化学平衡的影响应视化学反应的具体情况而定。对只有液体或固体参与的反应而言，改变压力对平衡影响很小，可以不予考虑。对于有气态物质参与的化学平衡系统，则视反应前后气体分子数的情况而定，若生成物和反应物的气体分子数相同，则压力的改变不会引起化学平衡的移动；若生成物和反应物的气体分子数不同，则压力的改变会引起化学平衡的移动。根据热力学等温式：

$$\Delta_r G_m=-RT\ln K^{\ominus}+RT\ln J=RT\ln\frac{J}{K^{\ominus}}$$

若总压增大$n(n>1)$倍，则

$$J=K^{\ominus}n^{\sum_B \nu_B}$$

若$\sum_B \nu_B>0$，则$J>K^{\ominus}$，$\Delta_r G_m>0$，反应向逆向移动，直到平衡；

若$\sum_B \nu_B = 0$，则$J = K^\ominus$，$\Delta_r G_m = 0$，平衡不移动；

若$\sum_B \nu_B < 0$，则$J < K^\ominus$，$\Delta_r G_m < 0$，反应向正向移动，直到平衡。

需要特别指明的是，上述情况中改变总压力的方法，是通过改变反应系统的总体积来改变总压力的（压缩总体积使系统压力增加，扩大总体积使总压力降低）。在这种情况下，总压力的增加或降低，导致各气体组分的平衡分压相应地成比例地增减，因而才会引起反应商 J 的变化，导致平衡移动。但若向系统中加入某种不与系统中原有物质发生反应的气体组分（如加入某种惰性气体），而不改变系统的总容积，那么系统的总压力虽然也会增加，但并不会引起平衡的移动。因为这种情况下，各组分气体的平衡分压没有变化，J 也不会变化。

（3）温度对化学平衡的影响　温度对化学平衡的影响与浓度、压力的影响有本质上的区别。浓度、压力改变但温度不变时，平衡常数不变，只是由于系统中组分发生变化而导致反应商 J 发生变化，使得 $J \neq K^\ominus$而引起平衡的移动。而温度改变却会使标准平衡常数的数值发生变化，使得 $K^\ominus \neq J$，从而引起平衡的移动。实验结果表明：对于正反应是放热的化学平衡，温度升高，平衡常数减小（例如合成氨反应）；反之，温度升高，平衡常数增加。这可以从 $K^\ominus$与标准摩尔吉布斯函数变的关系来加以说明。

根据公式 $\ln K^\ominus = -\Delta_r G_m^\ominus / RT$ 和 $\Delta_r G_m^\ominus = \Delta_r H_m^\ominus - T\Delta_r S_m^\ominus$ 可得：

$$\ln K^\ominus = -\frac{\Delta_r H_m^\ominus}{RT} + \frac{\Delta_r S_m^\ominus}{R}$$

在温度变化不大时，$\Delta_r H_m^\ominus$ 和 $\Delta_r S_m^\ominus$ 可看作常数。上式对 T 求导可得：

$$\frac{\mathrm{d}\ln K^\ominus}{\mathrm{d}T} = \frac{\Delta_r H_m^\ominus}{RT^2}$$

从上式可以看出，若反应放热（$\Delta_r H_m^\ominus < 0$），升高温度，平衡常数减小，使得 $J > K^\ominus$，平衡向逆方向移动（即向吸热方向移动）；如果反应是吸热反应（$\Delta_r H_m^\ominus > 0$），升高温度，平衡常数增加，使得 $J < K^\ominus$，平衡向正方向移动（即向吸热方向移动）。因此，在不改变浓度和压力的条件下，升高系统的温度，平衡会向着吸热反应的方向移动；反之，降低温度，平衡会向着放热反应的方向移动。此外，温度对化学平衡的影响还可通过下面的方法加以说明。

若反应在 T_1 和 T_2 时的平衡常数分别为 $K_1^\ominus$ 和 $K_2^\ominus$，则有：

$$\ln K_2^\ominus = -\frac{\Delta_r H_m^\ominus}{RT_2} + \frac{\Delta_r S_m^\ominus}{R}$$

$$\ln K_1^\ominus = -\frac{\Delta_r H_m^\ominus}{RT_1} + \frac{\Delta_r S_m^\ominus}{R}$$

两式相减可得：

$$\ln \frac{K_2^\ominus}{K_1^\ominus} = \frac{\Delta_r H_m^\ominus (T_2 - T_1)}{RT_2 T_1}$$

由上式可以看出：如果反应是放热反应，当温度升高时，$T_2 > T_1$，则 $K_1^\ominus > K_2^\ominus$，即平衡常数减小（使得 $J > K^\ominus$），平衡向逆方向移动（即向吸热方向移动）；如果反应是吸热反应，当温度升高时，$T_2 > T_1$，则 $K_1^\ominus < K_2^\ominus$，即平衡常数将增大（使得 $J < K^\ominus$），平衡向正方向移动。

（4）勒夏特列原理　早在 1907 年，法国化学家勒夏特列（H. L. Le Chaterlier）在总结大量实验事实的基础上，提出了平衡移动的普遍原理：对任何一个化学平衡而言，当其平衡条件如浓度、温度、压力等由于外部因素而发生改变时，平衡将发生移动，平衡移动的方向总是向着减弱外因所造成影响的方向移动。例如，增加反应物的浓度或分压，平衡就正向移动，使更多的反应物转化为产物，以减弱反应物浓度或反应气体分压的增加的影响；如果压缩系统的总容积以增加平衡系统的总压力（不包括加入惰性气体），平衡向气体分子数减少的方向移动，以减弱总压增加的影响；如果升高反应温度，平衡向吸热方向移动，减弱温度升高对系统的影响。

必须注意的是：勒夏特列原理只适用于已经处于平衡状态的系统，而对于未达到平衡状态的系统不适用。

2.3.1.4　有关气体反应化学平衡的计算

（1）根据热力学数据计算反应的标准平衡常数

【例 2-6】　已知反应 $Cu_2O(s) = 2Cu(s) + \frac{1}{2}O_2(g)$ 的热力学数据如下：

	$O_2(g)$	$Cu(s)$	$Cu_2O(g)$
$\Delta_f H_m^\ominus(298.15K)/kJ \cdot mol^{-1}$	0	0	−169
$S_m^\ominus(298.15K)/J \cdot K^{-1} \cdot mol^{-1}$	205.14	33.15	93.14

① 计算标准状态下反应自发进行的温度；

② 计算 1000K 时反应的 $K^\ominus$ 和平衡时 O_2 的分压。

解　$\Delta_r H_m^\ominus(298.15K) = 169kJ \cdot mol^{-1}$

$$\Delta_r S_m^\ominus(298.15K) = 205.14/2 + 33.15 \times 2 - 93.14 = 75.73\ (J \cdot K^{-1} \cdot mol^{-1}) = 0.07573kJ \cdot K^{-1} \cdot mol^{-1}$$

① 自发进行的温度为

$$T \geqslant \left| \frac{\Delta_r H_m^\ominus(298.15K)}{\Delta_r S_m^\ominus(298.15K)} \right| = \frac{169}{0.07573} = 2232\ (K)$$

② $\Delta_r G_m^\ominus(1000K) \approx \Delta_r H_m^\ominus(298.15K) - 1000\Delta_r S_m^\ominus(298.15K) = 169 - 1000 \times 0.07573 = 93.27\ (kJ \cdot mol^{-1})$

根据 $\ln K^\ominus = -\Delta_r G_m^\ominus/RT$ 得：$K^\ominus = e^{-11.22} = 1.34 \times 10^{-5}$

根据标准平衡常数的定义式，$K^\ominus = [p^{eq}(O_2)/p^\ominus]^{1/2} = 1.34 \times 10^{-5}$

$$p^{eq}(O_2) = (K^\ominus)^2 p^\ominus = 1.8 \times 10^{-5} Pa$$

答：在标准状态下反应自发进行的温度为 2232K。1000K 下的标准平衡常数为 1.34×10^{-5}，氧气的平衡分压为 1.8×10^{-5}Pa。

【例 2-7】　已知反应 $2SO_2(g) + O_2(g) = 2SO_3(g)$ 的热力学数据如下：

	$SO_2(g)$	$SO_3(g)$
$\Delta_f H_m^\ominus(298.15K)/kJ \cdot mol^{-1}$	−296.83	−395.7
$\Delta_f G_m^\ominus(298.15K)/kJ \cdot mol^{-1}$	−300.19	−371.1

① 反应在 298.15K 和标准状态下能否自发进行？

② 求反应在标准状态下自发进行的温度以及在 800K 的平衡常数。

解　① $\Delta_r G_m^\ominus(298.15K) = -371.1 \times 2 + 300.19 \times 2 = -141.8\ (kJ \cdot mol^{-1}) < 0$，反应在 298.15K 和标准状态下能自发进行。

② $\Delta_r H_m^\ominus(298.15K) = -395.7 \times 2 + 296.83 \times 2 = -197.7\ (kJ \cdot mol^{-1})$

根据吉布斯公式可得：

$$\Delta_r S_m^{\ominus}(298.15\text{K})=\frac{\Delta_r H_m^{\ominus}(298.15\text{K})-\Delta_r G_m^{\ominus}(298.15\text{K})}{298.15}$$

$$=\frac{-197.7-(-141.8)}{298.15}=-0.1875\ (\text{kJ}\cdot\text{K}^{-1}\cdot\text{mol}^{-1})$$

自发进行的温度为

$$T\leqslant\left|\frac{\Delta_r H_m^{\ominus}(298.15\text{K})}{\Delta_r S_m^{\ominus}(298.15\text{K})}\right|=\left|\frac{-197.7}{-0.1875}\right|=1054\ (\text{K})$$

在800K时，反应的标准摩尔吉布斯函数变为

$$\Delta_r G_m^{\ominus}(800\text{K})\approx\Delta_r H_m^{\ominus}(298.15\text{K})-800\Delta_r S_m^{\ominus}(298.15\text{K})$$

$$=-197.7-800\times(-0.1875)=-47.7\ (\text{kJ}\cdot\text{mol}^{-1})$$

根据 $\ln K^{\ominus}=-\Delta_r G_m^{\ominus}/RT$ 得：$K^{\ominus}=1302$

答：在标准状态和298.15K时，反应能自发进行，自发温度为1054K。800K的标准平衡常数为1302。

(2) 根据平衡时物质的量和平衡常数定义式计算转化率　平衡常数具体反映出化学反应达平衡时各相关物质的相对浓度、相对分压之间的关系，因而可以定量地表征化学反应进行的最大程度。在实际生产中，常用转化率（α）来衡量化学反应进行的程度。所谓某反应物的转化率是指该反应物已转化为生成物的百分数。即

$$\alpha=\frac{\text{某反应物已转化的量}}{\text{该反应物起始的量}}\times100\%$$

化学反应达平衡时的转化率称平衡转化率。显然，平衡转化率是理论上该反应的最大转化率。而在实际生产中，反应达到平衡需要一定的时间，流动的生产过程往往在系统还没有完全达到平衡时，生成物就从反应容器中被分离出来，所以实际的转化率要低于平衡转化率。实际转化率与反应进行的时间有关。工业生产中所说的转化率一般指实际转化率，而在通常教材中所说的转化率是指平衡转化率。

【例2-8】 1215K时，反应 $CO_2(g)+H_2(g)\rightleftharpoons CO(g)+H_2O(g)$ 的 $K^{\ominus}=1.44$，如将上述都为0.15mol的四种气体放入密闭容器中进行反应。①通过计算判断反应进行的方向；②求 H_2 的转化率。

解 ① $J=\frac{[p(CO)/p^{\ominus}][p(H_2O)/p^{\ominus}]}{[p(CO_2)/p^{\ominus}][p(H_2)/p^{\ominus}]}=\frac{0.15\times0.15}{0.15\times0.15}=1<K^{\ominus}$，反应正向进行，直至达到平衡。

② 设 H_2 的平衡转化率为 x，根据已知条件及反应有：

	$CO_2(g)$	+ $H_2(g)$	$\rightleftharpoons$ $CO(g)$	+ $H_2O(g)$
起始时物质的量/mol	0.15	0.15	0.15	0.15
平衡时物质的量/mol	$0.15(1-x)$	$0.15(1-x)$	$0.15(1+x)$	$0.15(1+x)$

平衡时总的物质的量：$n(\text{总})=0.6\text{mol}$

根据大学物理中所学的分压定律，平衡时，反应系统各组分的分压为

$$p^{eq}(CO)=\frac{n(CO)}{n(\text{总})}p(\text{总})=\frac{0.15(1+x)}{0.6}p(\text{总})$$

$$p^{eq}(H_2O)=\frac{n(H_2O)}{n(\text{总})}p(\text{总})=\frac{0.15(1+x)}{0.6}p(\text{总})$$

$$p^{eq}(H_2)=\frac{n(H_2)}{n(\text{总})}p(\text{总})=\frac{0.15(1-x)}{0.6}p(\text{总})$$

$$p^{eq}(CO_2)=\frac{n(CO_2)}{n(总)}p(总)=\frac{0.15(1+x)}{0.6}p(总)$$

$$K^{\ominus}=\frac{[p^{eq}(CO)/p^{\ominus}][p^{eq}(H_2O)/p^{\ominus}]}{[p^{eq}(CO_2)/p^{\ominus}][p^{eq}(H_2)/p^{\ominus}]}=\frac{(1+x)^2}{(1-x)^2}=1.44$$

$$x=1/11=9.09\%$$

答：反应向正向进行，达到平衡时 H_2 的转化率 9.09%。

尽管上面讨论的化学平衡主要针对的是气体反应的化学平衡，但相关的化学平衡原理也完全适用溶液中的反应。溶液中的化学平衡可分为氧化还原平衡和非氧化还原平衡两大类。溶液中氧化还原平衡将在第 2 章介绍。溶液中的非氧化还原平衡主要包括：弱酸弱碱的质子转移平衡、难溶电解质的沉淀-溶解平衡和配位化合物的配位平衡。下面分别加以介绍。

2.3.2　溶液中的化学平衡——弱酸弱碱的质子转移平衡

电解质在水溶液中会解离，分子或离子晶体解离成为离子。由于解离程度的不同，电解质有强电解质和弱电解质之分。酸、碱、盐都属于电解质，但由于化学结构的差异，决定了它们在水溶液中有不同的解离状况。通常说的强酸（如 HCl、HNO_3、$HClO_4$ 等）、强碱（如 KOH、NaOH 等）和几乎所有的盐类都是强电解质。它们在水溶液中能完全解离，在稀溶液中完全以水合离子形式存在，基本上不存在未解离的分子或离子化合物。对它们而言，解离平衡并没有实际意义。而通常说的弱酸（如 HF、HCOOH、CH_3COOH 等）和弱碱（$NH_3 \cdot H_2O$ 等）则属于弱电解质。它们在水溶液中只能部分解离，因而在溶液中存在着分子与其离子间的平衡。这就是弱酸弱碱在水溶液中的解离平衡，也称之为弱酸弱碱的质子转移平衡。

2.3.2.1　酸碱质子理论

我们吃水果，经常感到酸或涩，说明其含有酸性或碱性物质。这是我们从味觉上理解的酸碱概念。长期以来，人们一直探索对酸碱的全面认识，也经历了由感性到理性、由表及里的漫长过程。300 多年前英国科学家波义耳（R. Boye）就指出：酸有酸味，使蓝色石蕊变红；碱具有涩味和滑腻感，使红色石蕊变蓝。1771 年，法国化学家拉瓦锡（A. R. Lavoisier）根据 S 和 P 的燃烧产物溶于水显酸性，指出氧是所有酸性物质的共同组成元素。1811 年，英国化学家戴维（H. Davy）根据盐酸不含氧，提出氢才是一切酸不可缺少的元素。随后，德国化学家李比希（J. F. von Liebig）认为：只有含容易被金属置换的氢的化合物才是酸。1887 年，瑞典化学家阿伦尼乌斯（S. A. Arrhenius）提出了电离理论，将酸碱定义为在水溶液中离解出的阳离子全部是氢离子的化合物是酸，而在水溶液中离解出的阴离子全部是氢氧根离子的化合物是碱。酸碱反应的本质是氢离子和氢氧根离子结合生成水的反应。酸碱的电离理论使人们对酸碱的本质有了深刻的认识，是酸碱理论发展的重要里程碑，在化学发展中起了巨大作用，至今仍在化学各领域中被广泛使用。但这一理论也有较大的局限性：

① 将酸和碱限制在水溶液系统中，酸碱范围窄；

② 难以解释许多非水溶液中酸碱反应（如在无溶剂情况下，气态 NH_3 与气态 HCl 直接反应也可生成盐）；

③ 难以解释一些不含 H^+ 或 OH^- 的物质的酸碱性（如 NaAc 的水溶液显碱性）。

为了克服电离理论的局限性，随着人们对物质认识的逐步深入，1923 年，丹麦化学家布朗斯特（J. N. Brönsted）和英国化学家劳莱（T. M. Lowrey）各自独立地提出了酸碱质子理论。

（1）酸碱的定义　根据酸碱质子理论：凡能给出质子（H^+）的物质都是酸，即酸是质子给予体。例如：HCl、HAc、NH_4^+、H_2S、H_3PO_4 等都是酸；凡是能接受质子的物质都是碱，即碱是质子接受体。例如：Ac^-、NH_3、S^{2-}、CO_3^{2-} 等都是碱。有些物质如 H_2O、HS^-、HCO_3^-、$H_2PO_4^-$、HPO_4^{2-} 等既能给出质子，又能接受质子，它们是具有酸碱两性的物质。酸碱质子理论大大地扩大了酸碱的范围，除了传统的分子酸碱之外，正负离子也可以是质子酸或碱，因此，在酸碱质子理论中，没有盐的概念。

根据酸碱质子理论，酸给出质子后余下部分是其共轭碱，碱接受质子后变为其共轭酸。例如：HAc 给出质子后的余下部分 Ac^- 便是 HAc 的共轭碱，而 Ac^- 接受质子后就变成其共轭酸。可见质子酸、碱是相互依存的，又是可以相互转化的。这种统一在质子上的对应关系叫做酸碱共轭关系，即处于共轭关系的酸、碱组成一个共轭酸碱对：

$$\text{酸} \rightleftharpoons \text{碱} + H^+$$

常见的共轭酸碱对有：$HCl\text{-}Cl^-$、$HAc\text{-}Ac^-$、$HNO_3\text{-}NO_3^-$、$H_2SO_4\text{-}HSO_4^-$、$H_2O\text{-}OH^-$、$H_3O^+\text{-}H_2O$、$H_2S\text{-}HS^-$、$HS^-\text{-}S^{2-}$、$H_2CO_3\text{-}HCO_3^-$、$HCO_3^-\text{-}CO_3^{2-}$、$H_3PO_4\text{-}H_2PO_4^-$ 等。酸愈强（即给出质子的能力愈强），它的共轭碱就愈弱（即接受质子能力愈弱）；反之，酸愈弱，它的共轭碱就愈强。

（2）酸碱的反应　质子理论认为，任何酸碱反应都是两个共轭酸碱对之间的质子传递过程。即酸 1 把质子传递给碱 2，各自转变为其相应的共轭碱 1 和共轭酸 2：

$$\overset{H^+}{\overbrace{\text{酸 1} + \text{碱 2}}} \rightleftharpoons \text{碱 1} + \text{酸 2}$$

例如：

$$HAc + H_2O \rightleftharpoons H_3O^+ + Ac^-$$
$$NH_3 + H_2O \rightleftharpoons NH_4^+ + OH^-$$
$$NH_3 + HAc \rightleftharpoons NH_4^+ + Ac^-$$

酸碱的解离反应、中和反应和盐的水解反应实质上都是质子的转移过程，也就是参与反应的两对共轭酸碱争夺质子最终达到平衡的过程。反应进行的方向，也就是质子传递的方向，取决于反应物与生成物的酸碱性的强弱。一般反应总是朝较强的酸与较强的碱反应生成较弱的共轭碱与酸的方向进行。这些反应从理论上讲都是可逆的，最终会达到化学平衡，但是反应进行的程度通常是不一样的，甚至会有很大的差别。例如，HCl 在水中是强酸，给质子能力极强，在水中几乎能将质子全部转移给水分子，反应非常彻底，解离实际上是不可逆的，其逆反应实际上可忽略不计。然而 HAc 在水中是弱酸，在水中给出质子能力较弱，给质子反应进行得不完全，溶液中主要以 HAc 分子形式存在，解离反应是可逆的，在一定温度下最终会达到其限度——化学平衡。

2.3.2.2　一元弱酸碱的质子转移平衡

弱酸弱碱的质子转移平衡亦即酸碱平衡，具有化学平衡的一切特征，遵循化学平衡的共同规律。因此每种弱酸或弱碱的质子转移平衡，都可用一个相应的平衡常数 $K^\ominus$ 来表征其特征。其中用 $K_a^\ominus$ 表示弱酸的质子转移平衡常数，用 $K_b^\ominus$ 表示弱碱的质子转移平衡常数，书后的附录 2 列出了常见弱酸弱碱的质子转移平衡常数。

按照标准平衡常数的定义，$K_a^\ominus$ 和 $K_b^\ominus$ 可用平衡系统中各组分的相对平衡浓度求算。对于一元弱酸 HA（如 HAc、HClO、HF、HCOOH、HCN 等），其与水的酸碱反应为

$$HA(aq)+H_2O(l) \rightleftharpoons H_3O^+(aq)+A^-(aq)$$

$$K_a^{\ominus}=\prod_B(b_B^{eq}/b^{\ominus})^{\nu_B}=[b^{eq}(H_3O^+)/b^{\ominus}]\cdot[b^{eq}(A^-)/b^{\ominus}]\cdot[b^{eq}(HA)/b^{\ominus}]^{-1}$$

式中，aq 为水合；eq 为平衡；b 为浓度。

对于一元弱碱（如氨水），其与水的酸碱反应为

$$NH_3(aq)+H_2O(l) \rightleftharpoons NH_4^+(aq)+OH^-(aq)$$

$$K_b^{\ominus}=\prod_B(b_B^{eq}/b^{\ominus})^{\nu_B}=[b^{eq}(NH_4^+)/b^{\ominus}]\cdot[b^{eq}(OH^-)/b^{\ominus}]\cdot[b^{eq}(NH_3)/b^{\ominus}]^{-1}$$

根据弱酸弱碱的质子转移平衡常数就可计算弱酸弱碱溶液的 pH 值。下面以一元弱酸 HA 为例推导出 pH 值的计算公式和稀释定律的数学表示式。

设 HA 的起始浓度为 $b_0\,\text{mol}\cdot\text{kg}^{-1}$，平衡解离度为 α（达到质子转移平衡时，HA 发生质子转移的量占起始量的分数），则

	$HA(aq)+H_2O(l) \rightleftharpoons$	$H_3O^+(aq)+$	$A^-(aq)$
起始浓度/$\text{mol}\cdot\text{kg}^{-1}$	b_0	0	0
平衡浓度/$\text{mol}\cdot\text{kg}^{-1}$	$b_0(1-\alpha)$	$b_0\alpha$	$b_0\alpha$

$K_a^{\ominus}=[b^{eq}(H_3O^+)/b^{\ominus}][b^{eq}(A^-)/b^{\ominus}][b^{eq}(HA)/b^{\ominus}]^{-1}=\dfrac{(b_0\alpha)^2}{b_0(1-\alpha)}$（忽略单位的运算）

由于 HA 为弱酸，解离度很低，即 $\alpha \ll 1$，$1-\alpha \approx 1$，因此有：

$$K_a^{\ominus} \approx b_0\alpha^2$$

则

$$\alpha=\sqrt{\frac{K_a^{\ominus}}{b_0}}$$

上式为稀释定律的数学表示式。可以看出，温度一定时，弱酸的浓度越小，其解离度越大，但并不意味着其酸度也越大。由上式还可求出弱酸的水合质子浓度和溶液的 pH 值：

$$b^{eq}(H_3O^+)=b_0\alpha \approx \sqrt{K_a^{\ominus}b_0}$$

$$pH=-\lg[b^{eq}(H_3O^+)]$$

同理，对于一元弱碱，有：

$$b^{eq}(OH^-) \approx \sqrt{K_b^{\ominus}b_0}$$

$$pOH=-\lg[b^{eq}(OH^-)]$$

$$pH=14-pOH$$

【例 2-9】 试计算浓度为 $0.10\,\text{mol}\cdot\text{kg}^{-1}$ 的 HAc 溶液中的 H_3O^+ 的浓度、HAc 的解离度及溶液的 pH 值（已知 HAc 的 $K_a^{\ominus}=1.76\times10^{-5}$）。

解 根据公式 $b^{eq}(H_3O^+) \approx \sqrt{K_a^{\ominus}b_0}$，得

$$b^{eq}(H_3O^+) \approx \sqrt{0.10\times1.76\times10^{-5}}=1.33\times10^{-3}\ (\text{mol}\cdot\text{kg}^{-1})$$

$$pH=-\lg[b^{eq}(H_3O^+)]=2.88$$

$$\alpha=b^{eq}(H_3O^+)/b_0=1.33\times10^{-2}$$

答：HAc 溶液中的 H_3O^+ 的浓度为 $1.33\times10^{-3}\,\text{mol}\cdot\text{kg}^{-1}$、解离度为 1.33×10^{-2} 及 pH 值为 2.88。

2.3.2.3 多元弱酸弱碱的质子转移平衡

在水溶液中能够转移不止一个质子的酸叫作多元酸，能够接受不止一个质子的碱称为多

元碱。例如 H_2CO_3 和 H_2S 是二元弱酸，H_3PO_4 是三元酸；S^{2-} 为二元碱。多元弱酸的质子转移是分步进行的，每一步的转移都构成一级质子转移平衡，具有一个平衡常数。只有当所有分步质子转移都完全达到平衡后，该多元弱酸在水溶液中的总体质子转移才算达到平衡。反之，当一个多元弱酸（或多元弱碱）在水溶液中达到总体质子转移平衡时，该弱酸（或弱碱）的各分步质子转移都已分别达到平衡了。各级分步平衡所涉及的成分（分子或离子）都必然存在于平衡系统中，每种成分最终都只具有一种平衡浓度，而且同时满足其所参与的所有分步平衡。

下面以二元弱酸 H_2S 的质子转移平衡为例，加以分析。H_2S 质子转移是分两步进行的：

第一级质子转移：

$$H_2S(aq)+H_2O(l) \rightleftharpoons H_3O^+(aq)+HS^-(aq)$$

$$K_{a1}^{\ominus}=\frac{[b^{eq}(H_3O^+)/b^{\ominus}][b^{eq}(HS^-)/b^{\ominus}]}{b^{eq}(H_2S)/b^{\ominus}}$$

第二级质子转移：

$$HS^-(aq)+H_2O(l) \rightleftharpoons H_3O^+(aq)+S^{2-}(aq)$$

$$K_{a2}^{\ominus}=\frac{[b^{eq}(H_3O^+)/b^{\ominus}][b^{eq}(S^{2-})/b^{\ominus}]}{b^{eq}(HS^-)/b^{\ominus}}$$

式中，$K_{a1}^{\ominus}$ 和 $K_{a2}^{\ominus}$ 分别为二元弱酸 H_2S 的第一级质子转移平衡常数和第二级质子转移平衡常数。

当 H_2S 的两级质子转移都达到平衡时，H_2S 的总体质子转移亦达到平衡。将两级分步质子转移平衡方程式相加，就得到 H_2S 总的质子转移平衡方程式：

$$H_2S(aq)+2H_2O(l) \rightleftharpoons 2H_3O^+(aq)+S^{2-}(aq)$$

根据多重平衡规则，H_2S 的总体质子转移平衡常数 $K_a^{\ominus}$ 可由分级质子转移平衡常数 $K_{a1}^{\ominus}$ 和 $K_{a2}^{\ominus}$ 之积求得：

$$K_a^{\ominus}=\frac{[b^{eq}(H_3O^+)/b^{\ominus}]^2[b^{eq}(S^{2-})/b^{\ominus}]}{b^{eq}(H_2S)/b^{\ominus}}=K_{a1}^{\ominus}K_{a2}^{\ominus}$$

上式表示当 H_2S 的质子转移达到总体平衡时，溶液中 H_2S 分子、水合质子及 S^{2-} 的平衡浓度间的定量关系。

【例 2-10】 已知室温下 H_2S 的 $K_{a1}^{\ominus}=9.1\times10^{-8}$、$K_{a2}^{\ominus}=1.1\times10^{-12}$，试计算 H_2S 饱和溶液（H_2S 的饱和浓度为 $0.10mol\cdot kg^{-1}$）的 pH 值及 S^{2-} 的浓度。

解 设平衡时 H_2S 的质子转移浓度为 $x mol\cdot kg^{-1}$、S^{2-} 浓度为 $y mol\cdot kg^{-1}$，根据 $K_{a1}^{\ominus}$ 和 $K_{a2}^{\ominus}$ 的定义式有：

$$H_2S(aq)+H_2O(l) \rightleftharpoons H_3O^+(aq)+HS^-(aq)$$

平衡浓度/$mol\cdot kg^{-1}$　$0.10-x$　　$x+y$　　$x-y$

$$HS^-(aq)+H_2O(l) \rightleftharpoons H_3O^+(aq)+S^{2-}(aq)$$

平衡浓度/$mol\cdot kg^{-1}$　$x-y$　　$x+y$　　y

$$K_{a1}^{\ominus}=\frac{[b^{eq}(H_3O^+)/b^{\ominus}][b^{eq}(HS^-)/b^{\ominus}]}{b^{eq}(H_2S)/b^{\ominus}}=\frac{(x+y)(x-y)}{0.10-x}=9.1\times10^{-8}$$ （忽略单位运算）

$$K_{a2}^{\ominus}=\frac{[b^{eq}(H_3O^+)/b^{\ominus}][b^{eq}(S^{2-})/b^{\ominus}]}{b^{eq}(HS^-)/b^{\ominus}}=\frac{(x+y)y}{x-y}=1.1\times10^{-12}$$ （忽略单位运算）

x 和 y 精确的解可通过上述两个方程式求解得到。事实上，因为 $K_{a1}^{\ominus}\gg K_{a2}^{\ominus}$ 且 $K_{a1}^{\ominus}$ 很小，

第二级质子转移产生的水合质子的量可以忽略不计，即 $x+y\approx x$，$x-y\approx x$，且 $0.10-x\approx 0.10$，所以

$$b^{eq}(H_3O^+)=x+y\approx x=\sqrt{K_{a1}^{\ominus}b_0}=\sqrt{0.10\times 9.1\times 10^{-8}}=9.5\times 10^{-5}\ (mol\cdot kg^{-1})$$

$$pH=4.0$$

$$b^{eq}(S^{2-})=y\approx K_{a2}^{\ominus}=1.1\times 10^{-12}\ mol\cdot kg^{-1}$$

答：室温下饱和 H_2S 水溶液的 pH 值为 4.0，S^{2-} 的浓度为 $1.1\times 10^{-12}\ mol\cdot kg^{-1}$。

计算结果表明，二元弱酸溶液中的水合质子浓度，主要是由其第一级质子转移平衡所决定的，其计算可按一元弱酸处理。二价负离子的浓度数值上等于 $K_{a2}^{\ominus}$。

2.3.2.4　同离子效应

弱酸、弱碱的质子转移平衡同其他化学平衡一样，是一种暂时的、相对的动态平衡。当外界条件发生改变时，平衡就会发生移动。在弱酸、弱碱（弱电解质）溶液中，加入与弱电解质具有相同离子的强电解质，可使弱酸、弱碱的质子转移平衡发生移动，转移程度（解离度）降低。这种现象叫同离子效应（common ion effect）。同离子效应实际是勒夏特列平衡原理在弱酸弱碱质子转移平衡中的体现。

例如，对于 HAc 的质子转移平衡：

$$HAc(aq)+H_2O(l)\rightleftharpoons H_3O^+(aq)+Ac^-(aq)$$

在 HAc 溶液中加入含醋酸根离子的强电解质，如 NaAc 等，平衡向逆方向移动，HAc 的质子转移程度降低，即同离子 Ac^- 抑制了 HAc 的解离。

再如，对于氨水的质子转移平衡：

$$NH_3(aq)+H_2O(l)\rightleftharpoons NH_4^+(aq)+OH^-(aq)$$

在氨水中加入含有铵离子的强电解质，如 NH_4Cl 等，平衡向逆方向移动，NH_3 接受质子的程度降低，即同离子 NH_4^+ 抑制了氨水的解离。

【例 2-11】　向浓度为 $0.10mol\cdot kg^{-1}$ 的 HAc 溶液中加入固体 NaAc，使 NaAc 的浓度达 $0.10mol\cdot kg^{-1}$，求该溶液的 H_3O^+ 浓度、HAc 的解离度以及溶液的 pH 值（已知 HAc 的 $K_a^{\ominus}=1.76\times 10^{-5}$）。

解　设加入 NaAc 后，溶液的 H_3O^+ 平衡浓度为 $x\,mol\cdot kg^{-1}$。根据 HAc 的质子转移平衡：

	$HAc(aq)+H_2O(l)\rightleftharpoons$	$H_3O^+(aq)+$	$Ac^-(aq)$
起始浓度/$mol\cdot kg^{-1}$	0.10		0.10（NaAc 浓度）
平衡浓度/$mol\cdot kg^{-1}$	$0.10-x$	x	$0.10+x$

$$K_a^{\ominus}=[b^{eq}(H_3O^+)/b^{\ominus}]\cdot[b^{eq}(Ac^-)/b^{\ominus}]\cdot[b^{eq}(HAc)/b^{\ominus}]^{-1}$$

$$=\frac{x(0.1+x)}{0.1-x}=1.76\times 10^{-5}\text{（忽略单位运算）}$$

因为 $K_a^{\ominus}$ 很小，且 NaAc 的加入抑制了 HAc 的解离，$0.10+x\approx 0.10$，$0.10-x\approx 0.10$，则

$$x=1.76\times 10^{-5}\ mol\cdot kg^{-1}$$

$$pH=4.75$$

$$\alpha=b^{eq}(H_3O^+)/b_0=1.76\times 10^{-4}$$

答：HAc 溶液中的 H_3O^+ 的浓度为 $1.76\times 10^{-5}\ mol\cdot kg^{-1}$、解离度为 1.76×10^{-4} 及溶液的 pH 值为 4.75。

上述结果与【例 2-9】的计算结果相比较，可以看出，由于向浓度为 $0.10mol\cdot kg^{-1}$ 的

HAc 溶液中加入 NaAc（浓度达 $0.10mol \cdot kg^{-1}$），抑制了 HAc 的解离，使溶液中 H_3O^+ 浓度减少，同时，HAc 的解离度也由原来的 1.33×10^{-2} 降低到 1.76×10^{-4}，显示出强烈的同离子效应。

2.3.2.5 缓冲溶液

化工生产、化学分析、生物体中的酶催化等许多反应经常要求在一定的 pH 范围的溶液中进行。若 pH 不合适或反应过程中介质的 pH 改变较大时，会影响反应的正常进行。例如对于酶催化反应，pH 的改变会导致酶活性的降低，甚至失去活性。因此，维持溶液 pH 值相对稳定具有十分重要的实际意义。那么，什么样的溶液能保持 pH 基本恒定呢？

实践表明，在一定浓度的弱酸-共轭碱或弱碱-共轭酸混合溶液中，外加少量的强酸、强碱或稍加稀释时，溶液的 pH 基本上不变。像这种在一定程度上抵抗外来酸碱的影响而保持系统 pH 相对稳定的作用称为缓冲作用（buffer action），能起缓冲作用的共轭酸碱对混合溶液称为缓冲系统或缓冲溶液（buffer solution）。缓冲溶液中的共轭酸碱对称为缓冲对（buffer pair）。缓冲作用的本质是利用同离子效应，对组成缓冲溶液的共轭酸碱之间的酸碱平衡进行调节，以保持溶液 pH 稳定。

（1）缓冲溶液的组成和缓冲作用机理　根据酸碱质子理论，缓冲溶液是由浓度较高的共轭酸碱对混合溶液组成。通常包括：

① 弱酸及其共轭碱溶液，如 HAc-NaAc 混合溶液等；

② 弱碱及其共轭酸溶液，如 NH_3-NH_4Cl 混合溶液等；

③ 多元酸碱的共轭酸碱对溶液，如 H_2CO_3-HCO_3^- 混合溶液、$H_2PO_4^-$-HPO_4^{2-} 混合溶液等。

缓冲溶液为什么对外来少量强酸碱具有缓冲作用呢？下面以 HAc-NaAc 缓冲溶液为例，解释缓冲溶液的作用机理。

$$HAc(aq)+H_2O(l)\rightleftharpoons H_3O^+(aq)+Ac^-(aq)$$

在此酸碱质子转移平衡中，由于同离子效应，Ac^- 抑制了 HAc 的解离，因此，HAc 与 Ac^- 都是大量的。如果向此 HAc-Ac^-（NaAc）混合溶液中加入少量强酸，质子转移平衡就会向左移动，减少了外加酸可能引起的 pH 变化。反之，若外加少量强碱，则缓冲溶液中 H^+ 与强碱解离出的 OH^- 反应而减少，质子转移平衡就会向右移动，降低因外加强碱而引起的 pH 变化。在 HAc-Ac^-（NaAc）缓冲溶液中，弱酸 HAc 为抗碱成分，其共轭碱 Ac^- 为抗酸成分。正是因为缓冲溶液中的抗酸和抗碱成分的浓度较高，且存在共轭酸碱对的质子转移平衡，抗酸时消耗共轭碱并转变成原来的弱酸，抗碱时消耗弱酸并转变成它的共轭碱，从而维持溶液 pH 基本稳定。

（2）缓冲溶液 pH 的计算　缓冲溶液的 pH 值计算与同离子效应中 pH 的计算相似。下面以 HA-A^- 缓冲溶液为例，推导缓冲溶液 pH 的计算公式。

设 HA 和 A^- 的起始浓度分别为 $b(HA)$ 和 $b(A^-)$，对于 HA-A^- 缓冲溶液存在如下质子转移平衡：

$$HA(aq)+H_2O(l)\rightleftharpoons H_3O^+(aq)+A^-(aq)$$

由于同离子效应，HA 的解离程度很低，达到平衡时有：

$$b^{eq}(HA)=b(HA)-b^{eq}(H_3O^+)\approx b(HA)$$

$$b^{eq}(A^-)=b(A^-)+b^{eq}(H_3O^+)\approx b(A^-)$$

根据 HA 质子转移平衡常数的定义，有：

$$K_a^{\ominus}=\frac{[b^{eq}(A^-)/b^{\ominus}][b^{eq}(H_3O^+)/b^{\ominus}]}{b^{eq}(HA)/b^{\ominus}}\approx\frac{b(A^-)b(H_3O^+)/b^{\ominus}}{b(HA)}$$

$$b^{eq}(H_3O^+)/b^{\ominus}=K_a^{\ominus}\frac{b(HA)}{b(A^-)}$$

$$pH=pK_a^{\ominus}-\lg\frac{b(HA)}{b(A^-)}$$

同理，对于 NH_3-NH_4^+ 缓冲溶液，有：

$$b^{eq}(OH^-)/b^{\ominus}=K_b^{\ominus}\frac{b(NH_3)}{b(NH_4^+)}$$

$$pH=14-pK_b^{\ominus}+\lg\frac{b(NH_3)}{b(NH_4^+)}$$

【例 2-12】 计算 0.1mol·kg^{-1} HAc-0.1mol·kg^{-1} NaAc 缓冲溶液的 pH 值；若向 100g 该缓冲溶液中加入 1g 1mol·kg^{-1} HCl 溶液后，计算此溶液 pH 值（已知 HAc 的 $K_a^{\ominus}=1.76\times10^{-5}$）。

解　对于 HAc-NaAc 缓冲溶液，根据缓冲溶液 pH 的计算公式可得：

$$pH=pK_a^{\ominus}-\lg\frac{b(HA)}{b(A^-)}=pK_a^{\ominus}-\lg\frac{0.1}{0.1}=pK_a^{\ominus}=4.75$$

在缓冲溶液加入 HCl 溶液后，HCl 与 Ac^- 反应生成 HAc，Ac^- 浓度降低，HAc 浓度增加，因此，有：

$$b(HAc)=\frac{0.1\times100+1\times1}{100+1}\approx0.11\ (mol\cdot kg^{-1})$$

$$b(Ac^-)=\frac{0.1\times100-1\times1}{100+1}\approx0.09\ (mol\cdot kg^{-1})$$

$$pH=pK_a^{\ominus}-\lg\frac{b(HAc)}{b(Ac^-)}=pK_a^{\ominus}-\lg\frac{0.11}{0.09}=4.67$$

答：缓冲溶液的 pH 为 4.75，加入 HCl 后溶液的 pH 为 4.67。

(3) 缓冲容量　任何一种缓冲溶液能保持缓冲作用的能力是有一定限度的，若外加强酸或强碱（H^+ 或 OH^-）的量超过了缓冲对中共轭酸碱的量，则会使缓冲溶液中的抗碱成分或抗酸成分消耗殆尽，缓冲对的酸碱平衡就不复存在。在这种情况下，缓冲溶液将失去其缓冲作用。

1922 年，美国科学家范思离科（D. D. Van Slyke）提出了缓冲容量的概念。缓冲容量是衡量缓冲溶液缓冲能力大小的量度。缓冲容量越大，缓冲溶液的缓冲能力就越强。影响缓冲容量的主要因素包括溶液的总浓度以及缓冲比（共轭酸碱对的浓度比）。当缓冲溶液的缓冲比一定时，溶液的总浓度越大，缓冲容量就越大；溶液的总浓度一定时，缓冲比越接近 1，缓冲容量越大，当缓冲比为 1∶1 时，缓冲容量最大，此时缓冲溶液的缓冲能力最强。当缓冲比大于 10∶1 或小于 1∶10 时，可以认为缓冲溶液失去了缓冲作用。通常把缓冲溶液能发挥缓冲作用的 pH 范围（缓冲比为 0.1～10 的范围）称为缓冲范围，因此缓冲范围为

$$pH=pK_a^{\ominus}\pm1 \text{ 或 } pH=(14-pK_b^{\ominus})\pm1$$

在实际应用中，要配制缓冲溶液，首先应根据要求的缓冲范围，确定缓冲对的组成，然后再选择缓冲对组分的配比。在满足经济、无毒前提下，应尽可能地选择溶液的 pH 值同 $pK_a^{\ominus}$ 或（$14-pK_b^{\ominus}$）相一致，且总浓度一般控制在 0.05～0.2mol·kg^{-1} 的范围内。

缓冲溶液在工农业、化学分析、医药、生命体等方面都具有重要的意义。在半导体工业中，常用 HF-NH_4F 缓冲溶液处理硅片表面的氧化物 SiO_2，使其生成气体 SiF_4 而除去；在

电镀工业中，常需要用缓冲溶液来控制电镀液的 pH 值；在用络合滴定法测定水的硬度时，常需要用氨水-氯化铵缓冲溶液来控制 pH 值；在土壤中含有的 H_2CO_3-$NaHCO_3$、NaH_2PO_4-Na_2HPO_4、有机弱酸及其共轭碱等组成了复杂的缓冲系统，能使土壤的 pH 保持稳定，从而保证了植物的正常生长。

人体各种体液也必须保持在一定的 pH 值范围内，物质的代谢反应才能正常进行。例如：人体血液正常 pH 值为 7.35～7.45；成人胃液正常 pH 值为 1.0～3.0；唾液正常 pH 值为 6.35～6.85。如果体液的 pH 值偏离正常范围的 0.4 单位以上，就可能导致疾病，甚至死亡。正常人之所以能保持体液的 pH 在一定的范围内，是因为各体液内存在许多缓冲对，可抵抗摄入体内的少量酸碱或人体新陈代谢产生的酸碱。

在血浆中能维持人体血液 pH 值基本恒定的缓冲对主要是血浆蛋白质-血浆蛋白质盐。在红细胞中的缓冲对主要包括：血红蛋白-血红蛋白盐（HHb-KHb）、碳酸-碳酸氢钠、磷酸二钠-磷酸氢钠、氧合血红蛋白-氧合血红蛋白盐（$HHbO_2$-$KHbO_2$）等。血液中对体内代谢生成或摄入的非挥发性酸缓冲作用最大的缓冲对是碳酸-碳酸氢钠缓冲对。正常人血浆中，二氧化碳（碳酸）与碳酸氢根的浓度比为 1∶20，血浆的 pH 可维持在 7.40，主要存在以下平衡：

$$\begin{array}{ccccccc} CO_2(g,\text{肺}) & & & & & & \text{肾} \\ \Big\Updownarrow & & & & & & \Big\Updownarrow \\ CO_2(\text{溶解}) + H_2O & \underset{K_1^{\ominus}}{\rightleftharpoons} & H_2CO_3 & \underset{K_2^{\ominus}}{\overset{+H_2O}{\rightleftharpoons}} & H_3O^+ & + & HCO_3^- \end{array}$$

当体内物质代谢不断生成的二氧化碳、硫酸、磷酸、乳酸、乙酰乙酸等非发挥性酸进入血浆时，主要由碳酸氢根与它们作用，平衡向左移动，生成的碳酸被血液带到肺部，肺部加快呼吸，将二氧化碳呼出体外，减少的碳酸氢根由肾控制补偿，从而保持碳酸与碳酸氢根的浓度比稳定，使血浆的 pH 基本恒定。当体内碱性物质增多并进入血浆时，上述平衡向右移动，生成的碳酸氢根由肾脏排出体外，肺部减少对二氧化碳的呼出来补偿碳酸的消耗，从而保持碳酸与碳酸氢根的浓度比稳定，使血浆的 pH 基本恒定。总之，人体血液中各种缓冲对的缓冲作用，再加之肺和肾的调节作用，使得正常人的血液 pH 保持在 7.35～7.45 之间。

2.3.3 溶液中的化学平衡——难溶电解质的沉淀溶解平衡

我们以前接触到许多沉淀反应，例如：Ba^{2+} 与 SO_4^{2-} 反应产生白色 $BaSO_4$ 沉淀；Ag^+ 与 Cl^- 反应产生白色 AgCl 沉淀。像 $BaSO_4$、AgCl 这样的难溶电解质在水中并非绝对不溶，总会或多或少地溶于水。习惯上，将每 100g 水中的溶解度小于 0.01g 的盐类电解质称为难溶电解质。大多数难溶电解质为强电解质，其溶于水中的部分完全解离成相应的水合离子。在一定温度下，难溶电解质溶解在溶液中的离子与固体沉淀之间建立的平衡，称为沉淀溶解平衡（precipitation-dissolution equilibrium）。例如，AgCl 固体与溶解在水溶液的 Ag^+ 及 Cl^- 之间的沉淀溶解平衡为

$$AgCl(s) \underset{\text{沉淀}}{\overset{\text{溶解}}{\rightleftharpoons}} Ag^+(aq) + Cl^-(aq)$$

这种平衡是建立在未溶解的固体（离子晶体）与其在溶液中的离子间的平衡，平衡涉及固相和液相，因而这种平衡又称为多相离子平衡。这种平衡在物质的制备、分离、质量控制等方面有广泛的应用。

2.3.3.1　溶度积

在一定温度下，当一种难溶的强电解质晶体（如 AgCl 晶体）与其组分离子（如 Ag^+ 及 Cl^-）间达到沉淀溶解平衡时，溶液中相应离子的浓度即其平衡浓度，应该是恒定的，不再随时间而改变。应用化学平衡原理来处理沉淀溶解平衡，可以得到相应的平衡常数表达式。例如，AgCl 晶体与其溶液中的离子建立的沉淀溶解平衡，可用一个平衡常数来表征其平衡特征：

$$K_S^{\ominus}(AgCl)=[b^{eq}(Ag^+)/b^{\ominus}]\cdot[b^{eq}(Cl^-)/b^{\ominus}]$$

式中，$K_S^{\ominus}$ 为难溶电解质 AgCl 的溶度积常数，简称溶度积（solubility product）。

对于 A_mB_n 型难溶电解质，其沉淀溶解平衡反应式为

$$A_mB_n(s) \rightleftharpoons mA^{n+}(aq)+nB^{m-}(aq)$$

$$K_S^{\ominus}(A_mB_n)=[b^{eq}(A^{n+})/b^{\ominus}]^m\cdot[b^{eq}(B^{m-})/b^{\ominus}]^n$$

溶度积的大小反映出溶解反应进行程度，亦即反映出难溶电解质溶解度的大小。溶度积为沉淀溶解平衡的平衡常数，故只与温度有关，而与离子浓度无关，并且可通过热力学方法进行计算。书后的附录 3 列出了常见难溶电解质的溶度积。

溶度积和溶解度都可用来表示一定温度下达到沉淀溶解平衡时，难溶电解质的可溶解能力，但两者有本质的不同，溶度积与离子浓度无关，而溶解度与离子浓度有关，用溶度积比较难溶电解质的溶解性能只能在相同类型难溶盐之间进行，溶解度则无此限制。在纯水中，两者可以互换。下面通过两道例题加以说明。

【例 2-13】 298.15K 时 AgCl 的溶解度为 $1.90\times10^{-3}g\cdot kg^{-1}$。求该温度下 AgCl 的溶度积。

解　按题意，AgCl 的溶解度 $S=1.90\times10^{-3}/143.4=1.32\times10^{-5}$（$mol\cdot kg^{-1}$）

因为 AgCl 为强电解质，故平衡时，$b^{eq}(Ag^+)=b^{eq}(Cl^-)=S=1.32\times10^{-5}(mol\cdot kg^{-1})$

$$K_S^{\ominus}(AgCl)=[b^{eq}(Ag^+)/b^{\ominus}]\cdot[b^{eq}(Cl^-)/b^{\ominus}]=1.74\times10^{-10}$$

答：298.15K 时 AgCl 的溶度积为 1.74×10^{-10}。

【例 2-14】 已知 298.15K 时 $K_S^{\ominus}(Ag_2CrO_4)=9.0\times10^{-12}$，求铬酸银在水中的溶解度（$mol\cdot kg^{-1}$）。

解　设铬酸银的溶解度为 $S mol\cdot kg^{-1}$。根据铬酸银的沉淀溶解平衡：

$$Ag_2CrO_4(s) \rightleftharpoons 2Ag^+(aq)+CrO_4^{2-}(aq)$$

平衡浓度/$mol\cdot kg^{-1}$　　　　$2S$　　　　S

根据溶度积的定义，$K_S^{\ominus}(Ag_2CrO_4)=[b^{eq}(Ag^+)/b^{\ominus}]^2\cdot[b^{eq}(CrO_4^{2-})/b^{\ominus}]=4S^3=9.0\times10^{-12}$

$$S=1.31\times10^{-4}mol\cdot kg^{-1}$$

答：298.15K 时铬酸银的溶解度为 $1.31\times10^{-4}mol\cdot kg^{-1}$。

2.3.3.2　沉淀溶解平衡的移动

难溶电解质的沉淀溶解平衡同其他化学平衡一样，是一种暂时的、相对的动态平衡。当外界条件发生改变时，平衡就会发生移动，平衡移动的结果会导致沉淀溶解或生成。

（1）溶度积规则　对于 A_mB_n 型难溶电解质，其沉淀溶解反应式为

$$A_mB_n(s) \rightleftharpoons mA^{n+}(aq)+nB^{m-}(aq)$$

该反应的反应商 J 可表示为

$$J=\Pi_B(b_B/b^{\ominus})^{\nu_B}=[b(A^{n+})/b^{\ominus}]^m\cdot[b(B^{m-})/b^{\ominus}]^n$$

将 J 与 $K_S^\ominus$ 进行比较，可以得出判断沉淀溶解反应进行方向的判据：

若 $J<K_S^\ominus$，则反应向正向进行，沉淀溶解或溶液未饱和；

若 $J=K_S^\ominus$，则反应系统处在平衡态，溶液饱和；

若 $J>K_S^\ominus$，则反应向逆向进行，沉淀生成或溶液过饱和。

上述三条规则称为溶度积规则（solubility product rule），可以根据此规则判断沉淀的溶解或生成，判断溶液是否达到饱和，并可求得在什么样的条件下才可能使某种难溶电解质溶解或使某种离子沉淀析出，进而应用于化学分析和物质分离中。实际上，溶度积规则是难溶电解质多相离子平衡移动原理的总结，是勒夏特列平衡移动原理在多相离子平衡中的体现。根据溶度积规则，可采用控制离子浓度的方法来使沉淀生成或溶解。

（2）同离子效应　根据溶度积规则，如果在难溶电解质的饱和溶液中加入含有相同离子的强电解质，则难溶电解质的沉淀溶解平衡就会向生成沉淀的方向移动。例如，在饱和氯化银溶液中，加入强电解质 NaCl，即加入了同离子 Cl^-，根据平衡移动的原理，平衡向生成沉淀的方向移动，结果导致了 AgCl 溶解度的降低。这种在难溶电解质饱和溶液中加入相同离子的强电解质，导致难溶电解质溶解度降低的现象，称为多相离子平衡中的同离子效应。同离子效应是勒夏特列平衡移动原理的又一种体现形式。重量分析中常利用这种效应，通过加大沉淀剂的用量使被测组分沉淀更加完全。

【例 2-15】　求 298.15K 时 AgCl 在纯水中以及在 $0.01\text{mol}\cdot\text{kg}^{-1}$ $CaCl_2$ 溶液中的溶解度。

解　设 AgCl 在水中的溶解度为 S_1，查表可知，$K_S^\ominus(\text{AgCl})=1.77\times10^{-10}$

则 $K_S^\ominus(\text{AgCl})=S_1^2$，$S_1=1.33\times10^{-5}\text{mol}\cdot\text{kg}^{-1}$

设 AgCl 在 $0.01\text{mol}\cdot\text{kg}^{-1}$ $CaCl_2$ 溶液中的溶解度为 S_2，已知 $b(Cl^-)=0.02\text{mol}\cdot\text{kg}^{-1}$，根据 AgCl 的沉淀溶解平衡：

$$\text{AgCl(s)} \rightleftharpoons \text{Ag}^+\text{(aq)}+\text{Cl}^-\text{(aq)}$$

平衡浓度/$\text{mol}\cdot\text{kg}^{-1}$　　　S_2　　　$S_2+0.02$

$$K_S^\ominus(\text{AgCl})=[b^{eq}(\text{Ag}^+)/b^\ominus][b^{eq}(\text{Cl}^-)/b^\ominus]=S_2(S_2+0.02)\approx0.02S_2=1.77\times10^{-10}$$

$$S_2=8.85\times10^{-9}\text{mol}\cdot\text{kg}^{-1}$$

答：AgCl 在纯水和 $0.01\text{mol}\cdot\text{kg}^{-1}$ 氯化钙溶液中的溶解度分别是 $1.33\times10^{-5}\text{mol}\cdot\text{kg}^{-1}$ 和 $8.85\times10^{-9}\text{mol}\cdot\text{kg}^{-1}$。

计算结果说明，氯化银在氯化钙溶液中的溶解度大大低于在纯水中的溶解度，这表明同离子效应会使难溶电解质的溶解度大大降低。

（3）分步沉淀和沉淀的分离　在化学分析、物质分离和提纯等操作中，经常碰到含有多种离子的混合溶液，如果采用沉淀剂使其中某种离子生成沉淀而除去，往往其他离子也会同时被沉淀出来，使分离提纯受到干扰，变得复杂困难。在此情况下，人们常利用溶度积规则，仔细控制外加沉淀剂的量，使溶液中几种离子分别先后沉淀而不相互干扰，这种现象称为分步沉淀（fractional precipitation）。分步沉淀实际上就是几种不同离子对同一种沉淀剂离子的争夺，在几个平行的竞争反应中，总是溶解度最小的难溶电解质最先沉淀析出，因此，离子沉淀的先后次序以及是否完全沉淀，主要取决于各竞争离子在溶液中的实际浓度及相应的溶度积的大小。

【例 2-16】　在含有 $0.1\text{mol}\cdot\text{kg}^{-1}$ NaCl 和 $0.01\text{mol}\cdot\text{kg}^{-1}$ K_2CrO_4 的混合溶液中逐滴加入 $AgNO_3$ 溶液，假定溶液体积的变化可忽略不计。问：（1）AgCl 还是 Ag_2CrO_4 先沉淀？（2）当 AgCl 和 Ag_2CrO_4 开始共同沉淀时，溶液中氯离子浓度为多少？

解　(1) 根据溶度积的定义并查表可得：

$$K_S^{\ominus}(AgCl)=[b^{eq}(Ag^+)/b^{\ominus}]\cdot[b^{eq}(Cl^-)/b^{\ominus}]=1.77\times10^{-10}$$

$$K_S^{\ominus}(Ag_2CrO_4)=[b^{eq}(Ag^+)/b^{\ominus}]^2\cdot[b^{eq}(CrO_4^{2-})/b^{\ominus}]=9.0\times10^{-12}$$

由此可求出，欲使溶液中的氯离子沉淀析出，所需的 Ag^+ 浓度至少为

$$b(Ag^+)/b^{\ominus}=K_S^{\ominus}(AgCl)/[b(Cl^-)/b^{\ominus}]=1.77\times10^{-10}/0.1=1.77\times10^{-9}$$

$$b(Ag^+)=1.77\times10^{-9}\,mol\cdot kg^{-1}$$

欲使溶液中的铬酸根离子沉淀析出，所需的 Ag^+ 浓度至少为

$$b(Ag^+)/b^{\ominus}=\sqrt{K_S^{\ominus}(Ag_2CrO_4)/[b(CrO_4^{2-})/b^{\ominus}]}=\sqrt{9.0\times10^{-12}/0.01}=3.0\times10^{-5}$$

$$b(Ag^+)=3.0\times10^{-5}\,mol\cdot kg^{-1}$$

因此 AgCl 先沉淀析出。

(2) 当 Ag_2CrO_4 开始沉淀时，$b(Ag^+)=3.0\times10^{-5}\,mol\cdot kg^{-1}$

$$b(Cl^-)/b^{\ominus}=K_S^{\ominus}(AgCl)/[b(Ag^+)/b^{\ominus}]=1.77\times10^{-10}/(3.0\times10^{-5})=5.9\times10^{-6}$$

$$b(Cl^-)=5.9\times10^{-6}\,mol\cdot kg^{-1}$$

答：AgCl 先沉淀。当氯化银和铬酸银开始共同沉淀时，溶液中氯离子浓度为 $5.9\times10^{-6}\,mol\cdot kg^{-1}$。

在分析化学中，当某种离子的浓度小于 $10^{-5}\,mol\cdot kg^{-1}$ 时，可以认为该离子已完全分离出去。【例 2-16】的计算结果表明，当砖红色的铬酸银开始沉淀时，溶液中氯离子浓度很低，即 AgCl 已基本沉淀完全。这就是沉淀法测定氯离子的原理，在被测试样中，加入铬酸钾指示剂，用标准的硝酸银溶液滴定，直至出现红色（铬酸银开始沉淀）即为终点，根据硝酸银的用量可计算出试样中氯离子的含量，舰艇锅炉水盐度的分析采用的就是这种方法。

(4) 沉淀的溶解和转化　根据溶度积规则，利用沉淀溶解平衡的移动，不仅可以使某些离子沉淀分离，也可使某些难溶盐溶解或转化为另一种更难溶的沉淀。要使沉淀溶解，可采用合适的物质来降低某一组分离子的浓度，使得反应商 $J<K_S^{\ominus}$ 即可。

① 生成弱电解质使沉淀溶解　例如，在含 $CaCO_3$ 沉淀的溶液中加入盐酸溶液，由于氢离子与碳酸根离子结合生成弱电解质碳酸（碳酸随后分解成二氧化碳和水），降低了碳酸根离子的浓度，使得平衡向溶解方向移动，碳酸钙固体逐渐溶解。反应方程式如下：

$$CaCO_3(s)\rightleftharpoons Ca^{2+}(aq)+CO_3^{2-}(aq)$$
$$+$$
$$2H^+$$
$$\Updownarrow$$
$$H_2CO_3(aq)\rightleftharpoons CO_2(g)+H_2O(l)$$

又如，在含有 $Mg(OH)_2$ 沉淀的溶液中加入 HCl 或 NH_4Cl 溶液，由于 H^+ 与 OH^- 结合生成弱电解质水或 NH_4^+ 与 OH^- 结合生成弱电解质氨水，降低了 OH^- 的浓度，使得平衡向溶解方向移动，所以 $Mg(OH)_2$ 逐渐溶解。反应方程式如下：

$$Mg(OH)_2(s)\rightleftharpoons Mg^{2+}(aq)+2OH^-(aq)$$
$$+$$
$$2H^+(\text{或 }2NH_4^+)$$
$$\Updownarrow$$
$$2H_2O(l)(\text{或 }2NH_3\cdot H_2O)$$

② 发生氧化还原反应而使沉淀溶解　例如，CuS 的溶度积非常小（$K_S^{\ominus}=1.27\times10^{-36}$），溶解度极低，但加 HNO_3 溶液可与 S^{2-} 发生氧化还原反应，从而降低了 S^{2-} 的浓

度，使得平衡向溶解方向移动，所以 CuS 固体逐渐溶解。反应方程式如下：

$$\begin{array}{c}3CuS(s) \rightleftharpoons 3Cu^{2+}(aq) + 3S^{2-}(aq)\\ \qquad\qquad\qquad\qquad + \\ \qquad\qquad\qquad\qquad 8HNO_3 \\ \qquad\qquad\qquad\qquad \Updownarrow \\ \qquad\qquad 3S(s) + 2NO(g) + 6NO_3^-(aq) + 4H_2O(l)\end{array}$$

③ 生成配离子使沉淀溶解　例如，在 AgCl 溶液中加入氨水，由于氨水与 Ag^+ 络合生成银氨配离子，降低了 Ag^+ 的浓度，使得平衡向溶解方向移动，所以 AgCl 逐渐溶解。反应方程式如下：

$$\begin{array}{c}AgCl(s) \rightleftharpoons Cl^-(aq) + Ag^+(aq)\\ \qquad\qquad\qquad + \\ \qquad\qquad\qquad 2NH_3(aq) \\ \qquad\qquad\qquad \Updownarrow \\ \qquad\qquad\qquad [Ag(NH_3)_2]^+\end{array}$$

④ 生成更难溶的物质而使沉淀转化　在实践中，有时需要将一种沉淀转化为另一种沉淀。例如，锅炉的锅垢含有不溶于酸和碱的难溶电解质硫酸钙，用普通的酸洗方法难以除去。为此可先用碳酸钠溶液处理，使硫酸钙沉淀（$K_S^{\ominus}=7.10\times10^{-5}$）转化为疏松的、更难溶的碳酸钙沉淀（$K_S^{\ominus}=4.96\times10^{-9}$），然后可用盐酸溶液将其清除。反应方程式如下：

$$\begin{array}{c}CaSO_4(s) \rightleftharpoons SO_4^{2-}(aq) + Ca^{2+}(aq)\\ \qquad\qquad\qquad\qquad + \\ \qquad\qquad\qquad\qquad CO_3^{2-}(aq) \\ \qquad\qquad\qquad\qquad \Updownarrow \\ \qquad\qquad\qquad\qquad CaCO_3(s)\end{array}$$

因为 $K_S^{\ominus}(CaCO_3)<K_S^{\ominus}(CaSO_4)$，所以 CO_3^{2-} 比 SO_4^{2-} 更易与 Ca^{2+} 生成难溶电解质沉淀，在平行的竞争中处于优势，因而 $CaSO_4$ 溶解产生的 Ca^{2+} 不断与 CO_3^{2-} 生成 $CaCO_3$ 沉淀析出，使溶液中 Ca^{2+} 浓度降低，$CaSO_4$ 晶体则不断溶解，结果使 $CaSO_4$ 不断转化为更难溶的 $CaCO_3$。

对于要求更高的舰用蒸汽锅炉，可用 Na_3PO_4 溶液将各种难溶的钙盐转化成为更难溶的 $Ca_3(PO_4)_2$ 沉淀（$K_S^{\ominus}=2.07\times10^{-33}$），而磷酸钙进一步转化成水化磷灰石水渣。

2.3.4 溶液中的化学平衡——配位化合物的配位平衡

配位化合物（coordination compound）简称配合物，又称络合物（complex），是一大类组成比较复杂、涉及面和应用比较广泛的化合物。现代分离技术、化学模拟生物固氮、配位催化等与配位化合物密切相关。配位化合物在生物、医学等领域有着特殊的重要性，例如生物体内许多金属元素都是以配位化合物的形式存在，并参与各种生物化学反应。

配位化合物的发展历史最早可追溯到 1798 年，法国化学家塔塞尔特（B. M. Tassaert）偶然发现了一种新型的盐 $Co(NH_3)_6Cl_3$，加热该盐无氨气逸出，说明 NH_3 结合牢固。但该盐显然不同于一般无机盐，当时的理论无法解释。一直到 1893 年，法国化学家维纳（A. Werner）提出了配位键理论，解释了配位化合物的组成和结构（1913 年因此荣获诺贝尔化学奖）。迄今为止，人们已提出了配位化合物的价键理论、晶体场理论和分子轨道理论。

2.3.4.1 配位化合物的基本概念

由一个或几个正离子或中性原子作为中心，若干个负离子或中性分子在其周围按确定的空间位置通过特定的化学键与中心离子（或原子）结合在一起而形成的化合物，称为配位化合物。处于配位化合物中心的是中心离子或中心原子，与中心离子或原子相结合的负离子或中性分子称为配体（ligand）。

配体与中心离子相互结合的化学键，称为配位键。配位键是化学键中的一种，其实质是由配体提供孤对电子，进入中心离子的价层空轨道所形成的一种特殊的共价键（详见第1章）。能与中心离子或原子形成配位键的原子叫配位原子（coordination atom），配位化合物中配位原子的总数为配位数（coordination number）。一个配体中如果只有一个配位原子，这样的配体称为单齿配体（monodentate ligand）；若有多个配位原子，则称为多齿配体（polydentate ligand）。例如：H_2O、NH_3、CN^-、Cl^- 等均为单齿配体；乙二胺、乙二胺四乙酸（EDTA）等为多齿配体。由多齿配体与中心离子形成的配位化合物，习惯上称为螯合物（chelating compound）。

配位化合物可分为配盐和配位分子两大类。配盐由配离子和反号平衡离子所组成。所谓配离子是由简单的离子同配体以配位键结合而形成的离子，又称配盐结构的内界（inner sphere）；而与配离子电荷平衡的反号离子又称配盐结构的外界（outer sphere）。配盐的内界和外界是靠离子键结合在一起的。例如，硫酸四氨合铜（Ⅱ）和六氰酸根合铁（Ⅲ）酸钾的组成如下：

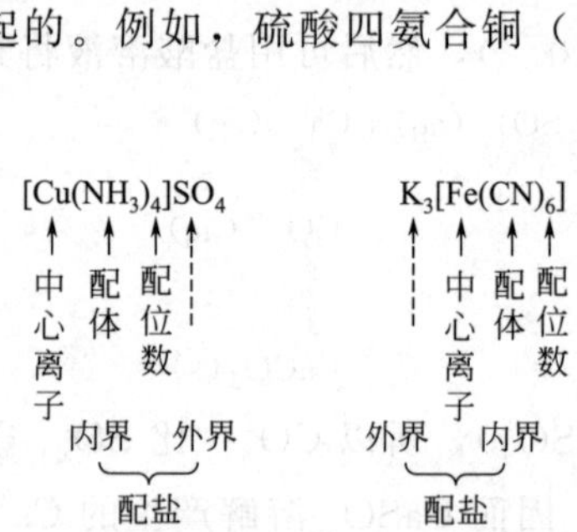

配位化合物的命名按国际纯粹与应用化学联合会（IUPAC）规定的配位化合物的系统命名法则进行命名。对于配盐的命名关键在于正确命名配离子，然后再按普通盐类的方法命名。配离子中，以“合”字将配体与中心离子连接起来，按如下格式命名：

配体数-配体名称-合-中心离子名称（中心离子电荷数）

其中配体数用一、二、三、四等表示；电荷数用罗马数字表示。

当不止一种配体时，配体命名顺序为先命名酸根离子，后命名中性分子；当同时有几种不同的酸根离子作配体时，命名顺序为先简单后复杂，先无机后有机；若同时有几种不同的中性分子作配体时，命名顺序为先简单后复杂，即按水→氨→有机分子的次序命名。

配正离子配盐的命名为外界（某酸或某化）-配体数-配体名称-合-中心离子名称（中心离子电荷数）。

例如：$[Ag(NH_3)_2]Cl$ 氯化二氨合银(Ⅰ)

$[Cu(NH_3)_4]SO_4$ 硫酸四氨合铜(Ⅱ)

$[Cr(NH_3)_5Cl]Cl_2$ 二氯化一氯五氨合铬(Ⅲ)

$[Co(NH_3)_3(H_2O)Cl_2]Cl$ 氯化二氯一水三氨合钴(Ⅲ)

配负离子配盐的命名为配体数-配体名称-合-中心离子名称（中心离子电荷数）-酸-外界。

例如：$K_3[Fe(CN)_6]$ 六氰酸根合铁(Ⅲ)酸钾(铁氰化钾，赤血盐)

$K_4[PtCl_6]$ 六氯合铂(Ⅱ)酸钾

$K_2[HgI_4]$	四碘合汞(Ⅱ)酸钾
$Na_2[SiF_6]$	六氟合硅(Ⅳ)酸钠
$K_3[Ag(S_2O_3)_2]$	二硫代硫酸根合银(Ⅰ)酸钾
$K[Co(NH_3)_2(NO_2)_2Cl_2]$	二氯二硝基二氨合钴(Ⅲ)酸钾

2.3.4.2 配离子的配位平衡

在硫酸四氨合铜（Ⅱ）配盐溶液中，加入硫化钠溶液，会产生黑色的CuS沉淀，这表明硫酸四氨合铜（Ⅱ）配盐溶液中有Cu^{2+}存在，该Cu^{2+}来自于铜氨配离子的解离。硫酸四氨合铜（Ⅱ）配盐为强电解质，在水中会完全解离成铜氨配离子（内界）和硫酸根离子（外界），与此同时，铜氨配离子像弱电解质一样，或多或少地解离出它的组成部分——Cu^{2+}和氨分子，而溶液中的Cu^{2+}和氨分子又会重新结合成铜氨配离子，最终会达到平衡，这就是铜氨配离子的解离与生成间的平衡，也称铜氨配离子的解离平衡或配位平衡。

配离子的配位平衡是发生在水溶液中的一类重要的化学平衡，具有化学平衡的一切特征，遵循化学平衡的基本规律。当配离子的解离与配位达到平衡时，存在一个相应的平衡常数，按平衡式的不同写法，平衡常数的具体表示方式也不同。配离子的解离常数$K_d^\ominus$，也称之为不稳定常数$K^\ominus$(不稳)，表示配离子在水溶液中解离成中心离子和配体的倾向或程度的大小，$K_d^\ominus$或$K^\ominus$(不稳）愈大，表示配离子在水溶液中愈不稳定，愈容易解离；而配离子的生成常数$K_f^\ominus$，也称之为稳定常数$K^\ominus$(稳)，则表示了中心离子与配体生成配离子的倾向或程度大小。$K_f^\ominus$或$K^\ominus$(稳）愈大，表明由相应的中心离子与配体生成配离子的倾向愈大，而生成的配离子也愈稳定。例如：

$$[Cu(NH_3)_4]^{2+}(aq) \underset{K_f^\ominus \text{ 或 } K^\ominus(\text{稳})}{\overset{K_d^\ominus \text{ 或 } K^\ominus(\text{不稳})}{\rightleftharpoons}} Cu^{2+}(aq) + 4NH_3(aq)$$

$$K_d^\ominus \text{或} K^\ominus(\text{不稳}) = \Pi_B(b_B^{eq}/b^\ominus)^{\nu_B} = \frac{[b(Cu^{2+})/b^\ominus][b(NH_3)/b^\ominus]^4}{b([Cu(NH_3)_4]^{2+})/b^\ominus} = \frac{1}{K_f^\ominus \text{或} K^\ominus(\text{稳})}$$

常见的配离子或配合物的解离常数或稳定常数值，可从化学手册中查到。书后附录4列出部分常见配离子的稳定常数。不过需要指出的是，在常见的配离子中，配体的数目往往不止一个，因此配位平衡也好，配离子的解离平衡也好，都是分步进行的，每步平衡都有它的平衡常数，总的反应是各个分步反应之和，因此，总的平衡常数为各分步平衡常数之积。

2.3.4.3 配离子配位平衡的移动

配离子的配位平衡或解离平衡为动态平衡，当平衡条件如浓度、温度等发生改变时，配离子的配位平衡或离解平衡可发生移动，且同样遵循勒夏特列平衡移动原理。有下列几种方法可使配离子的解离平衡发生移动。

(1) 通过生成难溶物沉淀使配离子解离　例如，在铜氨配离子溶液中，加入硫化钠溶液，S^{2-}与Cu^{2+}结合生成非常难溶的CuS沉淀使Cu^{2+}浓度不断降低，平衡向解离的方向移动，配离子逐步解离。反应式为

$$\begin{array}{l}[Cu(NH_3)_4]^{2+}(aq) \rightleftharpoons Cu^{2+}(aq) + 4NH_3(aq)\\ \qquad\qquad\qquad\qquad\quad + \\ \qquad\qquad\qquad\qquad\quad S^{2-}(aq) \\ \qquad\qquad\qquad\qquad\quad \Downarrow \\ \qquad\qquad\qquad\qquad\quad CuS(s)\end{array}$$

(2) 通过酸效应使配离子解离　例如，在铜氨配离子溶液中，加入HCl溶液，H^+与NH_3结合生成稳定的NH_4^+使NH_3浓度不断降低，平衡向解离的方向移动，配离子逐步解

离。反应式为

$$[Cu(NH_3)_4]^{2+}(aq) \rightleftharpoons Cu^{2+}(aq) + 4NH_3(aq)$$
$$+$$
$$4H^+(aq)$$
$$\Updownarrow$$
$$4NH_4^+(aq)$$

(3) 转化为更稳定的配离子 例如，由附录 3 中 $K^{\ominus}$（稳）的数据可知，下述转化反应均能发生：

$$[HgCl_4]^{2-} + 4I^- = [HgI_4]^{2-} + 4Cl^-$$

$$[Cu(H_2O)_4]^{2+} + 4NH_3 = [Cu(NH_3)_4]^{2+} + 4H_2O$$

(4) 通过氧化还原反应使配离子转化 例如用氰化法从矿石中提炼银时，矿石中的 Ag 在氧气作用下先与 NaCN 反应生成二氰酸根合银（Ⅰ）配离子：

$$4Ag + 8NaCN + O_2 + 2H_2O = 4Na[Ag(CN)_2] + 4NaOH$$

溶液中存在着配离子的解离平衡：

$$[Ag(CN)_2]^-(aq) \rightleftharpoons Ag^+(aq) + 2CN^-(aq)$$

若向溶液中加入 Zn，因 Zn 与 Ag^+ 发生置换反应导致 Ag^+ 的浓度降低，平衡向解离方向移动，最终得到了 Ag，反应式为

$$2[Ag(CN)_2]^-(aq) + Zn(s) = 2Ag(s) + [Zn(CN)_4]^{2-}(aq)$$

2.3.4.4 配位化合物的应用

随着科学技术的发展，配位化物在科学研究、化学分析、工农业生产、日常生活、生物医学等领域的应用也日益广泛。下面分几个方面作简单的介绍。

(1) 物质的定性鉴定 定性分析中，许多离子的鉴定反应是基于配离子参与的反应或形成配离子的反应，例如下面三个反应可根据颜色的变化来定性鉴定 Fe^{2+}、Fe^{3+} 和 Ni^{2+}：

$$3Fe^{2+} + 2[Fe(CN)_6]^{3-} = Fe_3[Fe(CN)_6]_2\downarrow \text{(深蓝色)}$$

$$Fe^{3+} + xSCN^- = [Fe(SCN)_x]^{3-x} \quad (x=1\sim6, \text{血红色})$$

$$Ni^{2+} + 2C_4H_8O_2N_2\text{(丁二酮肟)} + 2NH_3 = [Ni(C_4H_7O_2N_2)_2]\downarrow\text{(鲜红色)} + 2NH_4^+$$

(2) 金属离子的定量分析（EDTA 络合滴定法） 乙二胺四乙酸（EDTA）每个分子中含有 2 个配位 N 原子和 4 个配位 O 原子共 6 个配位原子，其酸用 H_4Y 表示，常用的是乙二胺四乙酸二钠盐（也称 EDTA）。EDTA 的酸根离子 Y^{4-} 能与大多数金属离子形成可溶于水的稳定的 1∶1 配位化合物，因此，可将其用于许多金属离子的定量分析。此外，利用 EDTA 与重金属离子形成的配位化合物有水溶性的特点，常用于重金属离子的解毒。

(3) 元素的分离与富集 近代分离元素的方法之一是以形成配位化合物为基础的。例如，稀土元素性质十分相似，在自然界又总是共生在一起，很难将其分离。但它们的离子与某些螯合剂形成的螯合物在性质上有较大的差异，可用来进行稀土元素的分离。例如，草酸铵可溶解某些稀土元素的草酸盐，生成配位化合物 $(NH_4)_3[RE(C_2O_4)_3]$(RE 表示稀土离子)，而另一些稀土元素的草酸盐则不被溶解，利用这一特性可以进行某些稀土元素的分离。

许多有用元素在自然界中的分布很分散，要得到含有这些元素的物质必须将其富集，富集最有效的方法之一是利用特殊的配体对该元素进行选择性吸附，例如，利用一些特殊的螯合树脂如偕胺肟类螯合树脂可富集海水中的 UO_2^{2+}。此外，对于一些水样、土壤、大气、烟草、蔬菜等中痕量的重金属离子的分析，需要对它们进行富集，其中有效的富集方法之一是通过形成配位化合物来进行的。

(4) 离子浓度的控制　电镀工艺中常用配位化合物溶液作为电镀液，这样既保证溶液中被镀金属的离子浓度不会太大，又可保证此离子得到源源不断的供给。这是保证镀层质量的重要条件。如果离子浓度过高，镀层质量往往难以保证。例如，若用硫酸铜溶液镀铜，得到的镀层粗糙、厚薄不均、镀层与基体金属附着力差。若加入焦磷酸钾，则可与 Cu^{2+} 形成 $[Cu(P_2O_7)_2]^{6-}$ 电镀液，由于存在配离子的解离平衡：

$$[Cu(P_2O_7)_2]^{6-}(aq) \rightleftharpoons Cu^{2+}(aq) + 2P_2O_7^{4-}(aq)$$

解离出的 Cu^{2+} 浓度不高，会使 Cu^{2+} 在镀件上的还原沉积速率和结晶速率降低，有利于新晶核的产生，从而可得到比较光滑、均匀、附着力较好的镀层。

(5) 照相定影　溴化银是照相底片用的感光物质，未光分解的 AgBr 可通过与硫代硫酸钠（海波）溶液形成配离子而溶解，从而进行定影。反应方程式为

$$AgBr(s) + 2S_2O_3^{2-} = [Ag(S_2O_3)_2]^{3-} + Br^-$$

(6) 在生物化学上的应用　配位化合物在生物化学方面也起着十分重要的作用。例如：在植物光合作用中起决定作用的叶绿素（chlorophylls）是镁的大环配位化合物，作为配体的卟啉环与 Mg^{2+} 的配位是通过 4 个环氮原子实现的。叶绿素分子中涉及包括 Mg 原子在内的 4 个六元螯合环。叶绿素是一种绿色色素，它能吸收太阳光的能量，并将储存的能量导入碳水化合物的化学键中，这就是光合作用；而在人体中，输氧的氧合血红蛋白（oxyhemoglobin）即血红素是铁的卟啉配位化合物，是血红蛋白的组成部分。Fe 离子同卟啉环上的 4 个 N 原子以及蛋白质链上的 1 个 N 原子配合，形成的配离子还可络合来自空气中 O_2 分子。血红蛋白本身不含 O_2 分子，它与通过呼吸作用进入人体的 O_2 分子结合形成氧合血红蛋白，通过血流将氧输送至全身各个部位；豆科植物根瘤菌中的固氮酶也是一种配位化合物，通过它的作用，可将空气中的氮气直接转化成可被植物吸收的氮的化合物。如果能实现固氮酶的大规模人工合成，那么就可以在常温常压下实现氨的合成，这对粮食生产将具有十分重要的意义。

2.4　化学反应速率

前面几节介绍的化学热力学理论知识解决了化学反应进行的方向和限度的问题。由于化学热力学是从宏观的角度上研究化学反应，不涉及时间因素和物质的微观结构，因此，不可能为我们提供化学反应快慢和反应机理的任何信息，也就是说，我们不能根据反应趋势的大小来预测反应进行的快慢。例如：

$$Mg(s) + \frac{1}{2}O_2(g) = MgO(s), \Delta_r G_m^{\ominus}(298.15K) = -569.55kJ \cdot mol^{-1}$$

$$Mg(s) + 2H^+(aq) = Mg^{2+}(aq) + H_2(g), \Delta_r G_m^{\ominus}(298.15K) = -454.8kJ \cdot mol^{-1}$$

从反应趋势（$\Delta_r G_m^{\ominus}$）来看，室温下，Mg 与 O_2 反应的可能性比 Mg 与稀盐酸反应的可能性大，反应进行得更为彻底。然而将 Mg 条放在空气中，我们基本上观察不到 Mg 与 O_2 的反应的进行，而将 Mg 条放入稀盐酸中，立刻有氢气产生，说明反应很迅速。由此可见，反应趋势和反应速率没有直接对应的关系，即自发不等于迅速。再如，汽车尾气的主要污染物有 CO 和 NO，它们之间的反应为

$$NO(g) + CO(g) = CO_2(g) + \frac{1}{2}N_2(g), \Delta_r G_m^{\ominus}(298.15K) = -334kJ \cdot mol^{-1}$$

从化学热力学角度看，室温下，该反应正向自发进行的趋势很大，进行的程度很高，具有热力学上实现的可能性；但从动力学上看，室温下该反应的反应速率却很慢，没有实现的

现实性。若要利用这个反应来治理汽车尾气的污染，必须从动力学方面找到提高反应速率的办法（例如寻找合适的催化剂），从而将可能变为现实。

化学反应的速率千差万别。例如炸药爆炸、酸碱中和等反应可瞬间完成，氢气和氧气放在黑暗中几乎觉察不到有水的生成，而石油的形成过程则需要几十万年的时间。那么造成反应速率千差万别的根本原因是什么呢？实践表明：反应的机理不同导致了反应速率的差异，因为反应要发生，必须破坏旧的化学键，然后建立新的化学键，即不可避免地需经过能量升高的过程。由于需断裂的旧化学键键能不同，能量升高的程度就不同，必然导致反应速率的不同。

对化学反应速率的快慢要一分为二地看，对于工业生产，希望反应速率快，这样可缩短生产的时间周期；但对材料的老化、金属的腐蚀等，则希望其反应速率慢，这样可延长产品的使用寿命。因此，研究化学反应速率具有重要的理论和实际意义。熟悉化学反应速率的变化规律，了解影响反应速率的因素，掌握调节和改变反应速率的方法手段，才能按照人们的需要控制反应速率，为人类造福。

2.4.1 化学反应速率的表示方法

中学已经学过，化学反应速率是用单位时间内反应物浓度的减少或生成物浓度的增加来表示。对于反应：

$$0=\sum_B \nu_B B$$

反应速率（v）可表示为

$$v=\frac{1}{\nu_B}\times\frac{dc(B)}{dt}$$

式中，$c(B)$ 为反应物或生成物的质量摩尔浓度。反应速率的单位为 $mol \cdot dm^{-3} \cdot s^{-1}$ 或 $mol \cdot dm^{-3} \cdot min^{-1}$ 或 $mol \cdot dm^{-3} \cdot h^{-1}$。根据反应速率的定义，反应速率的数值与选用的物质无关，即不管用何种反应物或生成物作测量计算的标准，化学反应的速率是相同的。例如，对于合成氨的反应：

$$0=2NH_3-N_2-3H_2 \quad 或 \quad N_2+3H_2 \xlongequal{} 2NH_3$$

反应速率可表示为

$$v=\frac{dc(NH_3)}{2dt}=-\frac{dc(N_2)}{dt}=-\frac{dc(H_2)}{3dt}$$

化学反应速率可通过作图法或计算法来获得。通常先测量某一反应物（或生成物）在不同时间下的浓度，然后绘制浓度随时间的变化曲线，从图中可求出某一时刻曲线的斜率，然后除以 ν_B，即为该反应在此时刻的反应速率。上面给出的速率实际上是瞬时速率，同理，某一时间段内反应的平均速率可表示为

$$v=\frac{1}{\nu_B}\times\frac{\Delta c(B)}{\Delta t}$$

2.4.2 反应速率理论和活化能

2.4.2.1 碰撞理论

1918 年，英国科学家路易斯（W. C. M. Lewis）提出化学反应的硬球碰撞理论。该理论认为，化学反应发生的必要条件是反应物分子之间的相互碰撞。虽然在化学反应中，反应物

分子不断发生碰撞，但绝大多数碰撞并不会导致化学反应的发生，是无效的碰撞，这表明碰撞并不是反应的充分条件。实际上，只有少数分子才能在碰撞时发生反应，这种能发生反应的碰撞叫作有效碰撞（effective collision），能发生有效碰撞的分子叫作活化分子（activated molecule）。显然，单位时间里有效碰撞次数越多，反应速率就越快。

活化分子与普通分子的主要区别是它们所具有的能量不同，只有那些能量足够高的分子才有可能发生有效碰撞，从而发生反应。

图2-2为气体分子动能分布图，可以看出，动能很低和很高的分子都不多，大部分分子处在平均能量 $E_{平均}$ 附近，它们的碰撞不发生反应，只有那些动能高于 E_0 的分子，才可能发生有效碰撞。活化分子所具有的最低能量（E_0）与反应系统中分子的平均能量（$E_{平均}$）之差叫作反应的活化能（activation energy），用 E_a 表示，单位为 $kJ \cdot mol^{-1}$。活化能可以理解为使1mol具有平均能量的分子变成活化分子所需吸收的最低能量。活化能对反应速率的影响很大。在一定温度下，反应物的平均能量是一定的，反应的活化能越高，则活化分子的摩尔分数就越小，反应也就越慢；反之，若反应的活化能越低，则活化分子的摩尔分数就越大，反应就越快。

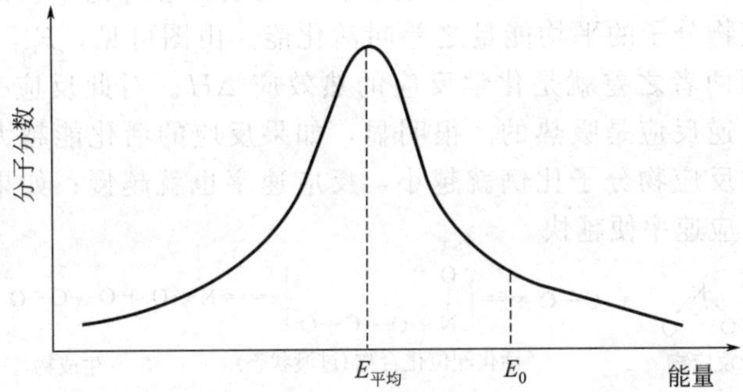

图2-2 气体分子的动能分布曲线

活化能也可以理解为反应物分子在反应时所必须克服的一个“能垒”。因为分子之间必须互相靠近才能进行反应，当分子靠得很近时，分子的价电子云之间存在着强烈的静电排斥力。因此，只有能量足够高的分子，才能在碰撞时以足够高的动能去克服它们价电子云之间的排斥力，而导致原有化学键的断裂和新化学键的形成，组成生成物分子。活化能可通过实验测定。一般化学反应的活化能在 $60 \sim 250kJ \cdot mol^{-1}$ 之间。活化能小于 $40kJ \cdot mol^{-1}$ 的反应速率通常会很大，可瞬间完成，如中和反应等。活化能大于 $400kJ \cdot mol^{-1}$ 的反应速率就非常小。

除了能量因素外，还有方位因素也会影响有效碰撞。碰撞理论认为，分子通过碰撞发生化学反应时，不仅要求分子有足够的能量，而且要求这些分子要有适当的取向。例如，CO与 NO_2 的反应，只有CO中的C原子与 NO_2 中的O原子迎头相碰才有可能发生反应，成为有效碰撞；如果CO中的C原子与 NO_2 中的N原子相碰，则不会发生反应，属无效碰撞。对于复杂分子，方位因素的影响会更大，表现出明显的位阻效应和立体选择性。

碰撞理论虽说从分子角度解释了许多实验事实，特别是根据气体动能分布导出的反应速率-温度关系式同经验公式Arrhenius公式一致，从而赋予了Arrhenius方程式中两个参数物理意义。但由于硬球碰撞理论的模型过于简化，因此其应用有一定的局限性。

2.4.2.2 过渡状态理论

过渡状态理论，又称活化配位化合物理论，是在20世纪30年代中期，由艾林（H. Eyring）等人在量子力学和统计力学发展的基础上提出来的。该理论认为，化学反应不是只通过分子之间的简单碰撞就能完成的，而是在碰撞后要经过一个中间的过渡状态（transition state），即反应物分子先形成活化配位化合物，然后才能分解成为生成物。活化配位化合物很不稳定，它既可以分解为生成物，也可以分解成反应物。能量足够高的分子相互靠近时，分子或原子内部结构发生连续变化，使原化学键拉长，原先没有化学键的两原子相互靠近，形成活化配位化合物，所以说活化配位化合物是一种过渡状态。

例如，在CO与NO_2的反应中，具有较高能量的CO与NO_2分子以适当的取向相互碰撞接触，当靠近到一定程度后，价电子云便可互相重叠而形成一种活化配位化合物，这种活化配位化合物既不同于反应物，也不同于生成物，甚至还算不上是一种可以稳定存在的真正的化合物，因而只能是一种活性中间体，即原有的N—O键部分地断裂（N、O原子间的距离拉大），新的化学键C—O键部分地形成（C、O原子间的距离缩小）。这种中间体极不稳定，一经形成就会很快分解。它既可以分解为生成物NO和CO_2，也可以分解为反应物CO与NO_2。反应进程如下：

图2-3为反应$NO_2+CO \xlongequal{} CO_2+NO$在反应进程中系统能量变化曲线。$A$点表示反应物CO和$NO_2$未发生反应时系统的平均能量，当能量升高至$B$点时，就形成了活化配位化合物。C点是生成物$CO_2$和NO的平均能量。在过渡状态理论中，活化配位化合物所具有的最低能量和反应物分子的平均能量之差叫活化能。由图可见，E_{a1}与E_{a2}分别代表正、逆反应的活化能。而两者之差就是化学反应的热效应ΔH。对此反应来说，若$E_{a1}<E_{a2}$，则正反应是放热的，逆反应是吸热的。很明显，如果反应的活化能越大，B点的能量就越高，能达到该能量的反应物分子比例就越小，反应速率也就越慢；如果活化能越小，则B点的能量就越低，反应速率便越快。

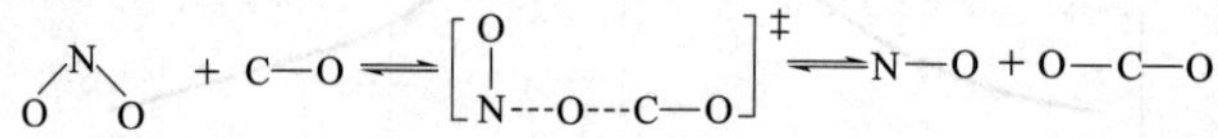

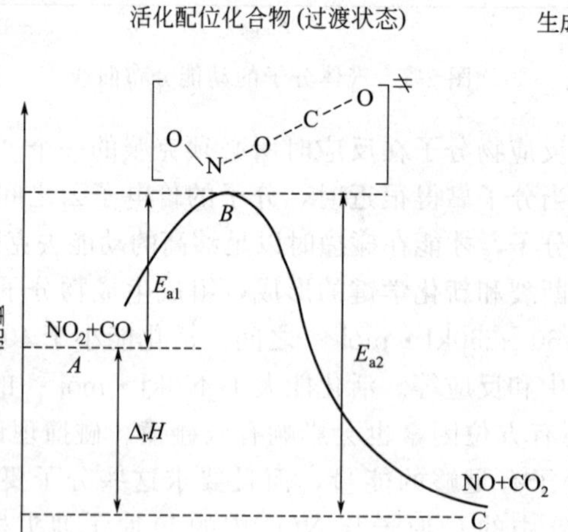

图2-3　$NO_2+CO \xlongequal{} CO_2+NO$反应过程中的能量变化图

2.4.3　影响化学反应速率的因素

2.4.3.1　浓度对反应速率的影响

大量实验表明，在一定温度下，增加反应物的浓度可以加快反应速率。因为对于指定的反应系统而言，在确定温度下，系统中活化分子的摩尔分数是一定的，增加反应物的浓度，就是增加了反应物分子总数，当然也就增加了反应物中活化分子的总数，故反应速率增加。

1863 年，挪威科学家古德贝克（C. M. Gulderg）和瓦格（P. Waage）由实验总结出：在一定温度下，化学反应速率与各反应物浓度幂次的乘积成正比，这就是质量作用定律(law of mass action)。要给出质量作用定律的数学表达式，就必须了解基元反应。所谓基元反应（elementary reaction）是指反应物分子只经过一步就直接转变为生成物分子的反应。除基元反应之外的其他反应称为复杂反应。

对于任一基元反应：

$$aA + bB \longrightarrow pC + qD$$

质量作用定律的数学表示式为

$$v = kc^a(A)c^b(B)$$

式中，k 为反应速率常数（rate constant），相当于 $c(A) = c(B) = 1mol \cdot dm^{-3}$ 时反应的速率，又称比速率，显然 k 是排除了反应物浓度的影响后，任一指定反应本身在反应速率方面的本征特性，即 k 只与温度和反应本性有关，而与浓度无关；a 和 b 分别为对反应物 A 和 B 的反应分级数；$(a+b)$ 为反应的总级数。

质量作用定律只适用于基元反应，但大多数实际发生的化学反应不是基元反应而是分步进行的复杂反应，这时，质量作用定律虽然适用于其中每一步变化，但不适用于总反应。例如，实验测得反应 $2NO + 2H_2 \longrightarrow N_2 + 2H_2O$ 的反应速率与 NO 浓度的二次方成正比，但与 H_2 浓度的一次方而不是二次方成正比，即：

$$v = kc^2(NO)c(H_2)$$

这种根据实验测得的反应速率与浓度的关系式叫作反应速率方程。人们由实验测得的反应速率方程可以推测反应机理（reaction mechanism），上述反应由下面两个基元反应组成：

$$2NO(g) + H_2(g) \longrightarrow N_2(g) + H_2O_2(l)\text{，慢反应(控制步骤)}$$

$$H_2O_2(l) + H_2(g) \longrightarrow 2H_2O(l)\text{，快反应}$$

在这两步反应中，第二步反应很快，而第一步反应很慢，是反应速率控制步骤，所以总反应速率取决于第一步反应的反应速率。因此，总反应速率与 NO 浓度的二次方、H_2 浓度的一次方成正比。由此可见，反应速率方程必须通过实验来确定，主要是方程中各浓度项的实际指数必须通过实验求出，一般不能直接用反应物的反应系数作指数，除非确定反应是基元反应。

2.4.3.2　温度对反应速率的影响

温度是影响化学反应速率的重要因素，如前面提及的氢气和氧气的化合反应在室温下几乎觉察不到反应的进行，但当反应温度升高至 873K 时，该反应剧烈进行，并发生爆炸。不同类型反应的速率与温度的关系有所差异，但绝大多数化学反应的速率总是随温度的升高而加快的。无论对吸热反应还是放热反应都是如此，只不过是加快的程度不同而已。

温度对反应速率的影响主要是由于反应物中活化分子百分数随温度发生了改变所致。随着温度的升高，反应系统中分子的动能随之增大，会出现更多的活化分子。虽然分子的总数没有变，但活化分子所占的百分数提高了，活化分子的绝对数量增多了，所以反应速率就加快。

温度对反应速率的影响是通过影响反应速率常数 k 来体现的。经验表明：温度每升高 10K，反应速率增加 2～4 倍。但这一经验规则只能作粗略的估计，且适用范围不宽。1889 年，瑞典科学家阿伦尼乌斯（S. A. Arrhenius）在大量实验事实的基础上总结出了温度与反应速率常数关系的经验公式，即 Arrhenius 方程式：

$$k=Ae^{-\frac{E_a}{RT}}$$

$$\ln k=\ln A-\frac{E_a}{RT}$$

式中，A 为指前因子，它与反应物分子的碰撞频率、反应物分子定向的空间因素等有关，与反应物浓度及反应温度无关。由于反应速率常数与温度成指数关系，温度的较小改变会导致反应速率的较大变化。对于同一反应来说，温度越高，k 值越大，反应速率越快；反之，温度越低，k 值越小，反应速率越慢。从数学上看，知道了两个温度下的反应速率常数，就可联立方程求出反应速率常数表示式中的两个参数（活化能和指前因子）。而实际上往往根据一组实验数据，作 $\ln k$-$1/T$ 直线图，从斜率可求出活化能，从截距可求出指前因子。

2.4.3.3 催化剂对反应速率的影响

催化剂（catalyst）是一类能显著提高反应速率，而其本身的组成、质量、化学性质在反应前后都不发生变化的物质。催化剂对反应速率的提升作用称为催化作用（catalysis）。例如：化肥的生产、石油和煤变成塑料和合成纤维、食物变成养分、人体中蛋白质的合成等等，都离不开催化剂的作用。因此催化剂又被称为“化学魔术师”，它在反应系统中的使用可使反应速率大幅增加，并且有很强的选择性（特别是生物体中的酶催化）。

对可逆反应来说，催化剂既能加快正反应的速率也能加快逆反应的速率，因此催化剂能缩短到达平衡的时间。但催化剂并不能改变平衡混合物的浓度，即不能改变平衡状态，反应的平衡常数不受影响，因为催化剂不能改变反应的吉布斯函数变。总之，催化剂不能引发热力学证明不能进行的反应（即 $\Delta_r G_m>0$ 的反应）。

虽然提高温度也能加快反应速率，但在实际生产中往往会带来能源消耗多、对设备有特殊要求、不利于热稳定性较差的产物生成等问题。使用催化剂可在不提高反应温度的情况下极大地提高反应速率，因此，对于催化作用的研究以及新型催化剂的开发，不仅具有重要的理论意义，而且在工业生产中极其重要。

催化剂为什么会加快反应速率呢？根据过渡状态理论，反应物活化分子要形成生成物首先需要形成能量高的活化配位化合物，即反应物分子需克服“能垒”（活化能）才能形成生成物。在反应系统中使用催化剂，改变了反应机理而降低了活化能，给反应系统提供了一条只需要较低活化能的反应途径，因而大大提高了反应速率。

例如：对于合成氨反应：$N_2(g)+3H_2(g)$ ══ $2NH_3(g)$，未使用催化剂时，反应的活化能（E_a）约为 $254kJ\cdot mol^{-1}$，使用 Fe 催化剂后，改变了反应机理而降低了活化能（如图 2-4 所示）。

使用催化剂后，合成氨反应的活化能（E'_a）为 $126\sim167kJ\cdot mol^{-1}$（取决于催化剂的品质）。设反应物的浓度相同，取温度为合成氨工业生产温度（773K）及 $E'_a=146.5kJ\cdot mol^{-1}$（中间值），则有：

$$\frac{v'}{v}=\frac{k'}{k}=\frac{Ae^{-\frac{E'_a}{RT}}}{Ae^{-\frac{E_a}{RT}}}=e^{\frac{E_a-E'_a}{RT}}=e^{\frac{254000-146500}{8.314\times773}}\approx1.8\times10^7$$

这表明，使用 Fe 催化剂后，合成氨反应的速率提高为原来的 1.8×10^7 倍，这个增幅是十分惊人的，对工业生产意义十分巨大。对于生物体内的酶催化反应，反应速率的增幅高达 10^{11} 倍以上。

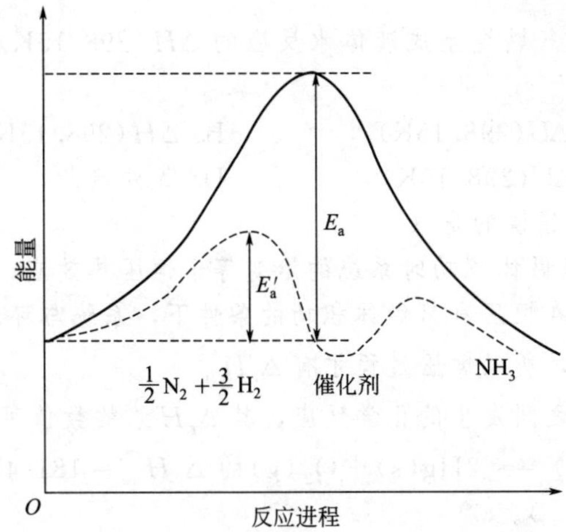

图 2-4 催化剂降低活化能示意图

习题

一、判断题

1. 所有的状态函数都具有加和性。( )

2. 系统的状态发生了改变，至少有一个状态函数发生了改变。( )

3. 由于 Q 和 W 与过程有关，因此 $Q+W$ 也与过程有关。( )

4. 恒容反应热等于 ΔU，所以恒容反应热是状态函数。( )

5. 因为物质的熵值随温度的升高而增加，所以随着温度增加，各种反应的 ΔS 增加。( )

6. 在等温等压下，所有 $\Delta G_m^{\ominus}>0$ 的反应均不能自发进行。( )

7. 在等温等压下，$\Delta S>0$ 和 $\Delta H<0$ 的反应为自发反应。( )

8. 在 373K 和 101.325kPa 下，水蒸气凝结成水的过程 $\Delta S<0$ 和 $\Delta G=0$。( )

9. 在无相变时，ΔS 和 ΔH 受温度影响很小，故 ΔG 受温度影响不大。( )

10. 根据稀释定律，弱酸溶液的浓度越稀，解离度越大，故溶液酸度越强。( )

11. 因为中和同质量同浓度的醋酸溶液或盐酸溶液，所需碱的物质的量相等，故在相同浓度的一元酸溶液中，H^+ 浓度都相等。( )

12. 任何一个化学反应都能够用标准摩尔吉布斯函数来判断反应的方向。( )

13. 对于缓冲溶液，只要每次加入少量的强酸或强碱，无论添加多少次，缓冲溶液始终具有缓冲能力。( )

14. 由于 $K_a^{\ominus}(HAc)>K_a^{\ominus}(HCN)$，所以相同浓度的 NaAc 溶液的 pH 值高于 NaCN 溶液。( )

15. AgCl 在纯水和海水中的溶解度是一样的。( )

16. 已知 $K_S^{\ominus}[Mg(OH)_2]=5.61\times10^{-12}$、$K_S^{\ominus}[Mn(OH)_2]=2.06\times10^{-13}$，所以在 Mn^{2+} 和 Mg^{2+} 混合溶液中，逐步滴加 NaOH 溶液，Mn^{2+} 先沉淀析出。( )

17. 用乙二胺四乙酸（EDTA）作重金属离子的解毒剂是因为其可降低金属离子浓度。( )

18. 室温下观察不到 H_2 和 O_2 生成 H_2O，所以该反应室温下不自发。( )

二、选择题

1. 在恒压条件下，氢气燃烧生成液体水反应的 $\Delta H(298.15K)$ 和 $\Delta U(298.15K)$ 的关系为（　　）。

A. $\Delta H(298.15K)=\Delta U(298.15K)$　　B. $\Delta H(298.15K)>\Delta U(298.15K)$

C. $\Delta H(298.15K)<\Delta U(298.15K)$　　D. 无法判断

2. 下列各种说法中，错误的是（　　）。

A. 在封闭系统中，只做体积功时系统的焓变等于恒压热效应

B. $\Delta_r H_m = Q_p$ 表示在恒压和只做体积功的条件下，系统与环境交换热等于系统的焓变

C. 因为 $\Delta_r H_m = Q_p$，所以恒压过程才有 $\Delta_r H_m^\ominus$

D. 由物质 X，Y，Z 之间发生的化学反应，其 $\Delta_r H_m^\ominus$ 的数值可以不止一个值

3. 已知反应 $2HgO(s) \xlongequal{} 2Hg(s)+O_2(g)$ 的 $\Delta_r H_m^\ominus=181.4kJ\cdot mol^{-1}$，则 HgO(s) 的标准摩尔生成焓为（　　）。

A. $+181.4kJ\cdot mol^{-1}$　　B. $-181.4kJ\cdot mol^{-1}$

C. $+90.7kJ\cdot mol^{-1}$　　D. $-90.7kJ\cdot mol^{-1}$

4. 下列说法中，正确的是（　　）。

A. 单质的焓为零

B. 反应的热效应就是该反应的摩尔焓变

C. 单质的摩尔生成焓为零

D. 由最稳定单质生成 1mol 化合物时，该化合物的标准摩尔生成焓 $\Delta_f H_m^\ominus$ 等于该化学反应的标准焓变 $\Delta_r H_m^\ominus$

5. 已知固体 Na_2O_2 的标准摩尔生成焓为 $-504.6kJ\cdot mol^{-1}$，液体 H_2O 的标准摩尔生成焓为 $-285.8kJ\cdot mol^{-1}$，固体 NaOH 的标准摩尔生成焓为 $-426.73kJ\cdot mol^{-1}$，则反应 $2Na_2O_2(s)+2H_2O(l) \xlongequal{} 4NaOH(s)+O_2(g)$ 的标准摩尔焓变为（　　）。

A. $126.1kJ\cdot mol^{-1}$　　B. $363.7kJ\cdot mol^{-1}$

C. $-126.1kJ\cdot mol^{-1}$　　D. $-363.7kJ\cdot mol^{-1}$

6. 已知 $A+B \xlongequal{} M+N$，其 $\Delta_r H_m^\ominus = -40kJ\cdot mol^{-1}$；$2M+2N \xlongequal{} 2D$，$\Delta_r H_m^\ominus = -96kJ\cdot mol^{-1}$，则同温下化学反应 $A+B \xlongequal{} D$ 的 $\Delta_r H_m^\ominus$ 为（　　）。

A. $8kJ\cdot mol^{-1}$　　B. $-8kJ\cdot mol^{-1}$　　C. $-56kJ\cdot mol^{-1}$　　D. $56kJ\cdot mol^{-1}$

7. 不用查表，指出下列物质在 298.15K 的熵值由小到大的顺序为（　　）。

① K(s)，② Na(s)，③ $Br_2(l)$，④ $Br_2(g)$

A. ②①③④　　B. ④③①②　　C. ②①④③　　D. ③④①②

8. 不用查表，判断下列过程熵增加的是（　　）。

A. 碳酸钙分解反应　　B. 水蒸气的凝聚

C. 乙烯聚合变成聚乙烯　　D. 气体在固体表面的吸附

9. 判断反应 $CH_4(g)+2O_2(g) \xlongequal{} CO_2(g)+2H_2O(l)$ 的熵变为（　　）。

A. 无法判断　　B. 小于 0　　C. 大于 0　　D. 等于 0

10. 在标准状态下，一个反应在 298.15K 不能自发进行，但是在高温时能够自发进行，则该反应的（　　）。

A. 标准摩尔焓变小于 0

B. 标准摩尔焓变大于 0

C. 标准摩尔熵变小于 0

D. 标准摩尔吉布斯函数变（298.15K）小于0

11. 在298K和标准状态下，反应 $CaO(s)+H_2O(l) = Ca(OH)_2(s)$ 能自发进行，高温时逆向自发，则下列表述正确的是（　　）。

A. 反应的标准摩尔焓变大于0、标准摩尔熵变小于0

B. 反应的标准摩尔焓变和熵变均小于0

C. 反应的标准摩尔焓变小于0、标准摩尔熵变大于0

D. 反应的标准摩尔焓变和熵变均大于0

12. 恒温恒压下，化学反应自发进行的必要条件是（　　）。

A. $\Delta H < T\Delta S$　　B. $\Delta S > 0$　　C. $\Delta H < 0$　　D. $\Delta H > T\Delta S$

13. 在298.15K时，已知某反应的标准摩尔吉布斯函数变为 $-16.1\text{kJ}\cdot\text{mol}^{-1}$，则反应的标准平衡常数是（　　）。

A. 664　　B. 1328　　C. 1　　D. 无法确定

14. 已知合成氨反应为放热反应，欲提高氢气的转化率，可采用的方法是（　　）。

A. 低温高压　　B. 高温高压　　C. 低温低压　　D. 高温低压

15. 某温度下，一个反应达到平衡时，说明（　　）。

A. 反应已经停止　　B. 反应物的一种可以认为已经消耗完

C. 反应物和生成物的吉布斯函数相等　　D. 反应的焓变为0

16. 某一元弱酸的质子转移平衡常数为 $K_a^{\ominus}$，解离度为 α，将其稀释一倍，解离度 α' 为（　　）。

A. $\alpha'=\alpha$　　B. $\alpha'=\alpha/2$　　C. $\alpha'=\sqrt{2}\alpha$　　D. $\alpha'=2\alpha$

17. 在100g $0.1\text{mol}\cdot\text{kg}^{-1}$ 的甲酸溶液中加入10g $1.0\text{mol}\cdot\text{kg}^{-1}$ 的HCl溶液后，保持不变的是（　　）。

A. 解离度　　B. pH值　　C. 甲酸的浓度　　D. $K_a^{\ominus}$（甲酸）

18. 下列混合溶液中，属于缓冲溶液的是（　　）。

A. 50g $0.2\text{mol}\cdot\text{kg}^{-1}$ HAc溶液与50g $0.1\text{mol}\cdot\text{kg}^{-1}$ NaOH溶液

B. 50g $0.1\text{mol}\cdot\text{kg}^{-1}$ HAc溶液与50g $0.1\text{mol}\cdot\text{kg}^{-1}$ NaOH溶液

C. 50g $0.1\text{mol}\cdot\text{kg}^{-1}$ HAc溶液与50g $0.2\text{mol}\cdot\text{kg}^{-1}$ NaOH溶液

D. 50g $0.2\text{mol}\cdot\text{kg}^{-1}$ HCl溶液与50g $0.1\text{mol}\cdot\text{kg}^{-1}$ 氨水溶液

19. 已知 $Fe(OH)_2$ 的 $K_S^{\ominus}=1.8\times10^{-15}$，则 $Fe(OH)_2$ 在纯水中的溶解度为（　　）$\text{mol}\cdot\text{kg}^{-1}$。

A. 0.18　　B. 1.3×10^{-4}　　C. 7.66×10^{-6}　　D. 2.1×10^{-8}

20. 饱和 $PbCl_2$ 溶液中，氯离子的浓度为 $3.2\times10^{-2}\text{mol}\cdot\text{kg}^{-1}$，则 $PbCl_2$ 的 $K_S^{\ominus}$ 是（　　）。

A. 3.2×10^{-5}　　B. 1.64×10^{-5}　　C. 5.1×10^{-4}　　D. 1.3×10^{-4}

21. AgCl在下列液体或水溶液中溶解度最小的是（　　）。

A. 纯水　　B. $0.01\text{mol}\cdot\text{kg}^{-1}$ $CaCl_2$ 溶液

C. $0.01\text{mol}\cdot\text{kg}^{-1}$ NaCl溶液　　D. $0.05\text{mol}\cdot\text{kg}^{-1}$ $AgNO_3$ 溶液

22. 已知下列几种难溶盐 $CaCO_3$、$PbSO_4$、PbI_2、MgF_2 的溶度积依次为 4.95×10^{-9}、1.82×10^{-8}、8.49×10^{-9} 和 7.42×10^{-11}，它们在水中的溶解度从大到小排列的顺序是（　　）。

A. $PbSO_4 > CaCO_3 > PbI_2 > MgF_2$　　B. $PbI_2 > MgF_2 > PbSO_4 > CaCO_3$

C. $PbI_2 > PbSO_4 > CaCO_3 > MgF_2$　　D. $PbSO_4 > PbI_2 > CaCO_3 > MgF_2$

23. 已知 Ag_2CrO_4 的 $K_S^{\ominus}=1.12\times10^{-12}$，将浓度为 $5\times10^{-5}\,mol\cdot kg^{-1}$ 的 CrO_4^{2-} 溶液和浓度为 $2\times10^{-4}\,mol\cdot kg^{-1}$ 的 Ag^+ 溶液等质量混合，则溶液（　　）。

A. 无沉淀产生　B. 有沉淀产生　C. 处于饱和　D. 无法判断

24. 已知 $K_S^{\ominus}(AgCl)=1.77\times10^{-10}$ 和 $K_S^{\ominus}(Ag_2CrO_4)=1.12\times10^{-12}$，在含有 $0.1mol\cdot kg^{-1}$ KCl 和 $0.1mol\cdot kg^{-1}$ K_2CrO_4 混合溶液中逐滴加入 $AgNO_3$ 溶液，则（　　）。

A. 氯化银先沉淀　B. 铬酸银先沉淀　C. 同时沉淀　D. 无法判断

25. 配合物 $[Co(NH_3)_5Cl]Cl_2$ 的配体和配位数分别是（　　）。

A. 氨分子和 5　　B. 氨分子和 6

C. 氯离子和 3　　D. 氨分子、氯离子和 6

26. 对一个 $\Delta H>0$ 的反应，当升高温度时（　　）。

A. 反应速率加快，平衡常数增大　　B. 反应速率减小，平衡常数增大

C. 反应速率加快，平衡常数减小　　D. 反应速率减小，平衡常数减小

27. 反应 $2NO+Br_2 \longrightarrow 2NOBr$ 的可能历程是：$NO+Br_2 \longrightarrow NOBr_2$（快）；$NOBr_2 + NO \longrightarrow 2NOBr$（慢），则反应的级数是（　　）。

A. 2　B. 3　C. 1　D. 无法确定

28. 催化剂可以加快化学反应速率的主要原因是（　　）。

A. 降低了反应的吉布斯函数变化值　　B. 升高了反应焓变

C. 升高了反应的熵变　　D. 降低了反应的活化能

29. 等温等压条件下的化学反应，若 ΔG 越负，则反应（　　）。

A. 速率越大　　B. 自发进行的温度越低

C. 标准平衡常数越大　　D. 自发进行的趋势越大

三、填空题

1. 系统经过一系列变化后回到始态，则系统的 ΔU ______、ΔH ______、$Q+W$ ______。

2. 系统热力学能的变化在数值上等于______反应热；系统的焓变在数值上等于______反应热。

3. 在 298.15K，1mol 液体苯在弹式量热计中燃烧生成液态水和二氧化碳，并放出 3204kJ 的热量，则该反应在等压下的 $\Delta H=$______、$\Delta U=$______以及 $W=$______。

4. 一种溶质从溶液中结晶析出，其熵值______。纯碳与 O_2 化合生成 CO，其熵值______。

5. 指出下列过程的熵变是大于 0 还是小于 0：(1) 硝酸铵爆炸______；(2) KNO_3 在溶液中结晶析出______；(3) 水煤气燃烧生成 CO_2 和液体 H_2O ______；(4) 向氯化钠溶液中滴加硝酸银溶液________；(5) 发生火山爆发的过程______。

6. 热力学函数 U、H、S 和 G 是______函数，其改变量只取决于系统的______和______，而与变化的______无关。

7. 某反应低温时逆向自发，高温时正向自发，则该反应标准焓变______0、标准熵变______0。

8. 已知硝酸钾固体在水中溶解时会吸热，系统的 ΔS ______0。但在室温时，它仍易溶于水，由此可推得______函数的变化值应当______0。

9. 合成氨反应为放热反应，当升高温度时，平衡常数______。

10. 已知某反应在 298.15K 的标准平衡常数为 9.7×10^{-8}，则该温度下标准摩尔吉布斯函数变为______ $kJ\cdot mol^{-1}$。

11. 制备水煤气的反应为 $C(s)+H_2O(g)=\!=\!=CO(g)+H_2(g)$，其标准摩尔焓变为 $121kJ\cdot mol^{-1}$。则该反应的熵变______0。从平衡移动的角度，有利于水煤气生成的条件是______温和______压。

12. 298.15K 下反应 $\frac{1}{2}N_2(g)+\frac{3}{2}H_2(g)=\!=\!=NH_3(g)$ 的标准摩尔吉布斯函数变为 $-16.5kJ\cdot mol^{-1}$，则 298.15K 反应的标准平衡常数=______，反应 $2NH_3(g)=\!=\!=N_2(g)+3H_2(g)$ 在 298.15K 的标准平衡常数为______。

13. 根据酸碱质子理论，下列物质中__________是酸；__________是碱；__________是两性物质：

NH_4^+、$[Fe(H_2O)_5OH]^{2+}$、PO_4^{3-}、CO_3^{2-}、CN^-、HS^-、HSO_4^-、H_3PO_4、$H_2PO_4^-$、HPO_4^{2-}、OH^-、NO_2^-、H_2O、H_2S

14. 解离度和质子转移平衡常数均可表示弱电解质的解离程度，______随浓度而变，而______不随浓度而变。

15. 298.15K 时浓度为 $0.01mol\cdot kg^{-1}$ 某一元弱酸 pH 值为 4.0，则该酸的质子转移平衡常数是______。稀释时，pH 变______，解离度______。

16. HPO_4^{2-} 是______的共轭酸，又是______的共轭碱。

17. 已知氨水的 $K_b^\ominus=1.76\times10^{-5}$，则 NH_4^+ 的 $K_a^\ominus$ 为______。

18. 铬酸银的溶度积定义式为__________，其在纯水中的溶解度 S 与 $K_S^\ominus$ 的关系式为__________。

19. 同类型难溶电解质，在相同温度下，溶度积越大，则溶解度______。

20. 在 $BaSO_4$ 多相平衡系统中，加入氯化钡溶液，则产生______效应，$BaSO_4$ 溶解度______。

21. 配位化合物 $[Ni(H_2O)(NH_3)_5]Cl_3$ 的名称是__________、中心离子是______、配体是__________、配位数为______。

22. 质量作用定律只适用于______反应。

23. 正反应活化能______逆反应活化能时，正反应放热。当温度升高时，正反应速率______、逆反应速率______、增加的幅度正反应______逆反应。

24. 加入催化剂，______了反应历程，______了反应的活化能，使反应速率增加。催化剂对平衡______影响。

四、问答题

1. 简述温度对反应自发性的影响。
2. 能否用 $\Delta_rG_m^\ominus$ 来判断反应的自发性？
3. 反应商 J 和标准平衡常数的概念有何区别？
4. 写出下列反应标准平衡常数的表示式。

(1) $Fe_3O_4(s)+4H_2(g)\rightleftharpoons 3Fe+4H_2O(g)$

(2) $2NaHCO_3(s)\rightleftharpoons Na_2CO_3(s)+CO_2(g)+H_2O(g)$

(3) $Zn(s)+2H^+(aq)\rightleftharpoons Zn^{2+}(aq)+H_2(g)$

5. 说明温度对平衡常数的影响。
6. 平衡常数能否代表转化率？如何正确认识两者之间的关系？

7. 决定缓冲溶液缓冲能力的主要因素是什么?

8. 说明溶度积和溶解度的关系。

9. 将 NH_3 和 AsH_3 分别通入 $AgNO_3$ 溶液中时，产物是否相同？为什么？写出反应式。

10. 用氨水处理含有 Ni^{2+} 及 Al^{3+} 的溶液，起先形成一种有色沉淀，继续加氨水，沉淀部分溶解形成深蓝色的溶液，剩下的沉淀是白色的，再加入过量的 OH^- 处理沉淀，则沉淀溶解，形成澄清溶液；如果向此澄清液中慢慢加入酸，则又有沉淀产生，继续加酸过量，则沉淀又溶解。试写出上述每步反应的方程式。

11. 有两个组成相同的配位化合物，其化学式均为 $CoBr(SO_4)(NH_3)_5$，但颜色不同。红色者加入硝酸银后生成溴化银沉淀，但加入氯化钡后不产生沉淀；另一个为紫色，加入氯化钡后产生沉淀，但加入硝酸银后不生成沉淀，写出化学式并命名。

12. 试用平衡移动的观点说明下列操作将产生什么现象。

(1) 向含有 Ag_2CO_3 沉淀的溶液中加入 Na_2CO_3；

(2) 向含有 Ag_2CO_3 沉淀的溶液中加入氨水；

(3) 向含有 Ag_2CO_3 沉淀的溶液中加入 HNO_3。

13. 用活化分子、活化能等概念说明浓度、温度和催化剂对反应速率的影响。

14. 合成氨反应为放热反应，工业合成是在催化剂条件下采用高温（450～550℃）和高压（20～70MPa）措施，从化学平衡和反应速率两个方面说明上述条件的有利和不利影响。

五、计算题

1. 已知：

(1) $C(s)+O_2(g) \xlongequal{\quad} CO_2(g)$，$\Delta_r H_m^{\ominus}(1)=-393.5kJ\cdot mol^{-1}$

(2) $H_2(g)+\frac{1}{2}O_2(g) \xlongequal{\quad} H_2O(l)$，$\Delta_r H_m^{\ominus}(2)=-285.9kJ\cdot mol^{-1}$

(3) $CH_4(g)+2O_2(g) \xlongequal{\quad} CO_2(g)+2H_2O(l)$，$\Delta_r H_m^{\ominus}(3)=-890.0kJ\cdot mol^{-1}$

试求反应 $C(s)+2H_2(g) \xlongequal{\quad} CH_4(g)$ 的 $\Delta_r H_m^{\ominus}$。

2. 已知：

$Cu_2O(s)+\frac{1}{2}O_2(g) \xlongequal{\quad} 2CuO(s)$，$\Delta_r H_m^{\ominus}(298.15K)=-145kJ\cdot mol^{-1}$

$CuO(s)+Cu(s) \xlongequal{\quad} Cu_2O(s)$，$\Delta_r H_m^{\ominus}(298.15K)=-12kJ\cdot mol^{-1}$

计算求出 CuO(s) 的标准摩尔生成焓。

3. 蔗糖在新陈代谢过程中的总反应可写成：

$$C_{12}H_{22}O_{11}(s)+12O_2(g) \xlongequal{\quad} 12CO_2(g)+11H_2O(l)$$

假定有25%的反应热可以转化成有用功，试计算体重为65kg的人登上3km高的山顶，需要消耗多少蔗糖？[已知 $\Delta_f H_m^{\ominus}(C_{12}H_{22}O_{11}, s, 298.15K)=-2222kJ\cdot mol^{-1}$]

4. 将空气中的单质氮变成各种含氮化合物的反应叫作固氮反应。试计算出下列反应在298.15K下的标准摩尔吉布斯函数变和标准平衡常数，判断从热力学上看选择哪个反应最好?

(1) $N_2(g)+O_2(g) \xlongequal{\quad} 2NO(g)$

(2) $2N_2(g)+O_2(g) \xlongequal{\quad} 2N_2O(g)$

(3) $N_2(g)+3H_2(g) \xlongequal{\quad} 2NH_3(g)$

5. 金属 Mg 极易与空气中的氧气发生反应：

$$2Mg(s)+O_2(g) \xlongequal{\quad} 2MgO(s), \Delta_r G_m^{\ominus}(298.15K)=-1139.1kJ\cdot mol^{-1}$$

不用查表计算，欲使 Mg 在 298.15K 下不被氧气氧化，空气中的氧气分压应不能超过多少？

6. 氧化银遇热易分解成单质 Ag 和氧气，试计算在标准状态和非标准状态下 [$p(O_2)=21kPa$]，Ag_2O 的分解温度。

7. 潮湿碳酸银在 110℃下用含二氧化碳的空气流进行干燥，试计算空气流中二氧化碳分压为多少时，才可避免碳酸银的分解。已知：

	$Ag_2CO_3(s)$	$Ag_2O(s)$	$CO_2(g)$
标准摩尔生成焓/$kJ\cdot mol^{-1}$	−506.14	−31.0	−393.51
标准摩尔熵/$J\cdot K^{-1}\cdot mol^{-1}$	167.4	121	213.7

8. 气体混合物中的氢气，可通过它在 200℃下与 CuO 反应而除去：

$$CuO(s)+H_2(g)=\!=\!=Cu(s)+H_2O(g)$$

查表计算 200℃时反应的 $\Delta_rG_m^{\ominus}$、$\Delta_rH_m^{\ominus}$、$\Delta_rS_m^{\ominus}$ 和 $K^{\ominus}$。

9. 制取半导体材料硅可用反应：

$$SiO_2(s)+2C(s)=\!=\!=Si(s)+2CO(g)$$

(1) 查表计算，判断反应在标准状态和 1000K 下的自发性。

(2) 计算反应在标准状态下进行的自发温度。

10. 可逆反应 $2HCl(g)+\frac{1}{2}O_2(g)=\!=\!=Cl_2(g)+H_2O(g)$，在 $70dm^{-3}$ 的密闭容器中进行。若反应开始时 HCl 和 O_2 的量分别为 1mol 和 0.5mol，在 400℃达到平衡时，有 0.4mol Cl_2 生成，计算该反应的平衡常数。

11. 在 450℃时 HgO 的分解反应为 $HgO(s)=\!=\!=Hg(g)+\frac{1}{2}O_2(g)$，若将 0.05mol 氧化汞放在 $1dm^3$ 的密闭容器中加热到 450℃，平衡时测得容器的总压为 108kPa，求该反应在 450℃的平衡常数和标准摩尔吉布斯函数变。

12. 在密闭容器中，将 1.00mol SO_2 (g) 和 1.0mol O_2 (g) 的混合物，在 600℃和 100kPa 下缓慢通过 V_2O_5 催化剂，反应生成 $SO_3(g)$。当达到平衡后总压力仍为 100kPa，测得混合物中剩余的 O_2 为 0.615mol。试计算反应的标准平衡常数。

13. $0.010mol\cdot kg^{-1}$ 的 HA 溶液，测得该溶液的 pH=5.0，求 HA 的 $K_a^{\ominus}$ 和 α。

14. 在 50g $0.1mol\cdot kg^{-1}$ 的 HAc 溶液中，加入 25g $0.1mol\cdot kg^{-1}$ 的 NaOH 溶液，求混合溶液的 pH 值。

15. 计算在 40g $0.2mol\cdot kg^{-1}$ 氨水溶液中加入 40g $0.2mol\cdot kg^{-1}$ 盐酸溶液时的 pH 值。若在 40g $0.2mol\cdot kg^{-1}$ 氨水溶液中加入 40g $0.1mol\cdot kg^{-1}$ 盐酸溶液，此时溶液的 pH 为多少？

16. 用 $0.2mol\cdot kg^{-1}$ 的 NaOH 溶液滴定 $0.1mol\cdot kg^{-1}$ 的 H_2SO_4，试计算滴定百分数为 0 和 100 时溶液的 pH 值。(H_2SO_4 的 $K_{a2}^{\ominus}=1.02\times10^{-2}$)

17. 在 1kg $1mol\cdot kg^{-1}$ 的氨水中加入 5.35g 氯化铵固体后，计算溶液的 pH 值和氨水的解离度。

18. 已知 CaF_2 的溶度积为 5.3×10^{-9}，求 CaF_2 在下列情况下的溶解度：(1) 纯水中；(2) $0.1mol\cdot kg^{-1}$ NaF 溶液中；(3) $0.1mol\cdot kg^{-1}$ 的氯化钙溶液中。

19. 50g 含 0.95g $MgCl_2$ 的溶液与等质量 $1.8mol\cdot kg^{-1}$ 氨水混合，试计算在所得的溶液中加入多少氯化铵固体才可防止 $Mg(OH)_2$ 沉淀生成。

20. 工业废水排放标准规定重金属 Cd^{2+} 浓度降至 $0.1mg \cdot kg^{-1}$ 以下即可排放。若用沉淀法除去 Cd^{2+}，计算理论上 pH 应如何控制 [已知 $Cd(OH)_2$ 的溶度积为 5.27×10^{-15}]。

21. 若向浓度均为 $0.01mol \cdot kg^{-1}$ 的 Pb^{2+} 和 Ba^{2+} 混合溶液逐步滴加 K_2CrO_4 溶液，通过计算回答：(1) 哪种离子先沉淀析出？(2) 两种离子有无分离的可能？

22. 某溶液含有 Ag^{+}、Pb^{2+}、Ba^{2+}，各离子浓度为 $0.1mol \cdot kg^{-1}$，逐滴加入铬酸钾溶液，忽略体积的变化，通过计算说明沉淀的次序。

23. 试通过计算回答下列问题：(1) 在 100g 浓度为 $0.15mol \cdot kg^{-1}$ 的 $K[Ag(CN)_2]$ 溶液中加入 50g 浓度为 $0.1mol \cdot kg^{-1}$ 的 KI 溶液，是否有 AgI 沉淀产生？(2) 在上述混合液中再加入 50g 浓度为 $0.2mol \cdot kg^{-1}$ 的 KCN 溶液，是否有 AgI 沉淀产生？

24. 实验表明，在一定温度范围内，反应 $2NO(g)+Cl_2(g) = 2NOCl(g)$ 为基元反应，试求：

(1) 该反应的反应级数和反应速率方程式。

(2) 其他条件不变，将反应容器体积增大到原来的 2 倍，反应速率将如何变化？

(3) 体积不变，若将 NO 的浓度增加到原来的 3 倍，反应速率又将如何变化？

25. 在 301K 时，鲜牛奶大约 4h 后变酸，在 278K 时，大约 48h 后才变酸。假定鲜牛奶变酸的反应速率与变酸时间成反比，求鲜牛奶变酸反应的活化能。

26. 967K 时反应 $N_2O(g) = N_2(g)+\frac{1}{2}O_2(g)$ 在无催化剂时的活化能为 $244.8kJ \cdot mol^{-1}$，而在以金作催化剂时反应的活化能为 $121.3kJ \cdot mol^{-1}$。求金催化和无催化反应速率之比。

第3章
电化学基本原理

电化学基本原理

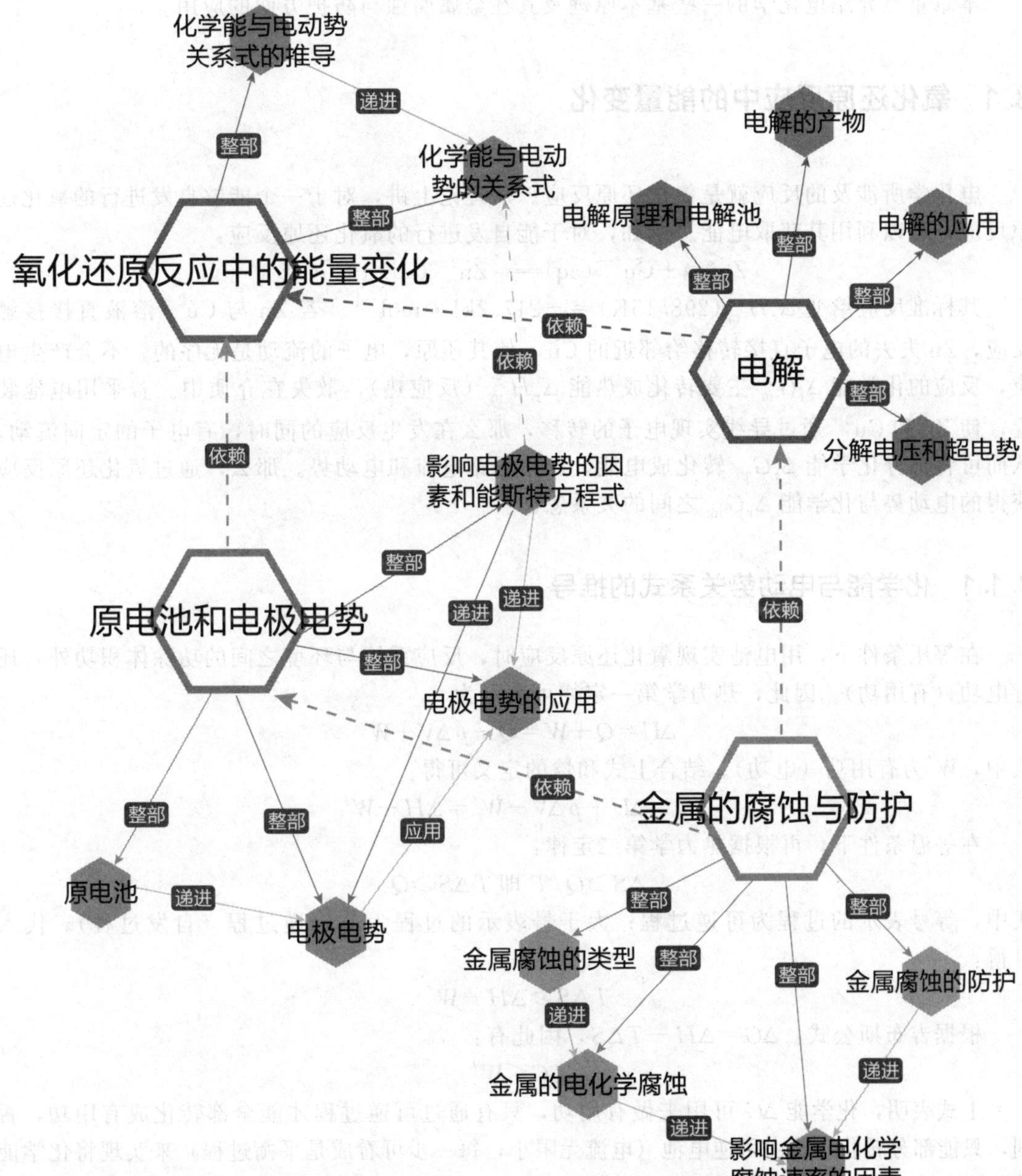

整部：即整体与部分的关系
属种：指一个概念的部分外延与另一个概念的全部外延重合的关系
递进：较前一知识，后一知识的程度或范围更进一层
依赖：前一知识的形成依赖后一知识，后一知识是学习前一知识的条件
应用：后一知识点是前一知识点的具体应用
共生：两个知识都是对同一个主题的不同方面进行介绍

根据反应是否有电子转移，可将化学反应分为氧化还原反应和非氧化还原反应两大类。反应过程中无电子转移的反应叫非氧化还原反应，例如：酸碱质子转移反应、沉淀溶解反应、配位反应等。在反应过程中有电子转移的反应称为氧化还原反应。氧化还原反应具有电子转移和伴随能量变化的特征，为化学能和电能之间的相互转化提供了可能。电化学就是研究化学能与电能相互转化的过程及其规律的学科，它是化学与电学之间的边缘学科，在化学电源、电解、电化学加工、金属腐蚀及防护等许多方面有广泛的应用。

本章重点介绍电化学的一些基本原理及其在金属腐蚀与防护方面的应用。

3.1 氧化还原反应中的能量变化

电化学所涉及的反应就是氧化还原反应。从理论上讲，对于一个能够自发进行的氧化还原反应，可以利用其获取电能。例如，对于能自发进行的氧化还原反应：

$$Zn(s)+Cu^{2+}(aq) = Zn^{2+}(aq)+Cu(s)$$

其标准反应焓变 $\Delta_r H_m^{\ominus}(298.15K)=-217.2kJ\cdot mol^{-1}$。若 Zn 与 Cu^{2+} 溶液直接接触反应，Zn 失去的电子直接转移给邻近的 Cu^{2+} 使其还原，电子的流动是无序的，不会产生电流，反应的化学能 $\Delta_r G_m^{\ominus}$ 主要转化成热能 $\Delta_r H_m^{\ominus}$（反应热），散失在介质中。若采用电池装置，使 Zn 和 Cu^{2+} 通过导线实现电子的转移，那么在发生反应的同时，有电子的定向流动，从而可将部分化学能 $\Delta_r G_m$ 转化成电能，产生回路电流和电动势。那么，通过氧化还原反应获得的电动势与化学能 $\Delta_r G_m$ 之间的关系怎样？

3.1.1 化学能与电动势关系式的推导

在等压条件下，用电池实现氧化还原反应时，反应系统与环境之间的功除体积功外，还有电功（有用功）。因此，热力学第一定律可表示为

$$\Delta U=Q+W=Q-p\Delta V+W'$$

式中，W'为有用功（电功）。结合上式和焓的定义可得：

$$Q=\Delta U+p\Delta V-W'=\Delta H-W'$$

在等温条件下，再根据热力学第二定律：

$$\Delta S\geqslant Q/T \text{ 即 } T\Delta S\geqslant Q$$

式中，等号表示的过程为可逆过程；大于号表示的过程为非可逆过程（自发过程）。代入可得：

$$T\Delta S\geqslant\Delta H-W'$$

根据吉布斯公式：$\Delta G=\Delta H-T\Delta S$，因此有：

$$\Delta G\leqslant W'$$

上式表明，化学能 ΔG 可用来做有用功，只有通过可逆过程才能全部转化成有用功，否则，只能部分转化。若由可逆电池（电流无限小，每一步可看成是平衡过程）来实现将化学能转化成电功（有用功），则有：

$$\Delta G=W'=W_{电}$$

根据物理学的知识，将电量为 q 的负电荷从电池的负极迁移到正极时，系统所做的电功为

$$W_{电}=-qE$$

式中，E 为电动势，负号表示反应系统对环境做电功。故可得：

$$\Delta G=-qE$$

3.1.2　化学能与电动势的关系式

对于任一能够自发进行的氧化还原反应，若发生的电子转移数量为 z mol，又知 1mol 电子的电量为 $1F$ （$1F=96485\text{C}$），则反应所转移的电量 $q=zF$。因此，在等温等压条件下，反应吉布斯函数变与平衡电动势的关系式为

$$\Delta_r G_m=-zFE$$

在标准状态下，则有：

$$\Delta_r G_m^{\ominus}=-zFE^{\ominus}$$

式中，$E^{\ominus}$ 为氧化还原反应的标准电动势，单位为伏特（V），是指参与该氧化还原反应的所有物质均处在其标准态时的电动势。

需要指出的是，计算时，吉布斯函数变的单位 kJ 要换算成 J 进行计算。

3.2　原电池和电极电势

3.2.1　原电池

氧化还原反应的特点是反应中发生了电子转移，反应物中有的失去电子而被氧化，另一些则得到电子而被还原。例如：氧化还原反应 $Zn(s)+Cu^{2+}(aq)=\!=\!=Zn^{2+}(aq)+Cu(s)$，反应中 Zn 给出电子而被氧化为 Zn^{2+}；Cu^{2+} 则得到电子而被还原成 Cu。整个反应的实质是电子由 Zn 转移到 Cu^{2+} 上。Zn 和 Cu^{2+} 若直接接触反应，电子的流动是无序的，化学能最终转化成热能放出。如果设法让 Zn 的氧化反应与 Cu^{2+} 的还原反应分别在两个独立的容器中进行，使 Zn 在氧化过程中失去的电子通过给定的外回路流入到 Cu^{2+} 溶液中，供给 Cu^{2+} 还原的需要。这样就能造成电子的定向移动，形成电流，进而可利用这种电流做功。这种能够把化学能直接转变成电能的装置，称为原电池（primary battery）（如图 3-1 所示）。

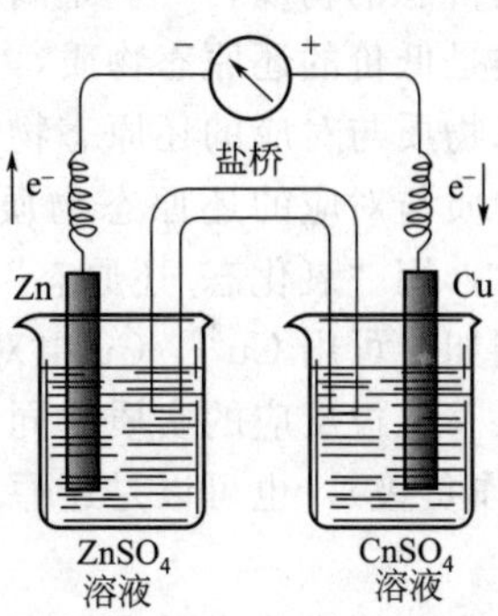

图 3-1　Cu-Zn 原电池示意图

3.2.1.1　原电池的组成

原电池由两个半电池组成，每个半电池则由相应的电极组成（电极包括电极导体和相应的电解质溶液），其中一个半电池发生的是氧化反应，而另一个半电池发生的是还原反应。只有当两个半电池有机地结合在一起，组成一个整体，氧化还原反应才得以进行，原电池才能发挥作用。

图 3-1 所示的铜锌原电池由铜电极、锌电极和盐桥所组成。盐桥（salt bridge）为原电池中的内回路，通过饱和 KCl 溶液的琼脂凝胶灌装在 U 形管得到。当盐桥的两端分别插入铜半电池和锌半电池后，内回路导通，Zn 失去的电子在外电路通过导线由锌片流向铜片，Zn 变成 Zn^{2+} 进入 $ZnSO_4$ 中使其呈正电性，Cu^{2+} 得到电子变成铜，使得 $CuSO_4$ 溶液呈负电性，而盐桥中 K^+ 流向 $CuSO_4$ 溶液，Cl^- 流向 $ZnSO_4$ 溶液，维持了两种溶液的电中性。在获得电

流和做电功的同时，两极分别发生了氧化和还原反应。

根据物理学上的规定：电流的方向同电子流动的方向相反。故在铜锌原电池中，铜为正极，锌为负极。

需要指出的是，原电池是教学电池，它有助于我们了解电化学基本原理，通常实际应用价值不大，主要原因有两个方面：一是盐桥带来了使用的不便；二是内回路为离子导电，电阻大，内耗大，难以得到较大的外回路电流。

3.2.1.2 原电池的符号表示式

用图 3-1 那样的图来表示原电池，常常会带来使用上的不方便。因此我们常用化学式和符号来表示原电池。通常把原电池的负极写在表示式的左端，而把正极写在表示式的右端，并在两边加上（—）和（+）标明；两个半电池中间用双实线或双虚线表示盐桥。每个电极中，用一条实线表示相界面，把不同的相隔开，对同一相中的不同组分则用逗号分开。例如铜锌原电池可表示为

$$(-)Zn|ZnSO_4(b_1)||CuSO_4(b_2)|Cu(+)$$

式中，b_1 和 b_2 分别为溶液的质量摩尔浓度。需指出的是，电极导体总是写在紧邻（+）、（—）的最旁边的位置。如果电极中的还原态物质不能用作电极导体，则必须外加一个能导电而不参与电极反应的惰性电极（Pt、石墨等），例如甘汞电极和锌电极组成的原电池可表示为

$$(-)Zn|Zn^{2+}(b_1)||Cl^-(b_2)|Hg_2Cl_2(s)|Hg(l)|Pt(+)$$

3.2.1.3 原电池的电极反应和氧化还原电对

原电池中，氧化还原反应是由负极的氧化反应和正极的还原反应两个半反应所组成。例如，铜锌原电池的两极反应为

锌电极（负极）：$Zn(s) \Longrightarrow Zn^{2+}(aq)+2e^-$（氧化反应）

铜电极（正极）：$Cu^{2+}(aq)+2e^- \Longrightarrow Cu(s)$（还原反应）

合并两极反应可得到铜锌原电池的氧化还原反应（电池总反应）：

$$Zn(s)+Cu^{2+}(aq) \Longrightarrow Zn^{2+}(aq)+Cu(s)$$

从铜锌原电池的电极反应可以看出：每个电极反应中都包含两类物质，即为同一元素不同价态的物质，一类是高价的氧化态物质，如 Cu 电极中的 Cu^{2+}、Zn 电极中的 Zn^{2+}；另一类是低价的还原态物质，如 Cu 电极中的 Cu、Zn 电极中的 Zn。电极反应中同一元素的氧化态物质与对应的还原态物质总是共存的，构成了一个共轭关系对。这种由同一元素的氧化态物质与对应的还原态物质所组成的共轭关系对称为氧化还原电对（redoxcouple），简称电对，用“氧化态/还原态”（Ox/Red）表示。显然，可用电对表示对应的电极（electrode），例如，可用 Cu^{2+}/Cu 电对表示铜电极，Zn^{2+}/Zn 电对表示锌电极。

电极反应的实质是同一元素的氧化态物质和还原态物质相互转化，既可以是氧化反应（作负极），也可以是还原反应（作正极），因此，可用下面通式表示电极反应：

$$氧化态+ze^- \rightleftharpoons 还原态$$

式中双箭头号表示电极反应可朝两个方向进行。

若电极作正极，则电极反应为

$$氧化态+ze^- \Longrightarrow 还原态$$

若电极作负极，电极反应为

$$还原态 \Longrightarrow 氧化态+ze^-$$

电极是由同一元素的不同价态的物质所组成的，根据物质的种类可将电极分成四类：

① 金属-金属离子电极（金属电极）：由金属及其离子所组成的电极。例如，电对 Zn^{2+}/Zn、Cu^{2+}/Cu、Ag^{+}/Ag 等所构成的锌电极、铜电极、银电极等，对应的电极符号为 $Zn \mid Zn^{2+}$、$Cu \mid Cu^{2+}$、$Ag \mid Ag^{+}$ 等。

② 非金属-非金属离子电极（气体电极）：由气体及其对应非金属离子所组成的电极。例如，电对 Cl_2/Cl^-、O_2/OH^- 等所表示的电极，对应的电极符号为 $Pt \mid Cl_2 \mid Cl^-$、$Pt \mid O_2 \mid OH^-$ 等。

③ 氧化还原电极：由同一金属不同价态离子所组成的电极，例如，电对 Fe^{3+}/Fe^{2+}、MnO_4^-/Mn^{2+}、Sn^{4+}/Sn^{2+} 等所表示的氧化还原电极，对应的电极符号为 $Pt \mid Fe^{3+}, Fe^{2+}$、$Pt \mid MnO_4^-, Mn^{2+}, H^+$、$Pt \mid Sn^{4+}, Sn^{2+}$ 等。

④ 金属-金属难溶盐电极：由金属及其难溶盐所组成的电极。例如，电对 $AgCl(s)/Ag$、$Hg_2Cl_2(s)/Hg$ 等所表示的金属-金属难溶盐电极，对应的电极符号为 $Ag \mid AgCl(s) \mid Cl^-$、$Pt \mid Hg(l) \mid Hg_2Cl_2(s) \mid Cl^-$ 等。

3.2.2 电极电势

将原电池接入回路之中，原电池即能作为电源产生电流。电流从原电池的正极通过外电路流向电池的负极。这表明在原电池的两个电极之间存在一个电势差，这就是原电池的电动势。由此可知，每个电极都具有一个确定的电极电势值。例如，在铜锌原电池中，产生的电流由 Cu 电极向锌电极流动，表明铜电极的电极电势比锌电极高。为什么不同的金属电极的电极电势有高低之分呢？这显然与金属的本性和溶液中金属离子的浓度有关。

3.2.2.1 电极电势的产生——双电层理论

金属晶体是由金属原子、金属正离子和自由电子所构成的。当金属电极插入到含有金属离子和酸根负离子的水溶液时，一方面，金属表面的正离子受到极性水分子的吸引进入溶液，金属电极发生氧化溶解，若金属越活泼或溶液越稀，金属电极的氧化溶解趋势就越大；另一方面，因金属中的正离子进入到溶液中，多余的电子留在金属表面上，使金属表面带负电荷，由于静电吸引，溶液中的金属正离子可同金属电极表面的自由电子结合形成金属原子沉积在金属表面，若金属越不活泼或溶液的浓度越大，金属离子的还原沉积趋势就越大。在一定温度下，这两种趋势最终将达到动态平衡：

$$M(s) \underset{\text{还原沉积}}{\overset{\text{氧化溶解}}{\rightleftharpoons}} M^{z+}(aq) + ze^-$$

当金属较活泼或溶液较稀时，则氧化溶解趋势就大，电极的表面会聚集相应数量的自由电子而带负电荷，由于静电吸引，在电极表面的周围聚集较多的金属正离子，这样形成了双电层［如图 3-2(a) 所示］。

当金属不活泼或溶液较浓时，还原沉积的趋势就大于氧化溶解的趋势，则金属表面聚集了正离子而带正电荷，这样溶液中带负电的酸根离子就聚集在电极的周围，也形成了一双电层［如图 3-2(b) 所示］。

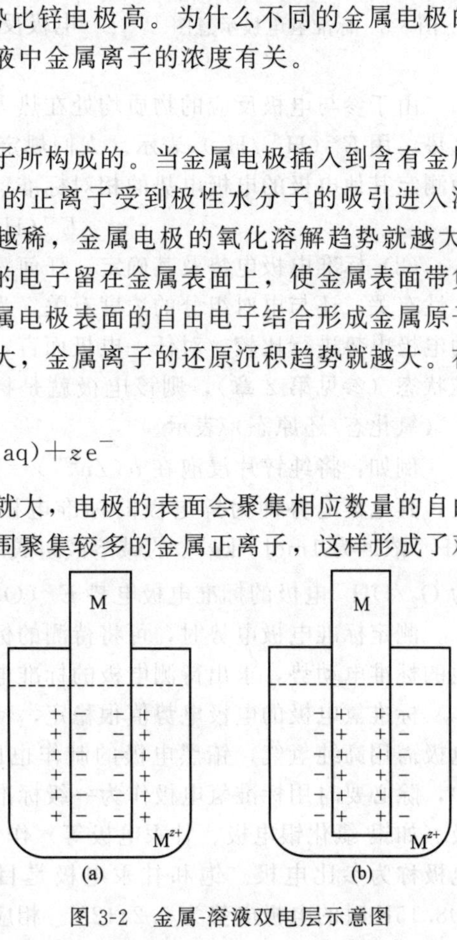

图 3-2　金属-溶液双电层示意图

无论形成哪种双电层，在金属表面与其溶液之间都产生电势差，这种电势差叫金属的平衡电极电势，简称电极电势（electrode potential），用

符号 E(氧化态/还原态) 表示，单位为伏特 (V)。很显然，这种电极电势值是很难通过测量得到的，我们通过实验测定的往往是电池的电动势。那么如何确定电极电势呢？

3.2.2.2　标准电极电势的确定

虽然人们无法测得任何单个电极的电极电势绝对值，但却可以通过与某一指定电极作比较，求出任一电极的电极电势相对值。为此，人们选择标准氢电极作为测量各种电极的电极电势相对值的比较标准，并规定标准氢电极的电极电势为零，因此，其他电极相当于标准氢电极的电势差即为该电极的电极电势。

(1) 标准氢电极　标准氢电极是由压力为 100kPa 的氢气与浓度为 $1mol \cdot kg^{-1}$ 的 H^+ 溶液所组成的电极。由于氢气是气体，不能直接用作电极导体，为此人们选用化学稳定性好，电阻小，且对氢气具有良好吸附的、镀有疏松铂黑的铂片作惰性电极导体。如图 3-3 所示，由进气管通入压力为 100kPa 的 H_2，包覆在铂黑极片上，并在铂黑表面达到吸附平衡，这就等于在铂黑电极片表面包裹了一层分压为 100kPa 的氢气，成为一个氢气做成的电极板，该极板与 H^+ 浓度为 $1mol \cdot kg^{-1}$ 的硫酸溶液形成了一个由 H_2 (100kPa) 与 H^+ ($1mol \cdot kg^{-1}$) 所组成的标准氢电极，其电极符号为

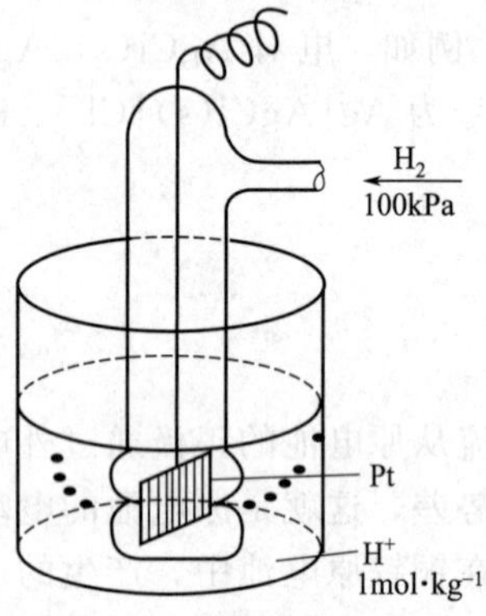

图 3-3　标准氢电极示意图

$$Pt|H_2(100kPa)|H^+(1mol \cdot kg^{-1})$$

电极反应为

$$2H^+(aq)+2e^- \rightleftharpoons H_2(g)$$

由于参与电极反应的物质均处在热力学标准态，故此时的电极电势为氢电极的标准电极电势，用 $E^\ominus(H^+/H_2)$ 表示。人们规定在 298.15K 时标准氢电极的电极电势值为 0V，作为测定其他电极的电极电势的相对标准。即：

$$E^\ominus(H^+/H_2)=0.0000V$$

(2) 标准电极电势及其确定　任何一个电极的电极电势高低，不仅与组成电极的电对的本性有关，还与电对组分的浓度有关。为此，有必要定义标准电极电势，以便于对不同电极的电极电势进行比较。对任一电极而言，若参与电极反应的所有物质均处于热力学规定的标准状态 (参见第 2 章)，则该电极就是标准电极，其电极电势即为标准电极电势，用符号 $E^\ominus$(氧化态/还原态) 表示。

例如：将纯锌片浸泡在 $b(Zn^{2+})=1mol \cdot kg^{-1}$ 的溶液中，组成的电极就是标准锌电极，其电极电势即为锌电极的标准电极电势 $E^\ominus(Zn^{2+}/Zn)$；由分压为 100kPa 的氧气和 OH^- 浓度为 $1mol \cdot kg^{-1}$ 的碱溶液组成的电极，就是标准的 O_2/OH^- 电极，其电极电势即为 O_2/OH^- 电极的标准电极电势 $E^\ominus(O_2/OH^-)$。

测定标准电极电势时，可将待测的标准电极同标准氢电极组成原电池，通过测定该原电池的标准电动势，求出待测电极的标准电极电势值。

标准氢电极的电极电势值很稳定，特别适宜作为测量其他电极电势的相对标准。但是氢电极需用高纯氢气，铂黑电极的制作也比较麻烦，给使用带来不便。因此在电极电势测量中，除必要时用标准氢电极作为一级标准外，实验室常用另外一些具有稳定电极电势值的电极 (如银-氯化银电极、甘汞电极等) 作为测量电极电势的相对标准。这些作为相对标准的电极称为参比电极。饱和甘汞电极是目前常用的参比电极，其结构如图 3-4 所示，其在 298.15K 时的电极电势为 0.2412V。相应的电极反应为

$$Hg_2Cl_2(s)+2e^- \rightleftharpoons 2Hg(l)+2Cl^-$$

常见电极的标准电极电势都已测得或根据热力学数据计算得到，在一般理化手册中都能查到。书后附录 5 列出了常见电极的标准电极电势值。对于该电极电势表的正确使用，需说明如下：

① 表中所有电极反应中的各物质均处于其热力学的标准态，温度为 298.15K。

② 表中的所有电极反应统一按还原反应书写：氧化态 $+ ze^- \rightleftharpoons$ 还原态。

③ 对于同一电极而言，其标准电极电势值只取决于电对的本性，而与发生电极反应的物质的量无关，即不随电极反应方程式中的化学计量数而变化。

④ 任一电极的标准电极电势值的正负号，不随电极反应的实际方向而变化，即与该电极是作正极还是作负极无关。

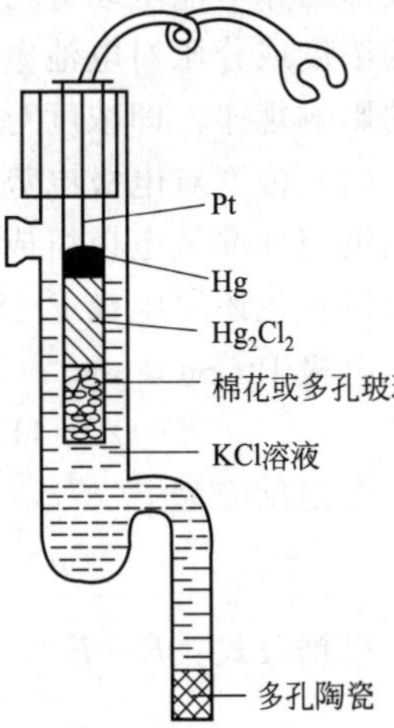

图 3-4　甘汞电极

3.2.3　影响电极电势的因素和能斯特方程式

标准电极电势是电极在标准状态和 298.15K 下的电极电势。然而许多电极反应是在非标准状态下进行的，当浓度或分压及温度改变时，电极电势也随之变化。

3.2.3.1　影响电极电势的主要因素

影响电极电势的因素包括：电对的本性、参与电极反应物质的浓度或分压以及温度。其中组成电极的电对本性是决定该电极实际电极电势高低的最重要因素。

浓度或分压对电极电势有一定的影响。例如，Cu^{2+}/Cu 电极中 Cu^{2+} 的浓度、$O_2(g)/OH^-$ 电极中 OH^- 的浓度和 O_2 的分压等，会直接影响到相应电对电极电势的高低。在许多电极反应中，有些物质（如 H^+、OH^- 等）虽然自身并未直接发生氧化还原反应，但与某种发生氧化还原反应的物质之间存在另一种平行的平衡关系。例如，电对 MnO_4^-/Mn^{2+} 电极反应中的 H^+、电对 MnO_4^-/MnO_2 电极反应中的 OH^-、电对 Hg_2Cl_2/Hg 电极反应中的 Cl^- 等。参与这些电对电极反应的 H^+、OH^-、Cl^- 等，虽然并未直接发生电子得失，但它们的浓度仍然明显影响到相应电极的电极电势。因为 H^+ 和 OH^- 涉及的质子转移平衡以及 Cl^- 与甘汞间的沉淀溶解平衡会影响到相应电极的氧化还原平衡。

温度对电极电势的影响相对较小。一般电化学反应都是在室温条件下进行的，而由温度变化引起的电极电势变化较小，一般可以忽略不计，可直接用 298.15K 时的电极电势近似代替。显然，对于指定电极而言，其标准电极电势是一定值，有关物质的浓度或分压就成了影响实际电极电势的主要因素。浓度或分压对电极电势的影响关系式称为能斯特方程式。

3.2.3.2　浓度对电极电势的影响——能斯特方程式

在温度一定时，根据热力学等温式和电动势与吉布斯函数变间的关系可导出原电池电动势与浓度关系式。根据热力学等温式：

$$\Delta_r G_m = \Delta_r G_m^{\ominus} + RT\ln J$$

将第 3.1 节导出的公式：$\Delta_r G_m = -zFE$ 和 $\Delta_r G_m^{\ominus} = -zFE^{\ominus}$ 代入到上式可得：

$$E = E^{\ominus} - \frac{RT}{zF}\ln J$$

上式即为原电池电动势与浓度关系的能斯特方程式，它定量地表征了参与电池反应的所有物质的浓度或分压对电池电动势的影响。在许多情况下，我们更关注的是浓度或分压对电极电势的影响规律，即浓度对电极电势影响的能斯特方程式。

（1）浓度对电极电势影响的能斯特方程式的推导　要导出某电极的能斯特方程式，可将该电极与标准氢电极组成一原电池，再依据原电池电动势与浓度关系的能斯特方程式导出。下面以氧化还原电极 $Pt|Sn^{4+},Sn^{2+}$ 为例，进行推导。

电极 $Pt|Sn^{4+},Sn^{2+}$ 与标准氢电极组成如下原电池：

$$(-)Pt|H_2(100kPa)|H^+(1mol\cdot kg^{-1})\|Sn^{4+},Sn^{2+}|Pt(+)$$

电池反应为

$$Sn^{4+}+H_2(100kPa)=\!=\!=Sn^{2+}+2H^+(1mol\cdot kg^{-1})$$

根据公式：$E=E^{\ominus}-\dfrac{RT}{zF}\ln J$ 得

$$E(Sn^{4+}/Sn^{2+})-E^{\ominus}(H^+/H_2)=E^{\ominus}(Sn^{4+}/Sn^{2+})-E^{\ominus}(H^+/H_2)-\frac{RT}{zF}$$

$$\ln\left\{\left[\frac{b(H^+)}{b^{\ominus}}\right]^2\left[\frac{b(Sn^{2+})}{b^{\ominus}}\right]\left[\frac{b(Sn^{4+})}{b^{\ominus}}\right]^{-1}\left[\frac{p(H_2)}{p^{\ominus}}\right]^{-1}\right\}$$

$$E(Sn^{4+}/Sn^{2+})=E^{\ominus}(Sn^{4+}/Sn^{2+})-\frac{RT}{zF}\ln\left[\frac{b(Sn^{2+})/b^{\ominus}}{b(Sn^{4+})/b^{\ominus}}\right]$$

上式即为电极 $Pt|Sn^{4+},Sn^{2+}$ 的电极电势与浓度关系的能斯特方程式。

（2）浓度对电极电势影响的能斯特方程式　对于不同的电极，其能斯特方程式的表示不尽相同。任一电极的能斯特方程式均可通过与标准氢电极组成原电池，然后依据上面的推导方法得出。对于电极反应：

$$m\,Ox+a\,A+b\,B\cdots+ze^-\rightleftharpoons n\,Red+g\,G+f\,F+\cdots$$

根据上面的推导过程，可得出能斯特方程式为

$$E(Ox/Red)=E^{\ominus}(Ox/Red)-\frac{RT}{zF}\ln\frac{\left[\frac{b(Red)}{b^{\ominus}}\right]^n\left[\frac{b(G)}{b^{\ominus}}\right]^g\left[\frac{b(F)}{b^{\ominus}}\right]^f\cdots}{\left[\frac{b(Ox)}{b^{\ominus}}\right]^m\left[\frac{b(A)}{b^{\ominus}}\right]^a\left[\frac{b(B)}{b^{\ominus}}\right]^b\cdots}$$

298.15K 时，上式可表示为

$$E(Ox/Red)=E^{\ominus}(Ox/Red)-\frac{0.05917}{z}\lg\frac{\left[\frac{b(Red)}{b^{\ominus}}\right]^n\left[\frac{b(G)}{b^{\ominus}}\right]^g\left[\frac{b(F)}{b^{\ominus}}\right]^f\cdots}{\left[\frac{b(Ox)}{b^{\ominus}}\right]^m\left[\frac{b(A)}{b^{\ominus}}\right]^a\left[\frac{b(B)}{b^{\ominus}}\right]^b\cdots}$$

例如：金属电极 M^{z+}/M，其电极反应为 $M^{z+}(aq)+ze^-\rightleftharpoons M(s)$，298.15K 时能斯特方程式可表示为

$$E(M^{z+}/M)=E^{\ominus}(M^{z+}/M)-\frac{0.05917}{z}\lg\frac{1}{b(M^{z+})/b^{\ominus}}$$

又如氢电极，其电极反应为 $2H^+(aq)+2e^-\rightleftharpoons H_2(g)$，298.15K 时能斯特方程式可表示为

$$E(H^+/H_2)=E^{\ominus}(H^+/H_2)-\frac{0.05917}{2}\lg\frac{p(H_2)/p^{\ominus}}{[b(H^+)/b^{\ominus}]^2}=-\frac{0.05917}{2}\lg\frac{p(H_2)/p^{\ominus}}{[b(H^+)/b^{\ominus}]^2}$$

再如电极 MnO_4^-/Mn^{2+}，其电极反应为：

$$MnO_4^-(aq)+8H^+(aq)+5e^- \rightleftharpoons Mn^{2+}(aq)+4H_2O(l)$$

298.15K 时能斯特方程式可表示为

$$E(MnO_4^-/Mn^{2+})=E^{\ominus}(MnO_4^-/Mn^{2+})-\frac{0.05917}{5}\lg\frac{[b(Mn^{2+})/b^{\ominus}]}{[b(MnO_4^-)/b^{\ominus}][b(H^+)/b^{\ominus}]^8}$$

书写电极电势的能斯特方程时，应注意下列几点：

① 在电极反应中，若有固体或液体物质参与反应，则这些物质的相对浓度在反应中可看作不变，在能斯特方程中相应于该物质的浓度项不必列出。

② 电极反应方程式中，若物质的反应系数不为 1，则能斯特方程中，相应于该物质的相对浓度项，应以其相应的反应系数为指数代入。

③ 电极反应若涉及气态物质，则能斯特方程中用气体的相对分压（$p/p^{\ominus}$）代入。

④ 若电极反应中除了直接发生氧化还原反应的物质外，还有其他离子（如 H^+、OH^-、Cl^- 等）参与电极反应时，这些物质的相对浓度也应在能斯特方程中得到体现，其规则是，根据实际的电极反应方程式来判断，若该种离子出现在电极反应方程式的氧化态物质一边，就当氧化态物质一样处理；若在还原态物质一边出现，就当作还原态物质一样处理。

【例 3-1】 计算在 298.15K 时，由银片浸入 $0.1mol\cdot kg^{-1}$ 硝酸银溶液中组成的 Ag^+/Ag 电极的电极电势。若在硝酸银溶液中加入固体 NaCl，使得溶液中 Cl^- 浓度为 $0.1mol\cdot kg^{-1}$，求此时 Ag 电极的电极电势。[已知：$E^{\ominus}(Ag^+/Ag)=0.8V$，$K_s^{\ominus}(AgCl)=1.77\times10^{-10}$]

解　电极反应方程式为 $Ag^+(aq)+e^- \rightleftharpoons Ag(s)$，298.15K 时能斯特方程式为

$$E(Ag^+/Ag)=E^{\ominus}(Ag^+/Ag)-0.05917\lg\frac{1}{b(Ag^+)/b^{\ominus}}$$

将 $E^{\ominus}(Ag^+/Ag)=0.8V$ 和 $b(Ag^+)=0.1mol\cdot kg^{-1}$ 代入可得：

$$E(Ag^+/Ag)=0.8-0.05917\lg\frac{1}{0.1/1}\approx0.74\ (V)$$

在硝酸银溶液中，加入 NaCl 后，因形成 AgCl 沉淀，Ag^+ 浓度降低。根据沉淀溶解平衡可得：

$$\frac{b(Ag^+)}{b^{\ominus}}=\frac{K_s^{\ominus}}{b(Cl^-)/b^{\ominus}}=\frac{1.77\times10^{-10}}{0.1/1}=1.77\times10^{-9}$$

$$E(Ag^+/Ag)=0.8-0.05917\lg\frac{1}{1.77\times10^{-9}}\approx0.28\ (V)$$

答：银电极的电极电势为 0.74V；加入 NaCl 后电极电势为 0.28V。

【例 3-2】 在 298.15K 时，将铂片插入含 $Cr_2O_7^{2-}$ 和 Cr^{3+} 的溶液中，即构成一个电极，设电极反应中除 H^+ 外，其余离子的浓度均为 $1mol\cdot kg^{-1}$。若该电极反应在 pH=3.0 的溶液中进行，求此电极的电极电势。

解　电极反应为 $Cr_2O_7^{2-}(aq)+14H^+(aq)+6e^- \rightleftharpoons 2Cr^{3+}(aq)+7H_2O(l)$

对应的能斯特方程式为

$$E(Cr_2O_7^{2-}/Cr^{3+})=E^{\ominus}(Cr_2O_7^{2-}/Cr^{3+})-\frac{0.05917}{6}\lg\frac{[b(Cr^{3+})/b^{\ominus}]^2}{[b(Cr_2O_7^{2-})/b^{\ominus}][b(H^+)/b^{\ominus}]^{14}}$$

查表可知：$E^{\ominus}(Cr_2O_7^{2-}/Cr^{3+})=1.232V$，

依题意，$b(Cr_2O_7^{2-})=b(Cr^{3+})=1mol\cdot kg^{-1}$，$b(H^+)=10^{-3}mol\cdot kg^{-1}$，所以

$$E(Cr_2O_7^{2-}/Cr^{3+})=1.232-\frac{0.05917}{6}\lg\frac{1^2}{1\times(10^{-3}/1)^{14}}=0.82\ (V)$$

答：该电极的电极电势为 0.82V。

从上述两个例子可以看出：

① 由于浓度或分压项在对数项中且要乘以系数 0.05917/z，所以在通常情况下，决定电极电势高低的主要因素不是相关物质的浓度，而是其标准电极电势值（即组成电极的电对的本性），相关离子浓度的变化对电极电势的影响比较小；但当形成沉淀时，离子浓度大幅下降，从而导致电极电势有较大的下降。

② 当电极反应中有 H^+ 或 OH^- 参与时，在能斯特方程式中它们的次幂高，故酸度的改变对电极电势的影响比较显著。不过，对于无 H^+ 或 OH^- 参与的电极反应，酸度对这些电极的电极电势无影响。

3.2.4 电极电势的应用

电极电势值包括标准电极电势值和非标准态下求得的电极电势值，是电化学十分重要的数据。它是电对组分氧化还原能力高低的标志，在电化学领域有着广泛而重要的应用。

3.2.4.1 判断原电池的正、负极和计算原电池的电动势

任何原电池总是由两个电极所组成。组成原电池的正、负电极的电势差值就是原电池的电动势。按物理学规定，原电池的电动势恒为正值，所以总是由电极电势高的电对构成电池的正极，而由电极电势低的电对构成电池的负极。因此，只需求得指定状态下该两组电对的实际电极电势值，即可确定原电池的正负极，并求出原电池的电动势 E：

$$E=E_+-E_-$$

【例 3-3】 判断下列两电极所组成的原电池的正、负极，并计算电池在 298.15K 时的电动势：(1) $Pt|O_2(21kPa)|OH^-(10^{-7}mol \cdot kg^{-1})$；（2）$Pt|O_2(0.01kPa)|OH^-(10^{-7}mol \cdot kg^{-1})$ [已知 $E^{\ominus}(O_2/OH^-)=0.401V$]。

解 氧电极的电极反应为 $O_2(g)+2H_2O(l)+4e^- \rightleftharpoons 4OH^-$

根据能斯特方程式，可分别计算两电极的电极电势：

电极 1

$$E_1(O_2/OH^-)=E^{\ominus}(O_2/OH^-)-\frac{0.05917}{4}\lg\frac{[b(OH^-)/b^{\ominus}]^4}{p(O_2)/p^{\ominus}}$$

$$=0.401-\frac{0.05917}{4}\lg\frac{(10^{-7}/1)^4}{21/100}=0.81\ (V)$$

电极 2

$$E_2(O_2/OH^-)=0.401-\frac{0.05917}{4}\lg\frac{(10^{-7}/1)^4}{0.01/100}=0.76\ (V)$$

因为 $E_1(O_2/OH^-)>E_2(O_2/OH^-)$，电极 1 为正极，电极 2 为负极。电池符号为

$$(-)Pt|O_2(0.01kPa)|OH^-(10^{-7}mol \cdot kg^{-1})||OH^-(10^{-7}mol \cdot kg^{-1})|O_2(21kPa)|Pt(+)$$

其电动势 $E=E_+-E_-=0.81-0.76=0.05\ (V)$

答：氧气分压大的为正极、分压小的为负极；原电池电动势为 0.05V。

这种电极组成相同、仅氧气分压不同的由氧电极所组成的电池称为氧浓差电池（oxygen differential concentration cell）。虽说氧浓差电池的电动势很小，无实用价值，但氧浓差电池在金属的腐蚀中的作用是不可忽视的，是金属发生电化学腐蚀的主要原因之一。

3.2.4.2 比较氧化剂和还原剂的相对强弱

附录5列出的标准电极电势表是按电极电势代数值由小到大依次排列的。从表可以看出，对于氧化态物质，自上而下，氧化性增强；对于还原态物质，自上而下，还原性减弱。排列在标准电极电势表左下方的氧化态物质具有较强的氧化性，能够氧化排列在标准电极电势表右上方的还原态物质；而排列在标准电极电势表右上方的还原态物质具有较强的还原性，能够还原排列在标准电极电势表左下方的氧化态物质。对于给定电极电势的一组电对，可根据电极电势值确定各电对组分物质在相应状态下的氧化还原能力的强弱：

① 电极电势代数值大，该电对的氧化态物质是较强的氧化剂，其对应的还原态物质是较弱的还原剂；

② 电极电势代数值小，该电对的还原态物质易失去电子，是较强的还原剂，其对应的氧化态物质难得到电子，是较弱的氧化剂；

③ 条件改变时，电对组分物质的氧化性和还原性有可能发生变化。

例如，有下列三个电对：

a. 电对 I_2/I^- 的电极反应为 $I_2+2e^- \rightleftharpoons 2I^-$，$E^{\ominus}(I_2/I^-)=0.536V$

b. 电对 Fe^{3+}/Fe^{2+} 的电极反应为 $Fe^{3+}+e^- \rightleftharpoons Fe^{2+}$，$E^{\ominus}(Fe^{3+}/Fe^{2+})=0.771V$

c. 电对 Br_2/Br^- 的电极反应为 $Br_2+2e^- \rightleftharpoons 2Br^-$，$E^{\ominus}(Br_2/Br^-)=1.066V$

从它们的标准电极电势可以看出，在标准状态下，Br_2 是最强的氧化剂，I^- 是最强的还原剂。

各氧化态物质氧化能力的顺序为 $Br_2>Fe^{3+}>I_2$

各还原态物质还原能力的顺序为 $I^->Fe^{2+}>Br^-$

【例3-4】 根据标准电极电势，确定金属Fe、Co、Ni、Cr、Mn、Zn、Pb在水溶液中的活动性顺序。

解 查标准电极电势表可知：

$E^{\ominus}(Fe^{2+}/Fe)=-0.440V$ $E^{\ominus}(Cu^{2+}/Cu)=-0.277V$ $E^{\ominus}(Ni^{2+}/Ni)=-0.246V$

$E^{\ominus}(Pb^{2+}/Pb)=-0.126V$ $E^{\ominus}(Cr^{3+}/Cr)=-0.74V$ $E^{\ominus}(Zn^{2+}/Zn)=-0.763V$

$E^{\ominus}(Mn^{2+}/Mn)=-1.18V$

由以上数据可知，金属的还原性次序（即金属活动性次序）为 Mn>Zn>Cr>Fe>Co>Ni>Pb

3.2.4.3 判断氧化还原反应进行的方向

任何氧化还原反应都可看成是由一个氧化半反应和一个还原半反应组合而成的。因此可把任何一个氧化还原反应拆分成氧化和还原两部分，每一个半反应就是一个电对的电子得失过程。通过比较两个电对的电极电势值的大小，就可判断氧化还原反应的方向：电极电势较高的氧化态物质作氧化剂氧化电极电势较低的还原态物质的反应是自发的。若将两电对组成原电池，根据公式 $\Delta_r G_m=-zFE$ 可知：

若电动势 $E>0$，则电池反应的 $\Delta_r G_m<0$，反应能够自发进行；

若电动势 $E=0$，则电池反应的 $\Delta_r G_m=0$，反应处于平衡态；

若电动势 $E<0$，则电池反应的 $\Delta_r G_m>0$，逆方向能够自发进行。

【例3-5】 在298.15K时，若溶液的pH=4，除 H^+ 外，其他参与反应的离子的浓度均为 $1mol\cdot kg^{-1}$，通过计算判断反应 $Cr_2O_7^{2-}(aq)+14H^+(aq)+6Br^-(aq) = 2Cr^{3+}(aq)+Br_2(aq)+7H_2O(l)$ 能否自发进行。

解 查表可知：$E^{\ominus}(Cr_2O_7^{2-}/Cr^{3+})=1.232V$，$E^{\ominus}(Br_2/Br^-)=1.066V$，假设反应正

向进行，则 $Cr_2O_7^{2-}/Cr^{3+}$ 为正极，Br_2/Br^- 为负极。

根据电对 $Cr_2O_7^{2-}/Cr^{3+}$ 的能斯特方程可求出该电对的电极电势：

$$E(Cr_2O_7^{2-}/Cr^{3+})=E^{\ominus}(Cr_2O_7^{2-}/Cr^{3+})-\frac{0.05917}{6}\lg\frac{[b(Cr^{3+})/b^{\ominus}]^2}{[b(Cr_2O_7^{2-})/b^{\ominus}][b(H^+)/b^{\ominus}]^{14}}$$

$$=1.232-\frac{0.05917}{6}\lg\frac{1^2}{1\times(10^{-4}/1)^{14}}=0.68\ (V)$$

而 $E(Br_2/Br^-)=E^{\ominus}(Br_2/Br^-)=1.066V$，故由反应组成的原电池的电动势为

$$E=E(Cr_2O_7^{2-}/Cr^{3+})-E(Br_2/Br^-)=0.68-1.066=-0.386\ (V)<0$$

答：反应不能自发进行（逆方向可以自发进行）。

【例 3-6】 判断反应 $MnO_2(s)+4HCl \rightleftharpoons MnCl_2+Cl_2(g)+2H_2O(l)$ 在标准状态下能否自发进行，并说明为什么实验室中可用浓盐酸和二氧化锰反应来制备氯气？

解　查标准电极电位表可知：$E^{\ominus}(MnO_2/Mn^{2+})=1.224V$，$E^{\ominus}(Cl_2/Cl^-)=1.358V$

比较可知，在标准状态下，反应不能自发进行（逆向可自发进行）。

若用浓盐酸，$b(H^+)=b(Cl^-)\approx 15.7mol\cdot kg^{-1}$，假设 $p(Cl_2)=100kPa$ 和 $b(Mn^{2+})=1mol\cdot kg^{-1}$

根据电对 MnO_2/Mn^{2+} 的能斯特方程可求出电对的电极电势：

$$E(MnO_2/Mn^{2+})=E^{\ominus}(MnO_2/Mn^{2+})-\frac{0.05917}{2}\lg\frac{b(Mn^{2+})/b^{\ominus}}{[b(H^+)/b^{\ominus}]^4}=1.36\ (V)$$

根据电对 Cl_2/Cl^- 的能斯特方程可求出电对的电极电势：

$$E(Cl_2/Cl^-)=E^{\ominus}(Cl_2/Cl^-)-\frac{0.05917}{2}\lg\frac{[b(Cl^-)/b^{\ominus}]^2}{p(Cl_2)/p^{\ominus}}=1.29\ (V)$$

答：由于 $E(MnO_2/Mn^{2+})>E(Cl_2/Cl^-)$，表明反应可以自发进行，即可用浓盐酸和 MnO_2 反应来制备 Cl_2。

需要指出的是，在实际制备过程中，反应系统中氯气的分压应比 100kPa 小很多，根据能斯特方程式，氯电对的电极电势还要更低，从而更有利于反应的自发进行。

3.2.4.4 判断氧化还原反应进行的程度

氧化还原反应的程度可用其标准平衡常数 $K^{\ominus}$ 的大小来表征。根据公式 $\Delta_r G_m^{\ominus}=-zFE^{\ominus}$ 和 $\ln K^{\ominus}=-\Delta_r G_m^{\ominus}/RT$ 可得：

$$\ln K^{\ominus}=\frac{zFE^{\ominus}}{RT}=\frac{zF(E_+^{\ominus}-E_-^{\ominus})}{RT}$$

298.15K 时，上式可化为

$$\lg K^{\ominus}=zE^{\ominus}/0.05917$$

由此可见，根据原电池的标准电动势或两极的标准电极电势，就可通过上式求出该原电池反应的标准平衡常数，从而可判断反应进行的程度。

【例 3-7】 计算反应 $Zn^{2+}(aq)+Cu(s) \rightleftharpoons Zn(s)+Cu^{2+}(aq)$ 在 298.15K 时的标准平衡常数。

解　将此反应组成原电池，查标准电极电势表可知：

$$E^{\ominus}(Zn^{2+}/Zn)=-0.762V,\ E^{\ominus}(Cu^{2+}/Cu)=0.3419V$$

故电池的标准电动势为 $E^{\ominus}=E^{\ominus}(Cu^{2+}/Cu)-E^{\ominus}(Zn^{2+}/Zn)=0.3419-(-0.762)\approx 1.1\ (V)$

$$\lg K^{\ominus}=zE^{\ominus}/0.05917=2.2/0.05917=37.18,K^{\ominus}=1.5\times10^{37}$$

答：反应在 298.15K 时的标准平衡常数为 1.5×10^{37}。

【例 3-8】 298.15K 时，Cu 电极与 Ag 电极组成原电池：

$$(-)Cu|Cu^{2+}(0.1mol\cdot kg^{-1})\parallel Ag^{+}(0.1mol\cdot kg^{-1})|Ag(+)$$

① 计算原电池的电动势和电池反应的平衡常数；

② 若向 Ag 半电池中加入硫酸钠固体使溶液中 $b(SO_4^{2-})$ 为 $0.1mol\cdot kg^{-1}$，此时 Ag 仍为正极，求此时原电池的电动势。[已知：$E^{\ominus}(Cu^{2+}/Cu)=0.3419V$、$E^{\ominus}(Ag^{+}/Ag)=0.80V$、$K_S^{\ominus}(Ag_2SO_4)=1.2\times10^{-5}$]

解　① 根据 Cu 电极的能斯特方程可求出其电极电势：

$$E(Cu^{2+}/Cu)=E^{\ominus}(Cu^{2+}/Cu)-\frac{0.05917}{2}\lg\frac{1}{b(Cu^{2+})/b^{\ominus}}$$

$$=0.3419-\frac{0.05917}{2}\lg\frac{1}{0.1/1}=0.31\ (V)$$

根据 Ag 电极的能斯特方程可求出其电极电势：

$$E(Ag^{+}/Ag)=E^{\ominus}(Ag^{+}/Ag)-0.05917\lg\frac{1}{b(Ag^{+})/b^{\ominus}}=0.80-0.05917\lg\frac{1}{0.1/1}=0.74\ (V)$$

故电池的电动势为 $E=E(Ag^{+}/Ag)-E^{\ominus}(Cu^{2+}/Cu)=0.74-0.31=0.43\ (V)$

$$\lg K^{\ominus}=zE^{\ominus}/0.05917=2\times(0.8-0.34)/0.05917=15.5,K^{\ominus}=3.2\times10^{15}$$

② 在 Ag 电极中加入 Na_2SO_4 会产生 Ag_2SO_4 沉淀，达到沉淀溶解平衡时，有：

$$K_S^{\ominus}(Ag_2SO_4)=[b(Ag^{+})/b^{\ominus}]^2[b(SO_4^{-})/b^{\ominus}]=[b(Ag^{+})/b^{\ominus}]^2[0.1/1]=1.2\times10^{-5}$$

$$b(Ag^{+})/b^{\ominus}=\sqrt{1.2\times10^{-4}}=0.011$$

$$E(Ag^{+}/Ag)=0.80-0.05917\lg\frac{1}{0.011}\approx0.68\ (V)$$

故电池的电动势为 $E=E(Ag^{+}/Ag)-E^{\ominus}(Cu^{2+}/Cu)=0.68-0.31=0.37\ (V)$

答：原电池电动势为 0.43V、电池反应标准平衡常数为 3.2×10^{15}；加入硫酸钠后电池电动势为 0.37V。

3.3　电解

前面讨论过，对于吉布斯函数变小于零的任何一个氧化还原反应都可以设计成一个原电池，使自发反应的化学能直接转化为电能。然而对于吉布斯函数变大于零的氧化还原反应，反应在无外界帮助的情况下是不能自发进行的，但若利用外电流对反应系统做电功，即反应系统得到电功，反应就可以进行，从而实现电能到化学能的转变。实现电能向化学能的转变过程称为电解（electrolysis）。

3.3.1　电解原理和电解池

电解通常是利用外加直流电通过电解质溶液或电解质熔融液来引起非自发氧化还原反应的进行。例如，水分解成氧气和氢气的反应 $2H_2O(l)=2H_2(g)+O_2(g)$ 不能自发进行，但人们可以外加直流电迫使水分解，这就是水的电解过程。我们把借助直流电实现电解的装置，即把电能转变成化学能的装置称为电解池（electrolysis cell）或电解槽，如图 3-5 所示。

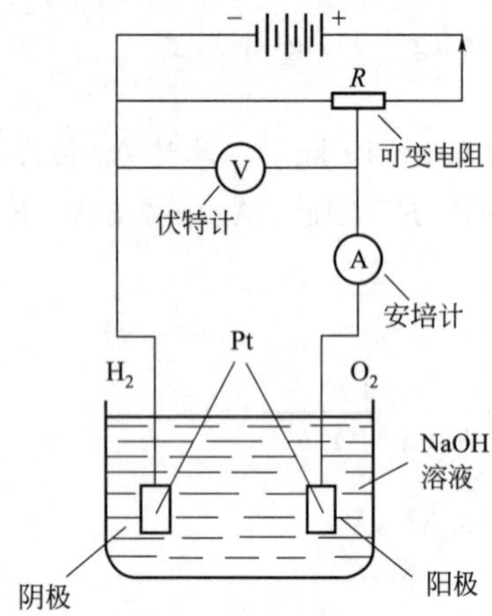

图 3-5 电解池示意图

在电解池中，与直流电源正极相连的电极称为阳极（cathode），与直流电源负极相连的电极称为阴极（anode）。由外电源提供的直流电通过阳极流入电解池，再经过电解池中的电解质流向阴极，并由阴极流回电源的负极。电解池的阳极与外电源正极相连，带正电，是缺电子的。因而在电解池阳极上发生的总是氧化反应。而电解池的阴极与外电源负极相连，带负电，是富电子的。因而在电解池阴极上发生的电极反应总是还原反应。

以电解水为例（实际上是电解稀 NaOH 溶液），水本身存在微弱的质子自递反应生成水合质子和氢氧根离子，因此电解池中水合质子和氢氧根离子分别向阴极和阳极移动，并在两极上得到电子或失去电子而放电（discharge），发生如下电极反应：

阳极：$4OH^-(aq) = 2H_2O(l) + O_2(g) + 4e^-$

阴极：$2H^+(aq) + 2e^- = H_2(g)$

总的电解反应：$4OH^-(aq) + 4H^+(aq) = 2H_2O(l) + O_2(g) + 2H_2(g)$

3.3.2 分解电压和超电势

3.3.2.1 分解电压和析出电势

当外加在电解池两个电极间的电压较低时，通过电解池的电流密度很小，通常并不能使电解发生。欲使电解发生，需要逐渐提高外加电压。当外加电压增加到某一阈值后，电解才能正常进行，表现在通过电解池的电流密度迅速增大。以电解池两极间的电压对流过电解池的电流密度作图（见图 3-6），可以看出，随外加电压的增加，开始电流密度很低，表明电解并未开始，当外加电压达某一阈值（D）之后，电流密度迅速上升，曲线出现一个突跃，表明电解实际开始，这以后可以观察到电解造成的各种变化。这样一个保证电解真正开始，并能顺利进行下去所需的最低外加电压称为分解电压（decomposition voltage），用 $E_{分解}$ 表示。分解电压的大小，主要取决于被电解物质的本性，也与其浓度有关。当外加于两极间的电压为分解电压时，电解池两个电极上的电势分别称为阳极和阴极的析出电势，用 $E_{析出}$ 表示。分解电压和析出电势间的关系为：

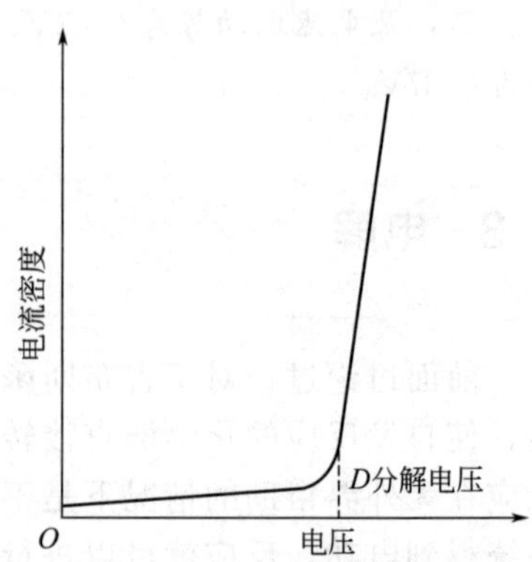

图 3-6 电流密度-电压曲线

$$E_{分解} = E_{析出}(阳极) - E_{析出}(阴极)$$

电解发生需要克服分解电压的原因是电解产生的产物同电解质溶液可形成一个原电池，此原电池的电动势即为理论的分解电压。例如，以 Pt 为电极电解水时，电解水产生的氢气和氧气分别吸附在 Pt 电极上，形成氢电极和氧电极组成的原电池：

$$(-)Pt|H_2(g)|NaOH(aq)|O_2(g)|Pt(+)$$

假如 NaOH 溶液的浓度为 $0.1\text{mol}\cdot\text{kg}^{-1}$，则有：

$$b(\text{OH}^-)=0.1\text{mol}\cdot\text{kg}^{-1},\ b(\text{H}^+)=K_\text{W}^{\ominus}/b(\text{OH}^-)=10^{-13}\text{mol}\cdot\text{kg}^{-1}$$

若 $p(\text{O}_2)=p(\text{H}_2)=p^{\ominus}$，根据能斯特方程式可求出氧电极和氢电极的电极电势：

$$E(\text{O}_2/\text{OH}^-)=E^{\ominus}(\text{O}_2/\text{OH}^-)-\frac{0.05917}{4}\lg\frac{[b(\text{OH}^-)/b^{\ominus}]^4}{p(\text{O}_2)/p^{\ominus}}$$

$$=0.40-\frac{0.05917}{4}\lg\frac{(0.1/1)^4}{p^{\ominus}/p^{\ominus}}=0.46\ (\text{V})$$

$$E(\text{H}^+/\text{H}_2)=E^{\ominus}(\text{H}^+/\text{H}_2)-\frac{0.05917}{2}\lg\frac{p(\text{H}_2)/p^{\ominus}}{[b(\text{H}^+)/b^{\ominus}]^2}$$

$$=0-\frac{0.05917}{2}\lg\frac{p^{\ominus}/p^{\ominus}}{(10^{-13}/1)^2}=-0.77\ (\text{V})$$

$$E=E(\text{O}_2/\text{OH}^-)-E(\text{H}^+/\text{H}_2)=0.46-(-0.77)=1.23\ (\text{V})$$

该氧电极和氢电池组成的原电池的电动势为 1.23V，其方向同外加电压方向相反，是电解发生所需的理论分解电压，要使电极顺利进行，外加电压必须克服这一反向电动势。当外加电压开始大于理论分解电压时，电解似乎能够发生，但实际上电解水所需的分解电压为 1.7V，大大高于理论分解电压，这种超出理论分解电压的部分，称为电解的超电压（over voltage）。究其原因除内阻引起电压降外，主要是电极的极化所致。

3.3.2.2　超电势与电极的极化作用

当电极无电流通过时，电极反应处于平衡状态，其电极电势为平衡电极电势。因电极上的过程为不可逆过程（非平衡态过程），随着电极上电流密度的增加，电极电势越来越偏离平衡电极电势。这种因电流通过电极所产生的电极电势偏离平衡电极电势的现象称为电极的极化（electrode polarization），此时的电极电势称为不可逆电极电势（irreversible electrode potential）或极化电极电势。在某一电流密度下，极化电极电势与平衡电极电势之差的绝对值称为超电势（over potential），用 η 表示。

由于实际电解过程中两电极存在的极化作用导致超电势的存在，因此导致了电解的实际分解电压大于理论分解电压，产生了超电压。电解池的超电压等于电解池两电极上的超电势之和。电极的极化作用主要包括浓差极化和电化学极化。

在电解过程中，由于离子在电极上放电，使得电极附近该离子浓度降低，而溶液本体中的该种离子却由于扩散速率较慢来不及及时补充，造成该类放电离子在电极附近的实际浓度低于溶液中的实际浓度，这样一种浓度差是不利于该离子进一步放电的。为此就必须消耗一定的能量来克服这种浓度差所造成的障碍，这就导致了电极的极化。这种极化称为浓差极化。浓差极化可通过搅拌和升温来加以降低。

在电极的放电过程中，由于其中某一环节（或几个环节），如离子放电变成原子、原子结合成分子或分子聚集成气泡、气泡长大、气泡离开极板等受到阻滞，使整个放电过程变得更为困难，由此引起的极化称为电化学极化。电化学极化目前尚无法克服与消除。

由于电极的浓差极化和电化学极化等作用，产生了超电势。影响超电势的因素主要包括：

① 电解产物的本性。除 Fe、Co 和 Ni 外，金属的超电势一般较小；气体的超电势较高，而氢气和氧气的超电势更高。

② 电极材料及其表面状态。同一电解产物在不同的电极上的超电势不同，即使是同一电极，表面状态不同时，超电势也有不同。

③ 电流密度。一般电流密度越高，超电势越大。

总之，阳极极化结果使得实际析出电势要比理论析出电势更高或更正，而阴极极化结果使得实际析出电势要比理论析出电势更低或更负。电解池实际的外加电压包括理论分解电压、阳极超电势、阴极超电势以及内阻引起的电压降。

3.3.3 电解的产物

电解熔融电解质的情况比较简单，两极的产物分别是两种离子的放电产物。然而大多数的电解是在水溶液中进行的，在同一电极上可以发生放电的物质不止一种，因此就存在一个放电的先后次序问题。例如，在电解质水溶液中，除了电解质的离子外，还存在由于水解离产生的水合 H^+ 和 OH^-。因此，在阴极上可能放电的正离子通常有金属离子和 H^+，而在阳极上可能放电的物质包括酸根离子、OH^-或金属电极本身（Pt、Au 等除外）。

在这些可能发生的电极过程中，究竟哪一种电解反应会优先发生，这可根据电解产物的实际析出电势的高低来判断。在阳极上发生的是氧化反应，优先在阳极上放电的物质必然是电解液中最易失去电子的物质，即实际析出电势最低的电对中的还原态物质；在阴极上发生的是还原反应，在所有可在阴极放电的电对中，实际析出电势最高的电对的氧化态物质，是得电子能力最强的物质，必将优先在阴极放电而被还原。电解池中各种可能放电物质的实际析出电势，可由其理论析出电势及其在电极上放电时的超电势估算出来，据此可以判断电解的实际产物。

3.3.3.1 阳极产物

综合考虑阳离子的理论析出电势、超电势、电极材料的特性、离子浓度等因素，可总结出阳极产物的一般规律：

① 当用石墨或其他惰性物质做电极，电解卤化物、硫化物等盐类时，系统中可能在阳极放电的负离子主要是 OH^- 以及卤素负离子 X^- 或硫负离子 S^{2-}，在这种情况下，阳极通常是卤素或硫单质析出。

② 当用石墨或其他惰性物质做电极，电解含氧酸盐的水溶液时，系统中可能在阳极放电的负离子主要是 OH^- 及相应的含氧酸根离子，此时阳极通常是 OH^- 放电，析出氧气。

③ 当用一般金属（Pt、Au 等很不活泼的金属除外）做阳极进行电解时，通常发生阳极溶解：

$$M(s) = M^{z+}(aq) + ze^-$$

3.3.3.2 阴极产物

综合考虑阴离子的理论析出电势、超电势、电极材料的特性、离子浓度等因素，可总结出阴极产物的一般规律：

① 当电解活泼金属（电动序中位于铝前面的金属）的盐溶液时，在阴极上总是 H^+ 优先放电，析出氢气。

② 当电解不活泼金属（电动序中位于氢后面的金属）的盐溶液时，在阴极上发生金属离子放电，析出相应的金属。

③ 当电解不太活泼的金属（电动序中位于氢前面不太远的金属，如铁、锌、镍、镉、锡、铅等）盐溶液时，在阴极上究竟是 H^+ 还是金属离子优先被还原，受多方面因素影响，需要综合考虑。

3.3.4 电解的应用

电解的应用十分广泛。工业中利用电解原理来精炼铜、镍等金属，还可利用电解对材料进行加工和进行表面处理，如电镀、电铸、电沉积、电抛光、电解切削等。

3.3.4.1 金属的电解冶炼和精炼

通过电解提取与精炼金属的方法主要用于有色金属，包括：铜、锌、镍等重金属；铝、镁、钠等轻金属；金、银、铂等贵金属和某些稀有金属。电解冶炼的优点是具有很高的选择性、可获得高纯金属、能回收有用的金属、生产过程容易实现连续化和自动化等，缺点是能耗高，尽管如此，电解冶炼和精炼仍是目前有色金属的最重要的制备方法。

例如，电解法精炼铜时，用硫酸铜溶液做电解液，粗铜板（含有 Zn、Fe、Ni、Ag、Au 等杂质）做阳极，薄的纯铜片（预先经过提纯的紫铜片）做阴极。随电解的进行，阳极板的粗铜及其中夹杂的少量活泼金属杂质（Zn、Fe、Ni 等金属）都发生了阳极溶解，以离子形式进入溶液，而粗铜中所含的不活泼金属杂质（如 Au、Ag 等贵重金属）则不溶解，但也从阳极板上掉下来，沉积在阳极附近的电解池底部，形成阳极泥。从阳极泥中可以富集回收贵重金属。而进入溶液中的活泼金属离子如 Zn^{2+}、Ni^{2+}、Fe^{2+} 等离子，由于其本身较 Cu^{2+} 更难被还原，相对浓度又低，则不会在阴极上放电析出，故在阴极上只有 Cu^{2+} 被还原成铜析出，这样在阴极上沉积得到的是纯度很高的铜（含铜量大于 99.9%），达到电解提纯的目的。

3.3.4.2 电镀

为了提高金属或合金制品的装饰性、耐蚀性等，常用电解的方法，在其表面镀上一层其他金属，这一过程称为电镀（electroplating）。例如，在钢管上镀锌（提高钢管的耐蚀性），以钢管镀件作为阴极，金属锌片作为阳极，两电极浸入 $Na_2[Zn(OH)_4]$ 溶液中，并接直流电源进行电镀。选择 $Na_2[Zn(OH)_4]$ 溶液，是因为配离子 $[Zn(OH)_4]^{2-}$ 解离出的 Zn^{2+} 浓度较低，可控制锌在镀件上的析出速率和晶核生长速率，从而使镀层细致光亮，同时，Zn^{2+} 浓度的降低，可促使 $[Zn(OH)_4]^{2-}$ 的解离，以保持溶液中 Zn^{2+} 浓度的稳定。

目前电镀已不仅仅限于金属镀件，在塑料（如尼龙、聚四氟乙烯等）上也可进行电镀。其过程是将塑料表面活化处理后，用化学沉积法在塑料表面形成很薄的导电层，再把塑料置于电镀槽的阴极，镀上金属，使塑料制品能够导电、导磁、有金属光泽，同时其机械性能也得到提高。

需要指出的是，所有电镀都需要选择适宜的电解液、电镀工艺等来提高效率和改善镀层质量。

3.3.4.3 电抛光

电抛光是在电解过程中，利用金属表面凸出部分的溶解速率大于金属表面凹入部分的溶解速率，从而使金属表面平滑光亮。电抛光时，工作件作阳极，铅板作阴极，两极浸入含有磷酸、硫酸和 CrO_3 的电解液中进行电解。

3.3.4.4 电解加工

电解加工是利用金属在电解中可发生溶解的原理，将工件加工成形。电解加工时，工件为阳极，模件为阴极，两极间距很小（0.1～1mm），使高速流动的电解液通过，以达到输送电解液和带走电解产物的作用，阳极金属能较大量地溶解，最后成为与阴极模件表面相吻合的形状。

3.4 金属的腐蚀与防护

金属材料及其制品在周围环境的作用下，由于发生化学作用或电化学作用而被破坏，叫作金属腐蚀（metallic corrosion）。金属腐蚀现象十分普遍，它所造成的损失是惊人的。据统计，全世界每年因腐蚀损失的金属材料约1亿吨，相当于其年产量的20%～40%。也有人估计，全世界每年冶金产品约1/3将因腐蚀而报废，其中约2/3可回收利用，其余的则散落分散于地球的表面，这仅是直接的经济损失，因金属腐蚀而引起的设备损坏或质量下降、环境污染、各种灾难等所造成的间接经济损失更是无法估量。目前，海军的武器装备平台仍主要是钢铁所制造的，而它们长期同海洋环境接触，腐蚀问题相当严重，应引起我们足够的重视。

众所周知，自然界中的氧化物和盐是金属最稳定的存在形式，即绝大多数金属在自然界中以化合物的形式存在。冶炼是人们通过做功或氧化还原反应使金属从能量较低的化合态转变成能量较高的单质态的过程，例如，天然铁矿石和CO的高温反应可用于钢铁的冶炼。金属的腐蚀则是金属单质变成金属化合物的过程，可以看成是冶炼的逆过程。从热力学上看，金属腐蚀的过程是一个自发的普遍存在的自然过程，也就是说，金属有自发变成其氧化物和盐的趋势，而实现这个变化的过程则属于动力学范畴。虽说金属发生腐蚀的趋势是不可变的，但这个过程的快慢（腐蚀速率）是可以控制的，因此研究金属腐蚀产生的机理以及怎样防止和延缓腐蚀具有十分重要的意义。

3.4.1 金属腐蚀的类型

金属腐蚀的本质是金属失去电子成为离子或氧化物的过程，为典型氧化还原过程。按照金属腐蚀起因的不同，金属腐蚀可分为化学腐蚀和电化学腐蚀。

3.4.1.1 化学腐蚀

金属在高温下与腐蚀性气体或非电解质发生单纯的化学反应所引起的破坏现象，即单纯化学作用而非电化学作用引起的腐蚀，称为化学腐蚀（chemical corrosion）。

化学腐蚀在金属的加工、铸造、热处理过程中是经常遇到的。例如，在高温轧制、铸压等过程中钢铁制品表面的腐蚀。实际上，钢铁在常温和干燥条件下与氧气的反应速率极低，即腐蚀速率极低，几乎觉察不到氧化铁皮的生成。但在高温下，钢铁被氧化的速率较快，在表面会产生疏松的氧化铁皮碎片（一种由FeO、Fe_2O_3和Fe_3O_4组成的混合物），同时还会发生钢铁的脱碳现象（所谓脱碳指的是渗碳体Fe_3C与氧气、二氧化碳等气体反应生成Fe和CO，从而脱去碳的现象）。高温下的气体腐蚀是最为常见的化学腐蚀。此外，化学腐蚀还容易发生在内燃机气门、气轮机叶片、发动机排气管等高温场所。除高温气体腐蚀外，金属在非电解质中的腐蚀（如石油中的硫化物对管道的腐蚀、金属在非水有机液体中的腐蚀等）也属于化学腐蚀。

3.4.1.2 电化学腐蚀

当金属和电解质溶液接触时，因电化学作用而引起的腐蚀叫作电化学腐蚀（electrochemical corrosion)。与化学腐蚀不同，电化学腐蚀是由于形成腐蚀电池而引起的，是最主要的腐蚀形式。例如金属在酸碱盐溶液中、土壤中、潮湿大气中以及海水中的腐蚀都属于电化学腐蚀。按习惯约定，腐蚀电池的两极称为阳极和阴极；进行氧化反应的电极，通常叫作阳极；进行还原反应的电极，通常叫作阴极。

3.4.2　金属的电化学腐蚀

金属的电化学腐蚀是由于形成腐蚀电池所引起的腐蚀，作为腐蚀电池阳极的金属被腐蚀。金属的电化学腐蚀是最常见、最普遍的腐蚀形式，也就是说，金属材料及其制品所发生的绝大多数腐蚀都是电化学腐蚀。因此，有必要理解金属电化学腐蚀机理。

3.4.2.1　腐蚀电池

金属电化学腐蚀的发生离不开腐蚀电池。腐蚀电池形成的必要条件是：两极存在电势差以及同电解质溶液接触。主要有两种方式导致两极产生电势差：一是异种金属接触产生电势差；二是浓差电势差。因此，腐蚀电池主要可分为异种金属接触腐蚀电池和氧浓差腐蚀电池。

若两种不同的金属短路接触，因金属的活泼性或电极电势的不同，同电解质溶液接触时，就会形成异种金属接触腐蚀电池，电极电势低的金属作为该腐蚀电池的阳极而被腐蚀。例如，舰船的螺旋桨许多是用青铜（Cu-Zn 合金）制造的，而连接螺旋桨的轴一般由铸铁制造，两者若绝缘不好，在海水中就可能形成 Cu-Fe 腐蚀电池，因铸铁的电极电势比青铜的电极电势低，故轴作为腐蚀电池的阳极被腐蚀。再如镀锡铁，若镀层被损坏，铁同电解质接触时，就可形成腐蚀电池，由于铁电极电势比锡低，铁作为腐蚀电池的阳极而被腐蚀。在空气中，破裂的镀锡铁皮（马口铁）却会加速铁的腐蚀（如图 3-7 所示）。故食用罐头盒一经打开，在断口附近很快就会出现锈斑。

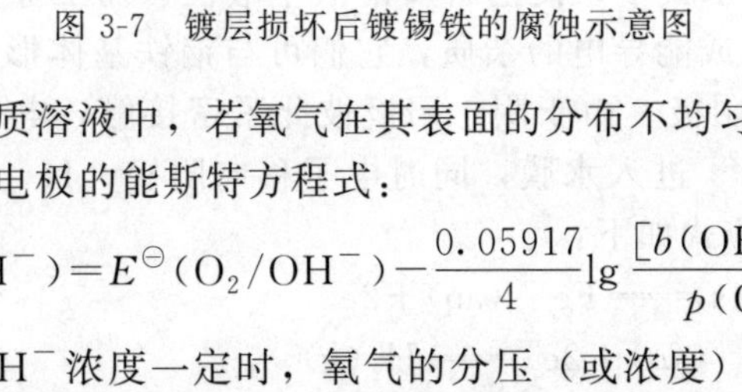

图 3-7　镀层损坏后镀锡铁的腐蚀示意图

将金属片插入到电解质溶液中，若氧气在其表面的分布不均匀，存在浓度差，则可形成氧浓差腐蚀电池。根据氧电极的能斯特方程式：

$$E(O_2/OH^-)=E^{\ominus}(O_2/OH^-)-\frac{0.05917}{4}\lg\frac{[b(OH^-)/b^{\ominus}]^4}{p(O_2)/p^{\ominus}}$$

当温度以及溶液中 OH^- 浓度一定时，氧气的分压（或浓度）越高，电极电势越高，反之，氧气的分压（或浓度）越低，电极电势越低。因此，在氧浓差腐蚀电池中，氧气分压（或浓度）较低的金属区域作为腐蚀电池的阳极而被腐蚀。

例如，舰船的水线腐蚀，在水线之上的液膜区域，溶解氧浓度较高（或分压较高），电极电势较高，为阴极区，在水线以下（略下一点）的海水区域，溶解氧浓度较低（或分压较低）电极电势较低，为阳极区，因此，阳极区的金属被腐蚀（如图 3-8 所示）。

又如钢板的孔蚀，当一块钢板暴露在潮湿的空气中时，通常会形成一层三氧化二铁薄膜。如果该膜是致密的，则可以阻滞腐蚀过程。若在膜上有一小孔，则有小面积的金属裸露出来，这里的金属将被腐蚀，而形成的腐蚀产物（如铁锈）则疏松地堆积在小孔周围，把孔遮住。这样氧气就难以进入孔内，孔内氧气的浓度低，而周围氧气浓度高，形成了氧浓差腐蚀电池，电极电势低的小孔内部的钢铁作为阳极而被腐蚀，随着小孔内的腐蚀不断进行，有可能产生穿孔（如图 3-9 所示）。孔蚀是一种局部腐蚀现象，常常被表面的尘土或锈堆隐蔽，不易发现，因而危害性更大。

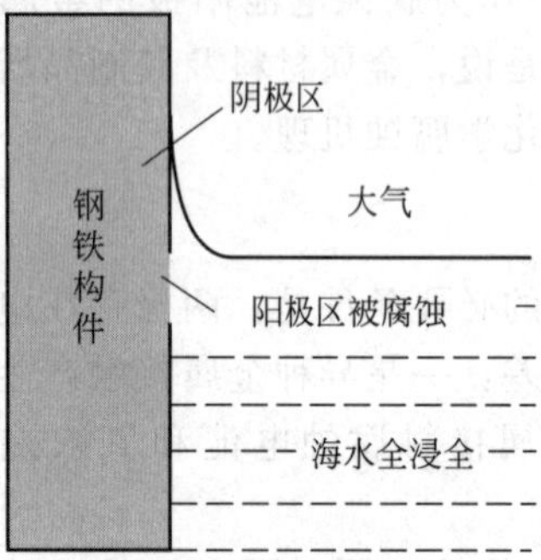

图 3-8　水线腐蚀示意图

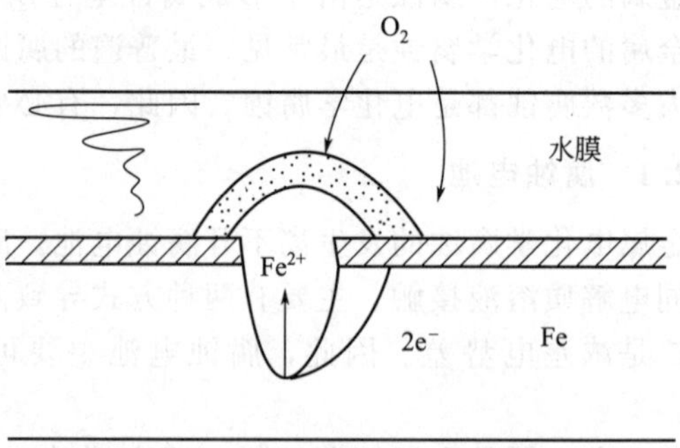

图 3-9　钢板的孔蚀示意图

其他氧浓差腐蚀的例子还有：置于水中的钢铁构件（如海洋钻井平台）、垂直埋在土壤里的钢柱、埋在黏土和沙土交界的铁管、金属构件之间的缝隙等。

除了上面提到的两类宏观腐蚀电池外，与电解质溶液接触的同种金属也会因表面不均匀（如晶体缺陷、应力集中等）或含杂质，而在金属表面形成无数微观腐蚀电池，这些微观腐蚀电池也会导致金属被腐蚀。例如工业用钢材，其中含杂质（如渗碳体 Fe_3C 等），当其表面覆盖一层电解质薄膜时，铁、渗碳体及电解质溶液就构成微观腐蚀电池。由于铁的电极电势比碳的电极电势低，故铁作为腐蚀电池阳极而被腐蚀。

3.4.2.2　电化学腐蚀的类型

电化学腐蚀有两种主要形式：析氢腐蚀和吸氧腐蚀。

(1) 析氢腐蚀　所谓析氢腐蚀是指腐蚀电池的阴极反应产物有氢气析出的腐蚀。金属在酸性介质的电化学腐蚀均为析氢腐蚀。

例如，当钢铁暴露在潮湿的空气中时，在其表面会形成一层极薄的水膜。空气中酸性气体如 SO_2、NO_2 等溶解在水膜中，使电解质溶液呈酸性。而工业用钢材常含有不活泼的合金成分（如渗碳体 Fe_3C）或能导电的杂质，它们可与钢铁基体形成许多微观腐蚀电池，铁为阳极，渗碳体或杂质为阴极。由于阴、阳极彼此紧密接触，电化学腐蚀作用得以不断进行。阳极的铁被氧化成 Fe^{2+} 进入水膜，同时电子移向阴极；H^+ 在阴极上被还原成氢气析出（如图 3-10 所示）。反应式如下：

阳极（Fe）反应：$Fe(s) = Fe^{2+}(aq) + 2e^-$

阴极（Fe_3C 等）：$2H^+(aq) + 2e^- = H_2(g)$

(2) 吸氧腐蚀　金属在除酸性介质以外的其他介质中的腐蚀，均为吸氧腐蚀，例如钢铁在海水、潮湿大气、江河水、土壤等介质中的腐蚀。吸氧腐蚀是一种“吸收”氧气的电化学腐蚀，溶解在电解质溶液中的氧气是氧化剂。在阴极上，O_2 结合电子被还原成 OH^-；在阳极上，钢铁被氧化成 Fe^{2+}。反应式如下：

阳极：$Fe(s) = Fe^{2+}(aq) + 2e^-$

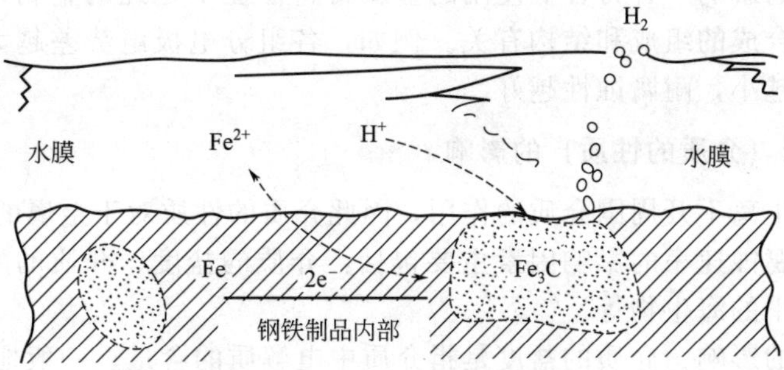

图 3-10　钢铁的析氢腐蚀示意图

阴极：$O_2(g)+4e^-+2H_2O(l) \xlongequal{} 4OH^-$

总反应：$2Fe(s)+2H_2O(l)+O_2(g) \xlongequal{} 2Fe(OH)_2(s)$

生成的 $Fe(OH)_2$ 进一步被空气中的 O_2 氧化成 $Fe(OH)_3$，而 $Fe(OH)_3$ 及其脱水产物 Fe_2O_3 是红褐色铁锈的主要成分。

由于 O_2 的氧化能力比 H^+ 强，故金属的电化学腐蚀一般是以吸氧腐蚀为主。几乎是无处不在的吸氧腐蚀是电化学腐蚀的主要形式，只要是介质中含有一定的水汽和氧气，就可能发生吸氧腐蚀。而析氢腐蚀只有当介质酸性较强时才会发生，而且在发生析氢腐蚀的同时，一般也伴有吸氧腐蚀，后者甚至比前者更明显。

3.4.3　影响金属电化学腐蚀速率的因素

从热力学看，金属有自发腐蚀的趋势。但从动力学上可控制这个过程的快慢，因此有必要了解影响腐蚀过程快慢的因素。这些影响因素包括内在因素（金属的特性）和外在因素（介质的性质）两个方面。

3.4.3.1　内在因素（金属的特性）的影响

影响金属腐蚀速率的内在因素包括：金属的活泼性、金属的表面状态、金属内部的应力以及合金的成分等。

（1）金属活泼性的影响　不同金属的化学活泼性是不同的，因而其腐蚀速率也不同。一般来说，化学活泼性低的金属如 Au、Ag、Pt 等，化学稳定性好，具有良好的抗腐蚀能力；而化学活泼性高和电极电势低的金属如 Fe、Zn 等，化学稳定性差，抗腐蚀能力差。但也有例外，如一些化学活泼性较高的金属如 Al、Cr、Ti 等，由于表面易被氧化生成一层致密的氧化膜保护层，因而具有较好的抗腐蚀能力。需要指出的是，对于容易形成表面保护膜的金属，其耐腐蚀性与表面保护膜的性质有关；对于不易形成表面保护膜的金属，其耐腐蚀性与本身的化学活泼性有关。

（2）金属表面状态的影响　众所周知，表面粗加工的金属零部件比精加工的金属零部件容易腐蚀，这是因为金属表面粗糙、坑坑洼洼容易形成氧浓差腐蚀电池，导致金属被腐蚀；或者是由于表面粗糙或表面损伤使生成的表面膜不均匀、不致密，以致表面膜失去保护作用，使金属遭受腐蚀。

（3）金属内部应力的影响　金属构件、设备等在加工制造过程中，受冷热加工的变形作用会产生内应力或内部缺陷，在这些应力集中和有内部缺陷的地方，腐蚀速率快，容易被腐蚀。

（4）合金成分的影响 各行各业使用的金属材料往往不是纯的金属，而是它们的合金。合金的耐腐蚀性与合成的组成和结构有关。例如，各组分电极电势差越大，耐腐蚀性越差，反之，电极电势差越小，耐腐蚀性越好。

3.4.3.2 外在因素（介质的性质）的影响

金属腐蚀的发生离不开周围介质的作用，因此介质的性质对于金属的腐蚀速率有显著的影响。介质对金属腐蚀速率的影响因素主要包括：介质的盐度、介质的酸度、介质的温度、介质的流速、介质中的海生物等。

（1）介质盐度的影响 介质的盐度是指介质中电解质的含量。一般地，盐度越高，电导率越大，腐蚀速率就越快。此外，含 NaCl 等氯化物电解质的介质如海水，其中的 Cl^- 对金属氧化物保护膜有强的渗透作用，能破坏保护膜使金属的腐蚀加快。

（2）介质酸度的影响 介质酸度对腐蚀速率的影响视不同的金属而有所不同。例如，对于 Au、Pt 等难被腐蚀的金属，其腐蚀速率基本上与酸度无关；对于钢铁的腐蚀，酸度高腐蚀速率快，酸度低腐蚀速率慢；对于 Al、Zn 等两性金属，除在中性介质中腐蚀速率较慢外，在酸性和碱性介质中的腐蚀速率均较快。

（3）介质温度的影响 研究表明，绝大多数金属的腐蚀速率随温度的升高而加快。根据 Arrhenius 方程式，温度升高，反应速率常数增加，腐蚀速率加快。此外，温度升高，介质中的离子迁移速率加快，也会导致金属的腐蚀速率增加。

（4）介质流速的影响 船舶在海洋中行驶，可看成是船舶不动，而介质海水在流动。一般地，介质相对运动速度越快，金属的腐蚀速度就越快。主要原因是：介质流动直接会加快氧到达金属表面，加速了腐蚀产物的剥离。不过流速增加的有利方面是消除浓差极化，不利于氧浓差腐蚀电池的形成。

（5）介质中海生物的影响 在海洋中停泊或行驶的船只，其水线以下部位常常有海生物的寄生。海生物附着在钢铁表面上会造成氧气的不均匀分布，形成氧浓差腐蚀电池，造成了寄生点内部钢铁的腐蚀。此外，海生物的寄生还会局部改变海水的成分，破坏漆膜，加速腐蚀，甚至还会引起细菌腐蚀。

3.4.4 金属腐蚀的防护

金属材料及其制品同使用周围的介质接触时，除少数贵金属如 Au、Pt 外，都会自发地发生腐蚀。从热力学看，我们无法改变金属腐蚀的趋势，但我们可以延缓腐蚀的速率，避免腐蚀的发生。解决金属腐蚀问题，除从金属材料自身着手外，还必须兼顾材料所处的环境。根据电化学腐蚀的原理，形成腐蚀电池是腐蚀发生的前提，针对腐蚀电池形成的条件，可从金属材料自身和周围介质两个方面来阻止或延缓腐蚀电池的形成，提高金属的耐腐蚀性。

3.4.4.1 正确选材

在条件允许的情况下，应优先使用耐腐蚀性好的金属及其合金。然而金属及其合金的成本因素是制约它们大规模使用的瓶颈。在一些特殊行业，关注的是金属材料的强度和耐蚀性而不是金属材料的价格，例如，在原子能工业中使用耐蚀性极高的高纯度锆；在宇航工业中使用的是耐蚀性高、强度高、质轻的金属 Ti 及其合金作为结构材料。而在现行的工业机械、铁路、桥梁、造船、建筑、日用等行业广泛使用的金属材料仍是廉价的金属及其合金，如钢铁、铝及铝合金。其中以钢铁材料的使用量最大、应用最广。

为了改善铁的耐腐蚀性能，可在铁中掺入约 18%的耐蚀性好的金属铬得到不锈钢。不锈钢在一般的环境中使用具有优良的耐蚀性，但在海洋介质中的耐蚀性不及普通的结构钢，因此，造船行业对不锈钢的使用应该谨慎。目前，我国正在通过优化合金元素配比研究高性能耐腐蚀合金钢，以满足各种工程的需要。

正确的选材还包括不同金属及合金的合理使用，即设计制作金属构件时应该避免电极电势差较大的两种金属或合金直接接触，以避免形成异种金属接触腐蚀电池，造成电极电势低的金属被腐蚀。例如，钢铁和铜、铝是我们经常使用的金属材料，应避免铜和钢铁、铝和钢铁、铝和铜的直接接触。此外，不同型号的钢材之间也应避免直接接触。若必须将它们装配在一起，应该使用隔离绝缘层，如绝缘涂料、橡胶和塑料垫片等。

3.4.4.2　覆盖保护层（隔离介质）

由于在腐蚀过程中，介质总是参加反应的，因此在可能情况下，设法将金属制品和周围的介质隔离开，防止金属腐蚀的发生。作为隔离金属和介质的隔离层（保护层）必须满足：①保护层致密、均匀、完整无孔，使介质溶液不能渗入；②与基体金属附着力强、膜的强度高、耐磨。保护层既可以是金属保护层，也可以是非金属保护层。

（1）金属保护层　采用电镀、化学镀、喷镀、浸镀等方法，将电极电势较低或较高的金属或合金覆盖在被保护的金属表面可分别形成阳极保护层或阴极保护层。

采用阳极保护层时，镀层主要起隔离和防腐作用，即使镀层有缺陷或有损伤，基体金属也会得到保护，除非镀层被腐蚀殆尽。例如，用电极电势较低的锌（其标准电极电势为 −0.762V）来保护金属 Fe（其标准电极电势为 −0.447V）就是一种阳极镀层，这种镀锌铁（白铁）具有良好的耐腐蚀性能。锌的表面易形成致密的碱式碳酸锌 $Zn_2(OH)_2CO_3$ 薄膜，可有效地阻滞腐蚀过程。当镀层有局部破裂时，因为锌比铁活泼，能起“牺牲阳极”的作用，继续保护基体金属，即锌被腐蚀，而铁作为腐蚀电池的阴极被保护了下来（如图 3-11 所示）。

采用阴极保护层时，镀层只是起装饰和隔离作用，一旦镀层出现缺陷或裂痕，基体金属的腐蚀变得更为严重。例如，镀锡铁（马口铁）的保护层一旦受到破坏，锡与铁就会形成异种金属接触腐蚀电池，而作为腐蚀电池阳极的铁腐蚀会加快（见图 3-7）。

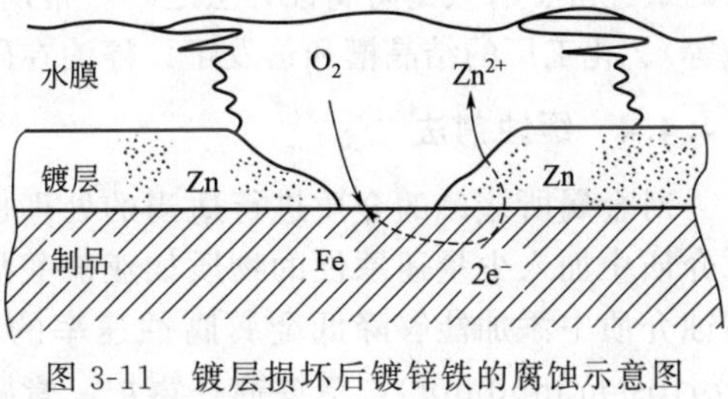

图 3-11　镀层损坏后镀锌铁的腐蚀示意图

（2）非金属保护层　在金属材料及其制品的表面涂覆或粘贴非金属保护层，如涂料、搪瓷、陶瓷、玻璃、沥青、塑料、橡胶等，使金属与周围的介质隔开，当这些保护层完整时，就能起保护金属的作用。显然这些保护层的作用主要是物理隔离作用。

（3）表面处理形成氧化物或磷酸盐保护层　对于枪支、刀片、发条等金属制品，既不宜使用涂料保护层，又不适宜镀其他金属保护层，但往往可在金属表面进行氧化处理（俗称发蓝或发黑）或磷化处理。这些处理的过程较复杂，其原理是在金属表面形成一层致密的、不溶于水的氧化物或磷酸盐薄膜，从而隔离介质，使金属免受腐蚀。例如，枪管在浓 NaOH 和 $NaNO_2$ 混合溶液中加热至 135～150℃反应，其表面被氧化形成一层厚度为 0.5～1.5μm 的蓝色 Fe_3O_4 保护层，从而对枪管起到保护作用。又如，汽车底座在组装和涂装前，需用磷化液（主要成分为磷酸和硝酸锌）在 50～70℃进行磷化处理，在钢铁的表面形成厚度为 5～15μm 的磷酸盐沉淀膜，从而可提高汽车底座的耐蚀性。

3.4.4.3　电化学保护法（阴极保护法）

金属的电化学腐蚀是作为腐蚀电池的阳极金属被氧化腐蚀，而腐蚀电池的阴极发生的是还原反应，阴极金属本身仅起导体的作用，因此不会被腐蚀。根据此原理，可将被保护的金属变成腐蚀电池的阴极来达到保护的目的，通常可采取外加阳极（较活泼的金属）或外加直流电源等措施来使被保护的金属成为阴极。因此电化学保护法又称为阴极保护法，包括牺牲阳极法（sacrificial anode）和外加直流电的阴极保护法（cathodic protection by impressed currents）。

（1）牺牲阳极法　将较活泼的金属（如 Mg、Al、Zn 等）或其合金连接在被保护的金属（钢铁）构件上，形成腐蚀电池。这时，较活泼的金属作为阳极而被腐蚀，金属构件则作为阴极而得到保护，这就是牺牲阳极法。牺牲阳极法常用于船体、海底设备、石油管路等的保护。在使用时值得注意的是，牺牲阳极和被保护金属的表面积应有一定的比例，通常是被保护金属面积的 1%～5%，牺牲阳极的安置也有具体的要求。

例如，舰船使用的牺牲阳极通常是 Zn-Al-Cd 三元锌合金。舰船进坞维修时，通常需更换被消耗的三元锌合金块。Zn-Fe 腐蚀电池的两极反应为

阳极（Zn）：$Zn(s) \xlongequal{} Zn^{2+}(aq) + 2e^-$

阴极（船体）：$2H_2O(l) + O_2(g) + 4e^- \xlongequal{} 4OH^-$

牺牲阳极法的缺点是阳极金属消耗较多。随着阳极金属的消耗，保护作用减弱，直至阳极金属消耗完后，就失去了保护作用。

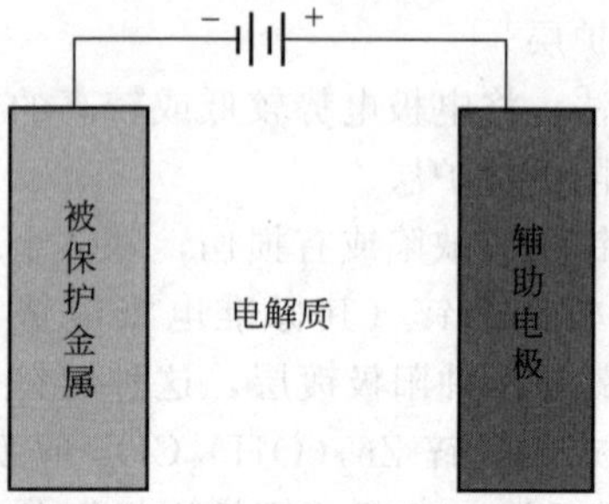

图 3-12　外加直流电法示意图

（2）外加直流电的阴极保护法　外加直流电法是将直流电源的负极接在被保护的金属上，正极接到另一导体（如石墨、废钢铁等）上，并控制适当的电压来达到保护阴极的目的（如图 3-12 所示）。它是目前公认的最经济、有效的防腐蚀方法之一，常用于闸门、地下金属构件（如地下贮槽、输油管、电缆等）、化工厂的结晶槽和蒸发罐、停泊在码头的船只等的防腐。

3.4.4.4　缓蚀剂法

对金属所接触的介质进行适当的处理也可降低金属的腐蚀速率。例如，在锅炉、管路的水介质中加入少量还原性的物质如亚硫酸盐、联氨等，可除去水中的溶解氧。而更多的是在腐蚀介质中添加能够降低金属腐蚀速率的物质，这种能使腐蚀速率降低的物质称为缓蚀剂（corrosion inhibitor），缓蚀剂在锅炉、管路、酸洗除垢、酸洗除锈等防腐蚀方面应用极广。缓蚀剂的种类很多，有无机缓蚀剂和有机缓蚀剂，有用于酸性、碱性和中性介质的缓蚀剂，还有气相缓蚀剂。根据缓蚀剂所能抑制的电化学过程，可把缓蚀剂分为阳极缓蚀剂、阴极缓蚀剂、有机缓蚀剂和气相缓蚀剂。

（1）阳极缓蚀剂　能够增加阳极极化作用的缓蚀剂称为阳极缓蚀剂。主要包括两大类：一类是强氧化性的物质如铬酸盐、重铬酸钾、亚硝酸钠等，它们能钝化阳极形成钝化膜而隔离金属和介质，降低金属腐蚀速率；另一类是非氧化性的物质如磷酸钠、苯甲酸钠、硼砂等，它们能同阳极腐蚀产物 Fe^{2+} 形成难溶电解质，覆盖在阳极上形成保护膜，减缓金属腐蚀的速率。

（2）阴极缓蚀剂　能够增加阴极极化作用的缓蚀剂，称为阴极缓蚀剂。主要包括两大类：一类是能同阴极反应产物 OH^- 反应生成难溶电解质的物质如硫酸锌、碳酸氢钙等，它们与 OH^- 反应生成的难溶电解质覆盖在阴极表面上，增加了阴极的极化，阻碍阴极反应，

从而降低了金属腐蚀的速率；另一类是能够在阴极上还原成单质的物质如 $AsCl_3$、$SbCl_3$、$Bi_2(SO_4)_3$ 等，它们在阴极上还原成单质析出后增加析氢的超电势，降低金属在酸性介质中的腐蚀速率。

(3) 有机缓蚀剂　在酸性介质中，常用有机缓蚀剂来降低金属的腐蚀速率。有机缓蚀剂主要有胺类、醛类、杂环等化合物。例如有机胺类化合物叔胺 R_3N，它们能够与 H^+ 结合形成正离子：

$$R_3N + H^+ \longrightarrow R_3N^+H$$

由于金属表面能吸附 R_3N^+H 正离子，形成 H^+ 很难透过的保护层，阻碍 H^+ 与金属的反应，增加了析氢超电势，延缓了金属的腐蚀速率。

有机缓蚀剂可被金属表面所吸附，但不被金属氧化物所吸附，除锈剂就是利用这个特性进行除锈的。含有机缓蚀剂的酸洗除锈剂，因缓蚀剂吸附在金属表面保护了金属，而金属表面的氧化物则被清除。

(4) 气相缓蚀剂　为了降低金属材料制品在大气环境中的腐蚀速率，常使用气相缓蚀剂。例如亚硝酸二环己胺就是常用的气相缓蚀剂。它可以挥发到大气中与其中的水蒸气一起被吸附到金属的表面上，并发生水解反应：

$$(C_6H_{11})_2NH_2NO_2 + H_2O \longrightarrow (C_6H_{11})_2NH_2OH + H^+ + NO_2^-$$

$$(C_6H_{11})_2NH_2OH \longrightarrow (C_6H_{11})_2NH_2^+ + OH^-$$

其中水解生成的有机阳离子可与金属结合形成致密的保护层，有效地阻止 H^+ 的还原；生成的 NO_2^- 的氧化作用，可钝化金属，也能降低金属的腐蚀速率。

习题

一、判断题

1. 在 298.15K 时，测得标准氢电极的电极电势为零。(　　)

2. 标准电极电势只取决于电极的本性，与电极反应的写法无关。(　　)

3. 在电池反应中，电池电动势越大，电池反应的速率就越快。(　　)

4. 标准电极电势较小的电对的氧化态物质，不可能氧化标准电极电势较大的电对的还原态物质。(　　)

5. 在原电池中，增加氧化态物质的浓度，必使原电池的电动势增加。(　　)

6. 溶液的酸度对 Cl_2/Cl^- 电对的电极电势无影响。(　　)

7. 电解稀硫酸钠水溶液和稀氢氧化钠水溶液，两者的电解产物是一样的。(　　)

8. 将纯的锌片同稀盐酸溶液接触，锌片溶解，有氢气析出，故锌的腐蚀为析氢腐蚀。(　　)

9. 若将马口铁（镀锡铁）和白铁（镀锌铁）的断面放入海水中，则其发生电化学腐蚀时阳极的反应是相同的。(　　)

10. 电极电势的数值与电池反应中化学计量数的选配及电极反应的方向无关，平衡常数的数值也与化学计量数无关。(　　)

11. 电解反应中，由于在阳极是电极电势较小的还原态物质先放电，在阴极是电极电势较大的氧化态物质先放电，所以阴极放电物质的电极电势必大于阳极放电物质的电极电势。(　　)

二、选择题

1. 下列电极中电极电势不随 pH 值变化的是（ ）。

A. O_2/OH^-　　B. O_2/H_2O　　C. Br_2/Br^-　　D. MnO_4^-/Mn^{2+}

2. 已知 $Ag^+ + e^- \rightleftharpoons Ag$ 的 $E^\ominus(Ag^+/Ag)=0.80V$，则 $2Ag^+ + 2e^- \rightleftharpoons 2Ag$ 的 $E^\ominus(Ag^+/Ag)$为（ ）。

A. $-0.80V$　　B. $0.80V$　　C. $-1.6V$　　D. $1.6V$

3. 在原电池(−)Zn|Zn^{2+} ‖ Cu^{2+}|Cu(+)的铜半电池中加入氨水，则电池的电动势将（ ）。

A. 变大　　B. 变小　　C. 不变　　D. 趋于标准电动势

4. 对于下列两极反应：$2H^+ + 2e^- = H_2$ 和 $O_2 + H_2O + 4e^- = 4OH^-$，当溶液值增大（其他条件不变）时电极电位变化正确的是（ ）

A. $E(H^+/H_2)$ 变小，$E(O_2/OH^-)$ 变小

B. $E(H^+/H_2)$ 变小，$E(O_2/OH^-)$ 变大

C. $E(H^+/H_2)$ 变大，$E(O_2/OH^-)$ 变小

D. $E(H^+/H_2)$ 变大，$E(O_2/OH^-)$ 变大

5. 将氧化还原反应 $2Fe^{3+} + 2I^- = 2Fe^{2+} + I_2$ 设计成原电池，则原电池表示式正确的是（ ）。

A. (−)I_2|I^- ‖ Fe^{3+}，Fe^{2+}|Fe(+)

B. (−)Fe|Fe^{3+}，Fe^{2+} ‖ I^-|I_2(+)

C. (−)I_2|I^-，H_2O ‖ Fe^{3+}，Fe^{2+}，H_2O|Fe(+)

D. (−)Pt|I_2|I^- ‖ Fe^{3+}，Fe^{2+}|Pt(+)

6. 将 Pt|H_2(100kPa)|H_2O 与标准氢电极组成原电池时，则电池的电动势为（ ）。

A. 0.4144V　　B. −0.4144V　　C. 0V　　D. 0.8288V

7. 下列两个反应均能正向自发进行：

$$Cr_2O_7^{2-} + 14H^+ + 6Fe^{2+} = 2Cr^{3+} + 6Fe^{3+} + 7H_2O$$

$$2Fe^{3+} + 2I^- = 2Fe^{2+} + I_2。$$

则最强的氧化剂和还原剂分别是（ ）。

A. $Cr_2O_7^{2-}$，Fe^{2+}　　B. Fe^{3+}，I^-　　C. $Cr_2O_7^{2-}$，I^-　　D. I_2，Fe^{2+}

8. 已知 $E^\ominus(Fe^{3+}/Fe^{2+})=0.771V$ 和 $E^\ominus(I_2/I^-)=0.536V$，则反应 $2Fe^{3+} + 2I^- = 2Fe^{2+} + I_2$ 在 298.15K 的标准平衡常数是（ ）。

A. 1　　B. 8.8×10^7　　C. 88　　D. 1.7×10^{-8}

9. 已知 $E^\ominus(Ag^+/Ag)=0.80V$ 和 $K_S^\ominus(AgCl)=1.7\times10^{-10}$，298.15K 时在 Ag 电极的 Ag^+溶液中加入 NaCl 固体使得溶液氯离子浓度为 1mol·kg^{-1}，此时 Ag 电极的电极电势最接近（ ）。

A. 0.80V　　B. 0.22V　　C. 0V　　D. 1.38V

10. 已知电对：Cl_2/Cl^-、Fe^{3+}/Fe^{2+}、O_2/H_2O_2、MnO_4^-/Mn^{2+}、$Cr_2O_4^{2-}/Cr^{3+}$ 的标准电极电势 $E^\ominus$（V）分别为 1.358、0.771、0.695、1.507、1.232，在标准状态和 298.15K 下，以下各组物质中，不能在溶液中稳定共存的是（ ）。

A. Fe^{3+} 和 Cl^-　　B. O_2 和 Cl^-　　C. MnO_4^- 和 Cl^-　　D. $Cr_2O_4^{2-}$ 和 Cl^-

11. 298.15K 时，已知 $E^\ominus(Fe^{3+}/Fe^{2+})=0.771V$，$E^\ominus(Sn^{4+}/Sn^{2+})=0.15V$，则

反应：

$2Fe^{2+}+Sn^{4+}$ ═══ $2Fe^{3+}+Sn^{2+}$ 的标准摩尔吉布斯函数（$kJ\cdot mol^{-1}$）变为（　　）。

A. −268.7　　B. −177.8　　C. −119.8　　D. +119.8

12. 298.15K 时，对于电极反应

$$Cr_2O_7^{2-}(aq)+14H^+(aq)+6e^- \rightleftharpoons 2Cr^{3+}(aq)+7H_2O(l)$$

当 $b(H^+)$ 由 $1.0mol\cdot kg^{-1}$ 减小到 $10^{-5}mol\cdot kg^{-1}$ 时（其他离子的浓度为 $1mol\cdot kg^{-1}$），电对 $Cr_2O_4^{2-}/Cr^{3+}$ 的电极电势变化值为（　　）。

A. 增加 0.69V　　B. 减少 0.69V　　C. 增加 0.49V　　D. 减少 0.49V

13. 某氧化还原反应组装成原电池，下列说法正确的是（　　）。

A. 负极发生还原反应，正极发生氧化反应

B. 负极是还原态物质失电子，正极是氧化态物质得电子

C. 氧化还原反应达平衡时平衡常数 $K^{\ominus}$ 为零

D. 氧化还原反应达平衡时标准电动势 $E^{\ominus}$ 为零

14. 关于电动势，下列说法不正确的是（　　）

A. 电动势的大小表明了电池反应的趋势

B. 电动势的大小表征了原电池反应所做的最大非体积功

C. 某些情况下电动势的值与电极电势值相同

D. 标准电动势小于零时，电池反应不能进行

15. 对原电池(−)Zn | Zn^{2+} ‖ Ag^+ | Ag(+)，欲使其电动势增加，可采取的措施有（　　）。

A. 增加 Zn^{2+} 的浓度　　B. 增加 Ag^+ 的浓度

C. 加大锌电极面积　　D. 降低 Ag^+ 的浓度

16. 电解 $NiSO_4$ 溶液，阳极用 Ni，阴极用 Fe，则阳极和阴极的电解产物分别是（　　）。

A. Ni^{2+}，Ni　　B. Ni^{2+}，H_2　　C. Fe^{2+}，Ni　　D. Fe^{2+}，H_2

17. 为保护海水中的钢铁设备，可用作牺牲阳极的金属是（　　）。

A. Pb　　B. Cu　　C. Sn　　D. Zn

18. 钢铁在海水中的腐蚀属于（　　）。

A. 化学腐蚀　　B. 析氢腐蚀　　C. 吸氧腐蚀　　D. 无法确定

19. 金属铁表面镀有镍层，若表面破裂，则发生腐蚀时先被腐蚀的是（　　）。

A. Fe　　B. Ni　　C. 同时腐蚀　　D. 无法判断

三、填空题

1. 原电池中电极电势大的电对为________极，电极电势小的电对为________极。电极电势越大的电对，其氧化态________越强，电极电势越小的电对，其还原态________越强。

2. 若将反应 $Cr_2O_7^{2-}+14H^++6Fe^{2+}$ ═══ $2Cr^{3+}+6Fe^{3+}+7H_2O$ 组成原电池，电池符号为________________。

3. 饱和甘汞电极符号为____________，电极反应为____________。

4. 在铜锌原电池的铜半电池中，加入氨水，则原电池的电动势________；在锌半电池中，加入氨水，则原电池的电动势________。

5. 将能够自发进行的氧化还原反应 $2Fe^{3+}+H_2$ ═══ $2Fe^{2+}+2H^+$ 设计成原电池，则该原电池的电池符号为________________________________。

6. 高锰酸钾在强酸介质中的还原产物是____________，对应的电极反应是

____________，298.15K 时能斯特方程是____________；在中性介质中的还原产物是________，对应的电极反应是____________；在强碱介质中的还原产物是________。

7. 电解硫酸铜溶液，若两极均用 Cu，阳极反应为________，阴极反应为________；若 Pt 为阳极 Cu 为阴极，阳极反应为__________，阴极反应为__________；若 Pt 为阴极 Cu 为阳极，阳极反应为__________，阴极反应为__________。

8. 电化学腐蚀分为______和______，被腐蚀的金属总处于______极。

9. 电化学保护法包括__________和__________。

10. 根据标准电极电势表，将 Hg^{2+}、$Cr_2O_7^{2-}$、H_2O_2、Sn、Zn、Br^- 中的氧化剂、还原剂由强到弱分别排序，氧化剂由强到弱为____________，还原剂由强到弱为____________。

四、问答题

1. 解释铜锌原电池产生电流的原理。

2. 举例说明电极的类型。

3. 什么叫作电极电势、标准电极电势？举例说明测定电极电势的方法。

4. 如果把下列氧化还原反应分别组装成原电池，试以符号表示，并写出正、负极反应方程式。

① $Zn+CdSO_4 = ZnSO_4+Cd$

② $Fe^{2+}+Ag^+ = Ag+Fe^{3+}$

5. 如何利用电极电势确定原电池的正负极？

6. 怎样理解介质酸度增加，高锰酸钾的氧化性增加？

7. 参照标准电极电势数据，将下列物质按氧化能力的大小排序：I_2、F_2、$KMnO_4$、$K_2Cr_2O_7$、$FeCl_3$。

8. 参照标准电极电势数据，将下列物质按还原能力的大小排序：$FeCl_2$、$SnCl_2$、Mg、H_2。

9. 判断下列氧化还原反应进行的方向（设有关物质的浓度均为 $1mol \cdot kg^{-1}$）：

① $Sn^{4+}+2Fe^{2+} = Sn^{2+}+2Fe^{3+}$

② $2Br^-+2Fe^{3+} = Br_2+2Fe^{2+}$

③ $2Cr^{3+}+I_2+7H_2O = Cr_2O_7^{2-}+14H^++6I^-$

10. 由标准钴电极（Co^{2+}/Co）与标准氯电极组成原电池，测得其电动势为 1.64V，此时钴电极为负极。已知 $\varphi(Cl_2/Cl^-)=1.36V$，问：

① 标准钴电极的电极电势为多少？（不查表）

② 此电池反应的方向如何？

③ 当氯气的压力增大或减小时，原电池的电动势将发生怎样的变化？

④ 当 Co^{2+} 的浓度降低到 $0.010mol \cdot kg^{-1}$ 时，原电池的电动势将如何变化？数值是多少？

11. 从两极名称、电子流方向、两极反应等方面比较原电池和电解池的结构和原理。

12. 什么叫作分解电压、电极的极化和超电压？

13. 影响电解产物的主要因素有哪些？当电解不同金属的氯化物、硫化物或含氧酸盐的水溶液时，在两极上所得电解产物一般是什么？

14. 试用电极反应式表示下列电解过程中的主要电解产物：

① 电解 $NiSO_4$ 溶液，阳极用镍，阴极用铁。

② 电解熔融 $MgCl_2$，阳极用石墨，阴极用铁。

③ 电解 KOH 溶液，两极都用铂。

15. 在大气中，金属的电化学腐蚀主要有哪几种？写出有关反应方程式。

16. 防止金属腐蚀的方法有哪些？各根据什么原理？

17. 简要说明舰船在南海腐蚀比在北海腐蚀严重的原因。

18. 设计一个实验显示出氧浓差腐蚀电池的阴极和阳极，并写出两极的反应。

19. 向含有 $c(Cu^{2+})=1.0mol\cdot kg^{-1}$ 和 $c(Ag^{+})=1.0mol\cdot kg^{-1}$ 的混合溶液中加入铁粉。

① 何种金属先析出？

② 当第二种金属析出时，第一种金属在溶液中的浓度应为多少？

五、计算题

1. 将标准氢电极和镍电极组成原电池，其中镍电极为负极。当 $b(Ni^{2+})=0.01mol\cdot kg^{-1}$ 时，电池的电动势为 0.32V。计算镍电极的标准电极电势。

2. 已知 $E^{\ominus}(H_3AsO_4/H_3AsO_3)=0.56V$、$E^{\ominus}(I_2/I^-)=0.536V$，通过计算说明，在标准状态和 pH=6 时，反应 $H_3AsO_4+2I^-+2H^+ \Longrightarrow H_3AsO_3+I_2+H_2O$ 进行的方向（其他离子的浓度为 $1mol\cdot kg^{-1}$）。

3. 用标准钴电极和标准氯电极组成原电池，测得其电动势为 1.64V，此时钴电极为负极。已知氯电极的标准电极电势为 1.358V。

① 写出该电池的反应方程式。

② 计算钴电极的标准电极电势。

③ 当氯气分压增大时，电池的电动势是增大还是减小？

④ 当 $b(Co^{2+})=0.01mol\cdot kg^{-1}$ 时，计算电池的电动势。

4. 已知下面电池在 298.15K 的电动势为 0.17V，计算该温度下弱酸 HA 的质子转移平衡常数：

$$(-)Pt|H_2(100kPa)|HA(0.1mol\cdot kg^{-1})\parallel H^+(1mol\cdot kg^{-1})|H_2(100kPa)|Pt(+)$$

5. 将银插入 $0.1mol\cdot kg^{-1}$ 硝酸银溶液中和标准氢电极组成原电池。

① 写出电池的表示式和电池反应式；

② 计算原电池的电动势、电池反应的标准平衡常数及标准摩尔吉布斯函数变。

6. 为测定硫酸铅的溶度积，设计了下列原电池：

$$(-)Pb|PbSO_4|SO_4^{2-}(1mol\cdot kg^{-1})\parallel Sn^{2+}(1mol\cdot kg^{-1})|Sn(+)$$

在 298.15K 时测得原电池的电动势为 0.218V，求 $PbSO_4$ 的溶度积。

7. 298.15K 时，有下述铜锌原电池：

$$(-)Zn|Zn^{2+}(0.01mol\cdot kg^{-1})\parallel Cu^{2+}(0.01mol\cdot kg^{-1})|Cu(+)$$

① 写出原电池的反应，并计算反应的平衡常数。

② 先向铜半电池中通入氨气使得溶液中 $b(NH_3)=1mol\cdot kg^{-1}$，测得电池的电动势为 0.71V，求铜氨配离子的稳定常数。

③ 然后向锌半电池中加入硫化钠使得溶液中 $b(S^{2-})=1mol\cdot kg^{-1}$，求此时原电池的电动势。

8. 将一块铜板浸在氨水和铜氨配离子的混合溶液中，组成一 $[Cu(NH_3)_4]^{2+}/Cu$ 电极，其中氨水和 $[Cu(NH_3)_4]^{2+}$ 的平衡浓度皆为 $1.0mol\cdot kg^{-1}$。若用标准氢电极做正极，与上述铜-铜氨配离子电极组成一个原电池，测得该电池的电动势为 0.052V 且标准氢电极为正极，求铜氨配离子的不稳定常数。

9. 电解镍盐溶液，其中 $b(Ni^{2+})=0.1mol\cdot kg^{-1}$。如果在阴极上只要 Ni 析出，而不析出氢气，计算溶液的最小 pH 值（设氢在 Ni 上的超电势为 0.21V）。

10. 用铂电极电解 $0.5mol\cdot kg^{-1}$ Na_2SO_4 的水溶液，测得 25℃时阴极电势为 1.23V，溶液 pH 值为 6.5，求阴极过电势值。

11. 将下列反应组成原电池（温度为 298.15K）：

$$2I^-(aq)+2Fe^{3+}(aq)=\!=\!=I_2(s)+2Fe^{2+}(aq)$$

① 计算原电池的标准电动势；

② 计算反应的标准摩尔吉布斯函数变；

③ 用图式表示原电池；

④ 计算 $b(I^-)=1.0\times10^{-2}mol\cdot kg^{-1}$ 以及 $b(Fe^{3+})=b(Fe^{2+})/10$ 时原电池的电动势。

下篇

化学与应用

化学自18世纪诞生以来，在创造人类物质文明、促进人类社会文明进步、改善人类生活、拯救生命等方面发挥着巨大的作用。许多专家认为，在解决人类最关心的环境、新能源、新材料、医药卫生、粮食增产、资源利用等问题中，化学处于中心地位和起着极其关键的作用。化学的原理和方法已渗透到现代工农业、军事领域、工程技术领域和人类生活的各个角落。

本篇分三章介绍化学与舰船、化学与军事以及化学与电子信息材料，突出化学原理在海军舰船、军事和电子信息方面的应用。

第 4 章
化学与舰船

化学与舰船

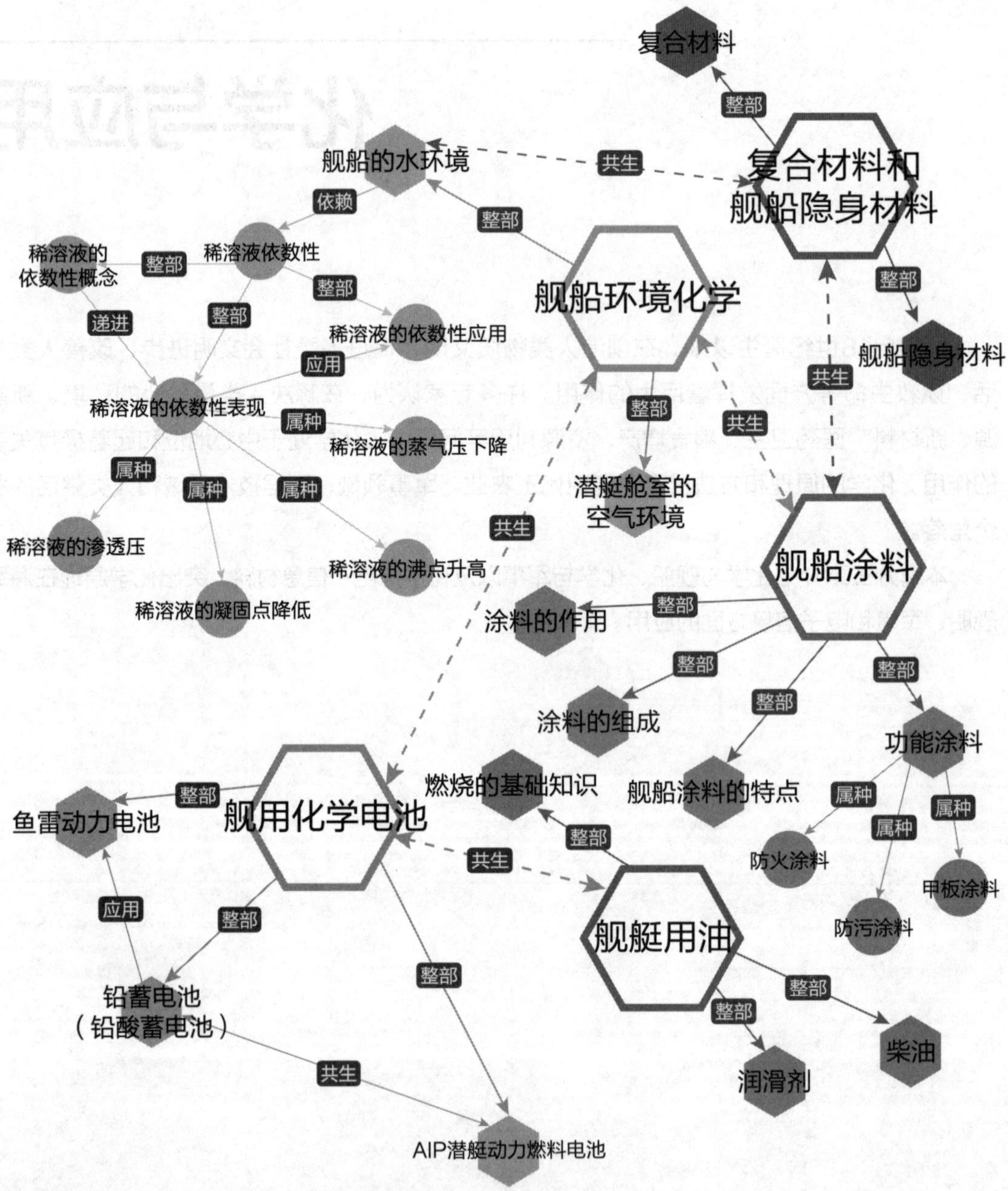

整部：即整体与部分的关系
属种：指一个概念的部分外延与另一个概念的全部外延重合的关系
递进：较前一知识，后一知识的程度或范围更进一层
依赖：前一知识的形成依赖后一知识，后一知识是学习前一知识的条件
应用：后一知识点是前一知识点的具体应用
共生：两个知识都是对同一个主题的不同方面进行介绍

舰船由船体、各种舾装件、动力装置等组成，其制造、使用和维护涵盖了机械、材料、能源、动力、电子等众多技术领域，涉及了许多与化学学科密切相关的知识和技术。例如：舰船广泛使用的蒸汽动力、燃气动力、内燃动力和船舶使用的电池就涉及与化学密切相关的水、化学电池、燃料等问题；船体在恶劣的海洋环境中航行或在码头停泊会涉及其自身的防护等问题。本章将重点介绍前三章所学的化学基本原理在舰船建造、使用和维护方面的应用，介绍与舰船密切相关的化学知识。

4.1　舰船环境化学

舰艇环境，主要包括舰艇航行的环境和舰艇的舱室环境。舰艇航行的环境主要是海洋环境，特别是海水的性质对舰船的航行影响很大。舰艇的舱室环境主要包括内装环境、空气环境、振动与噪声环境、消防安全环境等，舰艇舱室环境的好坏直接影响舰船装备性能的发挥，也影响舰员在海上生活的品质，对于提高舰员日常生活效率有重要作用。舰艇舱室环境中的内装环境、振动与噪声环境和消防环境涉及材料等方面的知识，这里不作介绍，本节主要介绍舰船的水环境和潜艇舱室的空气环境。

4.1.1　舰船的水环境

海洋覆盖着约71%的地球表面，是人类赖以生存的重要自然环境，也是海军舰船航行和停泊的场所。海洋对地球气候和人类生活有着十分巨大的影响。海军舰船和潜艇长期在海洋中航行或在海水码头中停泊，其所涉及的水环境主要是海水系统，海水系统对舰船和潜艇的运行、维护等有着很大的影响。

4.1.1.1　海水的化学组成

海水不同于江、河、湖等陆地上的天然水，它除了含有大量的盐分之外，还同笼罩着地球的大气一样不断运动着，既有全球性环流，又有与大气以及自身的垂直交换。海水可看成是一种多组分的电解质和少量非电解质共处一体的溶液，属于多相和多组分分散系。海水是电中性的，其pH约为8.0，受海水-空气-二氧化碳交换的控制，即CO_2-HCO_3^--CO_3^{2-}的缓冲作用，海水的pH值基本恒定。除在局部区域如河口滨海区域外，海水的组成也基本恒定，即主要成分的含量比值恒定。海水的组成主要受元素全球变化和循环原理、化学平衡原理（酸碱平衡、沉淀-溶解平衡、络合平衡和氧化还原平衡）以及相界面平衡原理（液-气界面、液-固界面、固-气界面等）的调节。

海水中含有许多物质。在自然界已发现的112种元素中，海水中已发现并经检测的有80多种元素，其化合物的种类则更多。这些物质除了以溶解状态存在外，还有以悬浮、胶体、气泡等状态存在。处于溶解状态的物质有简单的阳离子、阴离子、配离子和分子。除水分子外，海水中的溶解物主要是盐类电解质，并且具有组成基本恒定的特征，海水中的总含盐量是海水的一个基本物理量，是研究海水的物理和化学过程的基本参数。海水中总含盐量可用盐度和氯度来表征。

海水盐度是指1000g海水中所有的碳酸盐转化成氧化物，所有的溴化物和碘化物转化成氯化物，以及所有的有机物氧化成固体物质后，所含无机物的总质量。用符号S‰表示，单位为$g \cdot kg^{-1}$。可用简单的蒸发法测定，但该方法存在的问题是受结晶水和挥发的影响，因此，在实际中一般采用易于测定的氯度和电导率的方法来间接计算盐度。所谓氯度是指在数值上刚好沉淀 0.328523kg 海水（用硝酸银沉淀）所需银的质量，用 Cl‰表示，单位为 $g \cdot kg^{-1}$。盐度和氯度的经验换算公式为

$$S‰=1.080655Cl‰$$

大洋海水平均盐度一般在 35‰左右，在沿岸受径流影响的区域，含盐量较低。含盐量的分布变化还依赖于海区的地理、水文、气象等因素，如蒸发、降雨、结冰、融冰等。我国近海海水盐度的平均值为 32.1‰。纬度较高而半封闭性的渤海区海水的盐度较低，黄海、东海一般在 31‰～32‰之间。而纬度较低的南海区海水盐度较高，平均为 35‰左右。在长江、黄河等河口区海水盐度较低，变化也较大。

按组分含量的不同，大体上可将海水的化学成分分为五类：常量元素、微量元素、营养要素、有机物和溶解性气体。

（1）常量元素 常量元素的阳离子和阴离子主要包括：Na^+、Mg^{2+}、Ca^{2+}、K^+、Sr^{2+}、Cl^-、SO_4^{2-}、HCO_3^-、CO_3^{2-}、Br^-、$[B(OH)_4]^-$、F^-等。这些元素占海水中溶解盐类的 99.8%～99.9%，并且它们性质较稳定，基本上不受海生物活动的影响，各成分浓度间的比值基本上保持不变，因此被称为恒量元素或保守元素。常量元素具备的这种性质称之为海水常量元素组成的恒定性。不过 HCO_3^- 和 CO_3^{2-} 的恒定性较差，主要原因是它们容易与 Ca^{2+} 产生沉淀或形成饱和溶液被海生物所吸收以及受大陆径流影响较大。表 4-1 列出了一般大洋海水中常量元素离子的含量。

表 4-1 海水常量元素离子的含量 (S‰=35)

离子	主要存在形式	含量/$g \cdot kg^{-1}$	氯度比值
Na^+	Na^+	10.76	0.55556
Mg^{2+}	Mg^{2+}	1.294	0.06680
Ca^{2+}	Ca^{2+}	0.4117	0.02125
K^+	K^+	0.3991	0.20600
Sr^{2+}	Sr^{2+}	0.0079	0.00041
Cl^-	Cl^-	19.35	0.99894
SO_4^{2-}	SO_4^{2-}	2.712	0.14000
HCO_3^-	HCO_3^-、CO_3^{2-}、CO_2	0.1420	0.00735
Br^-	Br^-	0.0672	0.00374
F^-	F^-	0.0013	0.000067
$[B(OH)_4]^-$	H_3BO_3、$[B(OH)_4]^-$	0.0256	0.00132

（2）微量元素 海水中的微量元素种类很多，但总含量却非常少，仅占总盐量的 0.1%左右。尽管这些元素含量甚微（多属10^{-9} 和 10^{-12} 级），但由于海水体积巨大，这些微量元素的总量是相当可观的。例如，含量约为 $0.003mg \cdot L^{-1}$ 的铀，海水中总储量达 42 亿吨，而陆地上的铀资源估计只有 100 万吨左右。

（3）营养要素 营养要素是指与海生物生长有关的一些元素，主要包括 N、P、Si 等元素。这些元素一般以复杂的离子形式或有机物形式存在，如：硝酸盐、亚硝酸盐、铵盐、磷酸盐、可溶性硅酸盐等。它们的含量较低，受海生物影响较大。此外，海水中的一些微量金属元素，如 Mn、Fe、Cu 等也是海生物生长所需的元素。

（4）有机物 海水中存在数量较多、化学组成复杂的有机物，主要包括活的和死亡的生

物体、悬浮颗粒有机物（如浮游动物、粪便、生物碎屑、高分子化合物等）和溶解性有机物。按化学组成，可分为糖类、脂肪、蛋白质、元素有机化合物等。海洋中的有机物除少量由大陆河流输入外，绝大多数是海生物的分泌、排泄等代谢产物以及死亡海生物组织的破裂、溶解、氧化的产物。

（5）溶解性气体　溶解在海水中的气体主要来自大气以及海底火山爆发和海生物的活动所产生的气体。大气通过液-气界面的交换进入海水中，由于水体的混合运动而遍及整个海洋。其中除氧气和二氧化碳气体的含量明显受生物等过程的影响外，其他气体都保持着交换时的特征。海水中溶解性气体主要有：N_2、O_2、CO_2、H_2S 等。

4.1.1.2　海水溶液的依数性

海水中主要元素的含量通常是恒定的或几乎是恒定的，其组成恒定性的特征对于海水的物理和化学性质有着十分重要的意义。在一定的温度和压力条件下，海水的一系列物理和化学性质主要取决于海水的盐度。

海水可看成是一个多组分的电解质稀溶液，具有一切稀溶液的通性，即稀溶液的依数性。稀溶液的一些物理性质，如蒸气压下降、沸点升高、凝固点降低、渗透压等，只与溶质的相对含量有关，而与溶质的本性无关。像这类只与溶质的相对含量有关而与溶质的本性无关的性质称为稀溶液的依数性（colligative property）。

（1）溶液的蒸气压下降　将纯液体（比如水）放置在留有空间的密闭容器中，在一定温度下，由于液体的蒸发和蒸气的凝聚，经过一定时间后，便会在液体与其蒸气之间建立起液-气动态平衡，此时液体上方的蒸气密度不会随时间而变。平衡时液面上方的蒸气叫饱和蒸气，饱和蒸气所产生的压力称为液体在此温度下的饱和蒸气压，简称蒸气压（vapor pressure），用符号 p^* 表示，单位为 Pa 或 kPa。蒸气压与液体的性质和温度有关。

当不挥发的溶质溶于溶剂（纯液体，如水）形成溶液后，溶液表面的溶剂分子数目因溶质的存在而减少，因此，蒸发出的溶剂分子数目比纯溶剂少，使得进入气相的溶剂分子减少，导致了溶液的蒸气压比纯溶剂的蒸气压低。实验表明，液体中溶解任何一种难挥发的物质（溶质），溶液的蒸气压都有降低，即难挥发物质的溶液的蒸气压总是低于纯溶剂的蒸气压。在同一温度下，把纯溶剂蒸气压与溶液蒸气压之间的差值叫作溶液的蒸气压下降（vapor pressure reduction）。海水也是一种稀溶液，其蒸气压也低于纯水的蒸气压。

19 世纪初，人们就发现水加盐后，蒸气压降低。1886 年，法国科学家拉乌尔（F. Raoult）通过实验得出：溶液蒸气压下降与溶质质点的摩尔分数成正比，而与溶质的种类无关。即：

$$\Delta p = p^* - p = xp^*$$

式中，p 为溶液的蒸气压；Δp 为溶液的蒸气压下降；x 为溶质质点的摩尔分数。需要指出的是：对于非电解质溶液，溶质的质点就是溶质分子；对于强电解质溶液，溶质的质点为相应的正离子和负离子；对于弱电解质溶液，溶质的质点包括溶质分子以及溶质分子解离产生的正离子和负离子。

溶液的蒸气压下降原理具有重要的实际意义。例如：氯化钙、五氧化二磷等可用作干燥剂的原因就是由于这些物质的表面吸收空气中的水汽后形成了一薄层溶液，其蒸气压低于空气中水的蒸气压，由于水蒸气压的不平衡，该溶液便能不断地吸收周围的水汽，直到溶液越来越稀，蒸气压不断回升，并与空气中水蒸气压相等，达到液-气平衡状态为止。

（2）溶液的沸点上升和凝固点下降　当某一液体的蒸气压等于外界压力时，此时气-液两相的蒸气压相等，即达到了液-气平衡，液体就会沸腾。此时的温度称为该液体的沸点

(boiling point，bp)。标准大气压下（101325Pa），水的沸点约为373.15K（100℃），并且恒定不变。

在一定的外压下，液态纯物质与其固态物质平衡共存时的温度，即固相蒸气压等于液相蒸气压时的温度称为该液体的凝固点（freezing point，fp)。在凝固点温度，三相可以共存。在标准大气压下，水的凝固点约为273.15K（0℃），并且恒定不变。

图4-1显示了水、冰和水溶液的蒸气压与温度的关系。从图可以看出，由于溶液的蒸气压下降，在任何温度下，溶液的蒸气压均低于纯水的蒸气压。当纯水的蒸气压等于外界压力达到沸腾时，此时溶液的蒸气压仍低于外界压力，溶液未达到沸腾。要使溶液达到沸腾，必须进一步升高温度。这必然导致溶液的沸点总是高于纯水的沸点，这种现象称为溶液的沸点升高（boiling point elevation)；同理，在相同的外界条件下，由于溶液的蒸气压下降，低于冰的蒸气压，在纯水凝固点温度时，溶液中的水仍不能结冰。只有在更低的温度下才能使溶液与冰的蒸气压相等，即溶液的凝固点总是低于纯水的凝固点，这种现象称为溶液的凝固点降低（freezing point depression)。

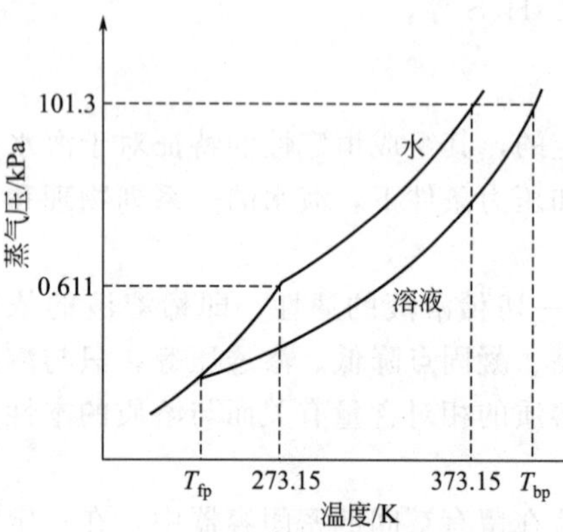

图4-1　水、冰、水溶液的蒸气压曲线

1771年，英国科学家华特生（W. Watson）最早发现盐溶于水后使水的凝固点降低。19世纪80年代，拉乌尔注意到水中加盐后，沸点上升。实际上，由于溶液蒸气压的下降，必然导致沸点升高和凝固点下降。由于溶液蒸气压的下降与溶质质点浓度有关而与溶质的本性无关，因此溶液沸点升高和凝固点下降也只与溶质质点浓度有关，即

沸点上升：$\Delta T_{bp}=T_{bp}(溶液)-T_{bp}(水)=K_b b$

凝固点下降：$\Delta T_{fp}=T_{fp}(水)-T_{fp}(溶液)=K_f b$

式中，b为溶质质点的质量摩尔浓度，$mol \cdot kg^{-1}$；K_b和K_f分别为水的摩尔沸点上升常数和摩尔凝固点下降常数（$K_b=0.52$和$K_f=1.86$)。

溶液的沸点升高和凝固点下降原理也具有重要的实际意义。例如：在钢铁发蓝处理工艺中所使用的氧化液（亚硝酸钠和氢氧化钠水溶液），因沸点升高，在140～150℃时仍不沸腾；工业生产和实验室常用盐和冰混合作低温制冷剂；在冬天，人们常在冰上撒盐降低凝固点而防止路滑和冰冻；在汽车等交通工具的水箱或散热器冷却水中加入乙二醇等物质可使凝固点降低，从而防止在冬天时水结冰。

(3) 溶液的渗透压　1748年，法国科学家诺立特（A. Nollet）最早注意到渗透现象，他将动物膀胱充满酒精浸入水中，发现膀胱逐渐胀大，甚至破裂，而充满水的膀胱浸入酒精中，膀胱收缩，膀胱里的水向外渗透。这是因为膀胱膜只能让水分子通过，而酒精中的溶质分子不能通过。像动物膀胱膜那样只能让溶剂分子透过而不让溶质质点透过的膜称为半透膜(semipermeable membrane)。半透膜的透过选择性是由其内部孔径的大小所决定的，其孔径的尺寸刚好能让水分子穿过，而不能使粒径较大的溶质分子和水合离子穿过。半透膜有两类：一类是天然半透膜，如动物膀胱膜、肠衣、细胞膜、毛细血管壁、蚕豆种皮、蛋皮等；另一类是合成半透膜，如高分子膜、陶瓷膜等。

溶剂（如水）通过半透膜进入溶液或溶剂从稀溶液通过半透膜进入浓溶液的现象称为渗透。若用半透膜隔开淡水和盐水［如图4-2(a) 所示］，由于存在浓度差，淡水中的水分子必

然通过半透膜向盐水溶液渗透来降低浓度差，这样导致了盐水溶液的液面升高，随着液面的升高，液柱产生的静压力会阻止水继续向盐水溶液中渗透，最终会达到了渗透平衡［如图 4-2(b) 所示］。如果在盐水溶液一边加上适当的压力也可使渗透停止，此时通过半透膜进入的盐水溶液和通过半透膜离开的盐水溶液的水量相等，达到渗透平衡，这种阻止渗透所需要的外界静压力称为渗透压（osmotic pressure），用 Π 表示，单位为 Pa。

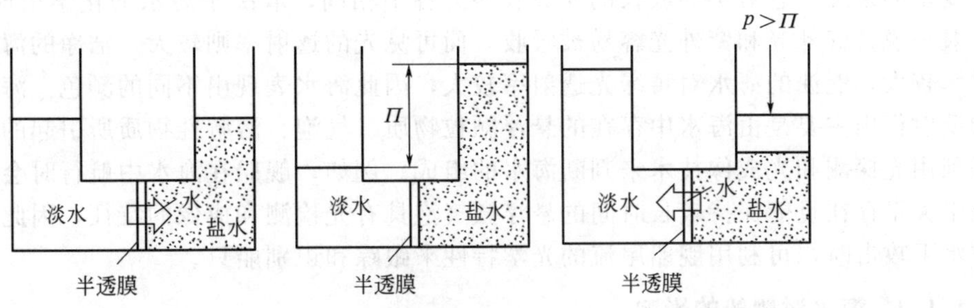

图 4-2　渗透与反渗透

如果在盐水溶液一侧加上比渗透压更高的压力，则会倒转自发渗透的方向，即盐水溶液中的水就会向淡水的方向流动，把盐水溶液中的水压向淡水一边。因为它和自然渗透的方向是相反的，故称为反渗透［如图 4-2(c) 所示］。反渗透为海水淡化、工业废水和污水处理、溶液浓缩等提供了一个重要的方法。市售的“太空水”就是用反渗透法制取的。

1886 年，荷兰物理化学家范特霍夫（J. H. vant Hoff）发现：非电解质稀溶液的渗透压的大小可以用与理想气体状态方程形式相似的方程式来计算，即：

$$\Pi V=n_{\mathrm{B}}RT$$

式中，V 为纯溶剂的体积，m^3；n_{B} 为溶质的物质的量，mol。上式表明：在一定体积和温度下，溶液的渗透压只取决于溶质的物质的量，而与溶质的本性无关，即渗透压也是稀溶液的依数性。对于电解质稀溶液，计算溶液渗透压时，n_{B} 为溶质质点的物质的量。

渗透现象广泛存在生物界和植物界，如人的血液渗透压约为 775kPa，注射或输液宜采用 5% 的等渗葡萄糖水溶液或 0.9% 的等渗生理食盐水溶液，植物细胞质的渗透压高达 2000kPa，可以把水从根部运送到几十米高的树顶。

4.1.1.3　海水的声学和光学特性

（1）海水的声学特性　电磁波和光波在海水中衰减很快，而声波则在海水中衰减较慢，因此，声波探测是目前最有效的海洋探测手段，不仅可用来探测海水的深度，而且还可用来探测鱼群、沉船、潜艇等。声波在海水中的传播速度比在空气中大约快四倍，在 20℃ 时，声波在盐度为 35‰ 的海水中的传播速度为 $1517.8\mathrm{m\cdot s^{-1}}$。声波在海水中的传播速度除受温度、盐度和压力影响外，还会受海水中化学成分、悬浮颗粒物质、气泡、浮游生物、鱼群等对声波吸收、反射和散射的影响。声速（v，$\mathrm{m\cdot s^{-1}}$）与海水盐度（S）、温度（T，K）和水压（p，kPa）之间的经验公式为

$$v=1450+4.21(T-273.15)-0.037(T-273.15)^2+1.14(S-35)+0.00173p$$

声波在海水中传播时，会发生折射、反射和吸收。当声波穿过不同声速的海水层时会发生折射和反射。在声波传播过程中，海水中的气泡、浮游生物等会引起声波的散射和吸收。

声呐（Sonar，sound navigation and ranging）就是基于声波在海水中传播速度高、衰减慢、传播距离远的特性，来进行探测、识别、定位、导航和通信的系统。声呐按工作方式可

分为主动声呐和被动声呐；按安装平台的不同可分为潜艇声呐、水面舰艇声呐、机载声呐、声呐浮标等。

(2) 海水的光学特性 任何物体在光的作用下，都会发生吸收、反射、散射、透射等效应。太阳光照射到海水表面时，大约有9%被海水反射回去，而大部分太阳光则穿透进入海水，在穿透过程中，一部分被海水吸收，一部分被海水中分散的各种质点所散射。海水是一个复杂的系统，它对不同波长的光吸收能力各不相同，取决于海水的化学组成及化学过程。一般来说，红外光和紫外光容易被吸收，而可见光的透射率则较大。洁净的海水对蓝绿光透射率较大，混浊的海水对黄绿光透射率较大，因此海水表现出不同的颜色。海水对光的散射和反射作用主要是由海水中存在的悬浮颗粒物质、气泡、溶解性物质所引起的，因此，人们可利用光探测和光成像技术来判断海水的组成。例如，舰船在海水中航行时会产生尾流，尾流中大量存在且能保持较长时间的悬浮微气泡具有光检测和成像的特征，因此，在实施空中或水下攻击时，可利用舰船尾流的光学特性来跟踪和识别船只。

4.1.1.4 海水对舰船的影响

海水对舰船的影响是多方面的。其中最主要的影响是会加速船体平台、仪器设备和武备的腐蚀。海水是一个腐蚀性强的电解质溶液，其中的氯离子、溶解氧、海生物等都会加速船体金属的腐蚀。海水中大量的氯离子能破坏船体金属表面的钝化膜，特别是铝合金上的钝化膜，从而会加速船体金属的腐蚀。水线以上的船体平台、各种舾装件、武备也会发生海洋大气腐蚀，海洋中的盐雾在金属的表面形成一层电解质溶液膜，能导致金属发生腐蚀。实验结果表明，钢铁在盐雾环境中的腐蚀速率是其在纯水膜覆盖条件下的八倍。

海水除了能加速金属腐蚀，对舰船的使用和维护产生不利的影响外，海水大规模沿一定方向流动产生的海流以及不同密度海水层之间产生的内波对舰船和潜艇的航行会产生不利的影响。例如，舰船在较大规模海流作用下，容易产生航向的偏离，特别是通过障碍物和水雷时，危险更大；两不同密度海水层间的内波，两层水流具有相反的流向，会给潜艇水下航行造成困难，也会影响鱼雷发射的准确性。

4.1.2 潜艇舱室的空气环境

潜艇是一个有限密闭空间，艇内空气环境不断受到各种挥发物、油料、润滑剂、制冷剂以及艇员的有机体代谢、食物的烹调与腐败、结构材料的挥发与分解物等的污染。随着潜航时间的延长，污染物不断积累，舱室空气环境将不断恶化，从而影响舰员的身心健康。因此，潜艇舱室的空气控制是十分必要的。

4.1.2.1 潜艇舱室空气的组成

潜艇舱室污染物中包含易燃易爆，或强腐蚀性，或具有毒性的物质。根据国内外潜艇舱室大气环境测量数据，舱室大气成分非常复杂，除氮气和氧气外，还有许多杂质气体。我国潜艇舱室大气组分，共定性检出652种成分，其中无机气体（包括金属气溶胶）共44种；有机气体组分608种。在有机气体中，脂肪烃350种，芳烃104种，卤代烃27种，含氧化合物104种，含氮化合物14种，含硫化合物5种，含硅化合物4种。表4-2列出了潜艇舱室空气中主要的杂质及其含量，结果反映出我国潜艇舱室大气污染程度，有的杂质含量已超出国家军用标准规定的容许值，距“乡村新鲜空气”的目标相差甚远，尤其是有机污染物应该引起足够的重视。

表 4-2　潜艇舱室大气的主要成分

组分名称（无机物）	检出最高浓度 /mg・m^{-3}	容许浓度 /mg・m^{-3}	组分名称（有机物）	检出最高浓度 /mg・m^{-3}	容许浓度 /mg・m^{-3}
氮气	78%		庚烷	93	
氧气	21%		辛烷	14.5	
二氧化碳	1.8×10^{-6}		苯	6.8	3
一氧化碳	15×10^{-6}	11	甲苯	7.2	10
二氧化氮	0.2×10^{-6}	0.4	二甲苯	15.6	10
二氧化硫	1.6×10^{-6}	0.5	氟利昂-12	232	500
氯化氢	0.47×10^{-6}	0.7	三氯甲烷	7.0	4
氟化氢	0.01×10^{-6}	0.08	二氯乙烷	7.54	10
硫化氢	1.0×10^{-6}	0.07	四氯化碳	2.7	0.9
锑化氢	0.045×10^{-6}	0.05	甲醛	0.09	0.1
砷化氢	0.1×10^{-6}	0.03	乙醛	4.7	3.0
臭氧	0.2×10^{-6}	0.04	丙烯醛	7.1	0.07
氯	0.005	0.15	甲胺	0.33	0.15
氢	1.0%		二甲胺	0.38	0.25
氨	5	3.5	乙醇胺	0.5	1.0
气溶胶	0.15		二硫化碳	6.88	0.5

注：引自王少波，周升如．潜艇舱室大气组分分析概况，舰船科学技术，2001，(3)：8-11；容许浓度引自国家军用标准 GJB 11B—2012。

4.1.2.2　潜艇舱室空气的控制

依据毒理学资料，潜艇大气中的脂肪烃、芳香烃、卤代烃和含氧化合物等均对人体有一定的毒性。其中脂肪烃有一定的刺激性和麻醉作用，为低等或中等毒性；芳香烃会影响神经系统和造血机能，多数为中等毒性，少数为高毒和极毒性；有的卤代烃毒性也较大，能损害肝、肾功能，特别是有些卤代烃在高温条件下有产生剧毒气体的潜在危险。因此净化潜艇舱室的大气，可为艇员创造舒适的生活、工作、休息环境，保持潜艇的战斗力。

常规柴电潜艇经常要在通气管或水面状态进行充电，利用充电时机，舱内空气可以与自然大气进行通风换气，从而达到空气净化的目的。并且，其水下续航时间不长，有害气体累积浓度低，空气净化负担轻，舱室空气环境控制技术简单容易。核潜艇能量和空间较充足，能量足以满足大量的空气控制和净化设备运行。AIP 潜艇具有水下噪声低、排水量小、水下续航力长、隐蔽性好等特点，可在一定程度上部分取代核潜艇的作用。由于能量和空间（AIP 潜艇为中小型潜艇）的限制，要求舱室空气环境控制设备体积尽可能小，耗能尽可能低。虽说不同类型的潜艇舱室空气的控制有所差异，但一般都包括：舱室空气环境监测系统、空调通风系统、供氧系统、二氧化碳清除系统和空气净化系统。

(1) 舱室空气环境监测系统　潜艇舱室空气环境监测系统由气体成分监测和三防监测组成。气体成分监测包括对舱室 O_2、H_2、CO_2、CO 等气体浓度的监测和报警。质谱仪是最成功的固定式多组分分析仪器。美国在 1972 年研制装艇的 CAMS-Ⅰ型质谱仪，可测定 8 种气体组分，其分析速度快、操作简便、运行稳定。1985 年，美国又研制出 CAMS-Ⅱ型扫描质谱仪，测量范围为 2～300 原子质量单位，几乎覆盖了潜艇内所有的气体组分。

(2) 空调通风系统　空调通风系统是舱室大气环境控制系统的重要组成部分，也是维持舱室大气环境居住性的关键内容。

（3）供氧系统　艇员呼吸不断消耗舱室氧气，舱室物质的氧化与燃烧也不断消耗舱室氧气。为维持艇员呼吸，必须不断向舱室供氧，以维持舱室19%～21%的氧浓度。供氧是潜艇中维持艇员生命的关键问题之一，尤其是对于连续潜航能力比较长的AIP潜艇和核潜艇来说就显得特别重要。

潜艇舱室常用的供氧方式有氧气瓶供氧、液氧罐供氧、超氧化物供氧、氧烛供氧和电解水供氧。目前，美国、英国、法国等国常规潜艇均采用氧烛供氧，并且氧烛在核潜艇上用于应急供氧；俄罗斯常规潜艇一直采用超氧化物供氧，超氧化物在核潜艇上作为应急空气再生装置；德国212级常规潜艇、德国214级燃料电池AIP潜艇、瑞典斯特林AIP"歌德兰级潜艇"等AIP潜艇均采用携带液氧罐供氧；核潜艇绝大部分都采用了电解水供氧技术。下面介绍几种供氧技术的化学原理。

① 氧烛供氧　氧烛的主要成分是富含氧元素的碱金属氯酸盐或高氯酸盐，次要成分为金属粉末（如Fe、Al、Mg等）。氯酸盐或高氯酸盐热分解产生氧气，金属粉末燃烧产生热量为热分解反应提供能量，反应为（以$NaClO_3$和Fe为例）：

$$2NaClO_3 = 2NaCl + 3O_2$$

$$4Fe + 3O_2 = 2Fe_2O_3,\ \Delta_r H_m^{\ominus} = -1648\text{kJ} \cdot \text{mol}^{-1}$$

② 超氧化物供氧　超氧化物如超氧化钾暴露于潜艇舱室大气中极易吸潮，与水反应放出氧气，同时与二氧化碳反应也放出氧气，实现潜艇的供氧，反应如下：

$$2K_2O_4 + 2H_2O = 4KOH + 3O_2$$

$$2K_2O_4 + 2CO_2 = 2K_2CO_3 + 3O_2$$

③ 电解水供氧　电解水供氧包括碱性电解质电解水供氧以及固态电解质（solid polymer electrolyte，SPE）电解水供氧。碱性电解质电解水供氧技术比较成熟，长期以来，一直是核潜艇采用的供氧技术。碱性电解质电解水供氧技术采用强碱KOH或NaOH为电解质溶液，电解质对设备具有强腐蚀性，并且从电解槽逸出的H_2和O_2带有碱液，需经过多次洗涤和过滤，给气体净化带来一定的困难。

SPE电解水制氧以固体全氟磺酸聚合物薄片作为电解质，电解槽体积仅为碱性电解质电解水电解槽的1/10，具有高电流密度、性能稳定、安全可靠、运行寿命长、无腐蚀、体积小、重量轻、控制简单、氧气纯度高等特点。美国"海浪级"核潜艇以及空间站都使用SPE电解水制氧装置供氧。英国在核潜艇上也靠SPE电解水制氧装置供氧。因此SPE电解水制氧技术将逐步取代碱性电解质电解水，并成为核潜艇乃至AIP潜艇的主要供氧技术。

电解水供氧带来的问题是氢气如何处理。目前一般是通过压缩机压缩后，经一喷头式分布器排出，这样，潜艇在水下运动时，因氢气的排出在海面上形成一条白色的泡沫带，增加了潜艇被暴露的危险。有人提出将氢气和二氧化碳反应形成液体甲醇或甲酸来消除泡沫带的设想，其反应为

$$3H_2(g) + CO_2(g) = CH_3OH(l) + H_2O(l)$$

$$H_2(g) + CO_2(g) = HCOOH(l)$$

（4）二氧化碳清除系统　CO_2清除是潜艇中维持艇员生命的关键问题之一，尤其是对于连续潜航能力比较长的潜艇来说尤显重要。众所周知，地球大气中CO_2的体积分数约为0.03%。在密闭的潜艇舱室，艇员在呼吸过程中，不断呼出CO_2（平均每人每天呼出约1kg

的 CO_2），同时舱室物质氧化燃烧也不断生成 CO_2，致使潜艇舱室 CO_2 的浓度较高。当潜艇舱室 CO_2 体积分数为3.0%时，艇员将很难完成体力工作任务，达到5%时，艇员连轻度劳动将也很难完成。当 CO_2 体积分数在0.5%～1.0%时，艇员较长时间暴露在这个环境里不会产生有害影响，此指标已被大多数国家海军采纳，并应用于潜艇的正常运行中。为此，潜艇舱室需及时清除 CO_2，使 CO_2 浓度控制在规定值以内。

潜艇舱室 CO_2 清除方式有碱石灰吸收法、超氧化物吸收法、LiOH 吸收法、乙醇胺（MEA）吸收法、分子筛吸附法以及固态胺吸附法。

目前核潜艇 CO_2 清除绝大部分采用 MEA 吸收法。MEA 与 CO_2 的化学反应机理及产物目前尚有争论，归纳起来有两种机理，一是认为 MEA 与 CO_2 和 H_2O 反应先生成乙醇胺碳酸盐，再进一步反应生成乙醇胺碳酸氢盐：

$$2HOCH_2CH_2NH_2+H_2O+CO_2 \rightleftharpoons (HOCH_2CH_2NH_3)_2CO_3$$

$$(HOCH_2CH_2NH_3)_2CO_3+CO_2+H_2O \rightleftharpoons 2(HOCH_2CH_2NH_3)HCO_3$$

另一种观点认为，乙醇胺与 CO_2 反应先生成羟乙氨基甲酸铵，再与 CO_2 和 H_2O 反应生成乙醇胺碳酸氢盐：

$$2HOCH_2CH_2NH_2+CO_2 \rightleftharpoons HOCH_2CH_2NHCOONH_3CH_2CH_2OH$$

$$HOCH_2CH_2NHCOONH_3CH_2CH_2OH+CO_2+2H_2O \rightleftharpoons 2(HOCH_2CH_2NH_3)HCO_3$$

两种机理的最终产物均为乙醇胺碳酸氢盐，且反应是可逆的。利用乙醇胺与 CO_2 这一可逆的反应特性，乙醇胺可再生循环使用，达到对密闭空间二氧化碳连续清除的目的。

MEA 具有吸附量大、低黏度、弱腐蚀性、水溶性、可循环使用等特点，但存在二次污染、装置体积大、效率低等问题。为此，已开发出固态胺 CO_2 吸附剂，固态胺是指在无机或聚合物载体上键合有机胺化合物的固体吸附剂。它与二氧化碳的反应同有机胺与二氧化碳的反应相似。在有水或无水下，它与二氧化碳反应生成碳酸氢盐或甲氨酸盐。固态胺与 CO_2 的反应是可逆的，正向反应放热，逆向反应吸热。固态胺再生的反应是其吸附反应的逆反应，即在高温或低 CO_2 分压的条件下，生成的碳酸氢盐或甲氨酸盐可发生分解，使固态胺得以再生。

固态胺吸附装置与乙醇胺吸收装置相比，具有性能稳定、安全可靠、运行寿命长、无腐蚀、体积小、重量轻、控制简单、控制 CO_2 浓度低等特点，并且可将舱室大气中 CO_2 的浓度降至0.3%以下，因此，固态胺消除 CO_2 技术的优越性，更适合 AIP 常规潜艇和核潜艇使用，并将逐步取代乙醇胺清除 CO_2，成为主要发展方向。

(5) 空气净化系统　潜艇舱室有害气体除了 CO_2 外，还含有大量有害的无机物和有机物气体。无机物气体包括 H_2、CO、NO_2、SO_2、NH_3 等；有机物包括烃类、脂肪类等。针对种类繁多的气体，对 H_2、CO 等气体采用专用滤器进行定点清除，对大量有机污染物和不确定气体采取集中清除。

① 集中清除　潜艇舱室有害气体种类有几百种之多，许多气体具有不确定性，大部分气体含量少，不可能对每种气体都采用特定的净化装置，只能通过集中处理装置，将艇内全部空气抽吸到处理装置进行净化后送到各舱室，从而达到集中净化目的。集中清除一般采用舱室滤器、低温有害气体燃烧技术、低温等离子技术、光催化等技术。集中清除的优点在于对多种微量有害气体可以同时净化，空气处理量大，控制简单。

② 定点清除　针对某种有害气体集中的区域，有针对性地布置专用滤器。例如，在 CO 集中的柴油机舱布置 CO 滤器；在厨房布置厨房油雾滤器；在厕所布置厕所臭味滤器；在 H_2 集中的蓄电池舱室布置消氢装置。采用定点清除的优点是对单个气体净化效率高，局部气体浓度集中区域采取就地净化处理，避免局部区域气体向全艇扩散。

4.2 舰用化学电池

化学电池是利用氧化还原反应将化学能直接转换成电能的装置。化学电池可分为一次性电池（原电池和干电池）、二次性电池（蓄电池）和燃料电池。

原电池因其内阻大和使用不便，一般无实用价值；干电池是人们日常生活中广泛使用的一次性电池，放电完毕后不能再重复使用，常用的干电池有锌锰电池、锌汞电池（纽扣电池）、锂/铬酸银电池等；蓄电池既能使化学能转变成电能，又能借助其他直流电源将电能转化成化学能，让电池恢复到放电前的状态，从而可以再放电。蓄电池在舰船的应急照明、点火、武器击发、航行动力等方面有十分广泛的应用；燃料电池是利用燃料燃烧反应获取电能的装置，它可用作新型潜艇的动力电池。下面介绍几种重要的舰船用化学电池。

4.2.1 铅蓄电池（铅酸蓄电池）

铅蓄电池是以铅为负极、二氧化铅为正极、稀硫酸为电解质的蓄电池。因电解质为酸，故又称铅酸蓄电池，其电池表示式为

$$(-)Pb|H_2SO_4|PbO_2(+)$$

铅蓄电池具有充放电可逆性好、电压稳、温度及电流密度适应性强、使用方便、廉价等特点，广泛用于各种交通工具的启动、点火和照明以及电动交通工具的动力。在军事上，柴电潜艇用铅蓄电池蓄电（柴油发动机为其充电），为其水下航行提供动力；水面舰艇用铅蓄电池启动柴油机和应急照明。

4.2.1.1 铅蓄电池的构成

铅蓄电池主要由正负极板组、隔板、容器和电解液构成，其结构如图 4-3 所示。

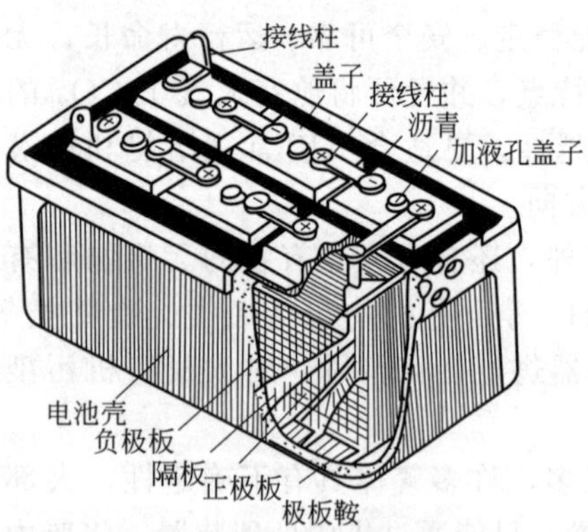

图 4-3 铅蓄电池结构

（1）正、负极板组 铅蓄电池常用涂膏式极板。在铅锑合金（含锑 5%～7%）铸成的板栅格子中，涂以铅膏，正、负极板铅膏主要由氧化铅（PbO）粉与稀硫酸拌和而成，负极板铅膏中还加有少量防止活性物质收缩的膨胀剂。由于铅膏中的氧化铅与硫酸反应，在正、负极板上生成灰白色的硫酸铅：

$$PbO+H_2SO_4 \longrightarrow PbSO_4+H_2O$$

将正、负极板放在盛稀硫酸的槽中进行充电，在正极板上生成暗棕色多孔的二氧化铅（PbO_2），负极板上生成青灰色的海绵状铅（Pb），这个充电过程称极板的化成。化成后的极板再经干燥后，即可组装电池。由于负极板上的海绵状铅在空气中容易被氧化，不便于贮存，为了解决这个问题，在极板化成后，再进行短时间放电，使极板表面一部分活性物质变成硫酸铅，减缓极板内海绵状铅的氧化，但新蓄电池投入使用前必须进行长时间的初充电（需 60～70h）。

为了增大蓄电池的容量，将许多片相同极性的极板留一定间隔并联焊接在一起，组成正、负极板组，组装时正、负极板交错放置。一个正、负极板组便可组成一个单格电池，起

动用铅蓄电池通常是由 3 个或 6 个单格电池串联而成的。

(2) 隔板　隔板放在正、负极板之间，它的作用是防止正负极板相碰造成短路，而电解液又能顺利通过隔板。常用的是微孔橡胶（或塑料）隔板。

(3) 容器　容器是蓄电池的外壳，常用硬橡胶或塑料制成。容器内一般分隔成 3 个或 6 个互不相通的单格，每格的底部铸有极板鞍，用以支承极板，并可使脱落的活性物质沉积在凹处，避免极板短路。电池壳顶上加电池盖，每个单格电池盖上都有 3 个孔，两边的孔供正、负极柱穿出盖外，中间的是加液孔，加液孔上的塑料小盖有通气小孔，以排出电池内的气体。连接条是用来串联各单格电池的。极柱和连接条都用铅锑合金铸成。

(4) 电解液　铅蓄电池的电解液是密度为 $1.28\sim1.30\text{g}\cdot\text{cm}^{-3}$（15℃时）的稀硫酸溶液。不同型号的铅蓄电池电解液的密度略有区别，应按铅蓄电池出厂使用说明的要求配制。但必须指出，电解液的密度不能超过 $1.30\text{g}\cdot\text{cm}^{-3}$，因为电解液过浓会使极板腐蚀加剧，寿命缩短。电解液的相对密度也不能太低，太低会增大电池的内阻，降低容量，在严寒条件下放电后，还可能发生电解液结冰膨胀损坏极板。配制电解液必须用铅蓄电池专用硫酸或化学纯的浓硫酸与纯水（去离子水或蒸馏水）按一定比例配制而成。一般工业用硫酸和自来水等都含有害杂质不能用来配制电解液，否则，将影响铅蓄电池的容量和寿命。

4.2.1.2　铅蓄电池的工作原理

(1) 放电反应　铅蓄电池在放电时相当于一个原电池的作用，放电时两极反应为

负极（氧化反应）：$Pb(s)+SO_4^{2-}(aq)=\!=\!=PbSO_4(s)+2e^-$

正极（还原反应）：$PbO_2(s)+4H^+(aq)+SO_4^{2-}(aq)+2e^-=\!=\!=PbSO_4(s)+2H_2O(l)$

放电时总反应：$Pb+PbO_2+2H_2SO_4=\!=\!=2PbSO_4+2H_2O$

随着放电的进行，负极板的海绵状铅和正极板的二氧化铅逐渐转变成硫酸铅，同时要消耗 H_2SO_4，并生成水，使电解液的浓度（或密度）变小。因此，通过测定电解液的密度，可判断铅蓄电池的放电程度。单格铅蓄电池的电压在正常情况下保持 2.0V，如果下降到 1.8V（此时电解质的密度约为 $1.1\text{g}\cdot\text{cm}^{-3}$），即需重新充电。

(2) 充电反应　将铅蓄电池放电时的负极板和正极板分别与直流电源的负极和正极相连，进行充电。此时的蓄电池为电解池，两极反应即为放电时的逆反应。

阴极（还原反应）：$PbSO_4(s)+2e^-=\!=\!=Pb(s)+SO_4^{2-}(aq)$

阳极（氧化反应）：$PbSO_4(s)+2H_2O(l)=\!=\!=PbO_2(s)+4H^+(aq)+SO_4^{2-}(aq)+2e^-$

充电时总反应：$2PbSO_4+2H_2O=\!=\!=Pb+PbO_2+2H_2SO_4$

随着充电的进行，阴极上的 $PbSO_4$ 转变成海绵状铅，阳极上的 $PbSO_4$ 转变成 PbO_2，同时溶液中有 H_2SO_4 生成，使电解液的浓度（或密度）增大，因此可通过测量电解液的密度，判断充电的程度。充电后期，当电压增加到 2.3～2.4V 时，水的电解副反应比较明显，在阴极析出氢气，在阳极析出氧气，为防止氢、氧混合气体的爆炸，充电时必须通风良好，并禁止明火。

4.2.1.3　杂质离子对铅蓄电池的影响

在铅蓄电池的电解质中如果混入少量的某些杂质离子，将会引起铅蓄电池的自放电，使其容量下降。从理论上讲，只要离子对应电对的电极电势介于铅蓄电池正极电极电势和负极电极电势之间，就可引起铅蓄电池的自放电。这样的杂质离子主要有：Fe^{2+} 或 Fe^{3+}、Cl^-、NO_3^- 等。在电解质溶液配制和电池使用以及维护过程中应避免混入这些杂质离子。

(1) Fe^{2+} 的影响　已知：$E^{\ominus}(PbSO_4/Pb)=-0.356\text{V}$，$E^{\ominus}(PbO_2/PbSO_4)=1.685\text{V}$，

$E^{\ominus}(Fe^{3+}/Fe^{2+})=0.771V$。有害杂质$Fe^{2+}$对应电对的电极电势介于负极Pb和正极$PbO_2$的电极电势之间，当$Fe^{2+}$在电池中扩散至正极，就与$PbO_2$反应：

$$PbO_2+4H^++SO_4^{2-}+2Fe^{2+} \xlongequal{} PbSO_4+2H_2O+2Fe^{3+}$$

反应生成的Fe^{3+}在电解液中，又能扩散至负极与海绵状Pb起反应：

$$Pb+SO_4^{2-}+2Fe^{3+} \xlongequal{} PbSO_4+2Fe^{2+}$$

这样，变价的铁离子在电解液中不断地往返于电池正、负极并发生反应，使海绵状Pb和PbO_2变成硫酸铅，造成无休止的自放电，使电池容量迅速降低。

(2) 氯离子的影响　在海洋环境中使用的铅蓄电池或用自来水配制硫酸溶液容易混入氯离子，由于氯离子对应电对的电极电势也介于负极Pb和正极PbO_2的电极电势之间，也可引起类似铁离子的自放电作用。但由于Cl^-与PbO_2反应生成气体Cl_2，会逐渐逸出电池，因此Cl^-杂质的含量会逐渐减少。

4.2.2 鱼雷动力电池

鱼雷是海军重要的反潜、反舰水中兵器。鱼雷中的动力系统不仅决定了鱼雷的航程和航速，也决定了鱼雷的安静性和机动性。鱼雷的动力有热动力和电池动力两种。

热动力是将贮存的燃料和氧化剂在热机中燃烧或在与气体涡轮机相连接的锅炉中燃烧以产生机械能，从而推动鱼雷前进，其优点是比功率和比能量较大。例如用Otto燃料(76%的1,2-丙二醇硝酸酯、22.5%减感剂癸二酸二丁酯和1.5%稳定剂2-硝基二苯胺）驱动的美国MK46和MK48小型鱼雷航速达到45kn（节，$1kn=1.852km \cdot h^{-1}$），比能高达$190W \cdot h \cdot kg^{-1}$。

电动力是与电动机相连的大功率电池组（如铅酸、镉镍、锌银、镁氧化银、铝氧化银等电池)。采用电池动力的鱼雷具有噪声小、隐蔽性好、深水性能好、制导作用距离较远、航速和航程不受背压影响等优点，而且结构简单，减少了鱼雷失衡力矩，使其动态控制品质得以改善，因此，电动力鱼雷是世界各国积极研制发展的鱼雷武器。

铅蓄电池和镉镍碱性蓄电池是第一代鱼雷动力电池。1939年，德国首次制造出使用铅酸电池的G7e电动鱼雷，其航速为30kn，航程为5km。但由于铅酸电池比能较低，不能适应现代鱼雷战术要求，在20世纪70年代初被淘汰。以镉镍电池为动力的鱼雷，因其电池成本低廉，因此得到发展中国家海军的青睐，并且这种电池曾在法国的L3、E14和E15等老式鱼雷上使用。

锌/银电池和镁/氯化银海水电池为第二代鱼雷动力电池。1950年，美国制造出使用锌/银电池的MK37鱼雷，随后法国的L5鱼雷、英国的“虎鱼”鱼雷、意大利的A184鱼雷、德国的SUT鱼雷等采用的都是锌银电池。锌/银电池动力鱼雷的航速可达35～40kn，航程可达10～20km，比能量可达$50\sim100W \cdot h \cdot kg^{-1}$；20世纪60年代，美国的MK44鱼雷和MK45鱼雷采用镁/氯化银海水电池作为动力，目前正在服役的意大利A244和A244/S鱼雷、英国的“鲱鱼”鱼雷、法国的R3鱼雷等都以这种海水电池作为动力。镁/氯化银海水电池动力鱼雷的航速可达30～45kn，航程可达6～10km，比能可达$80\sim110W \cdot h \cdot kg^{-1}$。镁/氯化银海水电池作为一次激活贮备电池，其优点是采用海水流动电解液，节省了注液器体积。同时，只要鱼雷未注入海水，电池是惰性的，因而运输过程是绝对安全的。

铝/氧化银海水电池是已实际运用的第三代鱼雷动力电池。1988年，法国SAFT公司研制成功并装备到法国的“海鳝”小型鱼雷上，目前，法国的“海鳝”鱼雷、意大利的A290

鱼雷、欧洲鱼雷公司 MU90 和黑鲨等鱼雷均采用铝/氧化银海水电池作为动力，铝/氧化银海水电池动力鱼雷的航速可达 45～60kn，航程可达 10～60km，比能可达 130～160W·h·kg^{-1}；锂/亚硫酰氯电池和锂/氧化银电池等是处于研制阶段的第三代高比能鱼雷动力电池，其比能是银锌电池的 6～7 倍；锂/氧化银电池有较好的高速性能，比能量与锂/亚硫酰氯电池相当，但不会产生引起爆炸的中间产物，在用银的各种系列中用银量最少，因此在未来的鱼雷动力电池中有相当重要的地位。

下面介绍几种常用的或正在研制的第二代和第三代鱼雷动力电池的构成和工作原理。

4.2.2.1　锌/银电池

(1) 锌/银电池的构成　锌/银电池主要由多孔锌和一价或二价氧化银正负极板组、碱性电解质溶液（KOH 或 NaOH）、聚合物隔膜和容器构成，其结构如图 4-4 所示。锌/银电池的表达式为

$$(-)Zn|KOH(或 NaOH)|Ag_2O(AgO)|Ag(+)$$

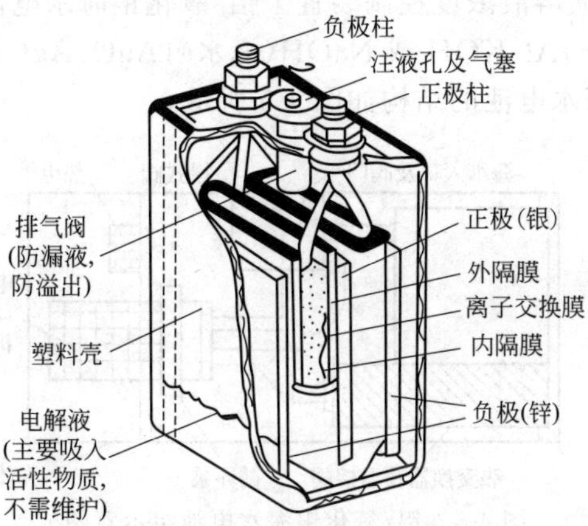

图 4-4　锌/银二次电池剖视图

(2) 锌/银电池的放电反应

负极：$Zn+2OH^- \longequal Zn(OH)_2+2e^-$

正极：$2AgO+H_2O+2e^- \longequal Ag_2O+2OH^-$（第一阶段）

$Ag_2O+H_2O+2e^- \longequal 2Ag+2OH^-$（第二阶段）

总反应：$Zn+AgO+H_2O=Ag+Zn(OH)_2$

(3) 锌/银电池的特点　锌/银电池为碱性电池，它可以做成可充电的蓄电池，也可以做成一次电池。二次锌/银电池有矩形、圆柱形和纽扣形三种。作为鱼雷动力的锌/银电池还可设计成堆式结构。根据工作环境的需要，可以做成开口式或成密封式。锌/银电池的理论比能量和电动势都比较高，单格电池的标准电动势约为 1.856V，工作电动势为 1.3～1.4V。

4.2.2.2　镁/氯化银海水电池

(1) 镁/氯化银海水电池的构成　镁/氯化银海水电池作为一次激活贮备电池，其负极为含少量 Al、Zn、Pb 等元素的镁合金，正极为 AgCl 电极，负极表面规则地粘有小胶粒，作为正负极间的隔离物，正极上则对应有规则的小孔，以利于电解液输送并增加反应面积，电解质为流动海水，单格之间以 12～25μm 厚的银箔为连接片。镁/氯化银海水电池的表示式为

$$(-)Mg|海水|AgCl|Ag(+)$$

（2）镁/氯化银海水电池的放电反应

负极：$Mg \longrightarrow Mg^{2+} + 2e^-$

正极：$AgCl + e^- \longrightarrow Ag + Cl^-$

总反应：$Mg + 2AgCl \longrightarrow MgCl_2 + 2Ag$

副反应：$Mg + 2H_2O \longrightarrow Mg(OH)_2 + H_2$

（3）镁/氯化银海水电池的特点　镁/氯化银海水电池低温性能好，干贮存寿命长，激活装置比较简单，安全可靠。镁/氯化银海水电池的工作电动势为1.1～1.4V，其比能同锌/银电池相当。

4.2.2.3　铝/氧化银海水电池

（1）铝/氧化银海水电池的构成　铝/氧化银海水电池是一种贮备式海水激活的一次性电池，其负极为Al合金片，正极为AgO，正负极之间的隔离物是玻璃珠（镶嵌在正极的表面上），循环的电解质溶液是混有海水的15%～40% KOH或NaOH溶液，配有辅助的冷却设备、氢气排斥装置和电解质溶液浓度控制装置。铝/氧化银海水电池的表示式为

$$(-)Al|KOH或NaOH(海水)|AgO|Ag(+)$$

鱼雷动力铝/氧化银海水电池的结构如图4-5所示。

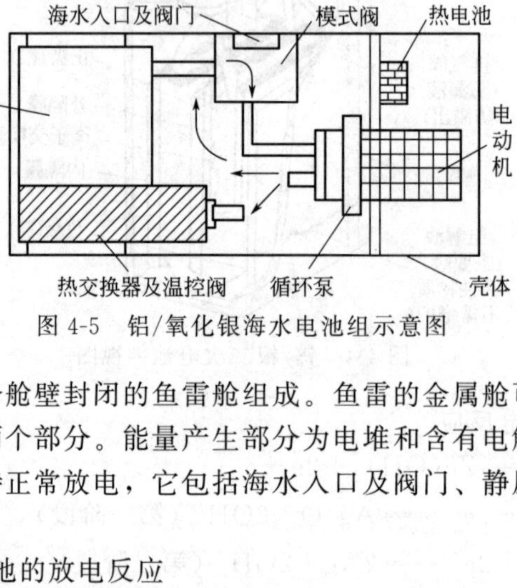

图4-5　铝/氧化银海水电池组示意图

电池的整个系统由两个舱壁封闭的鱼雷舱组成。鱼雷的金属舱可起热交换器的作用。电池组分为能量产生和辅助两个部分。能量产生部分为电堆和含有电解质固体的贮存器，辅助部分用以激活电池组和维持正常放电，它包括海水入口及阀门、静压阀、气体分离器、循环泵以及启动泵的电池组等。

（2）铝/氧化银海水电池的放电反应

负极：$Al + 4OH^- \longrightarrow AlO_2^- + 2H_2O + 3e^-$

正极：$AgO + H_2O + 2e^- \longrightarrow Ag + 2OH^-$

总反应：$2Al + 3AgO + 2OH^- \longrightarrow 2AlO_2^- + 3Ag + H_2O$

副反应：$2Al + 2H_2O + 2OH^- \longrightarrow 2AlO_2^- + 3H_2$

（3）铝/氧化银海水电池的特点　铝/氧化银海水电池的理论比能为$1000W \cdot h \cdot kg^{-1}$，约为镁/氯化银海水电池理论比能的2倍，目前电池的实际应用的最大比能已达到$200W \cdot h \cdot kg^{-1}$。单格电池的电动势为2.2V，工作电压在电流密度为$1000mA \cdot cm^{-2}$时仍可保持在1.6V左右。铝/氧化银海水电池是已实际运用的鱼雷动力电池中性能最好的高能电池。

4.2.2.4　锂/亚硫酰氯电池

（1）锂/亚硫酰氯电池的构成　锂/亚硫酰氯电池是一种比能很高的锂电池，这种电池是以金属锂为负极，液态的亚硫酰氯（$SOCl_2$）为正极活性物质，含具有Pt粉的多孔碳电极

作为正极导体，使用溶有 $LiAlCl_4$ 或 $LiGaCl_4$ 的亚硫酰氯作为电解质溶液（非水电解质），在电解质中加入约 5%的 SO_2，以防止负极被形成的 LiCl 膜所钝化。锂/亚硫酰氯电池的表示式为

$$(-)Li|LiAlCl_4/LiGaCl_4\text{-}SOCl_2|SOCl_2|C(+)$$

出于安全的考虑，作为鱼雷动力电池时，一般采用流动电解质溶液，在电池组系统中装有温控阀、循环泵、气液分离器等，借助于流动电解质溶液将热量带出来，通过带有热交换器的鱼雷外壳进行排热（如图 4-6 所示）。

(2) 锂/亚硫酰氯电池的放电反应

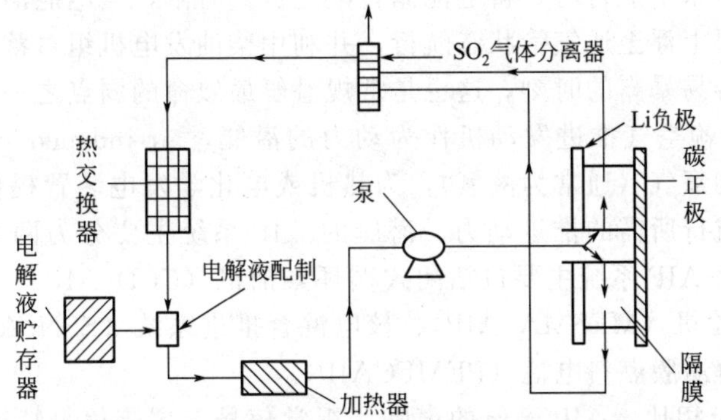

图 4-6 流动电解质溶液的锂/亚硫酰氯电池结构示意图

负极：$Li = Li^+ + e^-$

正极：$2SOCl_2 + 4e^- = 2SO + 4Cl^-$

$2SO = SO_2 + S$

总反应：$4Li + 2SOCl_2 = 4LiCl + S + SO_2$

由于电池反应有 SO_2 的气体生成，而 SO_2 又是有刺激性的有毒气体，因此电池的密封极为重要。

(3) 锂/亚硫酰氯电池的特点　锂/亚硫酰氯电池的理论比能高达 $1470W \cdot h \cdot kg^{-1}$，目前使用的锂/亚硫酰氯电池比能已达 $650 \sim 700W \cdot h \cdot kg^{-1}$，是锌银电池的 6～7 倍，而电池成本却只有铝/氧化银海水电池的 1/5，且低温性能好，贮存寿命长。当放电电流密度为 $1mA \cdot cm^{-2}$ 时，电池电压为 3.3V，并且在 90%以上的电池容量范围内电压保持不变。但电池在短路或某些重负荷条件下会由于反应产生的热使电池产生升温而引发爆炸。

4.2.2.5 锂/氧化银海水电池

(1) 锂/氧化银海水电池的构成　锂/氧化银海水电池是以 Li 为负极、AgO 为正极、海水溶解的 LiOH 溶液为电解液的一次性电池。其电池表示式为

$$(-)Li|LiOH(\text{海水})|AgO|Ag(+)$$

锂/氧化银海水电池系统同铝/氧化银电池系统一样，完整的电池系统包括电池组和辅助系统两部分。其整体结构与铝/氧化银电池相类似，电堆为双极结构，需要有电解液循环系统、浓度控制系统以及温度控制系统来保证电池中电解质溶液的温度和浓度。

(2) 锂/氧化银海水电池的放电反应

负极：$Li + OH^- = Li^+ + e^-$

正极：$AgO + H_2O + 2e^- = Ag + 2OH^-$

总反应：$2Li + H_2O + AgO = 2LiOH + Ag$

副反应：$2Li+2H_2O \longrightarrow 2LiOH+H_2$

(3) 锂/氧化银海水电池的特点　锂/氧化银电池的理论比能为 $1370W \cdot h \cdot kg^{-1}$，与锂/亚硫酰氯电池的理论比能相当，并且单格电池的电动势高（3.49V），高速性能好，不会产生引起爆炸的中间产物，在用银的各种系列电池中用银量最少，在未来的鱼雷电源中有相当重要的地位。

4.2.3 AIP 潜艇动力燃料电池

常规的柴电潜艇水下航行时，蓄电池储备电能极其有限，当电能消耗到一定程度时（水下 3d 左右），就需要上浮至通气管状态航行，并利用柴油发电机组对蓄电池进行充电。而此时正是常规潜艇最容易暴露的时刻，这也是常规潜艇最致命的弱点之一。

AIP（使用不依赖空气推进发动机作为动力的潜艇，air independent propulsion）潜艇主要利用自身携带的氧气（通常为液氧），为热机或电化学发电装置提供燃烧条件，完成能量转换，提供水下航行所需的推进动力。潜艇的 AIP 系统主要分为两大类：热机系统和电化学系统。其中热机 AIP 系统主要包括闭式循环柴油机（CCD/AIP）、斯特林发动机（SE/AIP）、闭式循环汽轮机（MESMA/AIP）、核电混合推进系统（SSN/AIP）；电化学 AIP 系统主要是聚合物电解质膜燃料电池（PEMFCAIP）。

与常规柴电潜艇相比，AIP 潜艇的声呐、视觉信号、尾迹信号特征明显下降了，但是红外热信号、化学信号还有待于进一步改善。相对于热机 AIP 系统，电化学 AIP 系统具有低噪声、低红外、排放的废气少、运行寿命长、能量转换效率高等优点，因此燃料电池 AIP（FCAIP）系统是最具发展潜力的潜艇 AIP 系统。例如，2003 年 4 月 7 日下水的德国海军 U212 级第一艘 U31 号潜艇首次采用质子交换膜燃料电池 AIP 系统，实现远距离水下航行。在 212A 型潜艇的基础上，德国还开发了 214 型（出口型）FC/AIP 潜艇，该型潜艇装备了两组 120kW 质子交换膜燃料电池单元，可输出 240kW 的电力，该 AIP 潜艇水下在 2～6kn 航速时连续航行时间已达到三个星期；2003 年秋下水的俄罗斯“阿穆尔”-1650 型潜艇则采用的是碱性燃料电池 AIP 系统。

4.2.3.1　燃料电池 AIP 系统的原理和构成

(1) 燃料电池 AIP 的原理　将氢燃料和氧化剂（氧气）输送到燃料电池组电堆，通过两种物质在两电极上或质子交换膜两侧催化剂表面上进行氧化还原反应将化学能直接转化为电能，从而驱动电动机带动螺旋桨运转。在高速航行时，以柴电系统作为潜艇的动力源；在水下航行时（低速），以 FC/AIP 系统作为动力源。

(2) 燃料电池 AIP 系统的构成　燃料电池 AIP 系统由燃料电池组、氢气源、氧气源、辅助系统和管理系统组成。氢燃料可以以高压气态、液态、金属氢化物、有机氢化物和吸氢材料强化压缩等形式储存，其中金属氢化物因高体积密度和高安全性是目前最适合潜艇 FC/AIP 系统的储氢方式；氧气源采用液氧方式存贮；辅助系统主要包括水收集系统、惰性气体保护、冷却系统等；管理系统包括氢气供给、氧气供给、尾气管理、气体增湿、控制单元、DC/DC 变换单元、安全管理等模块。

4.2.3.2　燃料电池的结构和工作原理

燃料电池是通过电极反应将氢和氧反应的化学能直接转换成电能的装置。所有的燃料电池均由正极、负极和电解质构成。以可燃气体（如氢气）等为负极反应物，以氧化剂气体（如氧气）和空气为正极反应物，以铂为催化剂。按电解质的不同，燃料电池可以分为五类：

碱性燃料电池（alkaline fuel cell，AFC）、质子交换膜燃料电池（proton exchange membrane fuel cell，PEMFC）、磷酸型燃料电池（phosphoric-acid fuel cell，PAFC）、固体氧化物燃料电池（solid oxide fuel cell，SOFC）和熔融碳酸盐燃料电池（molten carbonate fuel cell，MCFC）。下面仅介绍已在 AIP 潜艇上应用的两种燃料电池——碱性燃料电池和质子交换膜燃料电池的结构和工作原理。

（1）碱性燃料电池　碱性燃料电池由含有催化剂 Pt 的多孔型石墨或多孔性金属（Ni）正、负极和 35%～50%的 KOH 电解质溶液所构成（如图 4-7 所示）。电池的表示式为

$$(-)C|H_2|KOH|O_2|C(+)$$

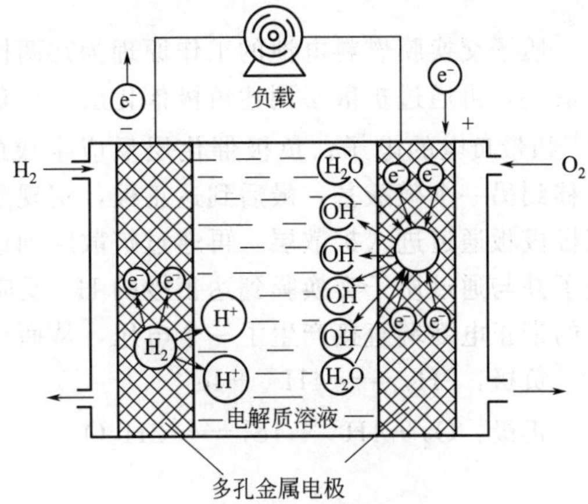

图 4-7　碱性燃料电池的基本结构和工作原理

如果在负极和正极之间用导线连接，在负极上，进入燃料电池的氢气在催化剂作用下，失去电子并和电解质溶液中氢氧根离子结合生成水。失去的电子通过外回路流向正极，在正极上，氧气得到来自负极的电子和水反应生成氢氧根离子，生成的氢氧根离子进入电解质溶液中，并向正极流动，构成了完整的电流回路。燃料电池中的燃料氢气及氧化剂（空气与氧气）可以连续不断地供给电池，反应产物水可以连续不断地从电池排出，同时连续不断地输出电能和热能，其工作原理示意如图 4-7 所示。电池的两极反应为

负极：$H_2(g)+2OH^-(aq) \xlongequal{} 2H_2O(l)+2e^-$

正极：$O_2(g)+2H_2O(l)+4e^- \xlongequal{} 4OH^-(aq)$

（2）质子交换膜燃料电池　质子交换膜燃料电池以固体聚合物电解质膜为电解质，具有能量转换率高、启动温度低、无电解质泄漏等特点。质子交换膜单格电池主要由两块双极板（集流板）、两块附有催化层和气体扩散层的电极以及一块质子交换膜所构成（如图 4-8 所示）。双极板由石墨板或金属板制成，其两侧均刻有导气槽；催化层为碳载铂催化剂，该催化剂是通过化学还原法、电化学还原法或物理方法，将 Pt 粉末附着在细小的活性炭微球表面制得的（铂的含量在 10%～40%之间），再将制得的 Pt/C 催化剂与某些黏合剂（如聚四氟乙烯乳胶）和添加剂混合均匀后以涂膏、浇注或滚压法制成 10～30μm 催化层；扩散层为用聚四氟乙烯乳液疏水化处理的多孔性碳纤维布或碳纤维纸；聚合物质子交换膜主要是全氟聚乙烯磺酸膜（其结构如图 4-9 所示），例如 Dupont 公司的 Nafion 膜、Ashani 化学公司的 Aciplex 膜、DOW 化学公司的 Dow 膜等。将两张涂有 Nafion 树脂的气体电极（催化层和扩散层）分别置于质子交换膜的两侧，催化剂层面向质子交换膜，在 130℃左右和 6～10MPa 下热压得到厚度不到 1mm 的正极、负极和质子交换膜组成的三合一组件。

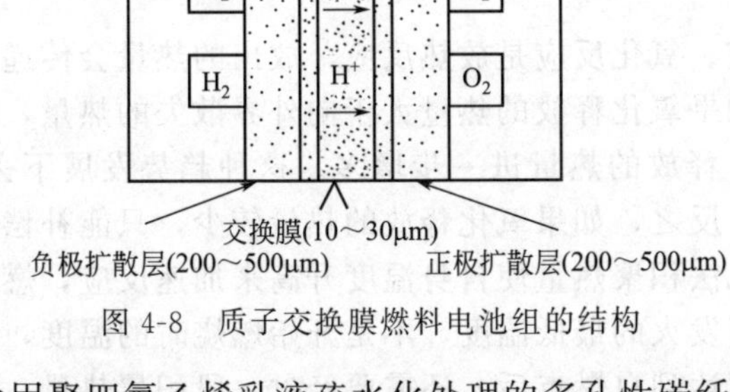

图 4-8　质子交换膜燃料电池组的结构

$$\mathrm{-\!\!\left[CF_2-CF_2\right]_x\!\!\left[CF(-\left[O-CH_2-CH_2\right]_z O-(CH_2)_n-SO_3H)-CF_2\right]_y-}$$

图 4-9　全氟聚乙烯磺酸的结构式

质子交换膜燃料电池的工作原理为在两极接通的情况下，氢气由负极极板流场通道进入扩散层，再通过扩散层到达负极催化层。在负极催化剂作用下，H_2 在负极催化层中解离为 H^+ 和带负电的电子；负极催化层反应生成的 H^+ 在质子交换膜中从一个磺酸（$-SO_3H$）转移到另一个磺酸基，最后到达正极，实现质子导电。电子则通过外电路到达正极。氧气由正极极板通道进入扩散层，再通过扩散层到达正极催化层。在正极催化剂作用下，氧气得到电子并与通过质子交换膜到达正极的 H^+ 反应生成水，其结果就是在负极的带负电终端和正极的带正电终端直接产生了一个电压，从而产生电能。两极的反应式为

负极：$2H_2 \equiv 4H^+ + 4e^-$

正极：$O_2 + 4H^+ + 4e^- \equiv 2H_2O$

4.3　舰艇用油

舰艇用油是舰艇动力装置、船体设备及导航、通信、探测、液压系统等用的液体燃料、润滑油、润滑脂和特种液的统称，是军用油料的重要组成部分。主要功用是燃烧做功、润滑运转机件、传递能量、保护金属，并为舰员生活、作业提供能源。是舰艇作战、航行和生存的重要物质基础。舰艇用油的质量直接关系到舰艇的战术技术性能和机械设备使用寿命。

4.3.1　液体燃料

4.3.1.1　燃料的发火

将燃料和氧气（或空气）混合并加热，到足够高的温度后就会出现火焰，这个过程就是燃料的发火过程。燃料的发火过程的研究，是研究燃烧和爆炸现象的一个非常重要的方面。爆炸实际上是一种非常猛烈的燃烧。

要使燃料发火，除必须供给充足的氧气外，还必须将燃料加热到某个温度以上，这个温度称为自燃点。

(1) 自燃点　燃烧本质上是一种氧化反应。氧化反应是放热反应，放出的热量会传递给周围环境，也可以被可燃混合物自身吸收。如果氧化释放的热量大于向外界散失的热量，使可燃气的温度不断升高，反应速率就会加快，释放的热量进一步增多。这种趋势发展下去，反应速率愈来愈快，最终就发展为燃烧现象。反之，如果氧化释放的热量较少，只能补偿体系对周围环境的散热损失时，可燃气本身就无法积聚热量使自身温度升高来加速反应，燃烧也就不能发生。自燃点就是燃料加热到能自行发火的最低温度，不是开始燃烧时的温度，而是放热与散热达到平衡时的温度，当燃料温度达到自燃点后，还需要经过一段积累热量、自行升温的过程才开始发光，这时燃料才开始发火燃烧。

从自燃点的概念可以看出，它既决定于放热速度又决定于散热速度，所以，凡是能影响这两者的因素都会影响自燃点的高低，如燃料的成分、氧气的浓度、混合气的压力以及容器的材料、尺寸、传热系数等。

① 燃料的成分 燃料的成分不同，一定温度下的氧化速度也不同。对同族烃（如正烷烃）而言，分子量大的烃比分子量小的烃往往容易分解、氧化，因而大分子烃的自燃点较低，小分子烃的自燃点较高，对不同族烃而言，当碳原子数相同时，正烷烃的自燃点最低，环烷烃较高；芳香烃的自燃点最高。异烷烃的自燃点比相应的正烷烃要高，支链数目愈多，自燃点愈高。

在汽油、煤油、柴油这三种燃料中，汽油中的烃平均分子量最小，自然点最高；煤油次之，柴油中的烃平均分子量最大，自燃点最低。

② 压力 当可燃混合气的压力增大时，反应物浓度增大，能促使氧化速度加快，因而使自燃点降低。压力对雾化后燃料自燃点的影响见表 4-3。

表 4-3 压力对雾化后燃料自燃点的影响

压力/MPa	雾化燃料的自燃点/℃			
	汽油	煤油	柴油	苯
0.3	425	420	400	—
0.9	315	275	262	620
1.5	283	220	210	525
2.0	272	210	207	495
3.0	260	206	200	468

③ 氧气浓度 燃料在纯氧气中比空气中的自燃点大大降低，这是因为氧气浓度增大时反应速率加快。例如有人测得柴油常压下在空气中的自燃点为 358℃，而在纯氧中的自燃点为 254℃。

同样，可燃气的浓度对自燃点也有影响。

④ 容器的影响 在不同材料的窗口中测定燃料的自燃点时，数据往往有很大差别，这是因为容器对反应有不同的催化作用或阻化作用。

在常压下某些燃料在空气中的自燃点见表 4-4。

表 4-4 在常压下某些燃料在空气中的自燃点

可燃物	自燃点/℃		可燃物	自燃点/℃	
	最低	最高		最低	最高
氢	530	590	正辛烷	275	—
一氧化碳	610	658	正十六烷	235	—
甲烷	645	750	苯	720	770
乙烷	530	594	甲苯	660	—
丙烷	530	588	α-甲基萘	565	—
正丁烷	490	569	汽油	410	560
正己烷	300	630	煤油	360	400

(2) 燃料燃烧的链式反应 上面是从“热”的观点来说明发火过程的，它没有阐明燃料发火过程的微观实质。此外，还有许多发火过程无法用热的观点加以解释。例如氢气和氧气的混合物随着温度和压力的不同存在着一个发火区域（图 4-10）。当试验温度保持在 460℃（低于氢的自燃点）时，随着混合气压的改变而呈现出不同的情况，在极低压力下（第一界限或下限以下）混合气不能发火。当压力升高到第一界限以上、第二界限（上限）以下时，

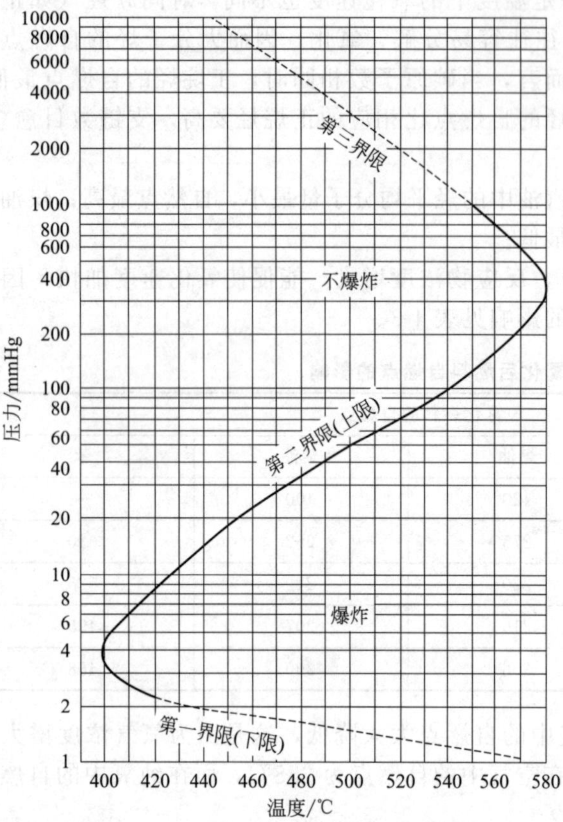

图 4-10 氢、氧混合气的发火界限

就产生发火现象。

但当压力进一步升高到第二界限以上、第三界限以下时，反而又不能发火。这就很难用热发火的理论来解释。

用链反锁反应理论可以成功地解释燃烧（或爆炸）现象。

① 链反应的基本概念 链反应（也称为链式反应或链锁反应）是一类特殊的反应，在这类反应中，只要用任何方法使反应一旦开始，就会生成活泼的中性原子或基团（称为自由基或游离基），自由基能与反应物分子作用又产生新的自由基，像链条似的一环接一环地连续发生一系列变化，使反应自动地发展下去。

链反应通常包括以下三个步骤：

a. 链的引发（也称为链的创始）；

b. 链的传递；

c. 链的终止。

下面以氢的燃烧为例来说明链反应的特点。

② 氢的燃烧发火过程 氢的燃烧反应是目前研究得最为详细的反应之一，它在一定程度上代表了一般燃烧反应的特点，因此在讨论燃料的燃烧反应之前，有必要先讨论氢燃烧的反应机理。

氢氧混合气发火过程的主要反应如下所述。

a. 链的引发。链的引发是自由基产生的过程。它是借助光照加热或加入引发剂等方法使反应物分子的键断裂生成自由基的步骤。

目前对氢燃烧反应的链的引发问题尚有多种不同的观点，比较流行的有下面两种：

$$H_2+O_2+M=\!=\!=2\cdot OH+M$$

$$H_2+M=\!=\!=2H\cdot+M$$

式中，“·”为未成对价电子；M为器壁或另一个不参加反应的分子。

链的引发是链反应中最困难的阶段，一般需要 120～420kJ/mol 的能量，生成自由基的数量通常是很少的。

b. 链的传递。链的传递是自由基与反应物分子作用生成新的自由基的过程。在链传递的过程中，旧的自由基消失的同时又生成新的自由基，使反应能一环接一环地进行下去。

氢燃烧反应中链的传递过程如下：

$$\cdot OH+H_2=\!=\!=H_2O+H\cdot$$

$$H\cdot+O_2=\!=\!=\cdot OH+\cdot O\cdot$$

$$\cdot O\cdot+H_2=\!=\!=\cdot OH+H\cdot$$

一个自由基消失的同时只生成一个新的自由基，在链传递的过程中自由基数目（或者说反应链数目）不变，这个过程称为链的增长。在反应中，一个自由基消失的同时生成两个新的自由基，在链传递的过程中自由基数目不断增加，这个过程称为链的支化。

在链的传递过程中只包含链的增长过程的，称为直链反应，包含链的支化过程的，称为支链反应。支链反应由于在链的支化过程中自由基数目不断增多，所以反应能自动加速。

支链反应的示意如图 4-11 所示。

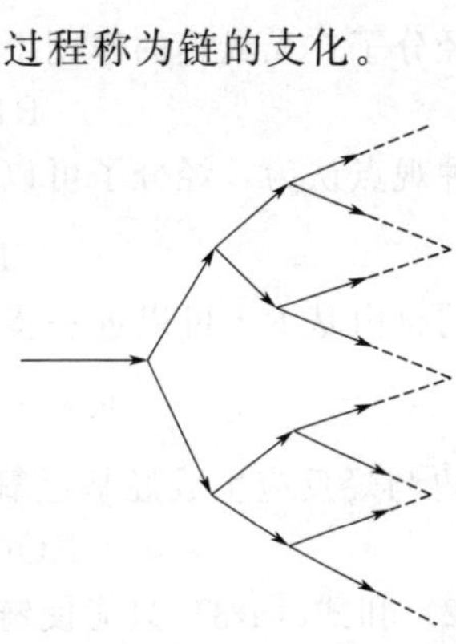

图 4-11　支链反应示意图

c. 链的终止。两个自由基复合成为分子，自由基销毁，使反应链不再延续下去，这个步骤称为链的终止。

两个自由基直接碰撞时不易结合成分子，通常都需要第三者带走自由基结合时放出的能量，才能使复合后形成的分子能够稳定的存在。

氢燃烧反应中链的终止过程为：

$$H\cdot + H\cdot \xlongequal{器壁} H_2$$

$$H\cdot + O_2 + M \xlongequal{} H\dot{O}_2 + M$$

$$H\cdot + H\cdot + M \xlongequal{} H_2 + M$$

M 为气相中的分子，复合是在容器壁上进行的，多余的能量传递给器壁，这种过程称为自由基的碰壁销毁。复合是在气相中进行的，多余的能量传递给气相中的其他分子，这种过程称为自由基的气相销毁。

上面列出的反应只是氢燃烧反应过程中的一些主要反应，实际过程比上述的更为复杂。

在反应过程中发生了自由基的支化，使链反应速率加快，氢气的燃烧主要是由于链的支化而引起的；在链终止中发生了自由基的销毁，使链反应减慢。在一定条件下，如果自由基的增值速度大于销毁速度，链反应速率就愈来愈快，导致发火燃烧或爆炸；反之，如果自由基的销毁速度大于增值速度，发火就不能产生，也就不能燃烧或爆炸。

根据链反应理论，可以解释氢、氧混合物的发火区域问题。当压力很低时，在下限以下，自由基与分子碰撞的机会较少，碰壁的机会较多，自由基的增殖很慢，碰壁销毁容易发生，增殖速度大于销毁速度，不能发火燃烧或爆炸。当压力升高到下限与上线之间时，自由基与分子碰撞的机会增多，增殖速度加快，自由基碰壁销毁速度降低，而气相销毁速度也还不快，此时增殖速度大于销毁速度，就会发火燃烧或爆炸，出现一个发火区域。

当压力进一步升高到上限与第三界限之间时，由于自由基气相销毁速度大大加快，因而增值速度又小于销毁速度，不能发火燃烧或爆炸。

至于第三界限以上又出现的发火现象，则不能单纯用链反应理论来解释，而具有热发火的性质。在足够高的压力下，气体密度大，$H\dot{O}_2$ 自由基难以向器壁表面扩散而产生了下列反应：

$$H\dot{O}_2 + H_2 \xlongequal{} H_2O_2 + H\cdot$$

$$H_2O_2 \xlongequal{} 2\cdot OH$$

上述反应导致链的增长。当反应速率足够大时，放出的热量散不出去，放热速度大于散热速度，使温度急剧升高而开始发火。这种由链反应引起，而满足了热发火条件而发火的过程为链-热混合发火。在常压或较高压力下，一般烃类燃烧的发火也都属于这类过程。

③ 烃的燃烧发火过程　烃类燃料的发火过程也属于自由基反应历程。目前普遍认为，烃类的氧化过程属于退化支链反应。

（3）退化支链反应　关于烃类氧化时链的引发过程，目前最流行的有两种观点：一种观点认为，烃分子在光或热的作用下分解产生自由基：

$$RH+M \longrightarrow R\cdot +H\cdot +M$$

另一种观点认为，烃分子可以和氧直接作用而产生自由基：

$$RH+O_2 \longrightarrow R\cdot +H\dot{O}_2 \tag{4-1}$$

生成的自由基 R· 可以进一步与氧反应生成过氧化物自由基：

$$R\cdot +O_2 \longrightarrow R\dot{O}_2\text{（或写成 ROO·）} \tag{4-2}$$

$R\dot{O}_2$ 再与烃反应生成烃基过氧化物：

$$ROO\cdot +RH \longrightarrow ROOH+R\cdot \tag{4-3}$$

式(4-2) 和式 (4-3) 只能使链增长，自由基的数目并未增多。但是，生成的 ROOH 是个不稳定的化合物，其中 O—O 键较弱（键能约为 170kJ），它能逐渐分解：

$$ROOH \longrightarrow RO\cdot + \cdot OH \tag{4-4}$$

过氧化物分解能产生新的自由基而产生新的链反应，从而使反应加速进行。这种通过中间产物的作用而产生支链的反应称为退化支链反应。退化支链反应与一般支链反应的区别在于，它不是一个自由基与分子反应直接产生几个自由基而引发支化。烃基过氧化物比普通分子活泼，所以能分解实现链的支化，而使反应加速，但它又比自由基稳定，所以退化支链反应出现自动加速的时间比一般支链反应要长得多。反应的自动加速常表现为压力的升高。从反应开始到出现压力突然升高所需的时间称为诱导期。退化支链反应的诱导期比一般的支链反应要长得多。

由过氧化物分解生成的 RO· 自由基还可以进一步反应（为方便计，将 RO· 改为 $R'CH_2O\cdot$）：

$$R'CH_2O\cdot \longrightarrow R'\cdot +HCHO \tag{4-5}$$

$$R'CH_2O\cdot +RH \longrightarrow RCH_2OH+R\cdot \tag{4-6}$$

因此，在烷烃氧化的初期产物总是可以分析出醛类、醇类和过氧化物等。两式所示的反应只能实现链的增长，而不发生链旳支化。

(4) 冷焰现象和多阶段发火　烃类和某些其他燃料（醇、醚、醛）在空气中加热到 200～300℃时，会出现“冷焰”现象（甲烷、乙烯、苯、甲醛、甲醇等除外）。冷焰是一种带有白色的浅蓝色火焰，与通常的热焰相比，温度较低，辉光较弱，放出的热量很少。冷焰现象是烃类气相氧化的特征之一。

研究认为，冷焰产生的光是由激发态的甲醛分子辐射出来的（甲醛是烃类氧化时的中间产物）。在冷焰的光谱中只含有甲醛的谱带。在冷焰阶段烃类氧化的主要产物就是甲醛。但冷焰中辐射出来的光量子数与参加反应的烃分子数相比是很少的。有人估计，每 10^{16} 个参加反应的烃分子只辐射出 2 个光量子。也有人发现，辐射出的光量子数与参加反应的烃分子数的比值为 10^{-6} 数量级。甲醛激发所需活化能至少为 322kJ，一般的链反应放出的能量不足以生成激发态的甲醛分子，只有当两个自由基相互作用时放出较大的能量，才有可能使甲醛分子激化。

出现冷焰时，容器内的压力也突然增加，其原因是反应初期生成的过氧化物积累到一定浓度时发生爆炸分解生成自由基，而使链反应发生支化所致。从反应物放入容器至开始出现压力突增（出现冷焰）这一段时间称为第一诱导期，用 τ_1 表示。

冷焰以后，烃类的氧化反应比较缓和，经过一段时间后压力又迅速上升，开始发火。从出现冷焰至产生自燃这段时间称为第二诱导期，用 τ_2 表示。

第一诱导期和第二诱导期经历的时间是不同的。例如有人将摩尔数比为 1∶4 的戊烷和

氧气的混合气在 4.53×10^4 Pa 及 318℃下进行试验，得出压力增长的情况见表 4-5。

表 4-5　戊烷气相氧化时压力的增长

时间/s	0	8.0	8.2	8.4	8.6	8.8	9.0	9.2	9.21
压力增长/Pa	0	0	270	4670	6400	6930	7200	7600	爆炸

第二诱导期中的化学反应目前研究的还比较少。一般认为在温度较高时，过氧化物自由基的分解占了优势，从而阻碍了过氧化物的生成。这是此阶段反应的一个主要特点。例如：

$$RCH_2O\dot{O} = RCHO + \cdot OH \tag{4-7}$$

$$RCH(O\dot{O})CH_2R' = RCHO + R'CH_2\dot{O} \tag{4-8}$$

这些反应以直链反应的形式实现链的传递。

在较高温度下，由于过氧化物自由基分解不断生成醛，使醛（特别是甲醛）的浓度不断增加。甲醛可以进一步氧化生成 CO，再进一步氧化就得到燃烧的最终产物 CO_2。

由于氧化反应放出大量热，使温度升高到自燃点，最后导致自燃。

由上可知，当烃类从低温逐渐加热使其氧化时，在发火前经历了两个阶段：第一阶段从开始反应到出现冷焰；第二阶段从冷焰熄灭到出现热焰（发火）。这种发火类型称为低温二阶段发火（或低温多阶段发火）。柴油机中燃料的发火就属于这种情况。

也有人指出，在出现热焰之前还有“蓝焰”阶段，即在出现热焰的黄色火焰之前，先出现一种蓝色火焰，因而可将发火过程分为三个阶段：冷焰—蓝焰—热焰。在每种火焰中，原始的烃都转变到一定的阶段：在冷焰中，主要是变成甲醛；在蓝焰中变成 CO；在热焰中，变成最终产物。

（5）高温单阶段发火　如果用外部火源（温度在 900～1200K）对烃类和空气的混合物点火，则烃类氧化的反应历程有很大的不同。一方面，在高温下链的引发比较容易，生成的自由基较多；另一方面，由于在较高温度下过氧化物不能稳定存在，因而它不是退化支链的中间产物，也不会出现冷焰阶段。这里起支化作用的中间产物是醛类。由于高温下的发火过程没有冷焰阶段，称为高温单阶段发火。汽油机中用火花塞点火时，燃料的发火就属于这种情况。

4.3.1.2　火焰的传播

（1）火焰的传播过程　当可燃气与空气按适当的比例混合时，在低于自燃点的温度下是不可能发火燃烧的。但如果通过外界点火，就可以使可燃混合气局部发火，并且火焰还能逐步发展到整个容器中去，而使全部可燃混合气燃烧完毕。例如，在一根长玻璃管中装入适当比例的汽油和空气的可燃混合气，然后在一端点火，就可以看到一个呈半球面向前凸出的淡蓝色火焰表面（称为火焰前锋）从管的一段逐步移到另一端，这就是火焰传播现象。

火焰的传播过程是这样的：当在某点以足够的能量点火时，火源附近的一薄层可燃混合气受高温影响生成了大量自由基，而产生剧烈的化学反应，使温度升高到自燃点以上，开始发火，形成局部火焰（火焰前锋），并放出大量热。由于温差的关系，火焰前锋会把热量传递给相邻的一层未燃气体，并由于扩散作用，自由基也会转移到与火焰前锋相邻的一层未燃气体中去产生化学反应。由于这些原因，那一层未燃气体温度会升高到自燃点以上而开始燃烧，形成一个新的火焰前锋。以此类推，火焰前锋就能逐渐向尚未燃烧的部分推进，直到把全部可燃混合气烧完为止。

火焰传播现象的特点是：燃烧不是在整个容器内同时发生的，而是经过一层相当薄的高温燃烧面（火焰前锋，其厚度大多在 1mm 以下）逐渐把燃烧过程扩展到整个容器中去。火焰前锋好像是一个分界面，把可燃混合气与燃烧产物分隔开来。在火焰前锋移动方向的前方是未燃气体，在其后方则为高温的燃烧产物。当火焰前锋向前推进时，邻近的未燃气体不断被点着而燃烧，并成为高温的燃烧产物。因而火焰前锋既是可燃气体进行局部燃烧的地方，也是一个把邻近的可燃气体引燃的点火源。

（2）火焰传播的浓度范围　在一定的温度和压力下，要使可燃混合气能够点燃，除点火能量必须足够高外，可燃混合气的混合比例要在一定的范围内，火焰才能传播。可燃混合气中燃料的浓度范围称为火焰传播的浓度范围（也称为爆炸范围）。如果混合气中燃料的浓度太低，则反应时放出的热不足以把邻近的混合气加热到自燃点以上，火焰就不能传播。同理，如果混合气中燃料的浓度太高（即氧气的浓度太低），反应放出的热也少，火焰也不能传播。能产生火焰传播的燃料最高浓度称为爆炸上限，其最低浓度称为爆炸下限。上限和下限常用燃料的体积分数来表示。在上限和下限之间的任何浓度，点火时都能产生火焰传播。几种可燃气在空气中的火焰传播浓度范围见表 4-6。

表 4-6　火焰传播的浓度界限（可燃物在空气中）

可燃物	浓度/%(体积分数)		可燃物	浓度/%(体积分数)	
	下限	上限		下限	上限
氢	4.0	75.0	苯	1.4	7.1
一氧化碳	12.5	74.0	甲苯	1.4	6.7
乙烯	3.1	32.0	甲醇	7.3	36.9
乙炔	2.5	80.0	乙醇	4.3	19.0
甲烷	5.3	15.0	乙醚	1.9	48.0
汽油	1.8	3.0	丙酮	3.0	13.0
环乙烷	1.3	8.0	乙酸乙酯	2.5	9.0

爆炸范围除与可燃物的本性有关外，还与外界条件如温度、压力等因素有关。

当温度升高时爆炸范围扩大，即上限升高，下限降低。

当压力升高时，对下限的影响不大，但上限明显升高。表 4-7 列出了天然气火焰传播的浓度范围随压力的变化情况。

表 4-7　天然气在空气中火焰传播的界限随压力的变化

初压/Pa	下限/%(体积分数)	上限/%(体积分数)
1.013×10^5	4.50	14.20
3.546×10^6	4.45	44.20
6.990×10^6	4.00	52.90
1.388×10^7	3.60	59.00

氧的浓度对爆炸范围也有明显的影响。例如氢气与空气混合物的爆炸范围为 4.0%～75.0%，而氢气与纯氧混合物的爆炸范围变为 4.0%～94.0%。

在冬季启动汽油机时，由于燃料蒸发困难，混合气中燃料的浓度达不到爆炸下限，混合气就不能自燃，造成启动困难。汽油机工作中如果突然改变工作状态，使混合气中燃料过浓或过稀，也能造成发动机的熄火。

火焰传播的浓度界限问题也与燃料贮存与使用中的安全有密切关系。一些易挥发的燃料如汽油、酒精等，它们的蒸汽在空气中的浓度常在下限以上，若遇到明火，就会产生火焰的速度传播而造成失火或爆炸事故。

(3) 火焰传播速度的影响因素 影响火焰传播速度的主要因素是：混合气的成分和混合比例、温度、压力、紊流程度等。

① 混合气的成分 燃料的成分不同，则反应速率不同，燃烧时火焰温度不同，在层流状态下火焰传播速度也有所不同。一般来说，烷烃、环烷烃和芳香烃的火焰传播速度都很接近，为35～45cm/s。烯烃的传播速度略高于烷烃，而炔烃的火焰传播速度最高。特别是乙炔，达到140cm/s左右。

汽油、煤油的火焰传播速度相近，也为35～45cm/s，而氢的火焰传播速度则大得多，这是因为氢燃烧时发热多、易扩散及传播能力强等。此外，当用氧气来代替空气时，火焰传播速度要大得多。几种不同混合气在室温常压下的最大层流火焰传播速度见表4-8。

表4-8 几种不同混合气在室温常压下的最大层流火焰传播速度

燃料	氧化剂	火焰传播速度/cm/s	燃料	氧化剂	火焰传播速度/cm/s
汽油	空气	45	甲烷	空气	37
煤油	空气	36	乙炔	空气	135
氢	空气	250	氢	氧气	1200

② 混合气的混合比例 当可燃物在混合气中的体积百分数未达到下限时，火焰不能传播。达下限后即开始火焰传播，但速度较慢。当可燃气体积分数增加到某一数值（通常在燃料与氧气反应时的化学计量比附近）时火焰传播速度达到最高点。之后，当可燃气的体积百分数继续增加时，火焰传播速度反而下降，这是因为氧的浓度相对减少而使反应速率降低，超过上限时火焰就不能传播，这种情况可以从图4-12中看出。

③ 温度 可燃混合气的温度升高时，可以加快反应速率，也相应地提高了燃烧产物的温度，使火焰传播速度大大加快。

④ 压力 可燃混合气的压力增加时，层流火焰传播速度略有降低，但影响不大。对于烃类燃料，火焰传播速度基本上与压力无关。

⑤ 气体紊流程度 可燃混合气处于紊流状态时，其传播速度比层流状态时大大增加。因为在紊流状态下，能从火焰里迸发出火舌伸入未燃气体内部引起其燃烧，而使燃烧速度大大加快。例如在汽油机中，由于气缸中活塞的往复运动使可燃混合气发生紊流，火焰传播速度可达10～40m/s，为层流状态时的几十倍。随着汽油机转速的增加，燃烧室中气体的紊流程度增大，火焰传播速度也明显增大（图4-13）。

4.3.1.3 燃料的热值

(1) 热值（发热量）的概念 燃料的热值是指单位重量的燃料完全燃烧后，将燃烧产物冷至室温，所能放出的全部热量。热值通常用符号Q表示。对液体燃料，常用kJ/kg（或MJ/kg）为单位来表示热值，对气体燃料，常用kJ/m^3为单位来表示热值。

热值是燃料的重要品质之一，因为应用燃料的目的在于取得燃料所放出的热能，再将热能转化为机械能。燃料的热值高，则同样数量的燃料能作更多的机械功。在舰艇上，燃料的热值直接影响到航速和续航力的大小。在内燃机和锅炉的设计中也要经常用到热值的数据。

上面所提到的热值实际上是重量热值，此外，有时也用到“体积热值”的概念。体积热值是指单位体积的燃料完全燃烧后，燃烧产物冷却至室温，所能放出的全部热量。体积热值与重量热值的关系为：

$$Q_{体}=Q_{重}\rho$$

式中，ρ为油料的密度。

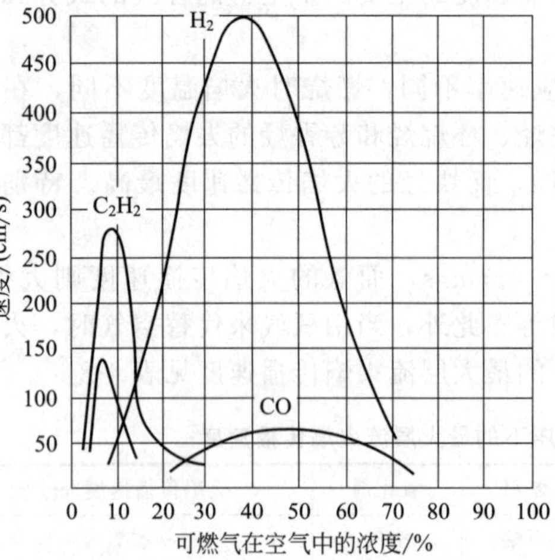

图 4-12 火焰传播速度与可燃气浓度的关系

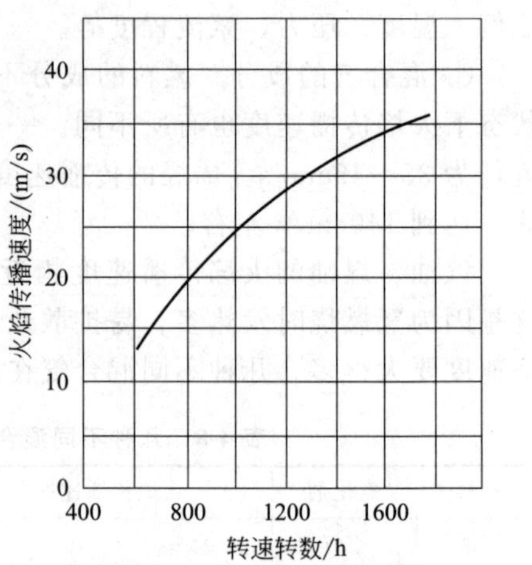

图 4-13 汽油机转速对火焰传播速度的影响

（2）热值的测定 热值的测定在量热计中进行。测定的原理是：将一定量的燃料放在充有高压氧气的密闭氧弹中完全燃烧，冰冷却至室温。燃料燃烧放出的全部热量被一定量的水所吸收，根据水温升高的度数可计算出燃料的热值。

（3）高热值与低热值 热值可分为高热值与低热值两种。高热值是指燃料完全燃烧后生成的水以液态存在时放出的热量。低热值是指燃料完全燃烧后生成的水以气态存在时放出的热量。低热值又称为净热值。由于水蒸气凝结成水时还要放出汽化热，所以高热值与低热值在数值上是不同的。

由量热计测出的热值，由于在测定时燃烧产物冷却至室温，水呈液态存在，所以是高热值，它表示一种燃料最大的发热能力。但在内燃机或锅炉等实际情况下，烟气的温度较高，燃料燃烧生成的水都以水蒸气状态排除，汽化热不可能得到利用，所以低热值与实际情况更加接近，一般燃料的热值都是指的低热值。

在常温时的汽化热约为 2490kJ/kg，1kg 氢燃烧生成 9kg 水，所以高热值与低热值可按下式进行换算：

$$Q_{低}=Q_{高}-2490(9H+W)$$

式中，H 和 W 分别表示 1kg 燃料中所含氢和水的千克数。

（4）热值与燃料成分的关系 燃料的成分中都含有碳和氢，碳、氢的含量不同。碳和氢燃烧时的热化学方程式如下：

$$C+O_2 = CO_2, \Delta_r H^{\ominus}=-393.5\text{kJ/mol}$$

$$H_2+\frac{1}{2}O_2 = H_2O(g), \Delta_r H^{\ominus}=-241.8\text{kJ/mol}$$

碳的热值为：$\dfrac{393.5}{12\times10^{-3}}=32792(\text{kJ/kg})$

氢的热值为：$\dfrac{241.8}{2\times10^{-3}}=120900(\text{kJ/kg})$

上面是碳和氢在单质状态时的热值。在燃料中碳和氢是结合在一起的，所以燃料的热值比碳和氢在单质状态时热值的总和要低些。

由上面的数据可知，氢的热值比碳的热值大得多，所以烃类燃料中含氢愈多，含氧愈少，则热值愈高。原油的热值约为 41800kJ/kg。

在各种石油产品中，汽油的含氢量高，含碳量低，所以热值高，柴油次之，锅炉燃料值的热量最低。

各种燃料的热值举例如下：

汽油（相对密度 0.717）：约 44300kJ/kg；

煤油（相对密度 0.826）：约 43100kJ/kg；

轻柴油：42000～42700kJ/kg；

锅炉燃料油（相对密度 0.99）：约 40800kJ/kg。

4.3.2　柴油

4.3.2.1　柴油机的工作过程

四冲程柴油机的工作循环主要包括进气、压缩、膨胀做功和排气四个过程（如图 4-14 所示）：

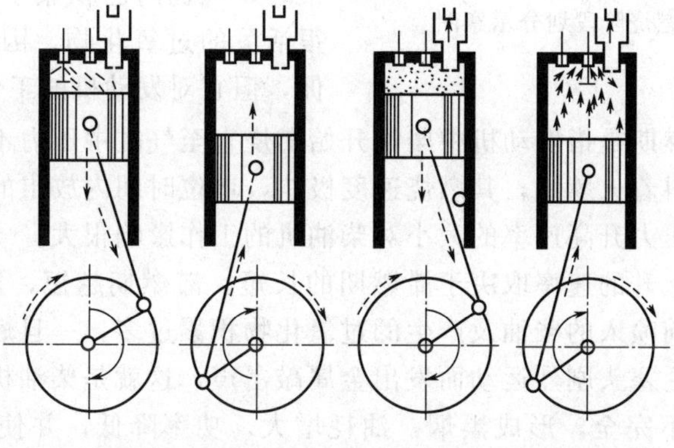

(a) 进气行程　(b) 压缩行程　(c) 膨胀做功行程　(d) 排气行程

图 4-14　柴油机的工作原理

① 进气　当活塞下行时，进气阀打开，空气经空气滤清器吸入气缸。活塞到达下止点时，进气阀关闭。

② 压缩　活塞经过下止点后上行，压缩气缸中的空气，空气温度和压力急剧上升，压缩终了时空气温度可达 500～700℃，压力可达 3～5MPa。压缩比越大，压缩终了空气的温度和压力就越高，发动机的功率也越大。

③ 膨胀做功　当活塞上行快至上止点时，柴油经粗、细过滤器过滤后，由高压油泵将柴油通过喷油嘴喷入气缸，呈细小微粒的柴油与高温高压空气混合，油滴迅速汽化，与高温高压空气形成可燃混合气，由于气缸内温度已超过柴油自燃点，柴油迅速开始自燃，这时柴油继续喷入，边喷边燃，燃烧产生大量高温高压气体，推动活塞向下运动，带动曲轴做功，此时温度达到 700～2000℃，压力为 6～10MPa。

④ 排气　活塞经过下止点后，依靠惯性作用再次上行，排气阀打开，排出废气。

四冲程柴油机就是如此周而复始，对外做功的。由于柴油机是靠喷入的柴油达到其自燃点自行燃烧的，所以柴油机也称压燃式发动机。另外，由于压缩的是空气，压缩比不受燃料性质的影响，所以柴油机的压缩比高，因此其热效率一般比汽油机高，当二者功率相同时，柴油机可节约燃料 20％～30％。

4.3.2.2　柴油的燃烧过程

柴油在气缸中燃烧是一个连续而又复杂的雾化、蒸发、混合和氧化燃烧过程，从喷油开始到全部燃烧为止，大体可分为四个阶段（如图 4-15 所示）。

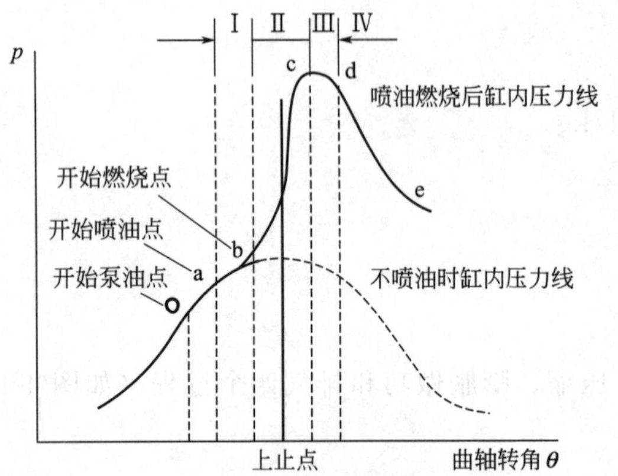

图 4-15　柴油机燃烧阶段划分示意图

(1) 滞燃期（发火延迟期）　滞燃期是指从喷油开始到混合气开始着火之间的一段时间。这个时期极短，只有 1～3ms。在这一时期的前段，柴油喷入气缸后进行雾化、受热、蒸发、扩散以及与空气混合而形成可燃混合气等一系列燃烧前的物理过程。所以，这段时间又称为物理延迟。在这一时期的后段，燃料受热后开始进行燃烧前的氧化链反应，生成过氧化物，过氧化物达到一定浓度便自燃着火，这就是化学延迟。这两种延迟互相影响，在时间上是部分重叠的。这一时期结束时，气缸内已积累了一定量的柴油和性质很活泼的过氧化物。因此，滞燃期虽然很短促，但它对发动机的工作有决定性的影响。

(2) 急燃期　急燃期是指发动机中柴油开始燃烧直至气缸中压力不再急剧升高为止的时间。在急燃期内，燃料着火燃烧，其燃烧速度极快，单位时间内放出的热量很多，气缸内温度和压力上升很快，压力升高速率的大小对柴油机的工作影响很大。

急燃期中，压力上升的速率取决于滞燃期的长短，滞燃期越短，发动机的工作越柔和，如滞燃期过长，着火前喷入的柴油及产生的过氧化物积累过多，一旦燃烧起来则温度、压力就会剧烈增高，冲击活塞头剧烈运动而发出金属敲击声，这就是柴油机的粗暴。柴油机的爆震同样会使柴油燃烧不完全，形成黑烟，油耗增大，功率降低，并使机件磨损加剧，甚至损坏。

因此，缩短滞燃期有利于改善柴油机的燃烧性能。这就要求燃料具有较低的自燃点，发动机应具有较高的压缩比以及较高的进气温度等。

(3) 缓燃期（主燃期）　缓燃期是柴油机中燃烧过程的主要阶段，此时期内烧掉大量的燃料（占 50%～60%）。所谓缓燃期就是指从气缸压力不再急剧升高时起，到压力开始迅速下降时（通常也即喷油终止时）为止的这一段时间。

这个时期的特点是气缸内的压力变化不大，在后期还稍有下降。经过急燃期后，气缸中的压力、温度都已上升得很高，这时喷入的燃料的发火延迟期大大缩短，几乎随喷随着火。燃料在柴油机中燃烧时应保证在缓燃期内燃烧掉大部分，从而取得较大的功率和较高的效率，而最大压力又不致过高。

(4) 后燃期　后燃期是燃烧的最后阶段，指从压力迅速下降到燃烧结束为止。在后燃期中，喷油虽已停止，气缸中尚未燃完的燃料仍继续燃烧。但此时的燃烧是在膨胀过程中进行的，压力和温度都逐渐降低，产生的能量不能得到有效利用。因此，后燃期中释放的热量不宜超过燃料释放出的全部热量的 20%。

由此可见，柴油在柴油机中的燃烧是靠自燃发火，也就是说从燃烧角度看，对柴油的要求是自燃点低，容易自燃，当柴油的自燃点过高时，会造成滞燃期过长，产生爆震，这种情况发生在燃烧阶段的初期。

4.3.2.3　柴油的主要性能及对柴油品质指标的要求

柴油是我军坦克、大部分舰艇以及各军兵种装有柴油机的汽车、特种车辆和工程机械等使用的燃料。由于军用柴油机主要是在室外工作，周围温度变动范围很广，负荷变动很大（特别是坦克、舰艇柴油机），燃料系统构造精密（有的高压油泵配合间隙在 0.0025mm 以下，喷嘴孔径只有 0.25mm），燃料要和金属接触，因此，要求使用质量良好的轻柴油。根据上述柴油机的构造和工作条件，对柴油的质量提出下列基本要求：

① 柴油应在使用温度下具有良好的流动性，以保证发动机燃料的不断供应，工作可靠。为此，柴油应具有适当低的凝点和浊点，黏度要适当，在低温下能顺利流动，并且雾化良好。

② 柴油应具有良好的发火性能。为此，柴油应具有适当高的十六烷值和良好的蒸发性，喷入燃烧室后能迅速着火，燃烧完全而稳定，不产生粗暴现象，而且燃烧后不冒黑烟，使柴油机能发出最大的功率，同时耗油量又不致过大。

③ 柴油应性质安定，在燃烧过程中不应在喷嘴上产生积炭，堵塞喷孔，影响供油。

④ 柴油本身及其燃烧后的产物不应腐蚀发电机零件或储运设备。

⑤ 柴油应该清洁，不含机械杂质和水分。因为固体或冰晶会堵塞油路或喷孔，妨碍供油，也会增大精密机械的磨损。

⑥ 柴油应具有较高的闪点，以保证储运和使用中的安全，这对舰艇和坦克使用的柴油尤为重要。

(1) 柴油的燃烧性能　柴油发动机工作的可靠性及经济性，取决于混合气能否及时着火和完全燃烧。柴油机的燃烧过程非常短促，对高速柴油机只有 0.002～0.006s。整个燃烧过程是个连续复杂的雾化、蒸发和氧化燃烧过程。柴油在柴油机中燃烧时是否容易着火的性质称为发火性。

① 柴油机的工作粗暴　柴油机的发火性能是决定发火延迟期长短的最重要的因素。发火延迟期是从柴油开始喷入燃烧室至开始着火的时候，这个阶段是燃烧的准备阶段。柴油喷入燃烧室后迅速雾化，蒸发并与高温空气形成混合气，进行燃烧前的氧化反应。当烃分子遇到氧时，产生了活性较大的过氧化物，过氧化物达到一定浓度便自燃着火。如果柴油的着火性能好，则柴油的混合气可以迅速着火，发火延迟期便短；反之，发火延迟期很长。如果发火延迟期很短，发火前气缸内不致积累过多的柴油，燃烧初期就不会有大量的柴油同时燃烧，气缸内压力的上升速度不至过快，发动机工作比较平稳。但如果柴油的着火性能不是很好，则发火延迟期较长，而在此时期喷入的柴油积累过多，着火时，积累的大量柴油同时燃烧，气缸内压力急剧升高，当压力上升速度超过一定限度时，气缸头和活塞发生震动和过热，发动机发出金属的敲击声，即出现柴油机工作粗暴现象。结果使发动机工作不稳定，机械的寿命缩短。

② 柴油发火性的评定方法　柴油发火性能的好坏由十六烷值（CN）来表示。十六烷值是在一种专供试验用的单缸柴油机中用对比的方法测定的。对比物是正十六烷，它是液体烃中发火性最好的，规定它的十六烷值为 100；另一种是发火性很差的芳香烃 α-甲基萘，规定它的十六烷值为 0。100 和 0 这两个数是人为规定的。这两种成分按不同比例混合，就可得到一系列十六烷值不同的混合物，如 40%（体积分数）的萘与 60%的正十六烷混合，这种混合物的十六烷值就是 60。如果某种柴油在试验机中测试，测出它的发火性与上面这种混合物的发火性一样，则这种柴油十六烷值就为 60。所以十六烷值相同，并不代表成分一样，这种柴油的十六烷值为 60，并不代表它的成分是由 60%的十六烷与 40%的 α-甲基萘组成

的，仅仅表示发火性与这种混合物一样。很显然，十六烷值越大，发火性越好。

舰用柴油要求十六烷值大于 48。若低于该值，柴油的发火性就差，喷入气缸的油不能很快发火燃烧，准燃期长会引起爆燃，爆燃会导致敲缸，损坏机件，使缸头和活塞过热，大分子烃来不及汽化就在高温下分解生成炭粒，使燃料燃烧不完全，排气就会冒黑烟。另外，只有十六烷值较高，才容易在较低温度下发火，有利于缩短启动时间，当然也不是十六烷值越高就越好，十六烷值太高，相对分子质量大的烃含量高，不易蒸发汽化，容易分解成炭粒，燃烧不稳定，排气冒黑烟，因此十六烷值一般不要超过 80，最好在 50～65 之间。

③ 柴油组分与其燃烧性能的关系　柴油是一个复杂的烃类混合物，有烷烃，也有环烷烃，有相对分子质量大的烃，也有相对分子质量小的烃。在同类烃中，相对分子质量大的易分解，发火性好。与汽油相比，柴油的发火性好，因为柴油的分子量大，汽油的分子量小。柴油的自燃点为 358℃，而汽油的自燃点为 410℃，自燃点低的发火性就好。

汽油容易燃烧而并不等于汽油就容易发火，我们通常说汽油容易燃烧都是指提供了外部火源的情况下，如划一根火柴很容易把汽油点燃。但若不点火，靠它自燃，那么汽油就会没有柴油那么容易发火燃烧，所以在汽油机中是靠点火来使它燃烧，而在柴油机中，柴油就不用点火，因为柴油易发火，加热让它自燃就行了。

对不同类型的烃，正烷烃最容易发火，环烷烃次之，芳香烃最差。正烷烃与异烷烃相比，正烷烃比异烷烃容易发火，含支链多的烷烃，发火性就差。

(2) 柴油的雾化性能和蒸发性能　为了保证燃料迅速、完全地燃烧，要求柴油喷入气缸应尽快形成均匀的混合气，所以要求柴油具有良好的雾化和蒸发性能。影响柴油雾化和蒸发性能的主要因素是柴油的黏度和馏程。

① 黏度　柴油的黏度对柴油机供油量的大小以及雾化的好坏有密切的关系。柴油的黏度过小时，就容易从高压油泵的柱塞和泵筒之间的间隙中漏出，因而会使喷入气缸的燃料减少，造成发动机功率下降。同时，柴油的黏度越小，雾化后液滴直径就越小，喷出的油流射程也越短，喷油射角大，因而不能与气缸中全部空气均匀混合，造成燃烧不完全。黏度过小还会影响油泵的润滑。

柴油的黏度过大会造成供油困难，同时，喷出的油滴的直径过大，油流的射程过长，喷油射角小，使油滴的有效蒸发面积减小，蒸发速度减慢，这样也会使混合气组成不均匀、燃烧不完全、燃料的消耗量增大。

一般含烷烃较多的柴油黏度较小，而含环烷烃较多的柴油黏度较大。

② 馏程　馏分组成影响柴油的雾化和蒸发，也就影响着柴油的燃烧性和启动性，燃烧的好坏也直接影响着发动机积炭、冒黑烟和耗油率。

柴油重组分过多，虽然热值高，经济性好，但可引起发动机内部积炭增加，磨损增人及尾气排放黑烟。如柴油的馏分过重，则蒸发速度太慢，从而使燃烧不完全，导致功率下降、油耗增大以及润滑油被稀释而磨损加重。

柴油轻馏分越多，则蒸发速度越快，柴油机越易于启动。研究表明，柴油中小于 300℃馏分的含量对耗油量的影响很大，小于 300℃馏分含量越高，则耗油量越小。但若柴油的馏分过轻，则由于蒸发速度太快而使发动机气缸压力急剧上升，从而导致柴油机的工作不稳定。为了控制柴油的蒸发性不致过强，国家标准中规定了各号柴油的闭口杯法闪点，从储存和运输来看，馏分过轻的柴油不仅蒸发损失大，而且也不安全，所以柴油的闪点也是保证安全性的指标。一般认为轻质燃料在储运时，其闭口闪点高于 35℃就是安全的。国外柴油标准闪点指标一般控制在 50～55℃，而我国轻柴油标准要求－35 号及－50 号轻柴油的闪点不低于 45℃，－20 号轻柴油闪点要求不低于 50℃，其余牌号轻柴油闪点要求不低于 55℃。

(3) 柴油的低温流动性　柴油的低温性能是指在低温下，柴油在发动机燃料系统中能否顺利地泵送和通过油滤，从而保证发动机正常供油的性能。如果燃料的低温性能不好，在低温下使用时失去流动性，或产生蜡结晶，都会妨碍燃料在导管和油滤中顺利通过，使供油量减少或者中断供油，严重影响发动机工作。柴油的低温性还和燃料的储存运输有密切关系，只有低温性良好的燃料才能保证在低温下顺利地装卸和远距离输送。评定柴油低温性能的常用指标是浊点、结晶点、凝点。

凝点、浊点、结晶点是对含石蜡油品而言的。对含石蜡油油品，温度较高时，石蜡溶解在油中，油看上去透明，但降低温度时，石蜡就会结晶析出来，油就会由透明变成浑浊。浊点就是指在一定试验条件下当油样开始出现浑浊时的最高温度。

到浊点后再降温，石蜡晶体进一步长大，油样中出现肉眼能看得见的晶体时的最高温度就是结晶点和冰点。

到结晶点后，再降温，石蜡晶体大量形成，形成网状的结晶骨架，把液体烃分子包围起来了，整个油就失去了流动性，油失去流动性的最高温度叫凝点。到凝点也并不是所有成分都凝固，使劲搅拌油又可以流动。油品的凝点与纯物质的凝点含意不同。纯物质有固定的凝点，即在某一温度下液体会完全变为固体结晶。油品是一种混合物，没有固定的凝点，但它在低温下只是逐渐失去流动性。油品的凝点是在特定的仪器和条件下测定的。即：将一定量油样放入一定规格的试管中，在一定条件下冷却到倾斜 45°、1min 内停止流动时的最高温度就称为凝点。所以降温时，依次出现浊点、结晶点、凝点。

浊点是指油样在规定的条件下冷却时能够流动的最低温度。

冷凝点是指在规定条件下，20mL 柴油不能通过过滤器的最高温度。

对不含石蜡的油品降温时，无石蜡晶体析出，不会出现浊点、结晶点，但降温时油的黏度增加，黏度增加到一定程度时，油就失去流动性，直接出现凝点。

浊点、结晶点的出现都是因石蜡析出，所以到了浊点、结晶点后，生成的晶体石蜡会堵塞过滤器，而影响供油，油到了凝点之后，失去流动性，更影响油的运输。

因此，我们要求油的浊点、凝点都不能太高，一般要求油的凝点比环境温度低 5～10℃，如环境温度为 8℃，这时选凝点为 0℃的油即可。

凝点太低，由于大分子烃都脱掉了，油的发火性差，另外，凝点低，油产量低，相应地成本就高，所以只要能满足需要就不必过分地要求凝点很低。

舰用柴油要求凝点不高于－10℃。我国轻柴油的牌号都是用凝点来规定，国外有些轻柴油的牌号也是用凝点来规定的，如－10 号轻柴油就表示其凝点不高于－10℃，10 号轻柴油表示凝点不高于 10℃。

(4) 柴油的安定性　影响柴油安定性的主要原因是油品中存在不饱和烃、含硫和含氮化合物等不安定组分。评价柴油安定性的指标主要有总不溶物和 10%蒸余物残炭。总不溶物是表示柴油热氧化安定性的指标，它反映了柴油在受热和有溶解氧的作用下发生氧化变质的倾向。只有贮存安定性、热安定性较好的柴油，才能保证柴油机正常工作。安定性差的柴油，长期贮存，可在油罐或油箱底部、油库管线内及发动机燃油系统生成不溶物。我国车用柴油的热氧化安定性指标中，要求总不溶物含量不大于 $0.025mg \cdot mL^{-1}$。10%蒸余物残炭值反映柴油在使用中在气缸内形成积炭的倾向，残炭值大，说明柴油容易在喷油嘴和气缸零件上形成积炭，导致散热不良，机件磨损加剧，缩短发动机使用寿命。

(5) 柴油的腐蚀性　评定柴油腐蚀性的指标有硫含量、水分、铜片腐蚀等。

柴油中含硫化合物对发动机的工作寿命影响很大，其中活性含硫化合物（如硫醇等）对金属有直接的腐蚀作用。柴油中的硫可明显地增加颗粒物的排放，导致发动机系统的腐蚀和磨损。硫含量增加还会使某些排气处理系统效率降低，而且由于催化剂受硫中毒，其他一些排气处理系统会长期失效。所有的含硫化合物在气缸内燃烧后都生成 SO_2 和 SO_3，这些硫的氧化物不仅会严重腐蚀高温区的零部件，而且还会与气缸壁上的润滑油起反应，加速漆膜和积炭的形成。同时，柴油机排出尾气中的硫的氧化物还会污染环境。因此，为了保护环境及避免发动机腐蚀，轻柴油的质量标准中规定硫含量不大于 0.2%，城市用柴油的含硫量不大于 0.05%。随着对环境保护的要求日益严格，柴油的硫含量指标将会进一步减小。

(6) 柴油的洁净度　影响柴油洁净度的物质主要是水分和机械杂质。精制良好的柴油一般不含水分和机械杂质，但在储存、运输和加注过程中都有可能混入杂质。柴油中如有较多的水分，在燃烧时将降低柴油的发热值，在低温下会结冰，从而使柴油机的燃料供给系统堵塞。而机械杂质的存在除了会引起油路堵塞外，还可能加剧喷油泵和喷油器中精密零件的磨损。因此，在轻柴油的质量标准中规定水分含量不大于痕迹，并不允许有机械杂质，还对柴油的灰分提出了要求。

4.3.2.4 柴油的种类和军用柴油

我国生产的柴油从产品使用上可分为适用于压燃式发动机汽车使用的、由石油制取或加有改善使用性能添加剂的车用柴油、适用于压燃式发动机汽车使用的、以 BD100 生物柴油为调和组分的 B5 柴油和适用于石油直馏馏分经脱蜡或精制后的组分油以及经国家军用油主管部门批准的其他加工工艺制成的军用柴油。车用柴油、B5 柴油属于民用柴油。军事装备的柴油机使用车用柴油、B5 柴油和军用柴油。

(1) 车用柴油　2016 年国家公布了《车用柴油》(GB 19147—2016)。标准规定：车用柴油按凝点分为 5 号、0 号、−10 号、−20 号、−35 号和−50 号六个牌号。并规定车用柴油Ⅳ硫含量不大于 $50mg \cdot kg^{-1}$，车用柴油Ⅳ和车用柴油Ⅵ硫含量不大于 $10mg \cdot kg^{-1}$。

(2) B5 柴油　2017 年国家公布了《B5 柴油》(GB 25199—2017)。B5 柴油指体积分数为 1%～5%的 BD100 生物柴油与体积分数为 95%～99%的石油柴油的调和燃料，生物柴油是由动植物油脂或废弃油脂与醇（例如甲醇或乙醇）反应制得的脂肪酸单烷基酯，最典型的为脂肪酸甲酯，以 BD100 表示。

(3) 军用柴油　军用柴油是专门为舰艇和坦克柴油机使用而生产的。军用柴油可分为−10 号、−35 号、−50 号共三种牌号，又按质量分为优级品和一级品两种。军用柴油的质量标准见表 4-9。

表 4-9 《军用柴油规范》(GJB 3075—1997)

项目		质量指标			试验方法
		−10 号	−35 号	−50 号	
外观		清澈透明	清澈透明	清澈透明	目测
十六烷值	不小于	45	40	40	GB/T 386
馏程					GB/T 6536
10%回收温度/℃	不低于	—	200	200	
50%回收温度/℃	不高于	280	275	275	
90%回收温度/℃	不高于	335	335	335	
破乳化值/min	不大于	10	—	—	GB/T 7305
闪点(闭口)/℃	不低于	65	50	50	GB/T 261
凝点/℃	不高于	−10	−35	−50	GB/T 510

续表

项目		质量指标			试验方法
		-10 号	-35 号	-50 号	
浊点/℃		报告	报告	报告	SH/T 0179
倾点/℃		报告	报告	报告	GB/T 265
运动黏度/$mm^2 \cdot s^{-1}$ 20℃	不小于	3.5	3.5	3.0	GB/T 265
40℃		报告	报告	报告	
10%蒸发物残炭/%	不大于	0.20	0.20	0.20	GB/T 268
灰分/%	不大于	0.005	0.005	0.005	GB/T 508
硫含量/%	不大于	0.2	0.2	0.2	GB/T 380
铜片腐蚀(50℃,3h)/级	不大于	1	1	1	GB/T 5096
酸度/mg KOH·$(100mL)^{-1}$	不大于	5	5	5	GB/T 258
水溶性酸碱		无	无	无	GB/T 259
色度/号	不大于	3	3	3	GB/T 6540
固体颗粒污染物/mg·L^{-1}	不大于	10	10	10	SH/T 0093
氧化安定性,总不溶物/mg·$(100mL)^{-1}$		报告	报告	报告	SH/T 0175
密度(20℃)/kg·m^{-3}		报告	报告	报告	GB/T 1884
水分		无	无	无	目测
机械杂质		无	无	无	
实际胶质/mg·$(100mL)^{-1}$	不大于	10	10	10	GB/T 509

军用柴油与普通柴油和车用柴油相比，有以下特点：

① 军用柴油是直馏馏分经过精制而制成的，不含烯烃，因而安定性好，可以长期储存不易变质。

② 军用柴油的馏程较窄，轻组分多，军用柴油较轻柴油启动性好，燃料燃烧完全，发动机油耗低，积炭少。

③ 军用柴油较同牌号的轻柴油闪点高 5～10℃，这样的柴油在使用中启动性好，功率高，燃烧完全，不冒黑烟，排烟刺激小，燃料消耗少。

4.3.3 润滑剂

4.3.3.1 润滑

(1) 润滑的含义　通常把在发生相对运动的各种摩擦副的接触面之间加入润滑剂，从而使两摩擦面之间形成润滑膜，将原来直接接触的干摩擦面分开，变干摩擦为润滑剂分子间的摩擦，达到减少摩擦、降低磨损，延长机械设备的使用寿命的技术叫作润滑。

实际上，从广义上讲，润滑是一种减少摩擦和磨损的技术，不仅包括使用润滑剂，还包括对摩擦副材料的表面改性以及采用具有自润滑性的摩擦副材料等。

(2) 润滑剂的作用　在机械设备摩擦副相对运动的表面间加入润滑剂的目的是降低摩擦阻力和能源消耗，减少表面磨损，延长使用寿命，保证设备正常运转，这是润滑剂最主要和基本的功能，除此之外还有其他作用，具体作用表现在以下几个方面。

① 降低摩擦　在摩擦副表面加入润滑剂后形成的润滑膜将摩擦表面隔开，使金属表面间的摩擦转化为具有较低抗剪切强度的油膜分子间的内摩擦，从而降低摩擦阻力和能源消耗并使摩擦副运转平稳。

② 减少磨损　在摩擦副表面形成的润滑膜可降低摩擦并支承载荷，因此可以减少表面磨损及划伤，保持零件的配合精度。

③ 冷却降温　采用液体润滑剂的循环润滑系统可以把摩擦时产生的热量带走，降低机械运转摩擦发热造成的温度上升。

④ 防止腐蚀　摩擦表面的润滑剂膜覆盖在摩擦面上有隔绝空气、水蒸气及其他腐蚀性气体的作用，可防止摩擦表面被腐蚀或生锈。

⑤ 传递作用力　某些润滑剂（如液压油）可以做力的传递介质，把冲击振动的机械能转变成液压能。

⑥ 减振作用　吸附在金属表面上的润滑剂由于本身应力小，在摩擦副受到冲击时能够吸收冲击振动的机械能起到减振、缓冲作用。

⑦ 绝缘作用　矿物油等润滑剂有很高的电阻，因此可作为电绝缘油、变压器油。

⑧ 清洗作用　随着润滑油的循环流动可把摩擦表面的污染物、磨屑等杂质带走，再经过滤器滤除。内燃机油还可以把活塞上的尘土和其他沉积物分散去除，保持发动机的清洁。

⑨ 密封作用　润滑剂对某些外露零部件形成密封，防止冷凝水、灰尘及其他杂质入侵，并使气缸和活塞之间保持密封状态。

（3）润滑剂的分类　润滑剂按照其物理状态可分为液体润滑剂、半固体润滑剂、固体润滑剂和气体润滑剂四大类。液体润滑剂是用量最大、品种最多的一类润滑材料，它具有较宽的黏度范围，对不同的负荷速度和温度条件下工作的运动部件提供了较宽的选择余地。其中润滑油是液体润滑剂的主要品种。润滑脂又称半固体润滑剂，是在常温常压下呈半流动状态，并且具有胶体结构的润滑材料。舰艇上主要使用的是润滑油和润滑脂。

4.3.3.2　润滑油的组成和主要品质

（1）润滑油的组成　润滑油一般由基础油和添加剂两部分组成。基础油是润滑油的主要成分，决定着润滑油的基本性质，添加剂则可弥补和改善基础油性能方面的不足，赋予某些新的性能，是润滑油的重要组成部分。

润滑油基础油主要可分为矿物基础油及合成基础油两大类。矿物基础油应用广泛，用量很大，但有些应用场合用矿物油基础油调配的产品已不能满足使用要求，则必须使用合成基础油调配的产品，因而使合成基础油得到迅速发展。

（2）润滑油的理化性能　润滑油质量的高低对设备的工作效果和寿命有很大影响，为此人们规定了多种润滑油的理化性能指标，在选用润滑油时既应重视黏度、黏度指数、倾点等与流动性有关，以及油性、极压性等与润滑性能有关的性能指标外，也应重视油品的抗氧化性、防锈性、闪点、水分含量、酸值、抗乳化性等与化学性能有关的性能指标。

① 黏度和黏温性能　黏度是润滑油牌号划分的依据，是润滑油的一项重要技术指标，是选用润滑油的主要依据。润滑油的黏度对润滑油的流动性和它的摩擦面之间形成的油膜厚度都有很大影响。黏度较大的润滑油流动性较差，但油膜强度大，承受负荷的能力较强，因此在负荷较大的情况下，使用黏度较大的润滑油容易在摩擦面之间形成较厚的润滑膜，保持流体润滑状态取得较好的润滑效果，但黏度大时润滑油的冷却作用较差，消耗在克服摩擦阻力的功率也较大。而黏度较小的润滑油流动性较好，容易流到间隙小的摩擦面之间保证润滑效果，而且消耗在克服摩擦阻力的功率也较少。但黏度过小，在较大负荷下润滑油膜会变薄以致破坏，使摩擦表面产生磨损，因此要根据不同情况选用黏度合适的润滑油。

润滑油的成分一般以环烷烃为主，环烷烃有少环长侧链的，也有多环短侧链的。烃类的黏度主要与分子量大小及烃的类型有关。实验证明，同类烃分子中分子量越大的，黏度也越大。在碳原子数目相近的烃类中，烷烃的黏度较小，环烷烃的黏度较大，并且随着环在分子中的比例增加，黏度增大。在润滑油馏分中，随着馏分变重，分子变大，环数增多，黏度也随之增大。在同一馏分的各类烃中，随着烷烃、环烷烃、芳香烃的次序，黏度增大。因此，润滑油精制后由于脱去胶质和重质芳香烃等黏度较大的组分，黏度减小。而脱蜡除去了黏度小的烷烃组分使得黏度增大。

润滑油的黏度随温度变化很大，随着温度升高，润滑油黏度降低，温度降低则黏度增大。产生的原因是温度上升，液体内部分子运动加剧，使得润滑油分子间的相互吸引力减弱，从而使润滑油的内摩擦力下降，导致黏度下降。润滑油黏度随温度的变化程度并不呈现线性关系，总的来说，润滑油在 50℃以下时，其黏度随温度变化较显著，50～100℃之间变化较小，100℃以上变化更小。

黏温性能对润滑油的使用有重要意义。如发动机润滑油的黏温性能不好，温度低时则会黏度过大，启动发生困难，而且启动后润滑油不易流到摩擦面上造成机械零件的磨损，而在温度高时，黏度变小不易在摩擦面上形成适当的油膜而失去润滑作用，也会使机械零件的摩擦面产生擦伤，因此通常都要求使用黏温性能好的润滑油。

润滑油的黏温性能与其组成有关，由不同原油或不同馏分或不同精制工艺制得的润滑油黏温性能不相同，一般环烷基油的黏温性能差，石蜡基油的黏温性能好，而加氢裂化油的黏温性能更好。

为了改善润滑油的黏温性能，常常加入黏度指数改性剂。黏度指数改性剂是油溶性的链状高分子聚合物，其平均分子量由几万至几百万。当其溶解在油中时，低温时以丝卷状存在，对润滑油影响不大，随着温度的升高，丝卷伸长，有效容积增大，对润滑油的流动阻碍增大，导致润滑油黏度显著增大。因此可加入黏度较小的润滑油中，配制成稠化机油，使其具有优良的黏温性能。这类油低温时黏度不太大，启动性能好，油耗低，高温时黏度不至于太小，但仍然能保持良好的润滑，还有抗磨作用。黏度指数改性剂的主要品种有聚烯烃类，如聚异丁烯（T630）、乙丙烯共聚物（T613、T614）等，还有聚丙烯酸酯（T631）等等。

② 抗氧化安定性　润滑油的抗氧化性（氧化安定性）也是一项重要的性能指标。润滑油在使用过程中，受到温度升高、与氧气接触及金属催化等环境因素影响，会逐渐氧化变质。把润滑油在加热和在金属催化作用下抵抗氧化变质的能力称为润滑油的抗氧化安定性。润滑油的抗氧化安定性是反映润滑油在实际使用、储存和运输中氧化变质或老化倾向的重要特性。

润滑油在使用和贮存中不可避免地与空气中的氧接触，进而发生自动氧化反应，而且，这种自动氧化反应通常在液相中进行，即溶解在油中的氧与油发生反应。烃类在空气中的自动氧化是链反应过程，与燃烧过程类似。大多数烃类首先氧化生成过氧化物，如烷烃的氧化：

$$RCH_2CH_2CH_3 + O_2 \longrightarrow RCH_2-\underset{\underset{O-O-H}{|}}{CH}-CH_3$$

过氧化物可分解生成自由基，也可以分解生成稳定的氧化产物：

$$2RCH_2-\underset{\underset{O-O-H}{|}}{CH}-CH_3 \longrightarrow \underset{\text{醇}}{RCH_2-\underset{\underset{OH}{|}}{CH}-CH_3} + \underset{\text{酮}}{RCH_2-\underset{\underset{O}{\|}}{C}-CH_3}$$

以上的氧化产物还可以进一步生成羧酸和羟基酸等，各种氧化产物可分解或进一步反应生成大分子的沉淀物。

环烷烃在高温时比相同碳原子的烷烃难氧化，随着分子中环数增多，侧链增长，氧化速度增大，它的氧化产物有环烷酸及其他羧酸、羟基酸等，也有这些酸的缩合产物。

芳香烃在高温下更难氧化，氧化产物中有酸类、酚类等，酚类也可以进一步生成胶状沉积物。

润滑油是各类烃的混合物，实验证明，由于各类烃之间及与其氧化产物之间的相互影响，其氧化速度与纯烃类有区别。芳香烃在润滑油中反而容易氧化，氧化生成的酚类能减慢环烷烃的氧化，起到抗氧化的作用。但是润滑油中的多环短侧链芳香烃，也会氧化生成沉积物，并可降低润滑油的黏温性能，所以它仍然是润滑油中的不理想成分。

③ 抗乳化性　抗乳化性是润滑油抵抗与水混合形成乳化液的性能。有些润滑油如汽轮机油要求其抗乳化性好，以免混入水分后不能迅速分离，使水分进入润滑部位造成严重的腐蚀，并破坏正常润滑，而有些润滑油如饱和蒸汽气缸油希望油水迅速乳化，以免润滑油被水冲掉。

液体表面层的分子与液体内部的分子处境不同，内部分子受到相邻的周围分子的吸引力是相同的、对称的，可以互相抵消。但表面层分子四周受力不均匀，其上部是气相状态的分子，对液体表面层分子的吸引力较小，使表面层分子处于液体内部分子的净作用力下，表面层分子有内向运动的趋势，使表面自动收缩到最小面积。由于在同等体积的条件下球形的表面积最小，所以液滴总是呈球形。我们也可以从另一个角度来理解液体表面收缩的现象，即液体表面层存在着一个不平行于表面的收缩力——表面张力。表面张力的存在使液体表面积收缩到最小程度。如果要增加表面积，就必须克服表面张力的影响，当大的液滴分散成小的液滴时，其表面积大大增加，因而表面张力愈小的液体，就愈容易形成小的波动。

如果把液体上面的气体换成另外一种液体，而两种液体又不互溶，则界面层分子受力也是不均匀的，有界面张力的存在。在外界供给能量（如搅拌）的情况下，可以克服界面张力而使一种液体以微小液滴的状态分散到另外一种液体中而形成乳液。液体的界面张力越小，就越容易形成稳定的乳液。

界面张力的大小与液体的组成有很大关系。一些表面活性物质只要存在很低的浓度就可以大大降低液体的表面张力。例如水溶性脂肪酸盐类（皂类）的分子，一端（极性基）亲水、另一端（长链烷基）亲油，可以使油水界面的界面张力大大降低。其他如有机酸、醇类等极性分子以及胶质、沥青等都可降低油水界面张力，使得乳液稳定。

具有抗乳化性的润滑油遇水虽经搅拌振荡，也不易形成乳化液或者形成的乳化液很容易迅速分离。润滑油的抗乳化性与其清洁度有很大关系，若润滑油中含有较多的机械杂质或皂类等表面活性物质，在有水的情况下就很容易乳化。

④ 水分　润滑油中的水分一般呈三种状态存在：游离水、乳化水和溶解水。一般游离水比较容易脱去，而乳化水和溶解水就不易脱去。

润滑油中不应含有水分，因为润滑油中水分的存在会促使油品氧化变质，破坏润滑油形成的油膜，使润滑效果变差，加速有机酸对金属的腐蚀作用，锈蚀设备，使油品容易产生沉渣。而且会使添加剂（尤其是金属盐类）发生水解反应而失效，产生沉淀，堵塞油路，妨碍润滑油的过滤和供油。不仅如此，润滑油中的水分在低温下使用时，由于接近冰点使润滑剂流动性变差，黏温性能变坏；当使用温度高时，水汽化，不但破坏油膜而且产生气阻，影响润滑油的循环。另外，在个别油品中，例如变压器油中，水分的存在就会使介电损失急剧增大，而击穿电压急剧下降，以至于引起事故。因此，用户必须在使用、储存中精心保管油品，注意使用前和使用中要检查有无水分，必要时要进行脱水处理。

⑤ 抗泡性　润滑油在使用过程中由于受到震荡、搅动等作用会混入空气形成气泡。泡沫实质上是空气和液体的乳液，空气作为分散相，被液体膜隔开。润滑油起泡沫会导致供油

量不足，造成机件磨损。泡沫形成的机理与乳液的形成类似，也与气泡界面存在极性分子等有关。

⑥ 油性和极压性　减少摩擦和磨损、防止烧结是润滑剂的主要功能，油性和极压性是反映润滑油润滑性能的指标。油性是指润滑油在金属表面形成吸附膜减少摩擦的性能，极压性是指润滑剂在低速高负荷和高速冲击摩擦条件下，在摩擦表面反应生成反应膜而防止摩擦部件发生烧结、擦伤的能力。润滑油的润滑性能好坏与润滑油的化学成分有关，如植物油润滑油的油性就比矿物润滑油好，为了提高矿物润滑油的润滑性能要加入油性添加剂和极压添加剂。

4.3.3.3　舰艇用润滑剂的主要品种

舰艇主机根据动力装置的类型，使用的润滑剂有柴油机油、汽轮机油、燃汽轮机油和润滑脂，此外，其辅助机械也使用润滑油，主要有液压油、压缩机油、冷冻机油、仪表油和齿轮油等，这里主要介绍柴油机油、汽轮机油和润滑脂。

（1）柴油机油　柴油机与其他大功率机器相比，其工作环境温度高、温差大、运动速度快、载荷重、易受到环境因素影响，同时，润滑油在循环过程中不断与多种金属及合金接触，这些金属和合金会催化加速润滑油氧化变质，尤其是飞溅润滑，润滑油呈雾状细滴，在高温和金属催化作用下，与空气充分接触，使得润滑油的氧化是相当激烈的。氧化变质所生成的酸性物质和沉淀物会引起机件腐蚀及活塞环黏结等问题。

因此，柴油机油应该具有下列基本性能：

① 良好的润滑性能，黏度适当，黏温性能好，良好的抗氧化安定性，使用寿命长；

② 良好的清洁分散性；

③ 腐蚀性小，具有中和酸性物质的能力；

④ 良好的低温性能和抗泡沫性能。

（2）汽轮机油　汽轮机主轴承的压力不大，但转速较高，其润滑油工作温度约 50℃。减速齿轮的作用是将汽轮机的高转降低到适合于推进器的低转速，其负荷较大，润滑油工作温度为 30～35℃。由此可见，主轴承和齿轮对润滑油的黏度要求应有所不同，但实际上为了简化润滑系统装置往往使用同一种润滑油。为了保证齿轮润滑，要求润滑油黏度较大，而高速运转的轴承则要求润滑油黏度较小。解决这个矛盾的方法，通常是采用不同的冷却温度，就是使进入齿轮箱的润滑油温度低于进入轴承的润滑油温度，这样同一种润滑油进入各个部位时黏度便有差异，可满足对黏度的不同要求。

因此，汽轮机油应该具备下面的品质：

① 适宜的黏度和良好的黏温特性；

② 良好的氧化安定性；

③ 良好的抗乳化性；

④ 良好的防锈防腐性；

⑤ 良好的抗泡沫性。

（3）润滑脂　润滑脂所具有的最基本的特性就是触变性。所谓触变性就是：当施加一个外力时，润滑脂在流动中逐渐变软，表观黏度降低，但是一旦处于静止，经过一段很短的时间后，稠度再次增加（恢复），这种特性称为触变性。在常温和静止状态时，润滑脂像固体，能保持自己的形状不流动，能黏附在摩擦部件表面而不滑落，在高温或受到一定限度的外力时，它又像液体能产生流动。在机械中受到运动部件的剪切作用时，它能产生流动并进行润滑，降低运动物体表面的摩擦和磨损。当剪切作用静止时，它又恢复到一定的稠度和黏度，但不一定恢复到原来的稠度和黏度。润滑脂的这种特殊性能，决定了它可以在不适于用润滑油润滑的部位润滑，如某些非封闭的摩擦部位、高压或低速不易形成油膜的部位（如传动齿轮、滚珠或滚柱轴承等处）和有些因为构造或安装位置等关系不易加油和难以经常照顾的机件。从而显示出它优良的性能。

4.4 舰船涂料

涂料的涂装技术是应用最为普遍的防腐技术，是船舶、桥梁等大型金属构件中应用最为广泛的防腐技术之一。舰船涂料被称为舰船的“铠甲”，在舰船的腐蚀防护方面发挥着重要的作用。

4.4.1 涂料的作用

在现代文明社会，涂料扮演着不可或缺的角色，人们的衣食住行都离不开涂料。如果没有涂料，我们的世界会变成什么样？从日常用品到国防尖端产品，涂料的身影无处不在。涂料工业也是一个与石油化工、高新材料、能源交通、机械制造等众多领域交叉相连的技术行业。综合而言，涂料主要有以下几个方面的作用。

4.4.1.1 保护作用

保护作用是涂料最主要的功能。涂料涂装对防止金属腐蚀是一种不可缺少的重要手段。金属材料在海洋、大气和各种工业气体中的腐蚀极为严重，据分析，世界钢材和设备因腐蚀造成的损失占钢铁年产量的1/4，如一座钢铁结构的桥梁，如果不用涂料涂装来保护，则只能有几年的寿命，如果用涂料涂装加以保护，并经常维修得当，则寿命可以在百年以上。

舰船涂料被称为舰船的铠甲，这足以体现涂料的保护作用。涂料之所以具有防腐的作用，是由于金属电化学腐蚀主要是形成了腐蚀电池，腐蚀电池的形成需要有两个电极，且两电极之间存在电势差，同时还需要有电解质溶液。涂料是破坏了腐蚀电池的哪一个形成条件？涂料主要起到隔绝金属跟潮湿的空气接触的作用，从而破坏了电解质溶液这一形成条件。

4.4.1.2 装饰作用

用色彩来装饰我们的环境，是人类的天性，涂料的装饰作用是人们使用涂料的初衷。涂料赋予涂装部件丰富的色彩，改进产品外观质量，给人们美的享受，达到装饰作用。

4.4.1.3 标志作用

标志作用是利用色彩的明度和反差强烈的特性，引起人们的警觉。不同色彩在各种场合，给人醒目的标志作用。如消防器材为大红色、救生设备一般为橙红色。目前应用涂料作标志的色彩在国际上已逐渐标准化了。

4.4.1.4 特殊作用

涂料的特殊用途是指在满足环境条件下使用之外，涂料赋予涂装部件某些特殊的功能。

例如防火涂料能够防止火焰蔓延和延燃；反光涂料在夜间能够发出醒目的亮光灯。舰船长年累月航行在江河湖海中，船底要求平整光滑，保证航速，而黏附在船底的大量污染物质及微生物会严重腐蚀船底，并降低航速。因此在舰船底部表面要求涂防污涂料。飞机、卫星、宇航器要受高速气流冲刷，在高温低温、多种射线辐射、超高温报警等特殊条件下使用。特种涂料对国防军工产品、高精尖的科学技术具有重要意义。

4.4.2　涂料的组成

涂料一般由成膜物、颜料、溶剂和助剂组成。

4.4.2.1　成膜物

油料、各种树脂是主要成膜物质，它们可以单独成膜也可以黏结颜料等共同成膜，称为黏合剂，它是涂料中的连续相，是涂料不可或缺的成分。成膜物质的性质对涂料的性能（如力学性能、保护性能等）具有决定性的作用；成膜物质一般为有机物，在成膜前可以为低聚物，但是涂布成膜后均形成高聚物膜，天然的或者合成的成膜物质均如此，如干性油、环氧树脂、丙烯酸树脂等，无机的成膜物质不多，如碱性硅酸盐、原硅酸乙酯。

作为舰船涂料主要的成膜树脂有丙烯酸树脂、聚氨酯、环氧树脂、醇酸树脂、有机硅等。结合本教材的高分子知识，思考并总结一下丙烯酸树脂、聚氨酯、环氧树脂、氨基树脂、醇酸树脂几种典型合成树脂的主要结构特征。物质的结构决定其性质，其中环氧树脂涂料具有优异的附着力，在舰船防锈涂料中广泛应用，聚氨酯涂料耐候性较好可作为舰船面漆使用。

4.4.2.2　颜料

颜料是涂料中一个重要的组成部分，它通常是极小的结晶，分散于成膜介质中，颜料和染料不同，染料是可溶的，以分子形式存在于溶液之中，而颜料是不溶（或微溶）的。细小的固体粉末，分散于成膜树脂中，填充树脂的微孔和缺陷，辅助成膜。

涂料的质量在很大程度上取决于所加颜料的质量和数量。颜料最重要的作用是遮盖以及赋予涂层色彩。颜料按其在涂料中所起的作用分为着色颜料、体质颜料、防锈颜料和特种颜料。

（1）着色颜料　着色颜料是不溶于涂料基料的微细粉末状固体物质。将着色颜料分散在涂料中，会赋予或增进涂层的某些性能，主要用来使涂料具有各种色彩和遮盖力，按其化学成分可分为无机颜料和有机颜料。

（2）体质颜料（填料）　体质颜料（填料）是不溶于基料和溶剂的固体微细粉末。加入涂料中对涂膜没有着色作用和遮盖力，但它们能影响涂料的流动特性以及涂膜力学性能、渗透性、光泽和流平性等。

（3）防锈颜料　在涂料中增加涂膜对金属防锈作用的防锈颜料，可分为无机盐和金属粉两大类，也可按防锈机理分为物理性防锈颜料和化学防锈颜料。防锈颜料用于涂料形成的防锈涂层中，可防止金属的锈蚀，即使漆膜略为擦破也不易生锈，具有较大的经济价值。常用的防锈颜料主要有：

防锈颜料 {
- 物理防锈原料：铝粉，云母氧化铁，铁红
- 化学防锈原料：锌，磷酸锌，三聚磷酸铝

物理防锈颜料主要利用颜料片状结构，互相重叠交叉，形成致密的阻挡层，起基本的阻挡作用。化学防锈颜料一般兼备阻挡层和化学作用机制起到防锈的作用。如锌粉利用其电极电位比铁低，对舰船起到牺牲阳极的保护作用。

（4）特种颜料　特种颜料是指具有某些特殊性质的颜料，可赋予涂料具有某些特殊性能，主要用于制造特殊性能的涂料。如 Cu_2O 具有防污作用，主要作为防污涂料中的毒料使

用。海军注重颜料的开发，据报道美国海军研究室 2019 年研究出一种新型颜料，基于该颜料制得“雾霾灰色”已应用于海军，有效提高了水面舰艇涂料颜色的稳定性，并减少太阳能的吸收。

4.4.2.3 溶剂

溶剂包括真溶剂、助溶剂和稀释剂等。溶剂是能够溶解成膜物质的易挥发有机物质，在涂料涂覆后能够基本挥发尽，涂膜中不含挥发组分。因此溶剂可以降低涂料的黏度，改善其施工性能，帮助形成均匀的膜层。正确地使用溶剂和稀释剂可提高涂层的物理性质，如光泽、致密性等。溶剂不构成涂膜，也不存留在涂膜之中。溶剂的作用是将涂料的成膜物质溶解或分散为液态，以使易于施工成膜。溶剂通常为可挥发性液体（挥发分）。溶剂的挥发性是涂料引起大气污染的主要根源，对溶剂的种类和用量有严格的限制。VOC（volatile organic compounds）指挥发性有机物。美国 ASTM D3960-05（2018）标准将 VOC 定义为任何参加大气光化学反应（生成 O_3）的有机化合物。我国 GB/T 38597—2020《低挥发性有机化合物含量涂料产品技术要求》于 2021 年 2 月 1 日开始执行。GB/T 38597—2020 作为行业引领性标准，被某些地方作为强制性标准采用。这对涂料行业的转型升级以及涂料产品的绿色先进制造起到了决定性的作用。

4.4.2.4 助剂

不单独成膜，涂料成膜后作为涂膜中的一个组分而在涂膜中存在。用量一般很少，但对于改善涂料质量、延长贮存期限，扩大应用范围、便于施工具有较大作用。

助剂的作用是对涂料或涂膜的某一特定的性能起改进作用。如生产过程中用到的消泡剂、润湿剂、分散剂、乳化剂等；储存过程中用到的防结皮剂、防沉淀剂等；涂料施工成膜过程中用到的催干剂、流平剂、防流挂剂等；为改善涂膜性能用到的增塑剂、平光剂、防霉剂等。

4.4.3 舰船涂料的要求与特点

我国的舰船涂料实现了从无到有的跨越，涂料产品从底端迈向了高性能，基本满足了我国海军修船、造船以及民用船舶的需求，这凝聚了几代中国涂料人的心血。

4.4.3.1 舰船不同部位对涂料的要求

舰船部位不同，所处环境不同，所需涂料也不同。根据舰船不同部位的环境特点，按照从下到上的顺序，依次说明舰船各主要部位对涂料的要求。

（1）船底区　船底区长期浸泡于海水之中，受到海水的电化学腐蚀和海水的冲刷作用，还有海生物的附着和污损。另外船舶通常还采用牺牲阳极或外加电流方式进行阴极保护，整个船体水下区域将成为阴极，阴极还原的反应不可避免会产生少量的 OH^- 而呈现碱性，因此，船底区所用的涂料除了具备良好的耐水性、耐磨性外，还必须具备一定的耐碱性以及特别的防止海生物附着的防污性能。

（2）水线区　水线区常处于飞溅区这一特殊的腐蚀环境：海水长期浸泡、冲刷以及日光暴晒的干湿交替状态，这一部位的涂料面临着最为苛刻的环境考验：涂料必须具备良好的耐水性、耐候性、耐干湿交替性，涂层应具有良好的机械强度、耐摩擦和耐冲击性能。当船舶采用阴极保护时，还要求涂料有良好的耐碱性。同时，为防止海洋生物附着，需要涂刷防污涂料。

（3）船舶水上区域　船舶的干舷、上层建筑外部、露天甲板与甲板舾装件等部分，均处于海洋大气暴露区。这些部位长年累月地处于含盐的潮湿海洋大气之中，又经常受到日光暴晒，有时还受到海浪的冲击。因此，要求涂料有优良的防腐性、耐候性、抗冲击与摩擦性能。由于上述部位属于船舶外观的主要部位，因此其面漆还需要有良好的保色性和保光性。

这一部位情况复杂，有些部位有特殊要求。如甲板部位是船舶上人员、设备等的重要活动场所之一，除了常规的防腐性、耐候性外，其涂料的特殊性表现在具备防滑功能。一般船舶甲板涂料采用加入砂子、塑料微粒等方式加强涂料防滑性能，但是对诸如航母甲板等有特殊要求的部位，还必须进行特殊的加强处理，有专门设计的品种及工艺。

（4）液舱　船舶内部的液舱主要有压载水舱、饮水舱、燃油舱、滑油舱和油船的货油舱等。其中压载水舱长期处于海水压载和空载的干湿交替状态，环境湿热、盐分高、密不通风，甚至局部有海生物残留，条件相当恶劣，同时该部位涂装基本是一次完成，后期难以检查和保养维护，因此要求涂料有优良的耐海水、耐盐雾、耐干湿交替和抗腐蚀性能，为了保证其性能的良好性，国际组织要求压载舱使用浅色涂装，无疑是一个苛刻的要求。

饮水舱（包括淡水舱）长期存放饮用淡水，要求涂料有良好的耐水性。由于饮水直接关系到人体的健康，故饮水舱涂料必须绝对保证不会污染水质，为此必须经有关卫生部门的认可。

燃油舱、滑油舱长期存放燃滑油，一般不会受到腐蚀，以往均不涂装，但在投油封舱以前必须清洁表面，涂以相应的油类保护。为减轻封舱前的清洁工作，往往在分段涂装阶段，燃油舱表面经二次除锈后以车间底漆保护，滑油舱表面常以环氧树脂漆进行保护。

油船的货油舱，为了保证成品油的品质不因污染而降低，对其涂装工作十分谨慎。在涂料品种的选择和涂装工艺上要求较高。涂料不仅要有良好的耐油性能，还要有优良的耐交替装载的性能，而且必须具备长期的极低的组分渗出性。同时，残留油品为细菌等污染物提供了生存可能，因此还需要具备防污杀菌的功能。

（5）机舱和泵舱　机舱、泵舱是船舶的主要工作场所，室内温度长一般舱室高。有数据表明，即使在装有空调的机舱、泵舱的舱顶，其平均温度也可以达到50℃。同时，机舱内装有船舶主机等重要设备，对安全性要求高，舱壁涂料要求不易燃烧，一旦燃烧起来也不应产生过量的烟，阻燃性涂料较为适合。另外，机舱、泵舱的舱底普遍存在积水、漏油等现象，因此要求涂料同时具备良好的耐水性和耐油性。

（6）生活舱　生活舱是船舶中用于人员起居、生活的舱室，主要对安全性和舒适性有较高要求。目前一般是采用装饰板制作，既保证了美观舒适，同时也提高了安全程度。如果需要涂装则对其环保型有较高要求。

4.4.3.2　舰船涂料的特点

总的来说，舰船涂料是船舰上使用的专用涂料，遍及舰船各个角落，由于舰船涂装有其自身的特点，舰船涂料具有以下特点。

① 舰船的庞大决定了舰船涂料必须能在常温下干燥。需要加热烘干的涂料就不适合作为舰船涂料。

② 舰船涂料的施工面积大，因此涂料应适合于高压无气喷涂作业。

③ 舰船的某些区域施工比较困难，因此希望一次涂装能达到较高的膜厚，故往往需要厚膜型涂料。

④ 舰船的水下部位往往需要进行阴极保护，因此，用于船体水下部位的涂料需要有较好的耐电位性、耐碱性。以油为原料或以油改性的涂料易产生皂化作用，不适合制造水线以

下用的涂料。

⑤ 舰船从防火安全角度出发，要求机舱内部、上层建筑内部的涂料不易燃烧，且一旦燃烧时也不会放出过量的烟。因此，硝基漆、氯化橡胶漆均不适宜作为舰船舱内装饰涂料。

⑥ 舰船在海洋环境中使用，其水下部位需用到防污涂料，需有效防止海洋生物附着。

4.4.4 功能涂料

4.4.4.1 防污涂料

在世界各海域中有八千多种植物和五万九千种海洋动物，其中有六百多种附着植物和一万八千多种附着动物。这些附着生物的幼虫或孢子能够漂浮或游动，发育到了一定阶段后，就在船底、水下结构物或岸边岩石等物体上附着、定居并进一步繁殖。海洋生物大量附着在船底上，将对船舶带来很大的危害，它们不仅将增加船舶的自重、减少船舶的载重，同时将大大增加船体的阻力，造成船舶的航速降低和燃油消耗的增加。有资料表明，船底污损严重时，其海洋生物堆积层可达十多厘米厚，每平方米重量达二十余千克，这对于近万平方米船底的船舶来说将增重二百余吨。

在船底常见的附着生物有藤壶、牡蛎、贻贝、树枝虫、海鞘、绿藻、碣藻、浒苔、花筒螅等数十种。其中藤壶、牡蛎、贻贝等在船底附着之后，生长迅速，在生长过程中将产生一种张力，能剪开和破坏漆膜，同时这些生物还会分泌出有机酸，这些将大大加速船底钢板的腐蚀。

对于舰艇等装备而言，海生物在船底等外部的附着会增加舰艇的重量，并破坏其外形结构，附着在螺旋桨、舵叶上，直接影响舰船的动态平衡，增加舰艇的航速阻力，不仅降低舰船航速，而且影响航行的稳定性，严重影响其机动能力。其次附着在声呐罩上，则干扰声呐（舰艇航行的眼睛）的探测性能，将大大削弱舰艇的战斗力。海洋生物的污损对船舶、舰艇等具有巨大的危害，必须尽可能地控制、消除这一作用。防污涂料是针对海洋环境特有的一种功能涂料，是一种重要的舰船涂料。

从海生物的附着特点来看，防止海生物污染的思路是明确的：尽可能控制、防止海生物的附着，或者延缓附着海生物的生长速率，或者加速附着生物的生长，加速其死亡和脱落。这些思路人们均进行了探索研究，也取得了长足的进步，逐步研究和开发了一系列的技术，取得了显著的效果，其中最为重要和成功的技术是持续开发了一系列的防污涂料，其综合防污有效期逐步由1～2年提高到3～5年，为海洋船舶涂装寿命的提高奠定了基础。但是随着工程技术的不断进步，对防污有效期的要求越来越高，如开发长达6～8年的防污技术等，因此整体上目前的防污技术依然是一个世界难题，仍然需要持续的努力和突破。

(1) 防污涂料的特性　船底防污漆是一种防止海生物污损的特种涂料，这种具有特殊功能的涂料可以归为功能涂料。这类涂料经历了长期发展，形成基于不同防污原理的不同品种。

传统的防污涂料借助涂料技术，将具有毒杀生物功能的毒料成分融入涂层之中，在涂层接触水环境后，利用涂层一定的水溶性来控制毒料的溶解和释放速率，使其逐步溶解在涂层表面，形成薄薄的一层“含毒溶液”，从而杀死附着在表面的生物。这类涂料对环境有一定影响，尽管现代防污助剂已经在尽可能地控制这一点。基于这一原理的防污涂料具有如下基本特性：

① 漆膜中含有一定量的能杀伤附着海生物的毒料，这些毒料能连续不断地逐步向海水

渗出。

② 漆膜具有一定的水溶性，以保持毒料的连续、稳定渗出。

③ 长期使用能够保持船底表面的光滑均匀，尽可能控制船体的航行阻力。

④ 与防锈漆之间有良好的附着力，防污漆本身层与层之间亦应有良好的附着力。

⑤ 漆膜有良好的耐海水冲击性，在长期浸水条件下不起泡、不脱落。

为了达到上述要求，防污涂料需要对成膜树脂、毒料、组分选择等进行系统的研究开发，特别是成膜树脂可控制的水溶速率，与毒料之间的协调性等等是防污涂料技术的关键技术。

另一类防污作用是基于涂层表面的物理特性：由于光滑表面，生物的附着困难，借助于涂层树脂的水解作用，随着流动海水的渗透，涂层表面极性基团水解，表面润滑性增加，成为光滑的表面，生物附着困难。主要了解典型的防污涂料的组成及品种。

（2）防污涂料的组成　含毒料型防污涂料主要包括可控制水溶性的成膜树脂、有效的毒料、渗出助剂、相关颜填料和溶剂等组成。其中最重要的成分是有效的毒料和特殊的成膜树脂。

① 毒料　防污涂料的毒料有其特殊性，首先要对多种易附着的海生物品种有明确的毒杀效果，这些海生物品种包括贝类、海藻类、细菌、微生物等多个品类，毒料要同样有效是非常困难的，需要进行系统全面的研究和评估，包括对毒料成分选择、含量多少及不同品种的组合等。历史上出现过一些有效的品种及其组合，如氧化亚铜、铜粉、有机锡盐等。随着人类对环境保护的重视，极大限制了毒料品种的选择和应用。相关的主要品种介绍如下。

a. 氧化亚铜（Cu_2O）：这是防污涂料中最为重要、应用最多的毒料，能有效杀伤多种海洋附着生物，特别是对藻类植物性的杀灭效果突出。其作用机理是微溶的氧化亚铜所释放的 Cu^+ 进入海生物幼虫或孢子体内，具有凝固蛋白质的作用，影响生物新陈代谢。而且氧化亚铜对人体毒性较小，对环境影响相对较小，从过去一直到现在都得到了广泛的应用至今依然在使用。其缺点是有效浓度相对较高，导致其用量偏大，在常规防污涂料中含量往往达到 20%左右，这使得涂料黏度增加，毒料的稳定释放需要严格控制。另外，为了防止发生化学反应，这类毒料无法使用在铝制船舶的表面。

b. 铜粉：本身没有明确的杀毒作用，但是往往作为氧化亚铜毒料的辅助成分使用，能够保护 Cu^+ 的稳定性，自身也比较稳定。ZnO 往往也出现在含氧化亚铜的涂料中。其作用也类似。大量实践证明，采用复合毒料比单一毒料效果好，如在以氧化亚铜为毒料的防污漆中加入铜粉、氧化锌等，可以增加氧化亚铜的稳定性，有助于控制其持续稳定的渗透释放，延长防污涂料的有效时间等。

c. 有机铅毒料：PbO 是传统的防锈颜料，本身就有一定的毒性，因此早期作为防污涂料常见的毒料品种加以应用，具有渗毒料平稳、持久及长效的特点，采用三丁基乙酸铅制造防污漆有效期可达五年之久。但有机铅对人体的毒性较大，又会污染海水，故实际应用不多。

d. 有机锡化合物：在 20 世纪 70～80 年代开发使用的品种。其中以三丁基氟化锡（TBTF）和三苯基氟化锡（TPTF）效果最好。有机锡化合物对防止海藻的污损有高效，对藤壶也有效，可称为宽谱防污毒料。其对海洋附着生物的有效浓度仅为氧化亚铜的 1/10，而且即使在被污染的海水里也不会发黑失效，而以氧化亚铜为主的防污漆在被污染的海水里会受到 H_2S（动植物腐败后的产物或工业污水污染结果）的作用而发黑失效，这是由于生成了不溶性的黑色硫化亚铜的结果：$Cu_2O + H_2S = Cu_2S\downarrow + H_2O$

在锡盐有机化合物的基础上，考虑到成膜树脂为高聚物，有人想到了利用高聚物上的活性官能团，通过皂化反应将锡离子接入高聚物分子链上，将有机锡毒料和成膜树脂“合二为一”。这一突破性的思路推动了防污涂料取得长足进步。这类物质既是毒料又是成膜物质，依靠水解释放出有机锡分子，并形成水溶性物质，其特点是毒料释放速度均匀，毒料的利用率高。从此以有机锡高聚物为主，复配适当的毒料所开发的防污涂料，性能稳定持续，防污的有效期迅速提高，基本满足了船舶不低于3～5年的使用要求。

但是，随着该类涂料的广泛使用，人们逐渐开始关注到锡类有机物对环境的影响较大。研究表明，三丁基锡可扰乱软体动物的内分泌作用，诱发性畸变，致使种群退化，数量锐减，严重危害到海生物的生存，改变海洋中的生物链，这将给海洋生态环境带来巨大的灾难，因此国际社会已经从20世纪80年代起开始意识到有机锡潜在的海洋生态威胁，各沿海国家纷纷立法限制有机锡（TBT）的使用。2008年，国际海事组织（IMO）提出了全球停止有机锡防污涂料的使用。

随着有机锡的禁用，这一类防污涂料同样也不再使用。但有机锡高聚物将有机锡毒料和成膜树脂“合二为一”的研究思路仍然值得我们学习。

毒料从其本质上讲，既然能够有效杀灭附着生物，那么对其他生物难免会有负面影响。为了尽可能控制负面影响，人们正在尽可能开发生物残留小、对环境影响小的品种，如来源于自然界的辣椒素、从鱼类体液中提取的凝集素等，这些品种来源于天然，对环境影响小，只是效果还没有达到使用要求，但是代表了毒料发展的新方向。

除了毒料的种类外，毒料的含量、不同品种的匹配，与涂料其他组分的配比，毒料的渗出速率等问题，均会影响毒料性能的发挥。

② 成膜树脂　与常规涂料的成膜树脂相比，防污涂料的成膜树脂的特殊性在于：在保持涂层在有效期内牢固附着的前提下，能够保证毒料的持续稳定释放，起到防污作用；同时，它的附着力、耐冲击性等常规性能也要优良。因此，对防污涂料的成膜树脂要求较高。

早期人们采用在常规树脂中引入部分可溶于水的树脂，如松香树脂，通过它们的溶解作用释放其中包含的毒料，起到防污作用。由于松香在微碱性的海水中溶解速度较快，具有一定的脆性，需要和性能优良的成膜树脂复配，提高涂层的力学性能，同时改变松香在海水中的溶解度，以控制毒料渗出的速度。但是松香作用难以稳定持续，因此难以满足2年以上的有效期。

随着高聚物技术的发展，利用高聚物极性基团的水解反应，合成了一系列可水解的成膜树脂：如丙烯酸及丙烯酸酯、改性有机硅等，将有效的毒料分子基团先接枝在极性基团上，然后随着与海水接触，极性基团发生水解，释放出毒剂分子，通过控制水解速率来调节毒料释放，同时水解处亲水性增加，形成浸润光滑的表面，使得生物附着困难。这种涂料称为“自抛光”防污涂料。

③ 辅助成分　主要作用是改善漆膜的力学性能和调节毒料的渗出率和功效。如氧化锌，在海水中微溶，本身稍具毒性，氧化锌与氧化亚铜共用可提高漆膜力学性能，亦能提高铜离子的渗出率。常用的颜料如铁红、滑石粉等。铁红可提高漆膜力学性能，但对铜离子的渗出率有一定的抑制作用，故用量不宜太多。滑石粉对于改善沉淀性有一定作用，它的加入使防污漆贮存一段时间后罐内的沉淀较为松软而易于搅拌均匀。

(3) 防污涂料的主要品种与发展趋势

① 高铜防污涂料　这类涂料主要是在成膜树脂中引入部分松香，目前一般使用丙烯酸树脂，能够具有一定的水解性，可以替代松香，以氧化亚铜为主要毒料，复配其他成分如活性铜粉、氧化锌等，得到高氧化亚铜含量的丙烯酸树脂类的防污涂料，其中氧化铁含量不低于40%，曾经是防污涂料最为主要的品种，到目前为止依然在小型舰船、民用船舶等得到使用，如837防污涂料等，这类涂料防污寿命能够达到2年左右，与部分船舶的小修相适

应，维修中往往能够进行重涂，涂料为单组分，使用方便，因此受到人们的欢迎，但是重要船舶已经不用。

② 自抛光涂料　人们最早使用的自抛光涂料是有机锡自抛光涂料，这类涂料将成膜树脂和有机毒料“合二为一”：有机锡高聚物既为成膜树脂又含有毒料基团，通过有机锡高聚物的极性基团在海水中水解，一方面释放出有机锡毒料分子，同时水解处亲水性增加，溶解于海水之中，形成完全润湿光滑的表面。漆膜在水流不断作用下，水解反应不断进行，不断暴露出新鲜面，毒料渗出作用平稳进行，水解速率随水流的大小而变化，漆膜凸起的部位受水流作用力较大，水解速度较快，而凹进的部位则水解速度较慢，因而漆膜将日趋光滑，故将这种防污漆称为自抛光防污漆。某种自抛光防污漆的配方见表 4-10。

表 4-10　某种自抛光防污漆

原材料	含量/%
氧化亚铜	35
甲基丙烯酸三丁基锡共聚体 50%溶液	44
二氧化钛	5
膨润土	1
氢醌	0.01
混合溶剂	15

有机锡高聚物通常由甲基丙烯酸、三丁基氧化锡（TBTO）与丙烯酸甲酯反应而成。其反应式如下：

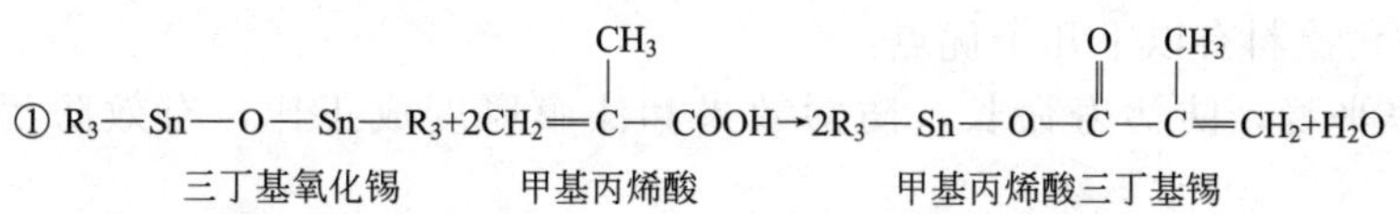

式中R为C_4H_9(以下同)

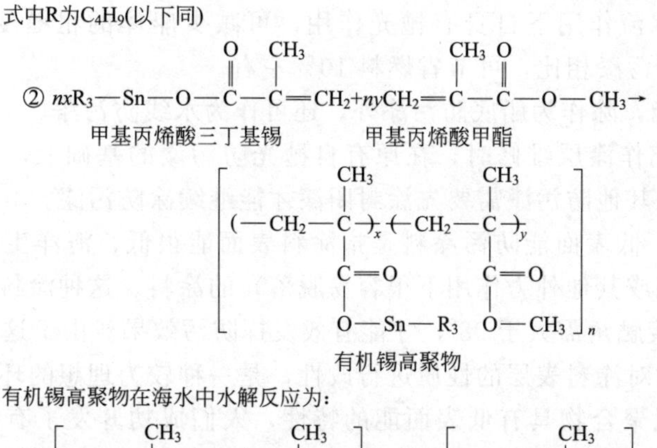

有机锡高聚物在海水中水解反应为：

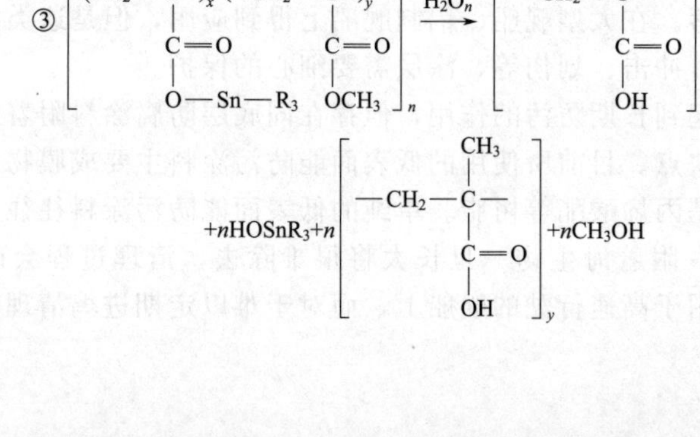

随着有机锡类毒料的禁用，有机锡自抛光涂料无法继续使用，研究人员主要借鉴有机锡树脂的结构设计：在丙烯酸树脂主链接枝含硅、铜或锌侧链基团，形成类似于有机锡侧链基团的结构，铜盐、锌盐代替锡盐，也具有一定的杀灭作用，含硅、铜或锌侧链基团在海水环境中也可与海水中的钠离子发生离子交换反应而逐渐水解，并溶解至水体中，以氧化亚铜为主要毒料，具有自抛光作用，其防污寿命可达三年甚至更长。无锡自抛光防污涂料成为目前应用最为广泛的防污涂料品种。

无锡自抛光树脂结构如下：

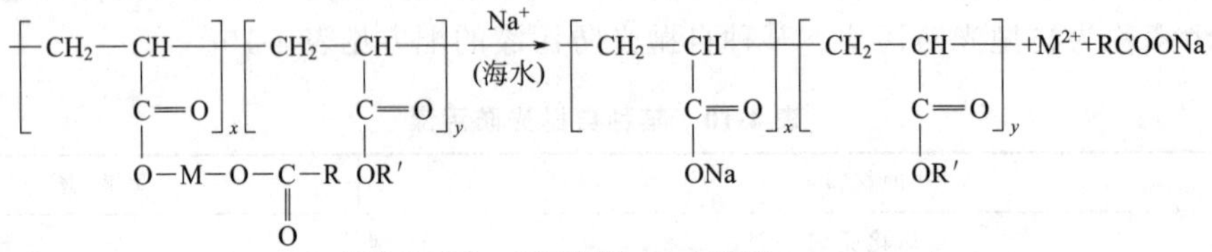

(M为Zn或Cu，R为芳基，R′为烷基)

尽管从原理看只是金属盐类的替换，但是水解型树脂的合成工艺，成膜树脂水解的速率、有效金属盐类杀毒成分的释放，配方优化、防污有效性的评估等均需要重新设计和开发，存在较大的技术难度：丙烯酸铜、硅或锌无锡自抛光防污涂料的实际使用效果并未达到有机锡防污涂料的使用效果，主要原因是侧链的水解性能受水解过程中树脂玻璃化温度变化、吸水性及树脂膨胀变化等因素影响，其涂料表面容易形成释出层，而且释出层厚度会随着抛光时间的延长而增厚，造成释出层孔隙路径增长，后期会影响杀生剂的有效渗出。因此自抛光涂料树脂的开发还在持续不断地进行着。

自抛光防污涂料有以下几个优点：

a. 渗出率平稳，防污寿命长，防污效果和漆膜厚度成正比，有效防污寿命最长可达五年。

b. 在航行中，漆膜在水流作用下自身有抛光作用，可减少船体的粗糙度和航行阻力，能大量节约燃料，与其他防污漆相比，可节省燃料 10%左右。

c. 具有耐干湿交替性能，除作为船底防污漆外，还可作为水线防污漆。

d. 维修方便，船舶进坞作涂层维修时，在原有自抛光防污漆的基础上，可以直接涂装新的自抛光防污漆，不必像其他防污漆需要先涂封闭漆才能继续涂防污漆。

③ 低表面能防污涂料　低表面能防污涂料是指涂料表面能很低、海洋生物难以在上面附着或附着不牢固（在水流或其他外力作用下很容易脱落）的涂料。这种涂料的表面能需要低于 $20mJ/m^2$、与液体的接触角需大于 98°，才能有效发挥防污效果。由于这种涂料没有添加任何防污剂和杀生剂，仅对涂料表层的性质进行改性，是一种较为理想的环境友好型防污涂料。有机硅聚合物和含氟聚合物具有低表面能的特性，人们成功开发了有机硅类防污涂料，利用有机硅表面富有弹性的低表面能特性，使得生物难以在船舶表面附着，或者附着不牢固，稍有外力作用容易脱落。在大型舰船、铝制舰船上得到应用，但是这类涂料表面弹性大，偏软，涂层怕外力碰撞、冲击、划伤等，涂层需要细心的保护。

低表面能防污涂料能够起到长期防污的作用，但存在同底层防腐涂料附着差、对苔藓虫和藻类海生物抑制作用差等缺点。目前所使用的低表面能防污涂料主要成膜物质为有机硅树脂或全氟丙烯酸酯或全氟甲基丙烯酸酯等树脂。单纯的低表面能防污涂料往往只能使海洋生物附着不牢固，需定期清理，附着海生物一旦长大将很难除去，清理过程会破坏漆膜，因此，表面能防污涂料一般只用于高速行驶的舰船上，而对于难以定期进坞清理的大型舰船不推荐使用。

④ 仿生防污及天然防污剂涂料 人们发现海生物在抗附着方面具有天然的特性，例如鲨鱼、海蟹、海绵长期置身于海水中，却没有海生物附着，这引起人们对仿生防污涂料的关注，“仿生型防污涂料”的概念也由此被提出。目前，仿生型防污涂料的研究主要集中在三个方面：一是从海洋中鲨鱼、珊瑚等动植物的特殊表皮、表面结构中得到启发，通过材料表面设计还原这类特殊结构达到防污目的。例如海豚、鲨鱼表面存在着许多微米级别的沟槽，这些沟槽的存在不利于污损生物在其表皮附着，并可在海水的剪切作用下让污损生物脱落；珊瑚这类生物无法在海水中移动，但珊瑚表面分布着一层植绒结构，污损生物会在绒毛的抖动下不断脱去。二是天然防污剂的发现和提取。天然防污剂是指从自然界动植物体内提取的具有防污功能的活性物质，这些活性物质根据化学结构又可分为有机酸、无机酸、内酯、(类) 萜类、多酚、甾族化合物、吲哚类、生物碱等。三是海洋生物在海水浸没时分泌的生物酶。这类生物酶可降解蛋白，破坏污损生物的黏液质的固化附着过程。但关于生物酶防污涂料的制备和研究报道还相对较少，其提取方法和实海防污效果尚不明确，仍有待进一步考证。

防污技术是船舶涂料技术的热点问题，在世界范围内还没有完全满足人们的需要，因此还在持续的研究与开发，特别是环境友好型产品，更是需要技术突破，任重而道远。在防污效果上兼具持久长效和广谱性的环境友好型防污涂料，是今后的防污涂料技术的研究重点。

4.4.4.2 防火涂料

防火涂料是人们针对火灾危害而开发的一种防护技术产品。防火涂料又称阻燃涂料，其作用是涂覆在被保护的基体表面，在发生意外燃烧时，能够在一定的时间内保证基体结构的稳定，延缓灾难性事故（如坍塌等）发生的时间，为消防等工作赢得时间。

（1）防火涂料的作用原理 其作用原理是基于两点：首先是涂层完整包覆住基体设备、部件，本身具有不燃性或难燃性，连带被保护设备一定程度上也能够防止被火焰点燃；其次如果燃烧难以避免，则通过涂层的燃烧作用，能够阻止明火的蔓延或者对燃烧的拓展有延滞作用，即在一定的时间内阻止燃烧和抑制燃烧的扩展，从而保证人们有一定的时间进行灭火工作。

随着此类涂料性能的不断优化和提升，其效果显著，使用简便，适应性广。目前，防火涂料已经成为基本的消防措施之一，在舰船、公用建筑、车辆、飞机、古代建筑、电气设备、电缆、仓库、包装材料、军工领域、航空航天等方面都得到广泛的应用。要了解防火涂料的作用原理，首先分析燃烧过程的特征。

燃烧原理：燃烧是一种发光发热的化学现象。它必须同时具备三个条件：即可燃物质、助燃剂（如空气、氧气、氧化剂等）和火源（如火焰或高温作用）。三者缺一不可，如缺少其中一个条件或者它们之间不能直接接触，燃烧便不能发生或者燃烧立即熄灭。

防火涂层的原理：根据燃烧原理，可能的防火思路包括：首先提高涂层物质的难燃程度，提高其燃点和自燃点；其次将燃烧的三个因素隔离开来，使得短时间燃烧条件难以完全满足，延缓燃烧时间。防火涂料主要分为膨胀型防火涂料和非膨胀型防火涂料两种。

（2）非膨胀型防火涂料

作用原理：涂层自身的难燃性或不燃性；在火焰或高温作用下能释放出灭火性气体并形成不燃性的无机“釉膜”层隔绝空气。

涂料作为有机物，本质上是可以燃烧的，其自身的不燃性和难燃性是指在空气中受到火焰或高温作用时，难起火、难微燃，当火焰源移走后，燃烧或微燃迅速停止。要达到这一目的可以通过以下途径来实现，第一种是加入氧化锑 Sb_2O_3，耐高温难燃型无机物，形成无机釉层。另一种是向有机聚合物分子中引入难燃的元素，在涂料中加入难燃剂，或者是两者并用。具有难燃作用的元素，主要有元素周期表中第Ⅲ主族的硼、铝，第Ⅴ主族的氮、磷、砷、锑，第Ⅶ主族的氟、氯、溴、碘等。其中以磷、溴、氯、锑等效果最好。当然难燃剂在高聚物中的含量必须达到足够的浓度，才能使有机聚合物具有难燃自熄效果。隔离作用则是难燃涂层先将可燃物表面封闭起来，避免与空气接触，使其变成难燃或不燃的表面。当燃烧发生后，为了阻止燃烧的蔓延扩大，必须隔绝对被保护物体的任何形式的热量传播。热量传导是需要介质来完成的，在真空中热量是难以传导的，如真空杯等均是可以保温保冷的，因为双层结构中存在真空层，理论上杜绝了能量的传递。

（3）膨胀型防火涂料　物质对热量的传递由物质的组成、结构等本性决定，金属、液体等均质物质的传导能力一般比较强，气体物质由于结构松散传导能力就较弱。物质的微观结构对热传导具有重要的影响作用，如果物质结构中空，如夹杂有气泡的结构，对传热是极其不利的。基于这一认识，人们设计开发了极为有效的防火涂料——膨胀型防火涂料。其基本设计是当正常的涂层遭遇加热、燃烧时，涂层可以借助燃烧过程在短时间内厚度极度膨胀增厚到原来的几十倍，结构中含有大量的有机物燃烧分解的气泡产物，在保护基体表面形成致密、完整的膨胀隔离层，而且其传导系数仅仅是原有涂层的几十分之一，这个膨胀层对基体提供了一个致密、完整且传热系数极低的隔离保护层，利用高导热和高反射性能的涂层排出热量，利用吸热的化学反应抵消外部热源的作用等以达到防火作用。

膨胀型防火涂料通常含有黏合剂、发泡剂、成炭剂、脱水成炭催化剂、防火添加剂、无机颜填料、辅助剂等。具体成分如下。

① 成膜树脂　强化了难燃性的涂料成膜树脂，一般均来源于性能良好的成膜树脂如酚醛类。

② 脱水成炭催化剂　主要功能是促进和改变涂层的热分解进程，例如促进涂层内含羟基的有机物脱水，形成不易燃的三维空间结构的炭质层，减少热分解产生的可燃性焦油、醛、酮的量，阻止放热量大的炭氧化反应发生等。磷酸二氢铵受热分解反应如下：

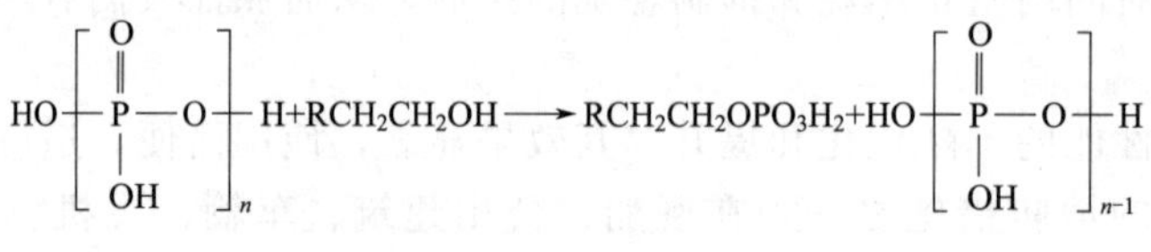

磷酸、聚磷酸、硫酸、硼酸等的盐、酯、酰胺类物质，只要在 100～250℃下可分解产生相应的酸，都可作为脱水成炭反应的催化剂。磷酸的铵盐、酯等是比较理想的脱水成炭催化剂，又是多效的防火剂。常用的有磷酸二氢铵、磷酸氢二铵、磷酸尿素、焦磷酸铵、磷酸三聚氰胺、多聚磷酸铵、有机磷酸酯等。它们对脱水成炭反应的催化作用，以磷酸二氢铵为例，经差热分析表明，它在 160℃脱氨生成磷酸，继而生成聚磷酸，再与含羟基的有机物（如多元醇、淀粉、酚醛树脂、环氧树脂等）反应。

反应过程中聚磷酸重复生成，它是很强的脱水剂，在反应中能脱出大量的水，从而改变了有机物热分解反应的化学历程。使含羟基的有机物脱水反应生成不饱和的主链，再由环化架桥反应，形成炭化层。它对木材（纤维素、淀粉）的脱水成炭反应可简示如下：

$$nC_6H_7O_2(OH)_3+5nH_3PO_4 \longrightarrow 6nC+5nH_2O+5nH_3PO_4$$

以上反应过程中生成的磷酸，在高温下形成难挥发的聚磷酸，是黏稠状的熔融体。它可以将炭化物表面覆盖，防止氧扩散到碳的反应层中去引起放热量大的氧化反应。

早期采用磷酸二氢铵、磷酸氢二铵等作为脱水成炭催化剂，但水溶性较大，涂层的耐水性和耐久性较差，为此开发了多聚磷酸铵产品，耐水性关键技术得到了重大的突破，多聚磷酸铵是无机高分子缩合物，它是没有支链的大分子，其聚合度 n 从 20～200，含磷量高达 32%，超过已知的所有含磷阻燃剂，且水溶性小，热稳定性高，已被广泛用于防火涂料之中。同时各种磷铵系化合物还可以作为涂层的发泡剂，对泡沫炭化层的形成起着关键的作用，并对无焰燃烧和有焰燃烧都有抑制作用。防火涂料中脱水成炭催化剂是膨胀型防火涂料研究的关键技术，还在持续开发研究之中，表 4-11 为磷铵系化合物的性质。

表 4-11　磷铵系化合物的性质

名称	分子式	分解温度/℃	水溶性/(g/100g 水)
磷酸二氢铵	$(NH_4)H_2PO_4$	150	27.2
磷酸氢二铵	$(NH_4)_2HPO_4$	87	40.8
磷酸尿素	$CO(NH_2)H_3PO_4$	130	52
多聚磷酸铵	$(NH_4)_{n+2}.P_n.O_{3n+1}$	212	1.5
磷酸三聚氰胺	$C_3H_6N_6.H_3PO_4$	约 300	0.8

③ 成炭剂　成炭剂是形成三维空间结构不易燃的泡沫炭化层的物质基础。对泡沫炭化层起着骨架的作用。它们是一些含高碳的多羟基化合物，如淀粉、糊精、甘露醇、糖、季戊四醇、二季戊四醇、三季戊四醇、含羟基的树脂等。其中常用的为季戊四醇、二季戊四醇、淀粉等。这些多羟基化合物和脱水催化剂反应生成具有多孔结构的炭化层。

④ 消泡剂　其作用是保证涂层遇热时，能放出不燃性的气体，如氨、二氧化碳、水蒸气、卤化氢等，使涂层迅速膨胀，并在涂层内形成海绵状结构。常用的发泡剂有三聚氰胺、六亚甲基四胺、氯化石蜡、碳酸盐、偶氮化合物、聚氨基甲酸酯等。

⑤ 有机难燃剂　有机难燃剂在防火涂料中旨在增加涂层的阻燃能力，并在其他组分的协同作用下，实现涂层的难燃化。主要包括以下两个类型。主要是含 P、卤素的有机成分，可以是反应引入或者直接添加：如多元醇磷酸酯、磷酸三甲酚基，其中以溴化物和卤代有机磷酸酯等效果最好。

上述成分协同，逐步通过如下多个作用，达到了防火的作用。

a. 形成泡沫炭化层以阻挡外部热源的作用：在相关助剂（难燃剂、发泡剂等）如聚磷酸铵、有机磷酸酯等帮助下，防火涂层受高温燃烧时快速、剧烈分解，涂层发生膨胀和炭化，其厚度能够迅速膨胀达几十倍，甚至近 150 倍，形成富含空泡、导热性很小的海绵状的致密的炭化层，将内部设备厚厚地包裹起来，阻挡了外部火焰，抑制燃烧的蔓延；同时炭化层的热传导系数低 1～2 个数量级，通过泡沫炭化层传给底材的热量只有原有未膨胀涂层的几十分之一，甚至只有几百分之一了，有效地延缓外界高温传导进入内部，抑制了内部温度的上升。

b. 形成熔融覆盖层以隔绝和空气的接触：涂层中助剂如聚磷酸铵、硼酸盐、硼酸、钨酸盐等。在火焰或高温作用下，可形成不燃性的黏稠熔融体。该熔融体将物质表面覆盖起来，防止燃烧发生。另外有机涂层中的高聚物分解熔蚀形成黏稠状胶体，混合填料和炭化物等，形成无机的封闭层并牢固地附着于底材上，在高温下封闭物体表面，起隔绝空气的作用。从而起到阻止无焰燃烧的作用。

c. 发生吸热反应，抵消外部热源的作用：有些难燃剂在火焰或高温作用下，能发生吸热反应。例如，氢氧化铝在 200℃以下稳定，但在 200～300℃间会急剧分解脱水，脱水量高达其重量的 35%，其汽化时又吸收大量的蒸发潜热（1967.33J/g），使底材表面温度迅速降低，抵消了外部热源的作用。在一定的时间内抑制了热分解和燃烧的进程。

d. 改变热分解反应历程，阻止放热量大的反应发生：有机物燃烧时，随着二氧化碳和水的生成放出大量的热量。因此必须改变这种状况才能抑制燃烧。磷酸铵盐、聚磷酸铵盐、有机磷酸酯、硼酸铵、硫酸铵等难燃剂，它们在火焰或高温作用下能使含羟基的有机聚合物发生脱水成炭反应，或生成热稳定性高的酯，它们呈熔融的黏稠体，将碳层覆盖封闭起来，从而避免了生成二氧化碳的放热反应发生。

e. 阻止有焰燃烧的连锁反应：有机可燃物受热氧化时能分解成羟基游离基、甲基游离基等，其中，羟基游离基能量很大，而且在燃烧反应中放出大量的热能并引起连锁反应，从而促进了燃烧的进程，其反应如下：

$$CO + OH\cdot \longrightarrow CO_2 + H\cdot \text{（放热）} \qquad H\cdot + O_2 \longrightarrow OH + O\cdot \text{（连锁反应）}$$

加入含卤素的有机物可以阻止连锁反应发生，因为含卤素的有机物在高温下能分解出卤化氢捕捉羟基游离基，使连锁反应终止，从而阻止了有焰燃烧的发生。

$$OH\cdot + HX \longrightarrow H_2O + X\cdot\text{；} \quad X\cdot + RH \longrightarrow HX + R\cdot$$

f. 分解出的惰性气体将可燃性气体稀释：含氮的化合物（铵盐及有机胺）、含卤素的有机化合物、碳酸盐及某些金属的氢氧化物等，它们在火焰或高温作用下能分解出大量的不燃性气体，如 NH_3、H_2O、CO_2、HCl、HBr 等，将热分解生成的可燃性气体和空气中的氧浓度冲淡，从而抑制了有焰燃烧的发生。

涂层中的黏合剂、脱水成炭催化剂、成炭剂、发泡剂、阻燃添加剂等组分中的许多物质，不仅起一种作用，而且是起双重甚至三重作用，如氯化石蜡，既是发泡剂、又是成炭剂，同时也是阻燃添加剂。多聚磷酸铵既是脱水催化剂，又是发泡剂和阻燃剂。

通过泡沫炭化层传给底材的热量，只有未膨胀涂层的几十分之一，甚至几百分之一了。从而有效地阻止了外部热源的作用。另一方面，在火焰或高温作用下，涂层发生软化、熔融、蒸发、膨胀等物理变化及高聚物、填料等组分发生的分解、解聚、化合等化学变化，这些物理和化学的变化，吸收了大量的热能，抵消了一部分外界作用于物体的热能，而对被保护物体的受热升温过程起延滞作用。

通过上述种种作用，膨胀型防火涂料能够遇小火不燃，离火自熄。在较大火势下能阻止火焰的蔓延，减缓火苗的传播速度，发挥出高效的防火作用。

4.4.4.3 甲板涂料

甲板涂料是涂刷在舰船甲板上的一种涂料。甲板是舰船上设备、人员均密集活动的地方，其涂层的摩擦、磨损严重，同时甲板处于干、湿交替的气候环境，光照强，对耐蚀性和耐候性均要求高。甲板涂料最为特殊之处就是必须具备防滑功能，以保证甲板上人员互动及机械设备的安全。

（1）甲板涂料的要求　甲板漆应具备良好的耐水性、耐晒性、耐盐雾性，同时由于甲板上人员走动频繁，要经常擦洗，飞行甲板要经常起降飞机，所以甲板漆还要有较好的耐磨性和耐洗刷性。

（2）甲板涂料的分类

① 一般甲板漆和防滑甲板漆。各种常用的甲板漆加入石英砂、水泥或橡胶粒子等防滑材料，使涂层较为粗糙，起到防滑的作用。防止舰员由于风浪大，甲板潮湿、结冰的情况下行走时滑跌。普通甲板防滑涂层通常用于露天甲板或局部需要防滑的部位。

目前，为了克服以往甲板漆脚感不适的缺点，开始使用弹性中间层涂料，用于底面漆之间增加弹性。

② 直升机用甲板防滑涂层。涂层除要求具有普通防滑甲板防滑涂层的性能外，还要求

适应相应直升机机种的抗压、抗冲击性能，以及满足干摩擦、湿摩擦、油润摩擦和全向摩擦力的性能要求。故飞行甲板漆的性能要求如下：具有良好的弹性和柔韧性；具有优良的防滑性和耐磨性；具有优良的耐海洋性气候影响；具有优良的防护性能，使用寿命较长；具备耐高温抗冲击性；踩踏舒适性。

③ 航空母舰飞行甲板防滑涂层。涂层除要求具有普通防滑甲板防滑涂层的性能外，要求具有能满足航空母舰舰载机相适应的机种在高度起降时的耐摩擦（干态、湿态、油润态）性能、耐高温和高温燃气气流冲刷性能、耐化学介质（航空燃油、润滑油、液压油、除冰霜液、消防泡沫、洗涤剂等）性能、抗压、抗冲击、涂层各层间具有优良的附着力（底层与基材、中间层与底层、中间层与中间层、中间层与面层）、底层和中间层维修间隔时间长、具有长效防腐性（10年以上）等。

飞行甲板环境的特殊要求：

舰载机按起降方式，分为常规起落飞机、垂直/短距起落飞机和直升机。一般说来，对于小型航母而言，多采用垂直/短距起降方式，如英国的“无敌”级航母等；对于中型航母而言，多采用高性能常规起降方式，如弹射起飞、拦阻着舰方式，如美军的大多数航母就采用这种方式。不管采用什么样的起降方式，对于航母甲板涂层，主要有如下几方面的要求。

a. 耐冲击性。舰载机在航母上的降落和一般的机场降落不同，飞机在着陆时不但不减速反而全速前进，防备在万一勾不住阻拦绳时，能有足够再次起飞的动力。据资料介绍，垂直/近距舰载机具有较小的起降速度，着舰下沉速度达到7.3m/s，远大于陆基飞机的2.6m/s。而对于重型舰载机，起降性能较好的，如英军“海鹞”机最大起飞重量8～10t，载弹量约3t，着舰速度达50m/s左右。要保证甲板涂层经受住舰载机瞬间高速冲击力，对涂料涂层的抗冲击性能提出了很高的要求。

b. 抗冲耐久性。舰载机起降时，飞机引擎叶轮比较容易受外物的伤害，即使是一个微小的螺栓也可能摧毁整个引擎。而通常情况下，两架飞机起降的时间间隔很短，往往只有45s左右，如果涂层的抗冲耐久性能不好，破损涂层极易对起降飞机造成致命损坏。

c. 耐高温冲刷性。对于垂直/近距起降舰载机，如英国“鹞”（harrier）式垂直起落战斗/攻击机进行垂直起降时，位于机腹下（是一台装有4个转向喷口、可旋转0～98.5°的“飞马”型涡轮风扇发动机）的4个发动机喷口向下旋转90°以上，发动机向下喷气，使喷气流垂直向下，形成4根强劲有力的气柱，使飞机像火箭一样拔地而起或像“阿波罗”号宇宙飞船登月舱在月球上软着陆一样垂直降落。因此，还需要涂层具有一定的耐高温抗冲刷性。

根据上述环境特性，对应的甲板涂料必须具有特殊的性能。需特别引入能够显著增强防滑、耐磨和抗冲击性能的防滑颗粒物质。

(3) 甲板涂料的特殊性能 主要由防滑粒料、成膜树脂等组成。防滑粒料是为了提高涂层防滑性能的添加剂，赋予涂层防滑能力；成膜树脂具有固定防滑粒料的作用，同时保护底材不受破坏，赋予涂层各方面优良的综合性能。飞行甲板涂料具有以下一些特殊性能。

① 良好的弹性和柔韧性 飞行甲板常年暴露在严酷的海洋环境中，昼夜温差和季节变化造成钢结构热胀冷缩形变，若涂层的弹性和柔韧性不足，这种形变必然会导致涂层开裂、剥离和脱落等破坏。另一方面，舰载飞机在甲板上起降时，对涂层产生极大的冲击能，需要一定的弹性缓冲，而且飞行甲板涂层一般较厚，柔韧性不足会导致涂层开裂。

优良的防滑性和耐磨性飞行甲板涂层的摩擦系数一般要求0.7以上，摩擦系数越大，防滑性越好，才能有效防止因海浪颠簸造成飞机侧滑和人员摔伤。同时，甲板也是飞机起降和人员活动频繁的地方，涂层优异的耐磨损性，可减少涂层的磨损，延长涂层的使用寿命。

② 耐海洋性气候影响 高盐、高湿、高温差的海洋性气候使得钢底材的腐蚀加剧，涂

层良好的附着力和密封性，能阻止水汽和盐雾的渗透，确保钢底材不受腐蚀。

③ 优良的防护性能　使用寿命较长的涂层不仅具有耐日光暴晒、耐干湿交替变化、耐海水浸湿的性能，还得耐油沾污，并且能用洗涤剂液进行简单方便的清洗。由于飞行甲板面积很大，涂装一次费工费时，用料量大，因此，希望涂层的使用寿命越长越好。

④ 耐高温抗冲刷性　垂直/短距起降舰载机靠向下的热喷气对甲板产生巨大的反冲力而起降，其尾焰温度较高，冲刷力较大。

⑤ 踩踏舒适性　甲板也是船员经常活动和行走的地方，涂层的踩踏舒适性是很重要的。

(4) 甲板涂料体系成分　甲板涂料成膜树脂的选择基本上集中在增韧环氧类树脂：环氧聚酰胺、聚氨酯增韧环氧等，随着高性能树脂的开发其性能也与时俱进地提升，另外就是赋予涂层突出耐磨、耐滑性能的颗粒性填料：早期就是简单的黄砂、水泥，陆续开发了石英砂、金刚砂甚至碳化硅。这些功能助剂的引入，显著提升了涂料的耐磨、耐滑和抗冲击性能。

这类涂料为了保证整体耐磨、防滑性能，一般采用复合结构：底层为附着力突出的防锈底漆，表面再辅以含颗粒的功能面层，以综合发挥各类涂层的优势，综合保障涂装体系满足性能要求。

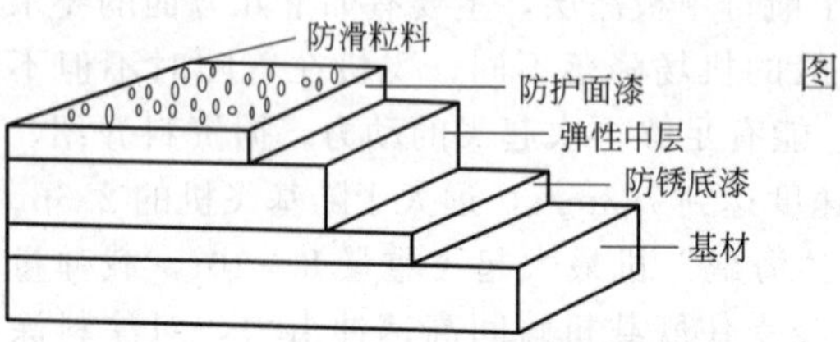

图 4-16　甲板防滑涂料体系示意图

甲板防滑涂料体系中涂料均为双组分体系。图 4-16 为甲板防滑涂料体系示意图。

D-31 防锈底漆：环氧聚氨酯类型。

Z-2 弹性中间层：聚氨酯弹性体。

M-31 防护面漆：环氧聚氨酯类型。

M-33 保养面漆：丙烯酸聚氨酯类型。

防滑粒料：16 目金刚砂。

此类涂层的涂装技术也特殊：为了保证足够的厚度，此类涂料均采用高固体分涂料体系，因此呈现颗粒感的面层基本是由涂装过程逐层施工实现的：采用橡皮刮刀，每层均刮涂，厚度可达 1～2mm，多层刮涂直至达到要求厚度。而且面层在每次使用后，要进行严格的检查，及时修复有缺陷的表面，以确保使用时不会有微小的颗粒、碎片出现而影响飞机的安全性。面层的清洁、保养是甲板日常重要的维护保障工作。

典型的飞行甲板涂料品种，如美国 AST 中心生产的 EPOXO300C 甲板涂料，采用特殊的聚氨酯增韧环氧作为成膜树脂，引入具有金刚石级硬度的氧化铝型耐磨粒料。该涂料在水、油状态下摩擦系数几乎不变，耐热喷气能力、耐化学品能力强，且附着力好。它被用于美国海军全部航空母舰飞行甲板和 90%以上大型舰船甲板，是安全保障最高的涂料品种之一。这种涂料摩擦力大、耐久性好，已有 20 余年的应用历史。

(5) 甲板涂料的发展方向——向长效、多功能方向发展　现代甲板涂料要求在长效的同时具备高弹性、耐磨防滑、轻质、抗冲击等性能，近来还出现了热反射甲板漆，目前海军使用的聚氨酯弹性甲板漆，其性能已能满足上述各种要求，但施工较困难，应进一步开发成粘贴的防滑垫，用于狭窄的走道和舷梯根部等部位。总的来说甲板涂料向长效、多功能方向发展。

4.5　舰船平台的防护

现行绝大多数舰船平台都是由金属材料（钢铁）建造的，在恶劣的海洋气候环境中航行和停泊，舰船平台存在严重的腐蚀问题和海生物的寄生问题。因此，舰船平台的防护十分重要。下面从两个方面介绍舰船平台的防护。

4.5.1　舰船平台腐蚀的防护

第 2 章介绍了金属腐蚀的原理和防护方法，下面介绍这些原理和方法在舰船平台腐蚀防护中的具体应用。针对舰船平台在海洋环境中的严重腐蚀问题，目前舰船上广泛采用阴极保护法和防腐涂料来保护舰船平台，降低舰船平台钢铁的腐蚀速率，延长舰船平台的维修周期。

4.5.1.1　阴极保护法

根据金属腐蚀的原理，作为腐蚀电池的阴极，仅起导体的作用，作为阴极的金属材料本身没有被腐蚀，在阴极上仅发生氧气的还原反应（吸氧腐蚀），而作为腐蚀电池阳极的金属则被腐蚀。为了使舰船平台得到保护和免受腐蚀，可使舰船平台成为阴极。通常舰船平台的防护采用两种方法使其成为阴极：一是牺牲阳极的阴极保护法；二是外加直流电的阴极保护法。

（1）牺牲阳极的阴极保护　在舰船壳体和舰船管路的某些部位焊接上电极电势比钢铁材料低的阳极材料，通过牺牲这些阳极材料来使船体和管路得到保护。

目前在舰船平台上通常采用铝合金和锌合金作为牺牲阳极材料。在 20 世纪 60 年代前主要采用锌合金阳极（如 Zn-Al-Cd 合金），而铝合金（如 Al-Zn-In 合金）阳极是 60 年代才发展起来的牺牲阳极材料，与锌合金阳极相比，它具有重量轻、电容量大、价格较便宜，施工安装较方便等优点。舰船锌合金牺牲阳极应满足 GB/T 4950—2021《锌合金牺牲阳极》的技术要求；舰船铝合金牺牲阳极应满足 GB/T 4948—2002《铝-锌-铟系合金牺牲阳极》的技术要求。

（2）外加直流电的阴极保护　船体外加直流电的阴极保护系统主要由恒电位仪、辅助阳极、阳极屏蔽层、参比电极、轴接地和舵接地装置等组成（如图 4-17 所示）。以上各个组成部分的技术指标应满足国家标准 GB/T 3108—1999《船体外加电流阴极保护系统》提出的技术要求。

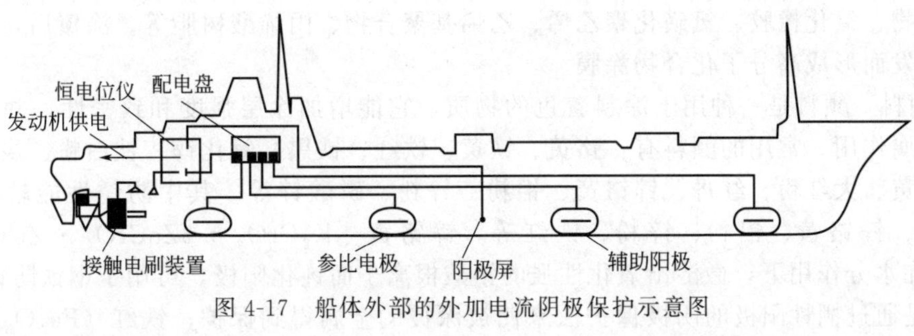

图 4-17　船体外部的外加电流阴极保护示意图

4.5.1.2　防腐涂料保护法

涂料是保护和装饰物体表面的涂装材料，它通过在涂覆的物体表面上形成一层薄膜来提高被涂物体的使用寿命和使用效能。按作用的不同，舰船使用的涂料通常可分为防腐涂料、防污涂料、特种涂料（如甲板防滑涂料、伪装涂料、绝缘涂料、隔热涂料等）和功能涂料（如吸波涂料、阻尼涂料、吸声涂料等）。涂料在舰船平台的保护等方面应用非常广泛。

舰船防腐涂料按使用部位的不同，可分为船底防腐涂料、水线防腐涂料、船壳防腐涂料、甲板防腐涂料、内舱防腐涂料等。在舰船平台腐蚀的防护方面，防腐涂料保护法是最常用和最经济的方法，在所有的防腐方法中占绝对优势。

(1) 防腐涂料的作用　使用防腐涂料防止金属腐蚀历史悠久，在舰船平台腐蚀防护方面，防腐涂料仍是使用最广的防腐措施之一，究其原因是因为防腐涂料具有品种多、适应性强、不受被涂覆物体限制、施工方便、可与其他防腐措施配合使用等特点。防腐涂料除了具有一般涂料的共性外，还应具有对腐蚀介质的良好稳定性、良好的抗渗性和优良的电绝缘性。因此，它不仅能够把腐蚀介质和金属表面物理隔离，而且还可通过选择合适的颜填料使涂料对金属具有电化学保护作用。

① 屏蔽作用　防腐涂料为高分子化合物溶液或分散液，涂装在金属物体表面，经干燥或固化形成涂膜，可防止腐蚀介质接触涂膜下的金属表面，避免了金属物体的腐蚀。从电化学角度看，屏蔽性好、渗透性差的涂膜，能阻止腐蚀电池的形成和阻止电极反应的发生，起到降低腐蚀速率的作用。

② 缓蚀、钝化作用　在防腐涂料中加入缓蚀剂，对保护的金属起到缓蚀的作用。加入可溶性并具有氧化作用的颜料（如铬酸锌等铬酸盐类颜料），这些颜料与水分作用释放出的铬酸根离子可使金属表面钝化，从而起到防腐作用。

③ 牺牲阳极的阴极保护作用　在一些防腐涂料（如富锌防腐涂料）中含有大量的锌粉，由于锌的电极电势比钢铁的电极电势低，形成异种金属接触的腐蚀电池时，被保护的钢铁作为阴极得到了保护，而锌粉则被腐蚀。

(2) 防腐涂料的组成　防腐涂料为多种物质的混合物，主要由成膜物质、颜料、填料、溶剂、稀释剂、触变剂、固化剂等组成。

① 成膜物质　成膜物质是高分子化合物或者是能形成高分子化合物的物质，它是防腐涂料的基本组分，决定了防腐涂料的基本性能。成膜物质可分为反应性成膜物质和非反应性成膜物质两大类。

a. 反应性成膜物质：通常是具有聚合或交联反应活性的低聚物或小分子化合物（如环氧树脂、不饱和聚酯、乙烯基聚酯、酚醛树脂、聚氨酯预聚物、干性油等）。它涂覆在物体表面后，在一定条件下进行聚合或交联，从而形成网状高分子化合物涂膜。

b. 非反应性成膜物质：是由溶解或分散于液体介质中的线型高分子化合物构成，如纤维素衍生物、氯化橡胶、氯磺化聚乙烯、乙烯基聚合物、丙烯酸树脂等。涂覆后，由于液体介质的挥发而形成高分子化合物涂膜。

② 颜料　颜料是一种用于涂料着色的物质，它能增加涂层强度和致密性，并对物体表面起到防腐作用。常用的颜料有：铬黄、铁黄、铁红、铁黑、氧化锌、钛白粉、炭黑、酞菁蓝、耐光黄、大红粉、红丹、锌铬黄、铝粉、锌粉、磷酸锌等。其中防锈性能较好的颜料有：红丹、锌铬黄、铝粉、锌粉、铁红等。锌铬黄［$K_2CrO_4 \cdot 3ZnCrO_4 \cdot Zn(OH)_2 \cdot 2H_2O$］在水分作用下，微溶出氧化性强的铬酸根离子而钝化阳极，可用于钢铁防锈；Zn 粉和 Al 粉是通过牺牲阳极的阴极保护法来使被涂覆的金属得到保护；铁红（Fe_2O_3）是靠增加膜的致密性，起物理防锈作用。

③ 其他组分　除成膜物质和颜料外，防腐涂料一般还含有其他成分，如填料、溶剂、增塑剂、稀释剂、增稠剂、催干剂、固化剂等。

(3) 舰船防腐涂料的类型　针对舰船不同部位的防腐，防腐涂料的配方和涂装方案有所差异。目前使用的舰船防腐涂料主要包括环氧防腐涂料、环氧沥青防腐涂料、橡胶防腐涂料、聚氨酯防腐涂料、富锌防腐涂料等。

① 环氧防腐涂料　环氧树脂分子结构的特点是大分子链上含有环氧基，由于原料的不

同及生成环氧基方法的不同，会得到不同种类的环氧树脂。每年世界上约有40%以上的环氧树脂用于制造环氧涂料，其中大部分用于防腐领域。环氧树脂涂料具有高附着力、高强度、耐化学品、好的耐磨性和优异的防腐性能，是最具代表性的、用量最大的高性能防腐涂料品种。

② 环氧沥青防腐涂料　环氧沥青防腐涂料是以环氧树脂和沥青为主要成膜物质的涂料。沥青的引入使涂层既保留了环氧树脂的坚硬、强韧、耐化学药品、附着力好等性能，又提高了涂层的柔韧性、耐冲击和耐水性，同时还降低了涂料的成本，但耐蚀性有所下降。

③ 橡胶防腐涂料　橡胶涂料是以天然橡胶衍生物或合成橡胶为主要成膜物质的涂料。橡胶涂料具有快干、耐碱、耐化学腐蚀、柔韧、耐水、耐磨、抗老化等优点，但其固体成分低，不耐晒，主要用于船舶、水闸、化工防腐涂装。目前常用的橡胶涂料主要有氯磺化聚乙烯防腐蚀涂料和氯化橡胶涂料。

④ 聚氨酯防腐涂料　聚氨酯涂料是以聚氨酯树脂为主要成膜物质的涂料。聚氨酯涂料具有优良的耐候性、装饰性、耐蚀性、耐油性、附着力、弹性和韧性等，低温施工性能好，对施工环境和对象的适应性较强。聚氨酯涂料既有单组分湿固化聚氨酯涂料，还有聚酯、聚醚、环氧树脂和丙烯酸树脂双组分聚氨酯涂料。

⑤ 富锌防腐涂料　富锌涂料可分为有机和无机两大类，有机类富锌涂料主要使用环氧树脂为基料，无机类富锌涂料使用碱性硅酸盐、硅酸烷基酯为基料。后者对金属有极好的附着力和防锈作用，且在导电性、耐热性、耐溶剂性方面都优于前者。

4.5.2 舰船船体海生物附着的防护

4.5.2.1 海生物的种类及其附着的危害

(1) 海生物的种类　海生物分为植物和动物两大类，品种有上千万之多，其中能够附着在舰船或水下构件的植物有600余种、动物有1300余种，常见的有50～100种。能附着的植物主要是藻类植物，如硅藻、浒苔等；能附着的动物主要是藤壶、牡蛎、石灰虫、苔藓虫、贻贝、海葵、寄居蟹、水螅、海鞘等。

海生物的幼虫或孢子能够游动或漂浮，发育到一定阶段后，就在船底、水下构件、水下建筑或岸边岩石上附着定居。对浸水结构威胁较大的海生物有硅藻、海藻、藤壶、牡蛎、贻贝和苔藓虫。硅藻为浮游生物，大小从10～50μm不一，多而复杂，易在涂料表面积聚形成硅藻细胞层，从而阻碍了防污涂料的渗出；海藻是舰船最严重的污损者，它对防污毒料的容忍度高，生长力强。例如海藻类的浒苔，生长初期为带有鞭毛的孢子，可在几秒内在一个粗糙的表面上附着，两小时后即发生明显的再生组织，几天后就长成直立丝。因其生长需要阳光，故最易在船体侧面生长；藤壶附着是船体表面变粗糙的主要因素；苔藓虫为多种类别的群体，主要以直立分枝的形式附着；贻贝的幼虫能够缩回到壳中而避免与毒料的接触。各种海生物的附着机制十分复杂，受许多因素如表面光洁度、流速、光线、色彩、水温、盐度、海域等的影响。我国的海域包括北海、东海和南海，这些海域有不同种类和数量的海生物，危害最大的海生物主要是藤壶、牡蛎、苔藓虫、海藻、水螅和海鞘。其中，南海区域海生物繁殖很快，数量又多，危害很大。

(2) 海生物附着的危害　海军舰船处在海洋环境之中，水线以下部位的海生物附着问题尤为突出，海生物的污损给舰船、水中兵器和水下构件带来严重的影响和危害。

① 增加了舰船航行的阻力（船体和螺旋桨的阻力），造成了航速降低、燃料消耗量增加

和机械的磨损加大，直接影响了舰船的经济性能。

英国国际油漆公司曾经根据1500多艘船舶进坞情况统计得出：船底污损5%，燃料将增耗10%；船底污损10%，燃料将增耗20%；船底污损大于50%；燃料将增耗40%以上。例如美国海军每年约一半的燃料费，花在补偿因防污涂料失效而引起的舰船减速上；再如在我国南海水域，因海生物繁殖快，舰船在码头停泊一周后，其螺旋桨表面就长满了藤壶、石灰虫等海生物，海生物如此严重的附着，甚至使舰船无法启动，必须派潜水员下水刮除，舰船才能启动。更为严重的是航速下降会降低舰船的战术性能和贻误作战时机，舰船进坞维修次数和维修费用增加，舰船在航率降低。

② 影响水中兵器的战术性能，如造成非触发性水雷的引信失效和水雷下沉等。

③ 影响舰船的水下仪器的工作，造成仪器失灵、信号失真、性能降低，从而影响舰船的战术性能。如声呐、计程仪、水中发射装置、水下导轨、潜艇排气排烟管阀门等，若它们不能正常运转工作，将会带来致命的危险。

④ 绝大多数情况下会加速船体金属的电化学腐蚀，影响舰船的使用寿命。这主要是因为海生物在金属表面的附着会引起pH值、氧浓度、代谢产物浓度等的分布不均匀，形成氧浓差腐蚀电池，加速了船体金属的局部腐蚀。

4.5.2.2　海生物附着的防护方法

为了降低海生物附着的危害，防止海生物对舰船和水下构件的污损，长期以来，人们研究了很多的防污方法，这些防污方法可分为机械防污法、物理防污法、电化学防污法、生物防污法和涂料防污法。

(1) 机械防污法　机械防污法是指定期对舰船和水下构件进行机械清洗，包括水下机械清除以及舰船进坞清理修复。

(2) 物理防污法　物理防污法主要有：超声波防污法和辐照防污法。超声波防污法是利用超声波干扰海生物的附着；辐射防污法是利用能产生辐射的放射性物质来破坏和杀灭海生物。

(3) 电化学防污法　电化学防污法是利用电解产生的次氯酸根离子或氧化亚铜来杀死海生物。常用的电解防污方法包括：电解海水法、电解铜-铝阳极法、电解氯-铜联合法等。

① 电解海水法　原理是采用特殊的电极，在无隔膜的条件下电解海水产生氯气，利用氯气和水反应产生ClO^-的强氧化性来杀死海生物的幼虫或孢子，从而达到防污的目的。目前主要用于管道和海洋平台的防污。

② 电解铜-铝阳极法　同时向铜阳极和铝阳极通以直流电，对铜和铝进行电解，生成Cu_2O和$Al(OH)_3$。$Al(OH)_3$具有一定的黏性、呈棉絮状，可以作为载体与Cu_2O一同附着在管壁上，利用Cu_2O可以杀死海生物幼虫和孢子的作用达到防污目的。电解铜和铝海水防污装置结构简单，耗电量小，但需要定期更换铜和铝阳极。电解铜-铝阳极法可应用于石油平台的海水处理系统、消防系统、海水冷却系统及电缆防护管线等的防污。

③ 电解氯-铜联合法　基本原理是利用电解海水产生的次氯酸及电解铜和铝产生的Cu_2O和$Al(OH)_3$的共同作用来杀死海生物，其防污染效果比单独使用的总效果大，对环境的污染小，但总费用比单独使用任何一种的总费用都要高。

(4) 生物防污法　生物防污法一类是利用海生物提取物或水解酶作为防污剂的防污方法，一般以涂料的方式应用；另一类是模仿大型海洋生物的表皮结构的仿生防污法。

(5) 涂料防污法　涂料防污法是利用防污涂料释放毒剂或表面特性来防止海生物附着，具有防污效果好、防污期限长等特点，是解决海生物附着问题的最廉价、最有效、最方便和应用最广的方法。

4.5.2.3 防污涂料

就防污效果和期限而言，有机锡防污涂料和有机锡自抛光防污涂料在低浓度下可以达到广谱、高效和长效的防污目的，但有机锡在水中的积累，会引起生物体畸变，有可能进入食物链中，成为影响人类健康和海洋生态的安全隐患，已被禁用。目前海军舰船广泛使用的防污涂料主要是：氧化亚铜防污涂料、无锡自抛光防污涂料、低表面能防污涂料等。

（1）氧化亚铜防污涂料　氧化亚铜防污涂料是以氧化亚铜为防污剂的涂料。其作用原理是：防污剂氧化亚铜溶解后向海水渗出，在涂料表面形成有毒的溶液界面层，用以抵抗或杀死企图停留在涂膜上的海生物孢子或幼虫。由于防污剂是从涂膜表面的界面层通过扩散或涡流向外消耗的，要保持防污效果，贮存在涂膜内的防污剂就必须以一定的方式逐渐渗出，以维持与涂膜接触的海水层含有足量的防污剂（达到有效防污的浓度），这样防污涂料才具有持续的防污作用。

根据防污涂料的内部结构和防污剂的渗出机理，氧化亚铜防污涂料可分为溶解型和接触型两大类。

溶解型氧化亚铜防污涂料主要由高分子化合物成膜树脂（如乙烯基树脂、氯化橡胶、沥青等）、松香（主要基料，含 90%可溶于海水的松香酸）、Cu_2O 和颜填料（如氧化铁红、氧化锌、滑石粉等）组成，是目前使用最广的防污涂料。其防污剂的渗出机理是：涂料在偏碱性海水（pH＝7.5～8.4）的作用下，松香酸不断溶解，同时带动防污剂向海水溶解扩散，随着使用时间的增加，涂膜不断变薄，因此，溶解型氧化亚铜防污涂料的防污期限一般只有 8～14 个月。

接触型氧化亚铜防污涂料主要由高分子化合物成膜树脂（如醋酸乙烯酯-氯乙烯共聚物树脂、氯化橡胶、聚异丁烯等）、高含量 Cu_2O（在涂膜中的体积分数应高于 52.4%）、增塑剂和少量松香组成。此类防污涂料要求防污剂的用量大，以保证防污剂 Cu_2O 颗粒与其他可溶物（如松香）相互接触。当涂膜表面的防污剂颗粒向界面层溶解和扩散后，下面的防污剂颗粒就能与海水接触，使其继续溶解而起作用。若 Cu_2O 为球形颗粒，在涂膜中的分布呈均匀的四方堆积，通过计算可知，Cu_2O 的体积分数为 52.4%。这表明，接触型氧化亚铜防污涂料中 Cu_2O 的体积分数应不小于 52.4%，实际上，为了避免 Cu_2O 的大量流失和浪费，可用一定量的可溶性松香代替 Cu_2O，保证可溶物（Cu_2O、松香、增塑剂）的体积分数大于 52.4%，也可达到较好的防污效果。目前，接触型氧化亚铜防污涂料的防污期限可达 2～3 年。

（2）无锡自抛光防污涂料　自抛光防污涂料是指在船舶航行期间由于外力的作用涂层自行脱落变得光滑、能连续而稳定地释放防污剂的涂料。无锡自抛光型防污涂料一般是以丙烯酸金属盐（如丙烯酸铜和丙烯酸锌）共聚物或硅烷化丙烯酸共聚物为成膜物质、Cu_2O 或有机防污剂或生物防污剂为毒料的涂料，它属于离子交换型防污涂料。涂层在海水中通过钠离子和树脂上的铜离子、锌离子等具有防污作用的阳离子交换释放出铜离子、锌离子，并且树脂逐步溶解或溶胀，涂膜自身因亲水性增加而变得光滑（自抛光），同时树脂中的防污剂也随之释放出来，起到综合防污的效果。

（3）低表面能防污涂料　低表面能防污涂料是指涂料表面能很低、海洋生物难以在上面附着或附着不牢固（在水流或其他外力作用下很容易脱落）的涂料。它能够起到长期防污的作用，但低表面能防污涂料存在同底层防腐涂料附着差、对苔藓虫和藻类海生物抑制作用差等缺点。目前所使用的低表面能防污涂料主要成膜物质为有机硅树脂或全氟丙烯酸酯或全氟甲基丙烯酸酯等树脂。单纯的低表面能防污涂料往往只能使海生物附着不牢固，需定期清理，附着海生物一旦长大将很难除去，清理过程会破坏漆膜，因此，表面能防污涂料一般只用于高速行驶的舰船上，而对于难以定期进坞清理的大型舰船不推荐使用。

4.6 复合材料和舰船隐身材料

现行的中大型舰船的舰船平台都是由钢铁材料所建造的。由于钢铁材料存在磁性（需进行消磁）、对声波和雷达波反射强等缺点，因此，钢质舰船的隐蔽性差，容易被雷达和声呐探测到，并且易受到声制导鱼雷、声引信或磁引信水雷等武器的攻击。

高分子化合物树脂基复合材料（如玻璃钢，玻璃纤维增强的树脂基复合材料）具有质轻、比强度高、抗冲击、无磁、透波或吸波、透声或吸声、热传导低、耐腐蚀、抗微生物附着性、设计和成型自由度大等特点，用其建造的舰船对导弹攻击（电磁波探测、红外制导）、鱼雷攻击（主动和被动声制导）和水雷攻击（磁引信、声引信）的信号响应低，不易受到攻击，因此，用复合材料建造小型舰船或建造中大型舰船的上层建筑受到发达国家海军的高度重视，树脂基复合材料在舰船的建造和隐身方面的应用越来越广。

4.6.1 复合材料

4.6.1.1 复合材料基本概念

（1）复合材料的定义和特点　复合材料是由两种或两种以上性质不同的材料通过物理或化学的方法组合起来的一种多相固体材料，它不仅保留了组成材料各自的优点，而且具有单一材料所没有的优异性能。与传统的材料相比，复合材料具有比强度高、比模量高、设计自由度大、抗损伤、耐疲劳、大构件整体成型容易等特点，在造船、航天航空、车辆、机械等领域的应用越来越广。

（2）复合材料的分类

① 按基体材料的类别分类　可将复合材料分为两类：非金属基复合材料（如树脂基复合材料、橡胶基复合材料等）和金属基复合材料（如铝基、铜基、镍基复合材料等）。

② 按增强材料的种类分类　可将复合材料分为三类：纤维增强复合材料、颗粒增强复合材料（如金属陶瓷等）和叠层复合材料（如双层金属材料、钢-铜-塑料三层复合材料等）。在这三类增强材料中，以纤维增强复合材料发展最快，应用最广。

③ 按在外场作用下材料的性质或性能对外场的响应不同分类　复合材料可分为结构复合材料和功能复合材料两大类。结构复合材料是指具有抵抗外场作用而保持自己的形状和结构稳定的、具有优良力学强度、用于结构用途的复合材料。结构复合材料通常用来制造工具、机械、车辆、飞机、舰船、房屋、桥梁、铁路等，在舰船上使用的结构复合材料主要是船体和上层建筑建造用的玻璃钢；功能复合材料是指对外部的刺激能够通过物理、化学或生物方式作出响应的复合材料。它具有优良的电学、磁学、光学、热学、声学、力学、化学或生物学功能，并且能够进行功能间的相互转化，是一类高技术材料。在舰船上使用的功能复合材料主要包括吸波或透波复合材料、阻尼和吸声复合材料等。

4.6.1.2 纤维增强树脂基复合材料

目前，舰船建造中应用最广的是纤维增强的树脂基复合材料，它由合成树脂和纤维复合而成。

（1）增强纤维材料

① 玻璃纤维　玻璃纤维是将熔化的玻璃以极快的冷却速度拉成细丝而制得的纤维。按玻璃纤维中 Na_2O 和 K_2O 含量的不同，可分为无碱纤维（含碱量小于 2%）、中碱纤维（含碱量为 2%～12%）、高碱纤维（含碱量大于 12%）。随含碱量增加，玻璃纤维强度、绝缘性、耐腐蚀性能降低，因此高强度玻璃纤维增强复合材料多用无碱玻璃纤维。玻璃纤维的特点是价廉、强度高、密度小（$2.5 \sim 2.7 g \cdot cm^{-3}$）、化学稳定性好、不吸水、不燃烧、尺寸稳定、隔热、吸音、绝缘等。缺点是脆性大、耐热性低（250℃以上开始软化）。

② 碳纤维和石墨纤维　碳纤维是将人造纤维（黏胶纤维、聚丙烯腈纤维等）在 200～300℃空气中加热并施加一定张力进行预氧化处理，然后在氮气的保护下，在 1000～1500℃的高温下进行碳化处理而制得的纤维。碳纤维含碳量可达 85%～95%。由于它具有高强度，因而称为高强度碳纤维，也称 U 型碳纤维。若将碳纤维在 2500～3000℃的高温下进行石墨化处理，则得到石墨纤维。碳纤维的特点是密度小（$1.33 \sim 2.0 g \cdot cm^{-3}$）、弹性模量高、高温和低温性能好、导电性好；缺点是脆性大、易氧化、与基体结合差。

③ 硼纤维　用化学沉积法将非晶态硼涂覆到钨丝或碳丝上而制得。它具有高熔点（2300℃）、高强度、高弹性模量、抗氧化性和耐腐蚀性好等优点。其缺点是工艺复杂、成本高、纤维直径较粗，所以它在复合材料中的应用不如玻璃纤维和碳纤维广泛。

④ 碳化硅纤维　它是以碳纤维作底丝，通过气相沉积法而制得。具有高熔点、高强度和高弹性模量，其突出优点是具有优良的高温强度。

⑤ Kevlar 有机纤维（芳纶、聚芳酰胺纤维）　目前世界上生产的芳纶纤维主要是通过对苯二胺和对苯甲酚氯缩聚和经“液晶纺丝”和“干湿法纺丝”等新技术制得的。其最大特点是比强度和比模量高、密度低（$1.45 g \cdot cm^{-3}$）、耐热性好、抗疲劳、耐腐蚀、绝缘性和加工性好。

（2）纤维增强树脂基复合材料

① 玻璃纤维增强树脂基复合材料　玻璃纤维增强树脂基复合材料通常称为玻璃钢。由于成本低，工艺简单，是应用最广泛的复合材料。通常按树脂的性质可分为热塑性玻璃钢和热固性玻璃钢两类。热塑性玻璃钢是由 20%～40%的玻璃纤维和 60%～80%的基体材料（如尼龙、ABS 树脂等）组成，具有高强度、高冲击韧性、良好低温性能及低热膨胀系数；热固性玻璃钢是由 60%～70%的玻璃纤维（或玻璃布）和 30%～40%的基体树脂（如环氧树脂、不饱和聚酯、乙烯基树脂、酚醛树脂等）组成。其主要特点是密度小、强度高，比强度超过一般高强度钢和铝合金，耐磨性、绝缘性和绝热性好、吸水性低、无磁性、微波穿透性好、易于加工成型。缺点是弹性模量低，只有结构钢的 1/10～1/5，刚性差。

② 碳纤维增强树脂基复合材料　由碳纤维和环氧树脂、不饱和聚酯、乙烯基树脂、酚醛树脂等组成，也称碳复合材料。这类复合材料具有密度小、强度高、弹性模量高、比强度和比模量高、抗疲劳性能和耐冲击性能优良、耐磨性好、耐热性高等优点。缺点是碳纤维与基体的结合力低，各向异性严重。导电碳纤维增强的树脂基复合材料还具有吸雷达波的特性，可用作吸波材料。

③ 硼纤维增强树脂基复合材料　该类复合材料主要由硼纤维和环氧树脂、聚酰亚胺树脂等组成。具有高的比强度和比模量，良好的耐热性。如硼纤维-环氧树脂复合材料其弹性模量分别为铝、铁合金的 3 倍和 2 倍，比模量则为铝、铁合金的 4 倍。缺点是各向异性明显，加工困难，成本太高，主要用于航空和航天工业。

④ 碳化硅纤维增强树脂基复合材料　碳化硅与环氧树脂组成的复合材料，具有高的比

强度和比模量，抗拉强度接近碳纤维增强环氧树脂基复合材料，而抗压强度为其两倍，并且具有吸波的特性。因此，它是一种很有发展前途的新材料。主要用于航空和航天工业。

⑤ Kevlar 有机纤维增强树脂基复合材料　它是由 Kevlar 纤维与环氧树脂、聚乙烯树脂、聚碳酸酯树脂等组成。其中最常用的是 Kevlar 纤维与环氧树脂组成的复合材料，其主要性能特点是抗拉强度较高，与碳纤维-环氧树脂复合材料相似；延性好，与金属相当；耐冲击性超过碳纤维增强塑料；有优良的疲劳抗力和减震性，其疲劳抗力高于玻璃钢和铝合金，减震能力为钢的 8 倍，为玻璃钢的 4～5 倍。可用于制造头盔、飞机机身，雷达天线罩、轻型舰船等。

4.6.1.3 复合材料在舰船建造上的应用

由于纤维增强树脂基复合材料具有质轻、高强、无磁性、耐海水腐蚀、抗微生物附着性好、能吸收撞击能、设计和成型自由度大等特点，所以在民用造船业和舰船制造上有广泛的应用。

美国、日本、英国等都大量使用玻璃钢制造船舶和舰艇。我国也已批量生产玻璃钢船。在舰船建造方面，美国海军部规定，长 16m 以下的舰船全部采用增强树脂建造。由于玻璃钢是非磁性材料，特别适合制造猎扫雷艇，目前用玻璃钢制造的猎扫雷艇数量已达 280 多艘，尺度达 50～70m，排水量突破 1000t。例如，用玻璃钢和木质复合材料建造的美国复仇者（Avenger）级猎扫雷艇的排水量已达 1312t。玻璃钢还可建造舰艇上层建筑、桅杆，潜艇非耐压壳、螺旋桨等。例如法国拉斐特护卫舰、美国伯克级驱逐舰的机库和上层建筑均采用复合材料建造。此外，玻璃钢还用作制造舰船的各种配件、零部件等，如甲板、风斗、油箱、仪表盘、气缸罩、机棚室、救生圈、浮鼓等。

4.6.2 舰船隐身材料

现代战争广泛地使用各种探测手段来发现目标，并且随着科技的发展，探测手段越来越先进，灵敏度越来越高。目前广泛使用的探测手段主要是：利用雷达发射的电磁波遇到金属物体发生反射来探测目标、用红外探测器来探测放射红外线的物体、利用声呐接收水中航行物体发出的声波（被动式声呐）或接受发射声波的回波（主动式声呐）来发现目标等。这样就要求武器装备能够隐身。目前，世界各国为了适应现代战争的需要，提高在军事对抗中的竞争力，十分重视武器装备隐身技术。所谓隐身技术，是指在一定的遥感探测环境中尽可能地降低目标的可探测性，使其在一定的范围内难以被探测手段发现的技术，可分为外形隐身（结构隐身）技术和材料隐身技术。按探测手段的不同，隐身技术还可分为：雷达波隐身技术、声隐身技术、红外隐身技术、激光隐身技术、磁隐身技术等。在结构隐身的前提下，隐身材料的使用对于提升武器装备的隐身性能至关重要。

海军的武器装备主要是水面舰艇和潜艇，舰船的磁隐身问题可通过消磁加以解决；舰船的红外隐身可通过使用复合材料建造排气管和烟囱或使用绝热涂层来降低红外辐射。因此，舰艇隐身最重要的是潜艇的声隐身和水面舰艇的雷达波隐身，而在声隐身和雷达波隐身方面，声隐身材料（水声吸声材料）和雷达波隐身材料（吸波材料）具有十分重要的作用。

4.6.2.1 潜艇声隐身材料

声呐是海军武器装备的主要侦测设备，其原理是利用被动声呐接收水中航行物体发出的声波或主动声呐发出的声波遇物体反射来发现目标。针对声呐的侦测，潜艇的声隐身对其隐蔽性和战术性能的发挥尤其重要。因此，潜艇的声隐身对于提高潜艇的隐蔽性至关重要。

众所周知，发动机及传动系统的运转是产生振动和噪声的根本原因。振动和噪声的产生不仅会影响人们的身心健康和机械的加工精度，加速机械结构的疲劳损坏，缩短机械的使用寿命，而且还会影响武器装备的隐蔽性。特别是潜艇航行产生的水下噪声易被敌方的被动声纳所发现，并易受到装有声引信和声制导水中兵器的攻击。潜艇声隐身主要包括两个方面：一是针对振源的传播通道或媒介，采用减振器、气幕、螺旋桨优化设计等方法减少声波向水中的辐射，防止被动声呐的探测；二是在潜艇上包覆消声瓦材料，减少辐射声波以及降低主动声呐声波的反射，防止主动声呐的探测。在潜艇声隐身技术中，水声吸声材料（消声瓦材料）起着十分重要的作用。

(1) 材料的吸声机理　材料吸声是指声波通过材料或入射到材料界面上时声能的减少过程。大多数材料都有一定的吸声能力，一般把 6 个频率下（125Hz、250Hz、500Hz、1000Hz、2000Hz、4000Hz）平均吸声系数大于 0.2 的材料称为吸声材料，平均吸声系数大于 0.56 的材料称为高效吸声材料。

声波是一种机械能，它的传播必须借助于一定的媒质，而声波在不同的媒质中有不同的传播速度和损耗。声能的损耗主要是通过黏滞性内摩擦、热传导和阻尼（弛豫）作用来完成的。材料的吸声性能可用吸声系数的大小来衡量。

对于经典的黏滞内摩擦和热传导吸声，吸声系数可表示为

$$\alpha=\frac{\omega^2}{2\rho c^3}\left[\left(\frac{4}{3}\eta+\xi\right)+\kappa\left(\frac{1}{C_V}-\frac{1}{C_p}\right)\right]$$

式中，ω 为声波角频率；c 为声速；ρ 为材料的密度；η 和 ξ 分别为材料的切变和容变黏性系数；κ 为材料热导率；C_V 和 C_p 分别为材料的比定容热容和比定压热容。

对于黏弹性高分子材料，在声波作用下，高分子链发生构象状态改变需要时间，表现为弹性松弛过程，使得应变的变化落后于应力的变化，形成滞后圈。在一个周期中所作的功正比于滞后圈的面积。受声波作用的高分子材料发生交替形变，使部分声能转化成热能而损耗，产生吸声作用。因此，所有的高分子化合物均具有阻尼吸声作用。通过求解平面波的波动方程可得出松弛效应吸声系数为

$$\alpha=\frac{\omega\tan\delta}{2c}$$

式中，$\tan\delta$ 为黏弹性高分子材料的损耗因子（阻尼因子）。

材料吸声性能除了取决于自身的吸声能力外，还依赖于材料的声阻抗。当声波在两种密度和声速不同即声阻抗不同的介质界面传播时，会发生声波的反射和折射。只有折射进入材料内部的声波才有可能被材料吸收。如果材料的声阻抗同空气（空气声）或水（水声）的声阻抗的差别较大，则材料界面对声波的反射就越大，进入材料内部的声波会越小，吸声系数也就越低。材料的表面声阻抗（Z）定义为材料表面某点的声压与法向体积速度之比，其表面复数声阻抗表示为

$$\widetilde{Z}=\rho\tilde{c}=Z(R)+jZ(I)$$

若声波垂直入射，反射系数 r 和吸声系数 α 可表示为

$$r=\frac{Z-\rho_0 c_0}{Z+\rho_0 c_0}$$

$$\alpha=1-|r^2|=1-\left|\frac{Z-\rho_0c_0}{Z+\rho_0c_0}\right|^2=\frac{4Z(R)\rho_0c_0}{[Z(R)+\rho_0c_0]^2+Z^2(I)}$$

式中，ρ_0c_0 为空气或水的特性声阻抗；ρ_0 为空气或水的密度；c_0 为声波在空气或水中的传播速度。可以看出，当材料的声阻抗同空气或水的声阻抗相等时，材料界面对声波的反射系数为零，此时，来自空气或水的声波能全部进入材料内部，材料的吸声系数为1。

（2）吸声材料的类型　吸声材料按声波传播介质的不同，可分为空气声吸声材料和水声吸声材料两大类。

吸声材料按吸声机理的不同，可分为共振吸声材料、多孔吸声材料和阻尼吸声材料三大类。共振吸声材料包括薄板共振吸声材料、穿孔板共振吸声材料和微穿孔板共振吸声材料；多孔吸声材料包括无机多孔材料（石棉、珍珠岩、矿渣砖、泡沫玻璃、玻璃棉、陶瓷等）、多孔性金属吸声材料（泡沫金属、金属纤维等）、无机-有机复合吸声材料（无机填料-高分子复合吸声材料、无机纤维-高分子复合吸声材料等）、有机纤维吸声材料（棉、麻、毛毡、棉麻纤维、甘蔗纤维板、木质纤维板、稻草板等）和高分子泡沫吸声材料；阻尼吸声材料多指非泡沫型高分子吸声材料。

（3）两种声隐身潜艇　美国目前服役的“海狼”级（SSN-21）艇体外表敷设一层阻尼吸声橡胶，使艇体表面形成一个良好的无回声层。艇体外形光滑，开口少，突出物少。艇上所有运动机械都经过降噪设计，并且都安装在高效减振基座、弹性支座和弹性减振器上。为降低舱室内部噪声，首次使用了“有源消声技术”，也就是在噪声处发出与噪声振幅相同但相位相反的音响，来抵消该处原有噪声。在综合运用了以上措施后，“海狼”级的噪声达到了90～100dB，已经低于海洋背景噪声，这使它成为一艘真正的安静型潜艇——声隐身潜艇。

俄新型拉达级潜艇是在“基洛”级636型潜艇基础上研制出的第四代常规动力潜艇。该潜艇设计出色，降噪技术完美。该艇艇身为水滴型结构，艇壳采用了高强度钢材，艇身表面敷设有消声瓦，不但能吸收本艇噪声，还可以衰减对方主动声呐的声波反射。另外还对艇内高噪声设备加装了消声器、隔声罩，噪声降到了110dB以下，与海洋背景噪声一致。

4.6.2.2　水面舰艇雷达波隐身材料

雷达是现代战争使用最广泛的探测手段，其原理是利用雷达发射的电磁波遇到金属物体发生反射来探测目标。针对雷达波探测，现代军事装备和武器系统越来越多地采用雷达波隐身技术。目前世界各国现役雷达的工作波段大多数在微波波段。微波一般是指波长为1m～1mm的电磁波，相应的频率为0.3～300GHz。雷达的工作频率一般在2～60GHz，对应于C、X、Ku、K、Ka和L波段，因此，雷达波隐身也称微波隐身。在水面舰艇雷达波隐身技术中，水面舰艇外形的结构设计（减少雷达波的反射面积）最为重要，再配合使用雷达波隐身材料（吸波材料）就可达到更好的雷达波隐身效果。

吸波材料是指能够吸收或减少雷达波反射的功能材料，它能够通过自身的吸收作用来减少目标雷达的散射面积（RCS）。按工艺方法可分为涂敷型（吸波涂料）、贴片型和结构型，它一般由雷达波吸收剂和高分子化合物基体材料组成，雷达波吸收剂提供材料的吸波功能，高分子化合物基体（如环氧树脂、酚醛树脂、不饱和聚酯、乙烯基树脂、聚氨酯、聚酰亚胺、聚苯醚、聚碳酸酯、聚苯硫醚、聚醚醚酮、聚砜等）提供材料的黏结或承载等性能。许多吸波材料实际上为高分子化合物树脂基复合材料（功能复合材料）。

（1）材料吸收雷达波的基本原理　吸波材料能够吸收或衰减入射的电磁波（雷达波），使其因干涉作用而消失或将其电磁能转化为机械能、电能和热能而消耗掉，因此材料的吸波原理包括干涉作用和吸收作用。

① 干涉作用 雷达波入射到吸波层表面时，一部分被界面反射；另一部分进入吸波层，然后经另一界面（底层）反射后再穿过吸波层而射出来。若经底层反射出来的波与界面反射的波相位正好相反，这样它们便可发生干涉而减弱，从而达到消除整个入射波的作用。需要指出的是：只有当吸波层的厚度及材料的电损耗和磁损耗满足特定的条件（可由电磁场理论导出）时，才会产生干涉作用。

② 吸收作用 材料对雷达波产生吸收作用应具备两个条件：一是当雷达波入射到材料表面时，能够最大限度进入材料内部，而反射很小，即阻抗匹配；二是在雷达波传播时，材料能够最大限度地衰减进入材料内部的雷达波，即衰减特性。

当正弦平面雷达波垂直照射到厚度为 d 的单层吸波材料时，在界面处会发生反射和透射现象，界面处雷达波的反射系数 r 与界面处波阻抗 Z_{in} 和空气阻抗 Z_0 的关系为

$$r=\frac{Z_{\text{in}}-Z_0}{Z_{\text{in}}+Z_0}$$

透射系数 T 可表示为

$$T=\sqrt{1-r^2}$$

根据传输线理论，界面处波阻抗 Z_{in} 与传输线的特性阻抗和负载阻抗即材料的特性阻抗 Z_{C} 和负载阻抗 Z_{L} 的关系为

$$Z_{\text{in}}=Z_{\text{C}}\frac{Z_{\text{L}}+Z_{\text{C}}\tanh(kd)}{Z_{\text{C}}+Z_{\text{L}}\tanh(kd)}$$

式中，k 为复传播常数。而特性阻抗 Z_{C} 取决于材料的等效电磁参数，Z_{C} 可表示为

$$Z_{\text{C}}=\sqrt{\frac{\mu_{\text{r}}\mu_0}{\varepsilon_{\text{r}}\varepsilon_0}}$$

式中，μ_0 和 ε_0 分别为真空磁导率和真空介电常数；μ_{r} 和 ε_{r} 分别为材料的等效相对磁导率和等效相对介电常数，在微波频段，两者皆为复数，可分别表示为

$$\mu=\mu'-i\mu''$$

$$\varepsilon=\varepsilon'-i\varepsilon''$$

雷达波（微波）在材料中的传播过程中会发生衰减。根据平面正弦波传播理论，复传播常数 k 可表示为

$$k=j\omega\sqrt{\mu_0\mu_{\text{r}}\varepsilon_0\varepsilon_{\text{r}}}=\alpha+j\beta$$

式中，α 为雷达波在材料中的衰减系数；β 为相位因子；ω 为角频率。可以求得 α 为

$$\alpha=\omega\sqrt{2\mu_0\mu_{\text{r}}\varepsilon_0\varepsilon_{\text{r}}}\left[\frac{\mu''\varepsilon''}{\mu'\varepsilon'}-1+\left(1+\frac{\mu''^2}{\mu'^2}+\frac{\varepsilon''^2}{\varepsilon'^2}+\frac{\mu''^2\varepsilon''^2}{\mu'^2\varepsilon'^2}\right)^{1/2}\right]^{1/2}$$

由上面的公式可以看出，无论是雷达波在材料界面处的反射，还是在材料中的衰减均与材料的雷达波介电常数和磁导率密切相关。因此，研究雷达波吸收材料实质上就是设计材料的组成和结构形式，通过调整和优化材料的电磁参数来达到减少反射和增大衰

减的目的。而雷达波吸收剂的作用就是用来调整材料的电磁参数以增加材料的雷达波衰减（吸收）。

从能量观点看，吸波材料能将电磁能转化成其他形式的能量如热能，即电磁波在材料内部产生电损耗和磁损耗。电损耗的机理是因在外电场作用下材料的松弛极化作用而吸收和衰减电磁波。在外电场作用下，材料中的质点正负电荷中心分离，产生偶极子，这一过程称为极化，其中一部分为位移极化（不消耗能量），而另一部分为松弛极化（与热运动有关，需消耗一定的能量）。以材料的松弛极化作用或介电常数虚部吸收为主的材料称为电耗损型吸波材料；磁损耗机理包括：磁滞损耗、涡流损耗、剩磁效应和磁共振作用，以磁导率虚部吸收为主的材料称为磁耗损型吸波材料。

（2）雷达波吸收剂的种类　根据材料的吸波机理，雷达波吸收剂可分为电耗损型吸收剂和磁耗损型吸收剂两大类。

① 电耗损型吸收剂

a. 碳粉：导电碳粉（石墨和乙炔炭黑）具有吸收电磁波的特性，常掺在聚合物树脂或弹性体中制成吸波材料。例如：用纳米石墨作吸收剂制成的石墨—热塑性弹性体复合材料以及石墨—环氧树脂复合材料对雷达波的吸收率大于99%，并且在低温下仍保持较好的韧性。

b. 碳化硅纤维：将分子量为2000～20000的有机硅聚合物熔化拉丝，经氧化处理后，在惰性气体中高温1400℃进行烧结，可以得到碳化硅纤维。再制成编织布、网或相互平行的碳化硅纤维束粘在金属表面用来吸波；也可与合成树脂或陶瓷复合得到各种预想形状的吸波体，在雷达波区域（8～16GHz）具有优良的吸波性能，并且强度高、耐热和耐化学腐蚀性能优，特别适用于军用飞机。

c. 碳纤维：碳纤维一般是通过聚丙烯腈的烧结来制备，其电阻率约为$10^{-2}\Omega\cdot cm$，是雷达波的强反射体，只有经过特殊处理的碳纤维才具有吸波性能。例如，碳纤维织物同其他纤维如铝纤维、玻璃纤维织物一起，与环氧树脂复合制成多层吸波体，可以在微波段获得高的吸收效果，并且吸波体的耐候性好、质量轻、强度高。

d. 导电高分子：导电高分子是一类具有大共轭体系的高分子化合物，例如：聚乙炔、聚吡咯、聚苯胺、聚噻吩、聚对苯亚乙烯、聚对苯等。这些共轭高分子经掺杂后都能变为具有不同导电性能的导体或半导体。与金属相比，导电高分子具有质轻、易成型、电阻率或电导率可调节等特点，同时还具有电致发光特性、激光特性和光伏效应，可用来制作发光二极管、大功率蓄电池、高能量高密度电容器、微波吸收材料（雷达波隐身材料）、电致变色材料、非线性光学器件、防腐涂料等。

导电高分子作为新型的雷达波吸收剂，其电导率一般应控制在$10^{-3}\sim10^{-1}S\cdot cm^{-1}$之间。例如：美国宾夕法尼亚大学用聚乙炔做成2mm厚的膜层对35GHz的微波吸收率达90%；法国Olmedo等发现聚-3-辛基噻吩在微波段的最大衰减达36.5dB，衰减8dB的带宽为3GHz；用导电聚吡咯纤维编织的迷彩布，可以干扰敌人的电子侦察；利用导电高分子掺杂前后导电率的巨大变化，实现防护层从反射和吸收雷达波到透过雷达波的切换，使被保护装备既能摆脱敌方侦察，又不妨碍自身雷达工作，这是迄今为止独一无二的可逆智能型雷达波隐身材料。

② 磁耗损型吸收剂

a. 铁氧体：铁氧体是指二价金属亚铁酸盐的总称，是典型的磁性材料，化学式为$M_xFe_{3-x}O_4$（$x=0\sim2$），二价金属是Mn、Zn、Ni、Co等。一般是将金属化合物原料混合、粉碎、成形和烧结而成，也可通过溶液沉淀反应来制备细颗粒和均匀的铁氧体。它广泛地用作电磁波吸收剂。其缺点是对高频（大于10GHz）吸收小、制成的吸波体笨重、抗冲击性较差。

b. 磁性金属微粉：用作雷达波吸收剂的金属微粉主要是 Fe、Co、Ni 及其合金粉（如：$Co_{20}Ni_{80}$、$Co_{50}Ni_{50}$、$Co_{80}Ni_{20}$ 等）。其磁性比铁氧体强，并且兼有电耗损和磁耗损作用，理论上应具有较好的吸波效果，但存在吸声频带较窄等问题。由于金属粉受电磁场作用时存在屈服效应，其粒子尺寸不宜过大，否则，对雷达波的反射会迅速增加。目前应用的金属微粉粒径一般不超过 30μm。磁性金属微粉一般可通过气相沉积法、高能球磨法、化学还原法、羰基化合物热解法制备。

c. 磁性金属晶须（纤维）：用作雷达波吸收剂的磁性金属纤维主要是 Fe、Co 和 Ni 纤维。其中多晶的羰基铁纤维的吸波性能最好，是实现“薄、轻、宽、强”吸波涂层的理想吸收剂之一。例如，欧洲 GAMMA 公司推出了铁纤维雷达波吸收涂层，使用的铁纤维为羰基铁单丝，直径为 1～5μm，长度为 50～500μm。该公司称这种纤维是通过磁损耗和涡流损耗的双重作用来吸收电磁波能量，且质量较传统的金属微粉减轻 40%～60%，据称已用于法国战略防御部队的导弹和再入式飞行器。

（3）雷达波隐身水面舰艇　针对雷达波的反射，采用结构设计和使用复合材料和吸波材料建造的舰船通常称为雷达波隐身舰船，一般是指水面舰艇。在舰船设计上，减少雷达波的反射面积，在建造上大量使用复合材料、吸波复合材料、吸波涂料、隔热材料、吸声材料等，达到降低雷达波反射、红外辐射、声辐射的目的。例如，美国 20 世纪 80 年代建造的“海幽灵”（Sea Shadow）号试验隐身舰、70 年代瑞典建造的斯米格（Smyge）号实验巡逻艇、2000 年瑞典建造的维斯比（Visby）级轻型护卫舰、法国建造的拉斐特级导弹护卫舰等。其中最具代表的是维斯比（Visby）级轻型护卫舰和“拉斐特”级导弹护卫舰。

瑞典维斯比级轻型护卫舰于 2003 年开始服役，排水量为 620t（如图 4-18 所示）。其外形采用了全新的雷达波隐身设计，舰壳材料为碳纤维夹心材料，壳体为夹心结构（由聚氯乙烯夹心层和碳纤维乙烯基树脂复合材料层压板构成），舰艇的上层建筑还涂有吸波涂料，因此具有优异的雷达波隐身特性；该艇用喷水式低噪声推进器取代了螺旋桨式推进器，从而有效地抑制了由螺旋桨推进所产生的空泡噪声，并且产生噪声的设备均安装在水线以上以及外部罩上消音罩，主机、辅机、传动装置均装在减震隔音双缓冲弹性支架上，从而确保了声隐身的效果，此外，该舰还采用无烟囱设计，即采用可显著降低红外辐射的多口舷侧式排气方式，并在机器、空调排气道口及船体外部设有热敏式喷水冷却系统，能降温冷却船体。由于船壳本身是极好的绝热材料，船体外表面还覆盖了一层与天然叶绿素反射程度相近的防红外涂料，可有效地抑制机舱、排气管道等发热部位，将热量控制在船体内部。这些措施显著地降低了红外辐射，达到了红外隐身的效果。维斯比级轻型护卫舰是目前世界上真正意义的隐身水面舰艇。

法国拉斐特级导弹护卫舰是世界上第一艘具有隐身效果的大型水面舰艇，排水量为 3600t（如图 4-19 所示）。该舰采用结构设计来减少雷达波反射，并且使用玻璃钢材料建造上层建筑和甲板，其表面喷涂金属层和雷达波吸收层，避免雷达波传播到内部舱室，其雷达散射面积仅相当于一艘 500t 级的巡逻艇；在声隐身方面，该舰的主机和其他机械设备都安装在双层隔振的基座上和在机舱设置气幕带，可有效屏蔽舰艇噪声向水下辐射，并且在 5 叶变距桨的桨叶设通气系统，用以抑制螺旋桨空泡噪声的发生；在红外隐身方面，该舰用玻璃钢制造烟囱并涂覆一种低辐射的特殊涂料，对发动机排气口和玻璃钢排气管做了精细的隔热处理。

图 4-18　维斯比级轻型护卫舰

图 4-19　法国拉斐特级导弹护卫舰

习题

1. 什么是海水的盐度和氯度？海水中主要的元素有哪些？
2. 简述海水的依数性、声学和光学特性以及对舰艇的影响。
3. 简述潜艇舱室大气的控制方法、乙醇胺吸收 CO_2 的原理以及潜艇的供氧原理。
4. 写出铅蓄电池的表示式和充放电两极的反应式。
5. 若在铅蓄电池电解质中混入 Fe^{2+} 和 Cl^-，会产生怎样的后果？为什么？
6. 鱼雷动力电池有哪些？举例说明其工作原理。
7. 简述 AIP 潜艇燃料电池的构造和工作原理。
8. 柴油十六烷值过高或过低对其使用性能有哪些影响？
9. 军用柴油与普通轻柴油相比，有哪些特点？
10. 柴油等燃料油黏度过大或过小对其燃烧性能有什么影响？
11. 简述柴油的低温性能与其燃烧性能的关系。
12. 根据燃烧的链式反应理论，说明柴油等燃料油在使用中的注意事项。
13. 简述舰船平台腐蚀的阴极保护法。
14. 船体外加直流电的阴极保护系统中的参比电极起什么作用？
15. 简述舰船防腐涂料的主要作用及其主要成分。
16. 简述舰船船体海生物寄生的危害及其防护方法。
17. 简述防污涂料的分类及其作用机理。
18. 简述纤维增强树脂基复合材料的特点及其在舰船上的应用。
19. 简述潜艇消声瓦的水声吸声原理。
20. 简述导电和磁性吸收剂吸收雷达波的原理。

第 5 章
化学与军事

化学与军事

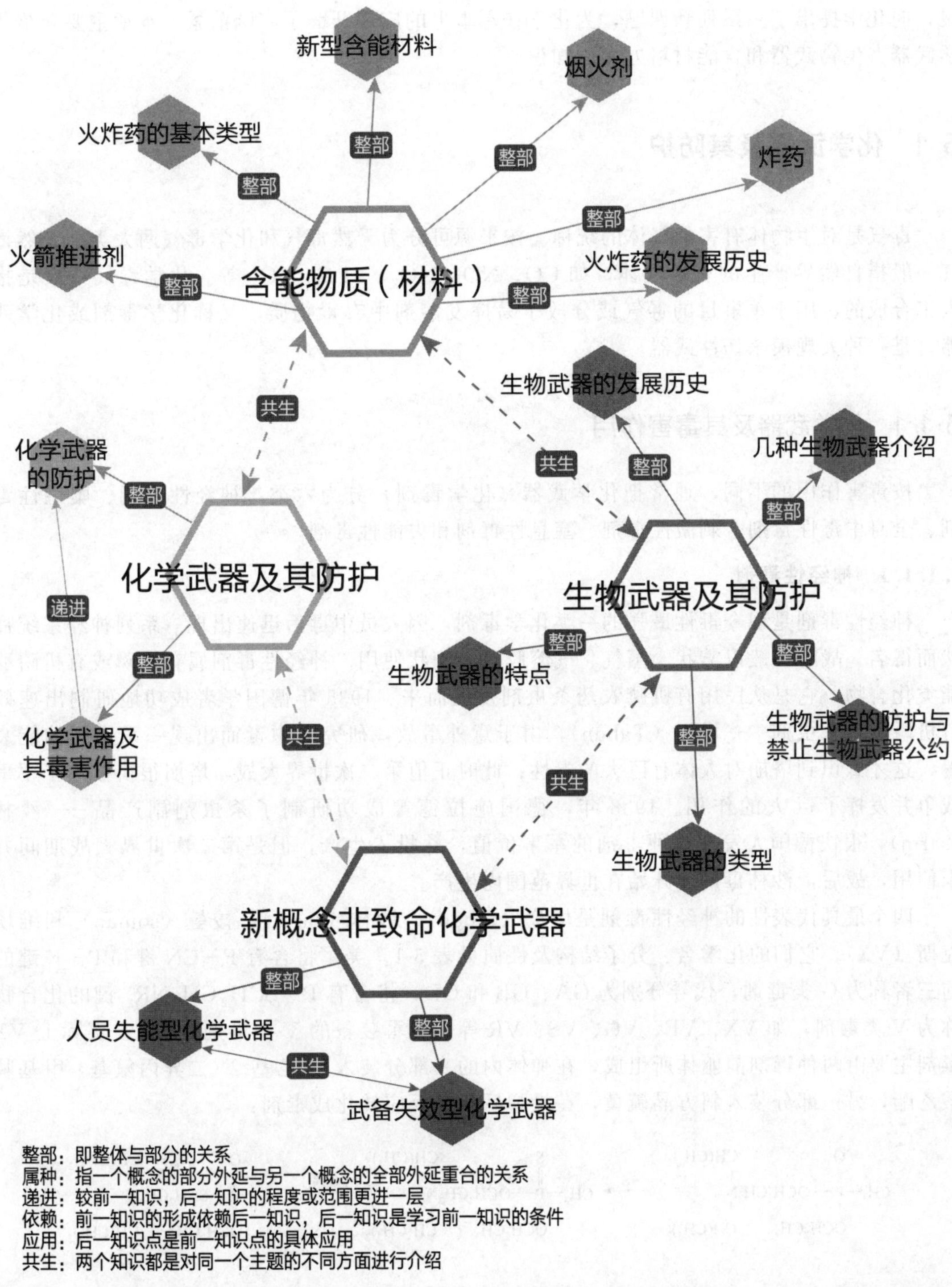

整部：即整体与部分的关系
属种：指一个概念的部分外延与另一个概念的全部外延重合的关系
递进：较前一知识，后一知识的程度或范围更进一层
依赖：前一知识的形成依赖后一知识，后一知识是学习前一知识的条件
应用：后一知识点是前一知识点的具体应用
共生：两个知识都是对同一个主题的不同方面进行介绍

现代军事技术的发展离不开化学，军用材料、火炸药、推进剂等都与化学密切相关。化学在军事上的应用有着久远的历史，我国古代军事文献中就有关于战争中使用毒物和刺激性烟雾及燃烧剂的记载，19 世纪末，烟火药的成功研制引起了枪炮结构和性能的重大变革。20 世纪初，TNT 炸药开始用于炮弹装药，使炮弹和其他爆炸性武器的杀伤破坏威力成倍提高；20 世纪 40 年代中期，火箭推进剂的出现和核装药技术的突破，使导弹和核武器投入实战运用；80 年代以来，新材料、新能源、信息技术、激光技术、航天技术等高技术迅速发展，向化学提出了一系列新课题，为化学在军事上的应用开辟了广阔前景。本章主要介绍化学武器、生物武器和含能材料方面的知识。

5.1　化学武器及其防护

毒气是对生物体有害的气体的统称。按来源可分为天然毒气和化学毒气两大类。天然毒气一般指自然界产生的有毒气体，如 CO、NO、NO_2、H_2S、SO_2 等。化学毒气一般是指人工合成的、用于军事目的毒气或分散于易挥发溶剂中有毒物质，又称化学毒剂或化学武器，是一种大规模杀伤性武器。

5.1.1　化学武器及其毒害作用

按毒害作用的不同，通常把化学武器（化学毒剂）分为六类：神经性毒剂、糜烂性毒剂、全身中毒性毒剂、刺激性毒剂、窒息性毒剂和失能性毒剂。

5.1.1.1　神经性毒剂

神经性毒剂是现今毒性最强的一类化学毒剂，因人员中毒后迅速出现一系列神经系统症状而得名。战时一般以雾状、蒸气、气溶胶或液滴状使用。神经性毒剂属有机磷或有机磷酸酯类化合物，它是从民用有机磷农药杀虫剂发展而来。1935 年德国学者成功地研制出速效有机磷农药杀虫剂——塔崩（Tabun），由于意外事故，研究者中毒而出现一系列胆功能衰竭，这才意识到塔崩对人体有巨大的毒性；此时正值第二次世界大战，塔崩很快被用于军事战争并发挥了巨大的作用。1938 年，德国施拉德等成功研制了杀虫剂副产品——沙林(sarin)，很快德国人发现这种毒剂的军事价值，并投入生产，但是第二次世界大战期间并未使用，战后，沙林毒剂才开始在世界范围内生产。

四个最具代表性的神经性毒剂是塔崩（tabun）、沙林（sarin）、梭曼（soman）和维埃克斯（VX）。它们的化学名、分子结构及性质见表 5-1。美军将含有 P—CN 键和 P—F 键的前三者称为 G 类毒剂，代号分别为 GA、GB 和 GD；将含有 P—$SCH_2CH_2NR_2$ 键的化合物称为 V 类毒剂，如 VX、VE、VG、VS、VR 等，美军装备的 V 类毒剂是 VX。实际上 VX 毒剂主要由两种毒剂前驱体所组成，在弹体内的一部分装入 *O*-乙基-2-(二异丙氨基)-甲基膦酸乙酯，另一部分装入斜方晶硫黄，在投弹后相互反应转化成毒剂：

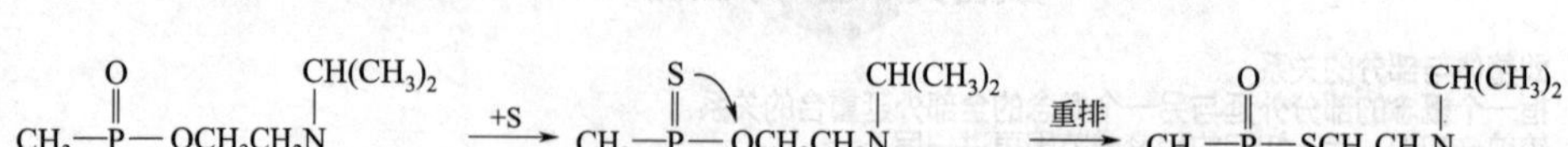

表 5-1　神经性毒剂主要代表及其分子结构

种类	名称	代号	化学名称	结构简式	性质
G 类	塔崩	GA	二甲氨基氰膦酸乙酯	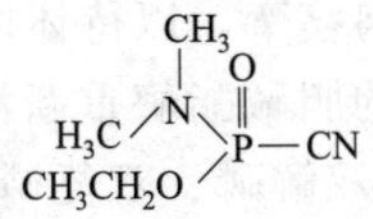	无色液体，有水果香味。工业品呈棕色，有苦杏仁气味
	沙林	GB	甲氟膦酸异丙酯	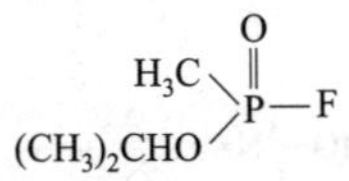	纯品为无色液体，无味。工业品呈淡黄色，有苹果香味。溶于水和多种有机溶剂
	梭曼	GD	甲氟膦酸特己酯	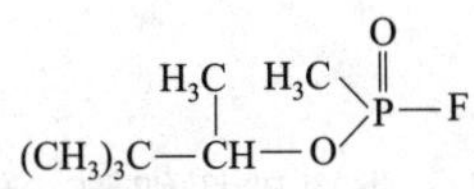	无色液体，有微弱的水果香味，能溶于水，易溶于有机溶剂
V 类	维埃克斯	VX	*S*-(*β*-二异丙基氨乙基)-甲基硫代膦酸乙酯	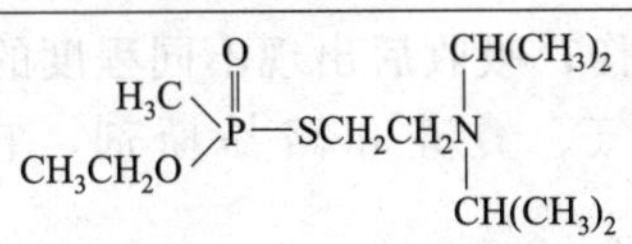	无色、无味油状液体，接触到氧气就会变成气体。工业品呈微黄色，带有臭味

神经性毒剂对人和动物的作用基本上和有机磷酸酯类或氨基甲酸酯类杀虫剂相似，主要表现对体内的乙酰胆碱酯酶（acetylcholinesterase，AchE）及其他某些酯酶有强烈的抑制作用，致使乙酰胆碱（acetylcholine，Ach）在体内过量蓄积，从而引起中枢和外周胆碱能神经系统功能严重紊乱。

乙酰胆碱是一种最早被认识的神经递质，它在胞液中合成后浓集于突触小体的囊泡中，通过它来实现神经元之间以及神经元与肌肉或腺体间的兴奋传递。当乙酰胆碱与肌肉内的乙酰胆碱受体结合时即引起肌肉等的收缩。在正常情况下，这种结合是可逆的，即它能被乙酰胆碱酯酶水解，生成乙酸和胆碱（choline），反应式为

$$CH_3COOCH_2CH_2N^+(CH_3)_3OH^- + H_2O \xrightarrow{AchE} CH_3COOH + HOCH_2CH_2N(CH_3)_3OH$$

水解生成胆碱后可解除收缩。但是，乙酰胆碱酯酶的活性如果被抑制，则无法除去结合在受体上的乙酰胆碱，于是就会使肌肉长期处于收缩兴奋状态。正是由于肌肉长期处于这种收缩状态，因而不能进行正常代谢，以至最终导致死亡。

神经性毒剂之所以能对乙酰胆碱酯酶产生抑制作用，在于它能与作为酶活性中心的丝氨酸上的羟基（用 AchE—OH 表示）结合，使酶失去活性，反应式为

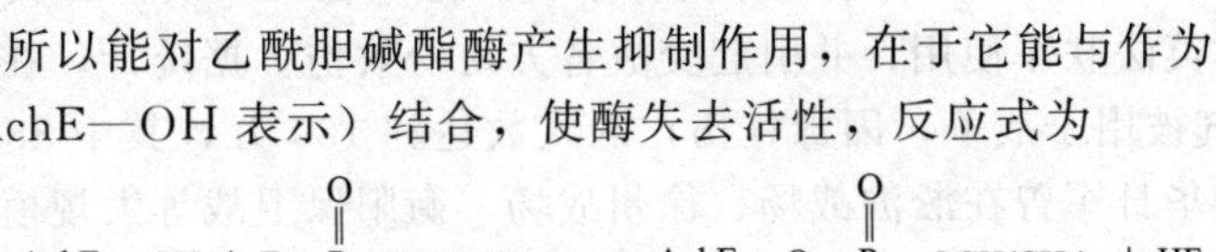

对沙林等神经性毒剂的消毒，主要根据它能被碱（尤其是强碱溶液）水解生成无毒物质这一化学性质，反应式为

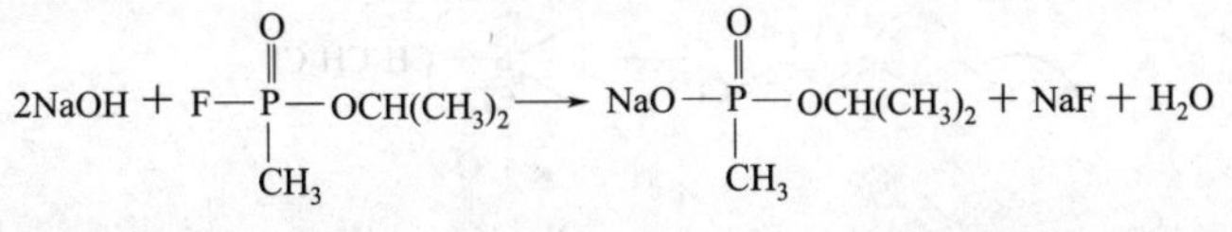

因此，染毒区内的人员，如能使用浸过碱水的湿纱布口罩，即能起到暂时的自救作用。染毒的器材和地面除使用碱液消毒外，还可使用漂白粉、次氯酸钙等氧化剂消毒，皮肤可用 10% 氨水消毒。

治疗神经性毒剂中毒患者方法之一是选用一种药物，使之阻断乙酰胆碱受体（酶）所带

来的乙酰胆碱能引起的神经兴奋作用。因为神经性毒剂中毒致死的主要原因是由于体内产生过量的乙酰胆碱引起的，目前最常用的能抗乙酰胆碱药品是阿托品。当中毒者在接受适当剂量的阿托品后，即可暂时控制肌肉痉挛，以待体内出现新生成的乙酰胆碱酯酶。此外还可采用能使已经磷酰化了的、无活性的胆碱酯酶重新活化的药物，如 *N*-甲基-2-吡啶醛肟的碘化物和氯化物（解磷定和氯磷定）、双解磷、双复磷等肟类化合物，它们可以通过如下反应来实现乙酰胆碱酯酶再生：

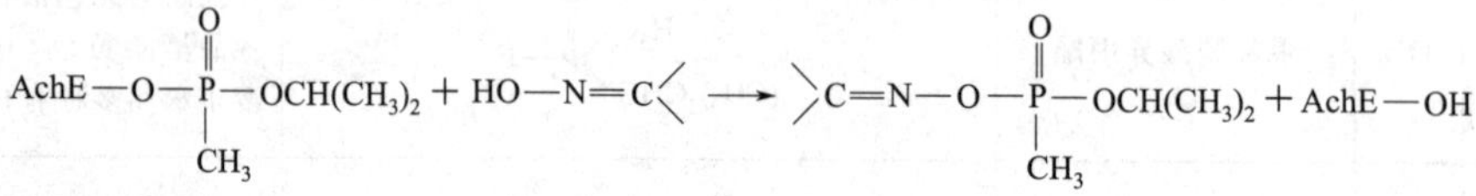

5.1.1.2　糜烂性毒剂

糜烂性毒剂又称起疱剂，是一类以破坏细胞、使皮肤糜烂为主要特征的毒剂。它能引起皮肤、眼、呼吸道等局部损伤；吸收后出现不同程度的全身反应。战时一般以雾状或液滴状使用。主要代表物有芥子气、氮芥和路易斯剂，它们的化学名称、结构简式和性质见表 5-2。

表 5-2　糜烂性毒剂主要代表及其分子结构

毒剂名称	化学名称	结构简式	性　质
芥子气	2,2′-二氯乙硫醚	$S(CH_2CH_2Cl)_2$	无色油状液体，大蒜气味，难溶于水，易溶于有机溶剂
氮芥	三氯三乙胺	$N(CH_2CH_2Cl)_3$	无色油状液体，微鱼腥味，难溶于水，易溶于有机溶剂
路易斯剂	氯乙烯氯胂	$ClCH{=}CHAsCl_2$	无色油状液体，天竺葵味，难溶于水，易溶于有机溶剂

芥子毒气（mustard gas）主要通过皮肤或呼吸道侵入肌体，损伤组织细胞。1886 年，德国的迈尔（Meyer）首次人工合成纯净的芥子气。德军在第一次世界大战中，首先在比利时的伊普尔地区对英法联军使用，并引起交战各方纷纷效仿。据统计，在第一次世界大战中共有 12000t 芥子气被用于战争，因毒气伤亡的人数达到 130 万，其中 88.9%是因芥子气中毒。抗战时期，侵华日军曾在淞沪战场、徐州战场、衡阳保卫战等大规模战役中使用过大量芥子气，造成中国军民死亡近万人。两伊战争中，伊拉克也使用过芥子气对付伊朗军队。芥子气的毒害机理是：硫原子的亲核性产生邻基参与作用，使得氯离去，形成强亲电试剂锍离子。锍离子攻击 DNA 的鸟嘌呤碱基，形成交联 DNA，干扰基因复制与表达，从而诱发细胞溶解作用，产生组织坏死、水肿乃至癌变。相关的反应式为

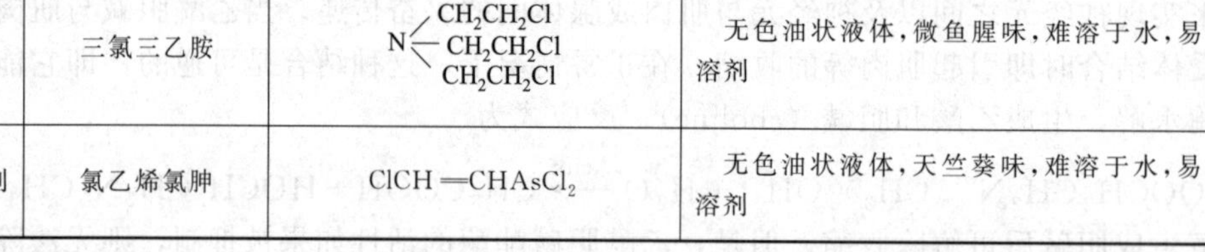

在染毒 12h 内用 30%浓度的硫代硫酸钠（大苏打）溶液处理染毒部位皮肤可以有效减

轻痛苦。临床上常用注射谷胱甘肽配合口服维生素 E 来治疗芥子气中毒。芥子气可溶于碱性液，所以残毒可以用石灰水消毒。

5.1.1.3 全身中毒性毒剂

全身中毒性毒剂是一类破坏人体组织细胞氧化功能，引起组织急性缺氧的毒剂。主要代表物有氢氰酸、氯化氰。毒剂经呼吸道吸入后与细胞色素氧化酶结合，破坏细胞呼吸功能，引起呼吸中枢麻痹，导致组织缺氧，死亡极快。

5.1.1.4 刺激性毒剂

刺激性毒剂是一类刺激眼睛和上呼吸道的毒剂。通常以烟状使用，能引起眼痛、流泪、喷嚏和胸痛等，但通常无致死的危险，属于非致命性化学武器。

5.1.1.5 窒息性毒剂

窒息性毒剂又称肺刺激剂，是指损害呼吸器官，引起急性肺水肿而造成窒息的一类毒剂。主要有光气、双光气以及氯气、氯化苦等。

5.1.1.6 失能性毒剂

失能性毒剂是一类暂时使人的思维和运动机能发生障碍而丧失战斗力的毒剂。战时以烟状使用，通过人的呼吸道吸入而中毒，中毒症状有瞳孔扩大、头痛幻觉、思维迟钝、反应呆滞、四肢瘫痪等，属于非致命性化学武器。

此外，国外还开发出了能穿透防毒面具的新型化学毒剂，如全氟异丁烯、六氟二甲基二硫（CF_3SSCF_3）等。全氟异丁烯是一种伤肺性毒剂，空气中含 10^{-6} 级的浓度，即可致人死亡；六氟二甲基二硫，由相对无毒的硫代三氟一氯甲烷（CF_3SCl）遇活性炭后生成。随着现代科学技术的发展，化学毒剂正朝着二元化学武器的方向发展。二元化学武器的基本原理是：将两种或两种以上的无毒或微毒的化学物质分别填装在用保护膜隔开的弹体内，发射后，隔膜受撞击破裂，两种物质混合发生化学反应，在爆炸前瞬间生成一种剧毒的化学毒剂。二元化学武器的杀伤范围小，便于掩盖自己的企图，解决了化学武器大规模生产、运输、贮存等一系列技术问题、安全问题和经济问题。

5.1.2 化学武器的防护

化学武器虽然杀伤力大，破坏力强，但由于使用时受气候、地形、战情等的影响使其具有很大的局限性，而且，同核武器和生物武器一样，化学武器也是可以防护的。其防护措施主要有：

5.1.2.1 探测通报

采用各种现代化的探测手段，弄清敌方化学袭击的情况，了解气象、地形等，并及时通报。

5.1.2.2 破坏摧毁

采用各种手段，破坏敌方的化学武器和设施等。

5.1.2.3 妥善防护

防护的基本原理是设法把人体与毒剂隔绝，同时保证人员能呼吸到清洁的空气。例如，利用防化器材（防毒面具、防毒衣等）进行全身或局部防护；利用有利地形和构筑防御工事来进行防护。

防毒面具有过滤式和隔绝式。过滤式防毒面具内装有滤烟层和活性炭，滤烟层由纸浆、棉花、毛绒、石棉等纤维物质制成，能阻挡毒烟、雾、放射性灰尘等毒剂。活性炭经氧化银、氧化铬、氧化铜等化学物质浸渍过，不仅具有很强的吸附毒气分子的作用，同时还具有催化作用、氧化作用，能使毒气分子与空气及化合物中的氧发生化学反应，使其转化为无毒物质。隔绝式防毒面具主要由面罩、生氧罐、呼吸气管等组成。使用时，人们呼出的气体经呼气管进入生氧罐，其中的水汽被吸收，二氧化碳则与罐中的过氧化钾和过氧化钠反应，释放出的氧气沿吸气管进入面罩，供人呼吸。

5.1.2.4　消毒

主要是对神经性毒剂和糜烂性毒剂中毒的人、水、粮食、环境等进行消毒处理。对中毒人员进行皮肤消毒、眼睛和面部消毒以及呼吸道的消毒。

① 皮肤消毒　在没有防护盒的情况下，应迅速用棉花、布、纸、干土等将毒剂液滴吸去，然后用肥皂水、洗衣服水、草木灰水或碱水冲洗，或用汽油、煤油、酒精等擦拭染毒部位。

② 眼睛和面部消毒　可用2%的小苏打水或凉开水冲洗；伤口消毒时，先用纱布将伤口处的毒剂蘸吸，然后用皮肤消毒液加大倍数或大量净水反复冲洗伤口，再进行包扎。

③ 呼吸道的消毒　在离开毒剂区后，立刻用2%的小苏打水或净水漱口和洗鼻。

5.1.2.5　紧急救治

针对不同类型毒剂的中毒者及中毒情况，采用相应的急救药品和器材进行现场救护，并及时送医院治疗。神经性毒剂中毒时，应立即注射解磷针剂，并进行人工呼吸；氢氰酸中毒时，应立刻吸入亚硝酸异戊酯，并进行人工呼吸；刺激性毒剂中毒时，可用清水冲洗眼睛和皮肤，如出现胸痛和咳嗽难忍，可吸入抗烟剂；糜烂性毒剂中毒时，主要是对染毒部位消毒处理；比兹中毒时，轻者不需药物急救，重者可肌肉注射氢溴酸加兰他敏。

5.1.2.6　执行禁止化学武器公约

由于化学武器惨绝人寰和灭绝人性，在历史上一直受到热爱和平的人们的反对。早在1847年发表的《布鲁塞尔宣言》第13条中就明确指出：禁止使用毒质和含有毒质的兵器。1899年和1907年，国际社会在海牙召开了两次和平会议，会议制定的《陆战法规和惯例章程》，特别禁止使用毒物或有毒武器。1925年在日内瓦召开了战场武器、弹药和工具的国际贸易监督会议。会议通过了《关于禁用毒气或类似毒品及细菌方法作战的议定书》，世称"日内瓦议定书"。这个议定书于1928年2月8日生效，当时有38个国家签字，24个国家正式交存批准书。我国于1929年加入，1952年，新中国予以承认。1989年1月7日在巴黎召开了举世瞩目的禁止化学武器国际会议，确认了《日内瓦议定书》的有效性。1993年1月13日，120多个国家在巴黎签署了《禁止化学武器公约》，目前，绝大多数国家批准了该公约。

5.2　新概念非致命武器

新概念非致命武器是一类不直接杀伤人员、间接破坏作用小、能使敌方武器和装备失效或使敌方人员失能的所有武器的总称。非致命武器是一类全新概念的特种武器，它采用非致命性失能技术，既可通过破坏干扰敌方的侦察、通信、控制和指挥系统，阻止后勤供应系统正常工作，使敌人的飞机、导弹、装甲车或其他装置失去战斗力，也可使人体器官受到某种程度的伤害或暂时丧失战斗能力，但不会造成人员伤亡。非致命武器在未来局部战争和反恐、维和、反海盗、反示威游行中将发挥重要的作用。

按用途非致命武器可分为影响武器装备和影响人员两大类。目前研制的非致命武器中，除计算机病毒武器和细菌武器外，其余均为非致命化学武器（战剂）。

5.2.1 人员失能型化学武器

人员失能化学武器是指不足以使人员死亡但使人员丧失战斗体能的化学战剂。它可使敌方战斗减员并造成沉重的伤员负担。主要包括：化学失能剂、刺激剂、黏性泡沫等。

5.2.1.1 化学失能剂

化学失能剂是一类暂时使人的思维和运动机能发生障碍而丧失战斗力的毒剂。战时以烟状使用，通过人的呼吸道吸入而中毒，中毒症状有瞳孔扩大、头痛幻觉、思维迟钝、反应呆滞、四肢瘫痪等。失能性毒剂的主要代表物是1962年美国研制的毕兹（BZ）。毕兹的化学名：二苯基羟乙酸-3-奎宁环酯，为白色或淡黄色结晶，不溶于水，微溶于乙醇。其结构简式为

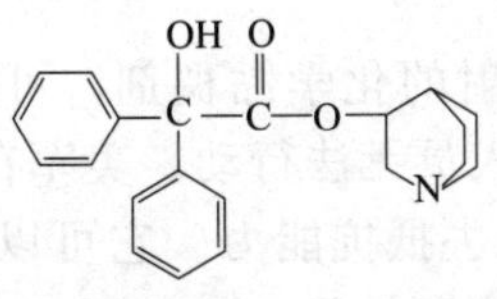

此外，美国还开发了新失能剂EA3834，其化学名称：苯基异丙基羟乙酸-*N*-甲基-4-哌啶酯，属取代羟乙酸类化合物，通常为淡黄色黏稠液体，沸点303℃，难溶于水，与添加剂EA4923（环庚三烯类化合物）配伍使用，可经皮肤和呼吸道双途径吸收，失能作用稍大于BZ。EA3834的结构简式为

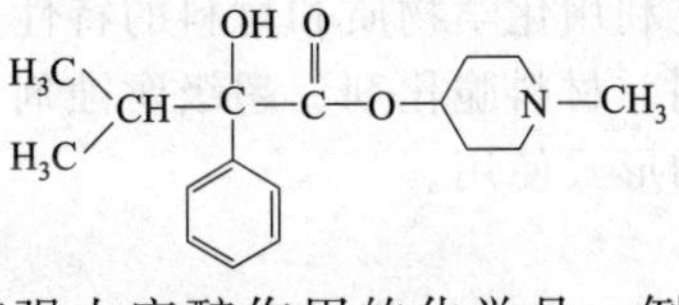

化学失能剂的另一类是具有强力麻醉作用的化学品。例如，2002年10月23日，车臣恐怖分子在莫斯科轴承厂文化宫劫持了800多名人质。经过50多小时对峙后，俄罗斯特种部队使用了化学失能剂——芬太尼（Fentanyl）成功解救了700多人质。芬太尼化学名：*N*-苯基*N*-[1-(2-苯乙基)-4-哌啶基]-丙酰胺，其结构简式为

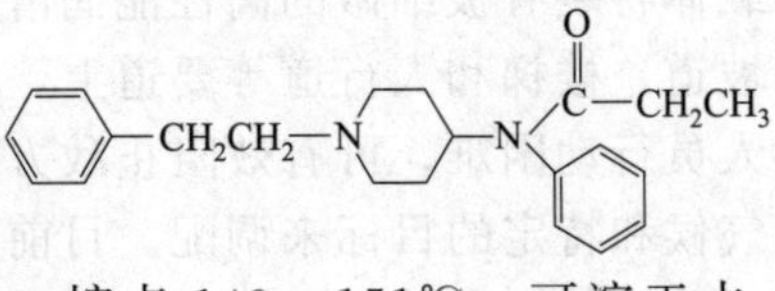

芬太尼为白色结晶性粉末，熔点149～151℃，可溶于水。其药理作用同吗啡相似，但镇痛效果是吗啡的100倍，在临床上可用作手术辅助麻醉，剂量过大时，可导致呼吸系统衰竭。

5.2.1.2 刺激剂

刺激剂是一类刺激眼睛、上呼吸道和皮肤的毒剂。通常以烟状使用，能引起眼痛、

流泪、喷嚏和胸痛等，但通常无致死危险。主要代表物有苯氯乙酮、亚当氏剂、辣椒素等，它们的化学名、结构简式和性质见表 5-3。使用形式包括：催泪弹、臭味弹、致痒弹等。

表 5-3 刺激性毒剂主要代表及其分子结构

毒剂名称	化学名	结构简式	性质
CN	苯氯乙酮	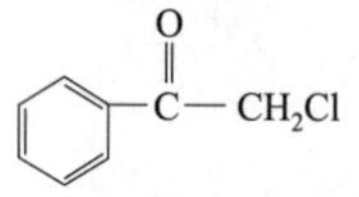	无色晶体，荷花香味，微溶于水，易溶于有机溶剂
CS	邻氯代苯亚甲基丙二腈	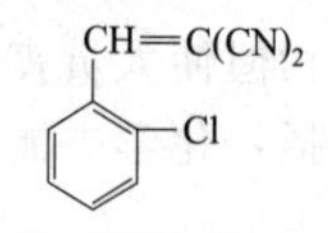	白色晶体，无味，微溶于水，易溶于有机溶剂
亚当氏剂	氯化吩吡嗪	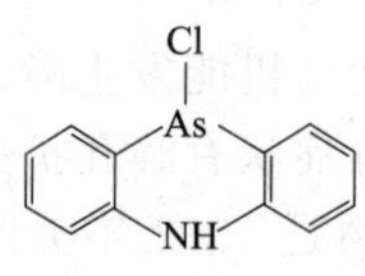	金黄色晶体，无味，难溶于水和有机溶剂

5.2.1.3 黏性泡沫

黏性泡沫是一种由发射装置发射的化学黏稠剂，可形成非常稠密、透明和强力的泡沫胶，将人员包裹起来，使被包裹的人员无法行动。美军在索马里行动中使用了一种“太妃糖枪”，可以将人员包裹起来并使其失去抵抗能力。它可以作为军警双用途武器使用，目前美国已开发出了第二代肩挂式黏性泡沫发射器。

5.2.2 武备失效型化学武器

武备失效型化学战剂是一类利用化学物质和材料的特性来使敌方武器装备失效或失灵的化学品。主要包括：超级润滑剂、材料脆化剂、超级腐蚀剂、高膨胀泡沫、超级黏合剂、动力系统熄火剂等。一般以炮弹的形式使用。

5.2.2.1 超级润滑剂

超级润滑剂是采用含油聚合物微球、聚合物微球、表面改性技术、无机润滑剂等原料复配而成的摩擦系数极小的化学物质，主要用于攻击机场跑道、航母甲板、铁轨、高速公路、桥梁等目标。

利用导弹、炮弹、炸弹等载体将装有极细微的高性能润滑粉末或几种润滑剂的混合物施放到飞机跑道、公路、铁路、坡道、楼梯和人行道等要道上，使其表面异常光滑，造成飞机不能起飞、装甲车无法行驶和人员行动困难，可有效阻止敌方行动，赢得战争时间，掌握战场的主动权。但需根据温度、气候和特定的目标来调配。目前美国正在积极研制一种超级润滑剂，它呈液体状，大大提高了路面的润滑效果。

5.2.2.2 材料脆化剂

材料脆化剂是一些能引起金属结构材料、高分子材料、光学视窗材料等迅速解体的特殊化学物质。这类物质可对敌方装备的结构造成严重损伤并使其瘫痪。可以用来破坏敌方的飞机、坦克、车辆、舰艇及铁轨、桥梁等基础设施。例如，橡胶解聚催化剂可使轮胎迅速失效，使用轮胎机动的武备不能运动；铝/铝合金建筑部件秘密分解镓汞弹可使铝制装备失效。

5.2.2.3　超级腐蚀剂

超级腐蚀剂是一些对特定材料具有超强腐蚀作用的化学物质。美国正在研制一种代号为C+的超级腐蚀剂，其腐蚀性超过了氢氟酸。

5.2.2.4　高膨胀泡沫

将漂浮性好的泡沫材料，如聚苯乙烯、聚乙烯、聚氨酯和聚氯乙烯等硬质闭孔泡沫塑料，发射到装甲车辆附近，短时间内形成大量泡沫体云墙，发动机以高速吸入后，便会立即熄火，或凝固在装甲战车的射孔、发射区或接收装置等位置，造成集群装甲车辆受阻，失去机动能力，处于被动挨打的境地。若在泡沫材料中加入鳞状金属粉末，还能屏蔽、衰减通信信号以及目标拦截所必需的电磁辐射，可使装甲战车完全失效。

泡沫弹的发泡系统有单组元系统和双组元系统。在单组元系统中，聚合组分和挥发性溶剂在一定的压力条件下混合、发泡、释放。目前有两种单组元系统：一种是庚烷和发泡的聚苯乙烯；另一种发泡剂是沸点为95℃的二甲基丙烷。在双组元系统中，反应物被隔板分开，隔板破裂后，聚合反应和发泡同时发生。双组元系统也有两种：一种是异氰酸盐与水合多元醇溶液的反应形成的一种聚氨酯发泡材料；另一种发泡剂是硼氢化钠与质子给予体接触形成的氢。

5.2.2.5　超级黏合剂

超级黏合剂是一些具有超级强粘接性能的化学物质。国外正在研究将它们用作破坏装备传感装置和使发动机熄火的武器。

装填以黏合剂为主要物质的炮弹可由单兵火箭筒、导弹发射装置发射或运载至坦克周围或坦克上方爆炸，产生黏接性极强且不透光的黏合剂云雾。这些云雾胶粒一部分进入坦克发动机，在高温条件下瞬时固化，使气缸活塞运动受阻，导致发动机“喘振”，失去机动性能；另一部分胶粒直接涂在坦克的各个光学窗口，遮断观察瞄准仪器的光路，干扰车内成员的视线，使坦克丧失机动与战斗能力。

5.2.2.6　动力系统熄火剂

阻燃剂是一类能够阻止燃烧的物质。以阻燃剂为主要原料的阻燃弹可用火炮发射，爆炸后在坦克周围形成阻燃剂烟云，把空气中的氧气“吃掉”，使进入发动机的空气脱氧，造成发动机窒息，停止工作。这种新概念武器被视为遏制敌方坦克装甲车集群的有效手段之一。

5.2.2.7　碳纤维弹和金属纤维弹

卷状或团状的碳纤维弹爆炸后飘落在输电线路上，使供电系统短路，破坏发电厂的正常供电，从而导致军事设施因电源中断而被迫停止工作。美国在海湾战争中使用了装有碳纤维的“战斧”巡航导弹，攻击伊拉克的发电厂，使发电厂的供电中断，造成防空系统计算机不能工作，巴格达的作战指挥系统因此被迫中断，为多国部队打击伊拉克防空阵地创造了有利条件。

金属纤维弹主要用于对付坦克装甲车辆，它用细如牛毛的金属导电材料作为主要装填物，在弹丸爆炸瞬间，金属纤维在爆轰产物的作用下，变成很短的纤维或金属粉，构成金属粉尘烟云，从而使坦克的绝缘件失效而短路，坦克的发动机和发电机停止工作。这种弹可由单兵反坦克武器和火炮发射。

5.3 生物武器及其防护

生物武器是指以生物战剂杀伤有生力量和毁坏植物的武器，包括装有生物战剂的炮弹、航空炸弹、火箭弹、导弹弹头和航空布洒器、喷雾器等，而生物战剂则是指用以杀伤人、畜和破坏农作物的致病微生物、毒素和其他生物活性物质的统称，它是构成生物武器杀伤威力的决定性因素。

5.3.1 生物武器的发展历史

生物武器的历史可以追溯到 14 世纪。1347 年，蒙古人围攻克里米亚半岛的贸易要塞卡法。当时，鼠疫的传播威胁着蒙古兵营，久攻不下的蒙古人不顾一切地把鼠疫受害者的尸体抛入城内，不久鼠疫在城内流行，热那亚人纷纷乘船逃亡地中海，卡法不攻自破。鼠疫因此而向欧洲各地传播。到 1349 年，整个欧洲不过两年就有 20%～30%的人口死于鼠疫。1761 年，英国殖民者企图占领加拿大，遇到了当地印第安人的反抗，后来英国人将天花病人用过的被子和手帕送给印第安人的首领，导致了天花在印第安人中传播，使其丧失了战斗力，英国人不战而胜。

到了 19 世纪中叶，德国科学家柯赫（R. Koch）发明了培养细菌的物质——培养基，创造了细菌培养技术，后来人们又陆续发现了许多传染病病原体，并发现了比细菌更小的病毒。从此，人们逐渐掌握了提炼或人工制造微生物和毒剂的方法，生物武器因而产生。

第一次世界大战中，德国用鼻疽菌使协约国从中东购买的大批驮运武器的骡子患上传染病，严重影响了协约国军队的调动。在第二次世界大战期间，臭名昭著的日本“731”部队曾经在中国试验和实际使用生物武器，法西斯德国在欧洲使用了生物武器。朝鲜战争时，美国也使用了生物武器。

英国的解密文件清楚记载，最早从事生物武器研制的是英国。早在 20 世纪 30 年代，英国就制定了研制生物武器的周密计划，并于第二次世界大战初期组建了细菌部队，还在苏格兰荒芜的格鲁艾纳特岛进了炭疽杆菌的露天试验。第二次世界大战中，英国、美国、德国、日本和前苏联等国均开展了生物武器的研究和生物战的试验，导致生物武器获得较大发展。冷战时期，美国和前苏联为了相互竞争，都各自建立了研究所，进行制造、实验、储存生物武器。

1939 年美国宣布销毁全部生物战剂，并宣布永不使用生物武器。1972 年各大国签署了禁止生物武器公约，1975 年该公约正式生效。但是，生物武器公约实际上并没有得到遵守，也只是一纸空文罢了。

5.3.2 生物武器的类型

生物武器（生物战剂）按照对人、畜危害作用的大小来分，可以分为致死性生物武器和失能性生物武器两大类。致死性生物武器造成的人或牲畜死亡的概率很高，通常可以达到 50%以上，有些高达 90%以上，如炭疽杆菌、肉毒杆菌毒素等。失能性生物武器是指使人畜暂时失掉战斗力的生物战剂，这类生物战剂也会致人死亡，但病死率不到 10%，如委内瑞拉的马脑炎病毒和布氏杆菌就属于这一类。按病毒有无传染性划分，生物武器可划分为传染性和非传染性两大类。传染性生物武器的传播速度很快，会对流行区域内的居民构成很大的威胁，如鼠疫杆菌、天花病毒等。非传染性生物武器只对染毒者起作用而不会传染给他人，如肉毒杆菌毒素就属于非传染性战剂。按形态和病理划分，生物武器可以分为病毒、细菌、真菌、霉素、衣原体和立克次体等。

5.3.2.1　病毒

病毒是以核酸为核心，用蛋白质包膜的微小生物体。它是已知的最小生物。病毒广泛存在于自然界，可以感染一切动、植物及微生物。人类的急性传染病中，有许多是由病毒引起的，据统计，病毒病患者占传染病人中的70％～80％。

病毒可分为动物病毒、植物病毒和细菌病毒（即噬菌体）三类，对人类有致病性的病毒一般属于动物病毒。人类的急性传染病多数是由动物病毒引起的。应用生物工程技术可以人工复制病毒，用于生物武器。这类病毒一般有天花病毒、黄热病毒、脑炎病毒、裂谷热病毒、登革热病毒、拉沙病毒。

5.3.2.2　细菌

细菌是在显微镜下才能看到的单细胞生物，细菌的大小极不一致，有的杆菌长达8μm，有的长度只有0.5μm。细菌是一种单细胞生物，其内部的基本构造与一般植物细胞相似，有胞壁、胞浆膜、胞浆、空泡和细菌内颗粒。与其他生物一样，在合适的环境条件下，细菌具有生长繁殖和新陈代谢的能力。

细菌与病毒在生物特性上有很大区别：一是细菌是单细胞生物，而病毒没有细胞结构；二是细菌在无生命的人工培养基内可以生长，而病毒必须在有生命的细胞内才能生长；三是细菌靠自己身体的二分裂增殖，而病毒则不能自行繁殖，要依靠细胞来复制；四是细菌具有DNA和RNA两种核酸，而病毒只有一种核酸DNA或RNA；五是细菌对干扰素不敏感，而病毒对干扰素敏感。

各种细菌具有独特的酶系统，在代谢过程中除合成自己的菌体成分外，还可以生产出多种代谢产物。其中有的是分解产物，有的是合成产物。这些代谢产物，有的可用于疾病的防治，有的却可以致病。能够作为生物战剂的细菌一般是致病性、传染性和战场使用性强的，主要有鼠疫杆菌、霍乱弧菌、炭疽杆菌、类疽杆菌、类鼻疽杆菌、土拉杆菌、布鲁氏杆菌、嗜肺军团杆菌等。

5.3.2.3　立克次体

立克次体是介于细菌与病毒之间的一类微生物，它比细菌小，比病毒大。它们有与细菌一样的细胞壁和其他相似的结构。含有的酶系统不如细菌完全，故其生活要求近似病毒，需要活细胞才能生长繁殖。目前发现的立克次体共有40多种，仅一小部分为致病性，是引起人类Q热、斑疹、伤寒、吸羌虫等病的病原体。

5.3.2.4　衣原体

衣原体是一类介于细菌和病毒之间的、在细胞内寄生的原核细胞型微生物。衣原体广泛寄生于人和动物，仅少数致病，引起人类疾病的有鹦鹉热衣原体等。

5.3.2.5　毒素

毒素是致病细菌或真菌分泌的一种有毒而无生命的物质。它的特点是毒性强（1g的肉毒毒素可使8万人中毒）。微量毒素侵入机体后可引起生理机能破坏，致使人、畜中毒死亡。毒素作用取决于毒素的类型、剂量和侵入途径等，但没有传染性。毒素有蛋白质毒素和非蛋白质毒素。由细菌产生的蛋白质毒素，毒性强，能大规模生产，曾被作为潜在的战剂进行了广泛的研究。一些国家的有关资料表明，可能作为毒素战剂的有 A 型肉毒毒素和 B 型葡萄球菌肠毒素，前者列为致死性生物武器，后者列为失能性生物武器。

5.3.2.6　真菌

真菌是一类真核细胞型微生物。细胞结构比较完整，有典型的细胞核，不含叶绿素，无根、茎、叶的分化。少数以单细胞存在，大多数是由分枝的或不分枝的丝状体组成的多细胞生物。真菌种类繁多，分布广泛，大多数对人无害或有利。很多真菌具有分解有机物的能力，是地球上有机物循环不可缺少的角色。

真菌也有对人类不利的一面。有些真菌能使人致病，直接危害人类；另一些真菌能使家畜和农作物致病，或使粮食、食品和日用品霉烂，间接危害人类。使人致病的真菌不到 100 种，大部分可引起皮肤、指甲、毛发或皮下组织的慢性病变。能作为生物战剂的真菌，主要有经呼吸道引起全身病变的粗球孢子菌和荚膜组织胞浆菌。农作物的传染病 80%～90% 由真菌引起，故真菌是破坏农作物的主要生物战剂。

5.3.3　生物武器的特点

生物武器具有如下几个特点。

(1) 面积效应大　所谓面积效应是指单位重量的武器所造成的有效杀伤范围称为面积效应。据世界卫生组织测算，在 1 架战略轰炸机对毫无防护的人群所进行的袭击中，飞机所载核武器、化学武器、生物武器的杀伤面积分别是：1 枚百万吨梯恩梯当量级核武器为 $300km^2$，15t 神经性毒剂为 $60km^2$，而 10t 生物战剂则高达数千平方千米。

(2) 杀伤力强　生物武器与化学武器同属于非常规武器，但生物武器比化学武器杀伤力更大。化学武器是通过载体（导弹、飞机、炮弹等）播散毒药，人体接触或吸入这些毒药后，会造成不同程度的生理功能紊乱，严重者会致命，但化学毒剂自身不能复制。而生物武器传播的则是各种致命的微生物，它们侵入人体后，以几何级数繁殖。因此，生物武器远比化学武器杀伤力强。

(3) 危害时间长　生物战剂一旦释放后，可在该地区存活数十年。例如 1942 年英国在格林尼亚德岛进行炭疽菌生物炸弹实验。炭疽芽孢具有很强的生命力，到 1983 年该岛污染土壤中还能检出炭疽芽孢，可数十年不死，即使已经死亡多年的朽尸，也可成为传染源，其孢子可以在土壤中存活 40 年之久，并且极难根除。此外，霍乱弧菌在 20℃ 的水中能存活 40d。

(4) 具有潜伏性　由于病毒或细菌难以发现，生物武器的伤害并不是马上就显现的，它可能会在几小时、几天甚至更长时间以后发作，从而使被攻击者停止战斗行动。

(5) 造价低廉，易于生产，具有自我增殖能力　相对其他传统武器与非常规武器，生物武器造成同等伤害所需要的成本最低，因此，有人将生物武器形容为“穷国的原子弹”“富国的省钱武器”。与常规武器和核武器不同，生物武器可以在农场、医学研究机构、家中进行研制和生产。

(6) 传播途径多　生物武器可以通过气溶胶、牲畜、植物、信件等释放传播。只要把 100kg 的炭疽芽孢通过飞机、航弹、老鼠携带等方式释放散播在一个大城市，300 万市民就会感染毙命。

5.3.4 几种生物武器介绍

被美国疾病控制和预防中心（CDC）列入高危名单内的病毒和细菌主要有：炭疽杆菌、鼠疫杆菌、天花病毒等。

5.3.4.1 炭疽杆菌

炭疽杆菌是人类历史上第一个被证实引起疾病的细菌，也是有悠久历史的一种生物武器。有关化学生物战专家评估：在恐怖分子可能利用的所有潜在生物战剂中，炭疽杆菌是最容易获得的。

炭疽一词来源于希腊语 anthrakis（煤炭），以其炭样皮肤损害得名。炭疽是由炭疽杆菌引起的，炭疽杆菌是一种能产生芽孢的杆状细菌，需氧型，革兰染色阳性，两端平截，杆状，排列成长链，有竹节样接缝，没有鞭毛。炭疽杆菌的繁殖体很大，长 1～8μm，宽 1～1.5μm。芽孢的大小近 1μm，对环境的适应能力很强，在严酷的环境中能存活几十年。

炭疽杆菌在人和动物体内能产生像盔甲一样的荚膜，机体的防御武器如吞噬细胞消化起来非常困难，因而炭疽杆菌的致病性很强。炭疽杆菌在体内产生毒素，毒素包括 3 种毒力因子：水肿因子、致死因子、保护性抗原。在荚膜的保护下，炭疽杆菌在皮肤大量繁殖，释放毒素，导致组织水肿、坏死、出血，严重时炭疽杆菌沿淋巴管扩散，引起败血症，微血管内膜受损伤，还会引起弥漫性血管内凝血，发生全身弥漫性出血和感染性休克，病情极度凶险，死亡率极高。

肺炭疽早期只有发热、咳嗽、头痛、无力等感冒样症状，不久突然出现高热、呼吸困难、大汗、出血和休克，多数病人很快死亡。皮肤炭疽起初在暴露的皮肤上出现斑疹和丘疹，无痛但伴有剧烈痉挛，继而形成溃疡，几天后形成典型的黑色焦痂，不化脓，常伴有局部大范围水肿。胃肠道炭疽表现为发热、恶心、呕吐、腹部不舒服等急性胃肠炎症状，多数能够康复，有的表现为急腹症，出现剧烈腹痛、血性腹泻、腹胀，如不及时治疗会并发败血症、感染性休克死亡。

5.3.4.2 天花病毒

天花病毒最初出现在古埃及，后来逐渐扩散到世界各地。天花病毒是原痘病毒属的成员，遗传物质为 DNA，病毒个体为砖形结构，直径约为 200nm。天花病毒主要通过空气传播。天花是被人类最早消灭的传染病。现在重新引起人们的注意，是因为在美国陷入炭疽恐慌之际，一些科学家警告致命性更强的天花有可能在全球范围内爆发。

天花病毒进入人体后可潜伏 7～17d，这期间病人没有不舒服的感觉和特殊表现，此后病人出现高烧，明显感到不舒服、头痛和全身无力，有时可能有严重的腹痛和腹泻。接着在口咽膜上出现周围包红晕的皮丘疹，一周之内面部、前臂遍布红斑，扩散到胸腹部最后至腿部。1～2d 内皮疹发展为脓疱，典型的脓疱是圆形的、有张力，基底达表皮的深层。皮疹形成的 8～9d 开始结痂，病人恢复时痂皮脱落，形成凹疤，这在面部最明显。急性天花病人出现严重的高烧，感到头痛和背痛、腹部疼痛，口腔膜上出现的斑呈暗红色，逐渐变为紫红色的斑片和明显出血，病人于出疹后 5～6d 死亡。

5.3.4.3 鼠疫杆菌

鼠疫曾在人类历史上出现过三次大流行，约有 2 亿人因此丧生，因患者全身皮肤发黑而得名“黑死病”。鼠疫杆菌革兰染色阴性，长 1～1.5μm，宽 0.5～0.7μm。无芽孢、无鞭毛、不活动。对环境的抵抗力较弱，日光照射 4～5h 或 100℃下 1min 即死亡，但在潮湿、低温及有机物内生存较久。

鼠疫杆菌产生多种毒素可破坏人体细胞，并摧毁人体免疫机制。鼠疫杆菌的一种抗原具有抗吞噬作用，人被感染后细菌经淋巴管到达局部淋巴结后迅速繁殖，导致淋巴结的坏死，继而进入血液导致菌血症、败血症，细菌释放大量内毒素导致患者休克、弥漫性血管内凝血和昏迷。

得鼠疫后主要表现为高热，体温迅速升至 39～40℃，淋巴结肿大伴剧烈疼痛，头及四肢疼痛，颜面潮红，结膜充血，恶心呕吐，呼吸困难，咳血性痰，紧接着出现意识模糊、言语不清、衰竭和血压下降，最终死亡。

5.3.5 生物武器的防护与禁止生物武器公约

5.3.5.1 生物武器的防护

当遇到生物武器袭击时，应戴上防毒面具、口罩或用毛巾捂住口鼻，戴上手套、穿塑料衣、雨靴，扎好袖口、裤脚，上衣扎裤腰内，围好颈部；在身体暴露部位涂驱避剂；对可能接触生物战剂的人员可服高效、长效预防药物。消毒可用碘或一般消毒剂；擦拭皮肤受染部位，然后进行全身卫生处理和衣物消毒。可用 70%酒精或其他消毒药品，擦拭污染部位，如无药品，可用香皂水擦洗，再沐浴也有效果。对服装的消毒可烈日暴晒或沸水蒸 30～60min；如是细菌孢子则需蒸煮 2h 以上，也可用消毒药品消毒。此外，可以研制疫苗、血清。美国在 1997—2006 年投资 8 亿美元，研发和生产广谱疫苗，其能对付 Q 热立克次体、委内瑞拉马脑炎病毒、兔热病、布鲁氏病、蓖麻毒素、葡萄球菌、肠毒素 B 和东方马科脑炎等生物战剂；美国现役和预备役军人都要接种生物战剂疫苗。还可以研制防护服装。

5.3.5.2 禁止生物武器公约

1971 年 12 月 16 日，联合国大会制定并通过《禁止试制、生产和贮存并销毁细菌（生物）和毒剂武器》公约。到 1996 年，有 138 个国家和地区在该条约签字。但这个公约并没有让人民的梦想成为现实，反而使开发和研制生物武器的行为变得更加急切和隐蔽。可以说从公约签署的那一天起，世界上没有哪一个国家真正停止过研制和开发生物武器，而且有些国家在加入该条约的态度上也是迟迟不肯行动或干脆推却。这个国际公约的约束力特别小。

5.4 含能物质（材料）

含能物质（材料）是一类含有爆炸性基团或含有氧化剂和可燃物、能独立地进行化学反应并输出能量的化合物。含能材料的重要特征是能够独立地进行化学反应并输出能量，这也是某些物质是否属于含能材料的依据。石油、煤、木材等，虽然具有含能材料的一些功能，但是它们发生化学反应需要外界供氧，不能算作含能材料。有些物质，如驱动活塞运动的水蒸气，虽然不需要外界物质参与反应，也能提供能量，但是它们发生的不是化学反应，因此也不能算作含能材料。

含能材料主要是火炸药，即发射药、推进剂、炸药和烟火剂，但含能材料不只是火炸药，还有尚未被人们作为能量利用的含能物质，尽管它们的含能量不高。但是由于含能材料的主体材料是火炸药，所以目前可以粗略地认为“含能材料就是火炸药”。

5.4.1 火炸药的发展历史

火炸药的历史要追溯到黑火药。黑火药，是我国古代四大发明之一，对人类社会的发展起过重大的推进作用。恩格斯曾高度评价中国在火药发明中的首创作用："现在已经毫无疑义地证实了，火药是从中国经过印度传给阿拉伯人，又由阿拉伯人和火药武器一道经过西班牙传入欧洲，并成为欧洲文艺复兴的重要支柱之一。"

黑火药的发明，起源于皇帝寻求长生不老药的炼丹术。炼丹术起源很早，《战国策》中已有方士向荆王献不死之药的记载。汉武帝也妄想"长生久视"，向民间广求丹药，招纳方士，并亲自炼丹。炼丹术中很重要的一种方法就是"火法炼丹"。唐代的炼丹者掌握了一个很重要的经验，就是硫、硝、碳三种物质可以构成一种极易燃烧的药，这种药被称为"着火的药"，即火药。由于火药的发明来自制丹配药的过程中，火药发明之后，曾长期当作药类使用。

黑火药的发展历史经历了较为漫长的时期，其配方最早的记载约在公元9世纪初。约100年后，我国将黑火药首次用于军事，世界史上第一个爆炸性武器是我国发明的铁火炮(震天雷)，这也标志着战争中的武器逐步由冷兵器转变为热兵器。12世纪初，黑火药在中国开始用于制造供娱乐用的爆竹和焰火。12世纪前半叶，中国已根据反作用原理制成可以升空的焰火，这就是火箭的前身。

黑火药传入欧洲后，于16世纪开始用于工程爆破。黑火药在采矿工业中的应用被认为是中世纪结束和工业革命开始的标志着。随着黑火药在爆破工程中的广泛应用，迎来了黑火药的灿烂时代，但黑火药很长时间内依然是世界上唯一的一种炸药。

至19世纪中叶，迎来了火炸药家族大发展大繁荣的黄金时代。1825年，英国克莱顿从煤焦油中分离出苯、甲苯、萘等，为炸药的发展提供了主要的原料基础；酸碱工业的建立，为合成火炸药提供了硝化手段；1834—1842年间形成的硝化反应理论，在火炸药生产上得到广泛应用。这些条件伴随着工业革命的发展，终于结束了19世纪后半期黑火药独占鳌头的局面，近代火炸药家族逐渐人丁兴旺起来。这个时期诞生了一批对火炸药发展具有贡献的科学家，其典型代表是有"炸药之父"之称的化学家诺贝尔（A. Noble)。1866年，诺贝尔以硅藻土吸收硝化甘油制得了代那买特，并很快在矿山爆破中得到普遍应用，这被认为是炸药发展史上的又一个重大突破，也被誉为黑火药发明以来炸药科学上的最大进展。后来，诺贝尔又卓有成效地改进了代那买特的配方，成功研制多种更为适用的代那买特炸药，将工业炸药带入了一个新时代。

5.4.2 火炸药的基本类型

5.4.2.1 火炸药的基本组分

火炸药分子中常含有 $\equiv C-NO_2$、$=N-NO_2$、$-O-NO_2$、$-ClO_4$、$-SF_2$、$-N_3$、$-N=N-$等化学基团，典型的化合物有三硝基甲苯等芳香族硝基化合物；硝基胍、黑索今、奥克托今等硝胺化合物；丙三醇三硝酸酯（硝化甘油)、纤维素硝酸酯（硝化棉)、季戊四醇四硝酸酯（太安）等硝酸酯化合物，以及叠氮化铅、重氮二硝基酚、高氯酸盐、二氟氨基化合物等。

火炸药的另一种组成形式是混合物，主要是由氧化剂和可燃物组成的混合物，例如，黑火药（由硝酸钾、硫和碳组成）、露天用矿山炸药（由硝酸铵和燃料油组成）、复合推进剂（由高氯酸盐和高分子黏合剂组成）等。

有一类火炸药是含爆炸化合物的混合物，该混合物的组分中至少有一种以上的爆炸化合物，其典型代表是发射药。例如，单基药含有一种爆炸性化合物硝化棉，但同时含有非爆炸性物质安定剂等。双基药含有硝化棉和硝化甘油两种爆炸性化合物，同时也含有苯二甲酸二丁酯等非爆炸性物质。三基药除了硝化棉和硝化甘油外，还含有第三种爆炸性物质硝基胍。

火炸药的另一类重要成分是附加物，如钝感剂石蜡、苯二甲酸二丁酯，催化剂和消焰剂氧化铝、硝酸钾，安定剂二苯胺，中定剂，能量添加剂金属粉等。

5.4.2.2　单组分火炸药

（1）单组分炸药　单组分炸药（又称单质炸药）是炸药的主要品种，是炸药的基础材料，一般是含有硝基（—NO_2）或硝酸酯基（—ONO_2）的有机物或高分子化合物。最常见的单组分炸药是三硝基甲苯（梯恩梯）、特屈儿、黑索今、太安、奥克托今等。

（2）单组分起爆药　单组分起爆药一般是用来引燃或引爆其他炸药的，故称其为起爆药。常用的单组分起爆药有雷汞、叠氮化铅、四氮烯、二硝基重氮酚等。

（3）单组分发射药和单组分推进剂　硝化棉和某些液体硝基化合物可以作为单组分发射药和单组分推进剂，但是，发射药和推进剂很少使用单组分的固体和液体物质。

5.4.2.3　混合型火炸药

（1）混合炸药　混合炸药是具有爆炸性能的混合物，它可以由单组分炸药与其他物质混合而成，也可以由氧化剂和还原剂混合而成。现有多种类型的混合炸药，如梯黑炸药、B炸药、塑性炸药、塑料黏结炸药、铵梯炸药、铵油炸药，以及复合型起爆药等。

（2）发射药　发射药是用于发射的混合型炸药。它的成分有氧化剂、可燃物和改善性能的添加剂等。现有的发射药有单基药、双基药和三基药，单基药主要用于小口径武器，其能量成分是单一的硝化棉；双基药的主要成分有硝化甘油和硝化棉两种；三基药的组分中有硝化甘油、硝化棉和硝基X三种主要成分。

（3）推进剂　推进剂是用于推进的复合型火炸药。现有的推进剂有双基推进剂、复合推进剂和复合改性双基推进剂等几种类型。双基推进剂的主要能量成分是硝化棉、硝化甘油，该推进剂主要用于推进野战火箭。复合推进剂的主要成分是高分子黏合剂和硝酸铵、高氯酸铵等氧化剂，现代复合推进剂的组分除无机氧化剂、高分子黏合剂外，还有燃烧时可释放大量热量的轻金属粉和改性添加剂。复合改性双基推进剂是在双基推进剂的基础上加入氧化剂和金属粉制成的一种推进剂，其能量比复合推进剂高，已广泛应用于近程、中程和远程导弹。

5.4.3　炸药

5.4.3.1　爆炸

爆炸是物质的一种非常急剧的物理、化学变化。在变化过程中，伴有物质所含能量的快速转变，即将物质的化学能变为该物质本身、变化的产物或周围介质的压缩能或运动能。因此，它的一个重要特点是大量能量在有限的体积内突然释放或急骤转化。这种能量在极短时间和有限的体积内大量积聚，造成高温高压等非寻常状态，对邻近介质形成急剧的压力突跃，并引发随后的复杂运动，显示出不寻常的移动或机械破坏效应。

爆炸的一个显著外部特征是介质因振动而发生一定的音响效应。一般将爆炸现象区分为两个阶段：先是某种形式的能量以一定的方式转变为原物质或产物的压缩能；随后物质由压缩态膨胀，在膨胀过程中作机械功，进而引起附近介质的变形、破坏和移动。由物理变化引起的爆炸称为物理爆炸，由化学变化引起的爆炸称为化学爆炸。

5.4.3.2　炸药

炸药就是能发生爆炸反应的含能材料。炸药发生爆炸变化的能力，取决于反应的放热、快速和气体产物生成。反应放出的热是能源，是炸药发生爆炸变化的必要条件，炸药发生爆炸时产生的热量要足以维持炸药快速分解反应的进行。反应的快速可以获得较高的功率，也是炸药发生爆炸的必要条件，是区别于一般化学反应最重要的标志。气体是能量转换的介质，爆炸对周围介质做功是通过高温高压气体的迅速膨胀实现的。因此，炸药爆炸反应后的产气能力至关重要。

炸药按用途可分为起爆药和破坏药，起爆药对外界作用十分敏感。它可在较小的外界能量作用下发生爆炸变化，而反应速率极快，起爆药用于制造火帽、雷管等起爆器材和点火器材。按照炸药的组成可以分为单质炸药和混合炸药，单质炸药又称炸药化合物，是一种均一、相对稳定的化学物质，如梯恩梯、硝化甘油、RDX 等。混合炸药又称炸药混合物，是由两种以上化学性质不同的组分组成的。混合炸药的主要组分有氧化剂、可燃物和附加物。常用的混合炸药有钝化黑索今、塑-1 和硝铵炸药等。

5.4.3.3　几种军用炸药

下面介绍几种常见的军用炸药。

(1) 梯恩梯（TNT）　梯恩梯化学名为 2,4,6-三硝基甲苯（TNT），为无色针状结晶。1863 年，由德国化学家威尔布兰德（J. Wilbrand）首先合成，1902 年代替苦味酸用于装填弹药，是第二次世界大战期间的主要军用炸药。现在广泛用于装填各种炮弹、航空炸弹、手榴弹以及用于工程爆破，是混合炸药的主要炸药成分。

(2) 黑索今（RDX）　黑索今化学名为 1,3,5-三硝基-1,3,5-三氮杂环己烷（RDX），为无色晶体。1899 年，由亨宁（G. Henning）首先合成，自第二次世界大战以来在军事上得到广泛应用。以黑索今为主加钝化剂、增塑剂等成分，已发展为 A、B、C 等多种混合炸药，用来装填各种弹药。RDX 是高聚物黏结炸药、发射药、推进剂、雷管、导爆索装药的重要组分。

(3) 奥克托今（HMX）　奥克托今化学名为 1,3,5,7-四硝基-1,3,5,7-四氮杂环辛烷（HMX），为无色晶体，有 α、β、γ、δ 四种晶型。1941 年，被赖特（G. F. Wright）和贝克曼（W. E. Banchmann）在生产黑索今的杂质中发现。奥克托今用于制造高能混合炸药，如奥克托儿、高聚物黏结炸药等，广泛应用于导弹战斗部装药和核武器起爆装药，还用作推进剂和发射药组分。

(4) 太安（PENP）　太安化学名为季戊四醇四硝酸酯（PETN），为白色结晶体，熔点为 142.9℃。太安在军事上主要用于制造导爆索药柱和雷管中的次发装药，与梯恩梯熔混后制得彭脱利特炸药，还可制得高聚物黏结炸药。

(5) 军用混合炸药　混合炸药是由两种或两种以上物质组成的爆炸混合物。由单质炸药和添加剂或氧化剂、可燃剂和添加剂混制而成。常用的氧化剂是硝酸盐、氯酸盐、高氯酸盐等，可燃剂是木粉、金属粉、碳、碳氢化合物等，添加剂有黏合剂、增塑剂、敏化剂、钝感剂等。绝大多数实际应用的炸药都是混合炸药。

① 以梯恩梯为载体的混合炸药　以梯恩梯为载体的混合炸药是两种或两种以上单质炸

药的混合物，便于熔铸。其典型品种为B炸药、赛克洛托、奥克托尔等，它们是常规武器的基本装药。表5-4列出了常见混合炸药的组成。

表 5-4 常见混合炸药名称和配方 单位：%

炸药	成分				
	TNT	RDX	HMX	Al	蜡
A级B炸药(CompB,AC)	36	63			1
B3炸药(CompB-3)	40	60			
赛克洛托	25	75			
H-6	30	45		20	5
HBX-1	38	40		17	5
HBX-3	29	31		35	5
奥克托儿(Octol)	25		75		

② 含金属粉的混合炸药　含金属粉的混合炸药是指炸药与金属粉组成的高威力混合炸药，其典型产品是由HBX配制的系列混合炸药，常作为水雷、鱼雷、反舰导弹、炮弹和炸弹中的装药。

③ 分子间炸药　分子间炸药由超细氧化剂组分和可燃剂组分组成，爆轰反应在氧化剂和可燃剂两种颗粒（或两相）之间进行。其典型品种有乳化炸药、乙二胺二硝酸酯-硝酸铵-硝酸钾（EAK）共熔炸药等。

④ 聚合物黏结炸药　聚合物黏结炸药是以高能单质炸药为主体加入聚合物黏合剂、增塑剂、钝感剂或其他添加剂制成的炸药。包括粒状聚合物黏结炸药、高强度炸药、耐热炸药、塑性炸药、挠性炸药、泡沫炸药等。典型品种有PBX9404、PBX9407、LX-101、PBXN-2、PBXN-4、PBXC-105。以黑索今为基的混合炸药是常规武器的基本装药，以奥克托今为基的混合炸药是部分高性能战斗部的基本装药和核武器的起爆药。表5-5列出了常见聚合物黏结炸药的名称和配方。

表 5-5 常见聚合物黏结炸药名称和配方

炸药	其他名称	w(单质炸药)/%	w(补加成分)/%
LX-04-1	PBHV-85/15	HMX85	合成橡胶(Viton) 15
LX-07-2	RX-04-BA	HMX90	合成橡胶(Viton) 10
LX-10-0	RX-04-DE	HMX95	VitonA 5
LX-10-1	RX-04-EA	HMX94.5	VitonA 5.5
LX-11-0	RA-04-PI	HMX80	VitonA 20
PBX-9007	PBX-9007B型	RDX90	聚苯乙烯 9.1,其他 0.9
PBX-9205		RDX92	聚苯乙烯 6,DOP 2
LX-02-1	EL-506L-3	PETN73.5	丁基橡胶 17.6,其他 8.9
LX-13		PETN80	硅酮树脂-182 20
XTX-8003	Extex	PETN80	硅酮树脂-182 20
XTX-8004	X-0208	RDX80	硅酮树脂-182 20

5.4.4 火箭推进剂

推进剂是以推进为目的的复合型含能材料，是提供推动力的能源。火箭推进剂主要用作火箭发动机的推进载荷。推进剂在运载火箭和各种战术战略导弹中得到广泛应用，在航天领域占有重要地位，用于大型助推器、顶级发动机、姿态控制、入轨发动机等。

火箭发动机通常用作航天飞行器和导弹的动力装置。而推进剂则是火箭发动机的燃料。火箭发动机实际上是一个能量转换系统，在该系统中，推进剂燃烧所产生的高温高压气体作为发动机的工质，在喷管中进行绝热膨胀，把气体具有的热能转换为动能，这样，系统就获得一个反作用力。因而，火箭发动机的能量转换过程可表示为

$$\underset{\text{（化学潜能）}}{\text{化学推进剂}} \xrightarrow[\text{燃烧}]{\text{燃烧室}} \underset{\text{（热能）}}{\text{高温高压燃气}} \xrightarrow[\text{压缩、膨胀}]{\text{喷管}} \underset{\text{（动能）}}{\text{高速气流}}$$

为了满足火箭发动机的要求，推进剂应该尽可能地高能化和高密度化。从化学角度看，要提高推进剂的能量，应该尽可能选择生成焓高的组分构成推进剂。为了满足火箭发动机中燃烧产生大量热的要求，推进剂中应含有氧化剂和燃料。

根据推进剂各组分在常温常压下呈现的物态，可将推进剂分为液体推进剂和固体推进剂。对于液体火箭发动机，氧化剂和燃料在各自的贮箱中分别贮存；而在固体火箭发动机中，是将氧化剂与燃料预先混合均匀后，通过浇铸或压制成型等工艺，将推进剂药装填于发动机的燃料室内。

5.4.4.1 液体推进剂

由于液体火箭发动机中氧化剂和燃料分别贮存，故可以选用高能组分，因此液体火箭发动机提供的能量通常高于固体火箭发动机。液体推进剂由 C、H、O、N 等主要元素组成。在火箭发动机中，液体推进剂的燃烧反应是一种剧烈的氧化还原反应。液体推进剂的燃烧产物主要是 CO、CO_2、H_2O、N_2 和其他氮氧化物。按液体推进剂进入发动机的组元分类，可将液体推进剂分为单元液体推进剂、双元液体推进剂和多元液体推进剂等。液体推进剂的氧化剂和燃料如表 5-6 和表 5-7 所示。

表 5-6　液体推进剂的氧化剂

类或系	举例	类或系	举例
液氧	液氧	氟类	液氟、三氟化氯、五氟化氯
过氧化氢	过氧化氢	硝基类	硝酸、四氧化二氮

表 5-7　液体推进剂的燃料

类或系	举例
氢类	液氢
醇类	甲醇、乙醇、异丙醇、糠醇
肼类	肼、一甲基肼、偏二甲基肼
胺类	氨、乙二胺、二乙烯三胺、三乙胺
苯胺类	苯胺、二甲基苯胺
烃类	煤油、甲烷、乙烷、丙烷
混肼类	混肼-Ⅰ(肼 50%＋偏二甲基肼 50%)，混肼-Ⅱ(偏二甲基肼 50%＋甲基肼 50%)

续表

类或系	举例
混胺系	混胺-Ⅰ(二甲苯胺50%+三乙胺50%)
胺肼系	胺肼-Ⅰ(偏二甲基肼10%+二乙烯三胺90%)
	胺肼-Ⅱ(偏二甲基肼60%+二乙烯三胺40%)
油肼系	油肼-Ⅰ(煤油60%+偏二甲基肼40%)

(1) 单元液体推进剂　单元组分液体推进剂是一种能分解和放出热和气体的单一物质，它借助于催化剂分解，伴随热效应和气体的生成。一般来说，这些推进剂的比冲值较低，如肼的特征速度是1950m·s^{-1}，目前使用于宇宙站或太空探测的姿态控制推进器中。典型的单元组分液体推进剂是联胺，它是借助于氧化铝载体上铱催化剂而分解。联胺能长期地储存于钛合金或不锈钢罐中，但它有毒性和相对高的凝固点（2℃）。单组元液体推进剂推进系统结构简单，使用方便，但是能量值低。属于低能液体推进剂，一般用在燃气发生器或航天器的小姿态控制发动机上。表5-8列出了常见的液体单组元推进剂。

表5-8　常见的液体单组元推进剂

种类	举例
过氧化氢	过氧化氢
无水肼	无水肼
硝酸酯类	硝酸正丙酯、硝酸异丙酯、Otto-Ⅱ
硝基烷烃类	硝基甲烷、硝基乙烷、硝基丙烷、四硝基甲烷
环氧乙烷	环氧乙烷
混合型	过氧化氢与乙醇混合、过氧化氢与甲醇混合、四氧化二氮与苯混合

(2) 双元液体推进剂　双元液体火箭推进剂有两种成分：液体燃料和液体氧化剂。两种成分被注入燃烧室，它们相遇后，或自燃或被点燃。双元液体火箭推进剂能量高，主要用于大型火箭发射飞船或导弹（如美军兰斯导弹）。有些双元液体火箭推进剂系统的整体或局部要在−200℃的低温环境下储存，如在洞穴环境中储存。这类推进剂可供选择的余地比单组元液体推进剂大得多，释放的能量较高，同时，由于氧化剂和燃料是分开储存，使用比较安全，这是目前火箭、导弹动力系统中使用最多的推进剂组合。

(3) 多元液体推进剂　由两种以上化合物组合而成的液体推进剂称为多元液体推进剂。三元液体推进剂的优点是把轻金属（如锂、铍以及锂或铍的氢化物）同液氧、液氮或臭氧燃烧产生的高温与能够降低燃烧产物平均分子量的氢结合起来而提高比冲。氢在三元火箭推进剂中主要是起工质作用，因为加入的金属比氢有更强的还原性。三元液体推进剂系统复杂，目前还没有得到实际应用。

5.4.4.2　固体推进剂

固体推进剂的药柱预先装填于固体火箭发动机内，与液体火箭发动机相比，固体火箭发动机具有结构简单、发射准备时间短、可靠性高等优点，被广泛用于各类战略导弹及战术导弹的动力装置。

从化学反应的角度看，固体推进剂的燃烧仍然是一种剧烈放热的氧化还原反应。但实际上固体推进剂的燃烧反应经历了以组分热分解反应为主的凝聚相反应和以氧化还原反应为主的气相反应两个阶段。在凝聚相反应区氧化剂分解成为氧化性和非氧化性两类分解产物；黏合剂经过热分解反应分解成小的分子碎片进入气相。在气相，一方面氧化剂的氧化性分解产物与黏合剂的富燃分解产物发生剧烈的氧化还原反应；另一方面这些氧化性分解产物促使金属添加剂燃烧氧化。

固体推进剂是以高聚物为基体并具有特定性能的含能复合材料。固体推进剂按其主要组分和特点，可分为双基推进剂和复合推进剂两大类。

(1) 双基推进剂 双基推进剂由硝化纤维素（NC）溶胀在硝化甘油（NG）中均匀混合而成。在两大组分的分子中，同时都含有氧化剂（氧原子和硝酸酯基）和可燃元素（C、H等)。双基推进剂的比冲较低。

(2) 复合推进剂 复合推进剂的主要组分有：黏合剂、氧化剂、燃料添加剂（细微金属粉或非金属粉、纤维)、固化剂、增塑剂和其他功能助剂。在复合固体推进剂制造过程中，氧化剂和燃料添加剂等固体填料均匀分散在黏合剂预聚体中，这种高黏度的推进剂药浆采用真空浇铸等工艺浇铸到发动机燃烧室中。固化剂与黏合剂预聚体之间的交联反应使原来线性的黏合剂预聚体固化形成了具有网状结构的热固性树脂，作为这种复合材料的基体，与固体填料一起，呈现出一定的力学性能。

目前常用的复合固体推进剂由高氯酸铵（AP)、铝粉（Al）和端羟基聚丁二烯黏合剂(HTPB）等构成。AP是目前最常用的氧化剂，它具有氧含量高、安定性好、价格低廉等优点，但同时具有生成焓低，分子中含氯（燃烧产物中白烟HCl和H_2O的主要来源）等不足。新型高能氧化剂——ADN（二硝基胺铵盐)、KDN（二硝基胺钾盐）和HNF（硝仿肼）等正处于研制中。

5.4.4.3 贫氧推进剂

为了进一步提高发动机的能量，在大气层内飞行的导弹可采用冲压发动机，常用的是火箭-冲压组合发动机。该发动机利用空气中的氧与燃气发生器中产生的富燃燃气进行二次燃烧，提高了发动机的能量，与这种发动机匹配的是贫氧推进剂。

与复合固体火箭推进剂的构成相似，固体贫氧推进剂也由氧化剂、燃料添加剂和黏合剂组成，但氧化剂含量较低，一般在30%～40%之间。固体贫氧推进剂常用的氧化剂仍是高氯酸铵，黏合剂常用HTPB。贫氧推进剂中常用的燃料添加剂有硼（B)、铝（Al）和镁(Mg)，加入Mg是为了改善贫氧推进剂的燃烧性能。

对于贫氧推进剂，提高能量和改善燃烧性能的要求通常是相互矛盾的。提高贫氧推进剂的能量要求尽可能减少氧化剂的含量，增加燃料的成分；但氧化剂含量的减少对推进剂燃烧稳定性构成了威胁，给燃烧性能的调节带来了困难。因此解决上述问题是贫氧推进剂配方调节的关键技术之一。

5.4.4.4 燃气发生剂

燃气发生剂是一种燃烧后产生大量气体的物质。燃气发生剂与燃烧室、冷却器、过滤器等部件构成燃气发生器。

燃气发生剂燃烧产生的燃气可作为驱动辅助动力装置的工质，可将化学能转变为机械能或电能。它被广泛应用于驱动液体火箭发动机涡轮或增压器、导弹的推力矢量控制、弹体和弹头滚动的伺服机构等。由于燃气发生剂的特殊用途，通常它应具备发气量大、燃速低、工作时间长、烟少等性能。

就燃气发生剂的配方而言，它与复合固体推进剂的配方有许多相似之处，但也有其独特之处，如氧化剂多选用无氯的硝酸铵或硝胺，以减少燃气的腐蚀性；采用DHG（二羟基乙二肟）氧化剂；对于特殊要求的燃气发生器，如氧气发生器或氮气发生器等，则应在燃气发生剂组分选择时进行特殊处理。

5.4.5　烟火剂

烟火剂是利用其固体混合物或化合物的放热反应，产生特殊的光、声、烟、热、气动或延期等烟火效应的含能材料。它的组分与炸药相似，它的反应一般是非爆炸性的，反应速率较慢，且有自持燃烧的能力。

黑火药是最初的烟火药，是我国的四大发明之一，它由硝酸钾、硫黄和木炭组成。黑火药发明后于9～10世纪起用于战争，最初被用来纵火、灼伤和发生毒烟，后来又被用于爆炸和发射。18世纪80年代，氯酸钾被发现后，烟火技术进入了一个崭新的阶段。随着烟火技术的不断改进，许多烟火装置、器材被用于军队装备。20世纪初，烟火技术的一个重要发展是曳光弹的出现，它是指示小型自动武器对付快速移动目标有效射击的一种器材，随后化学遮蔽烟幕、燃烧航弹、照明弹、信号弹等相继出现并得到应用。

烟火剂的主要成分是氧化剂、可燃剂和黏合剂。氧化剂提供燃烧时需要的氧，可燃剂在烟火剂燃烧时产生所需要的热量，黏合剂使氧化剂和可燃剂等组分均匀分布，固定，并具有适合的强度。烟火剂中还有产生特种效应的附加成分，如使火焰着色、成烟等物质成分。

近几十年来，烟火技术在高科技战争中有了突破性发展。越南战争、中东战争、英阿马岛之战、海湾战争和科索沃战争等战例说明，现代烟火的光、烟、热及电磁效应可使敌方光电侦察器材迷失方向，制导武器失控，观察瞄准器材失灵，通信指挥中断。显然，现代烟火技术在当今高科技战争尤其是光电对抗中发挥着极其重要的作用。

5.4.6　新型含能材料

当前，为了提高能量和火药在弹壳或火箭发动机内的装填量，世界各国都在进行新型含能材料的研究。国内外在含能黏结剂、含能增塑剂和高能氧化剂的研究方面取得新的突破并且应用于高能无烟推进剂和低易损火药中，寻找适合于新型高能钝（低）感火炸药含能组分。

5.4.6.1　高氮量含能材料

高氮含能化合物是近年来发展起来的新型含能材料，具有良好的应用前景，它具有高的生成焓、高热稳定性等特点，作为新型含能材料，主要应用于高能钝感炸药、小型推进系统固体燃料、无烟烟火剂、气体发生剂、无焰低温灭火剂。高氮化合物是高性能高密度绿色含能材料之一，分子中高的含氮量能使燃料燃烧产生大量的气体。

目前合成的高氮含能化合物主要是氮杂环有机化合物，叠氮化合物和咪唑化合物。高氮化合物的主要组成单元可分为三类：结构单元、连接单元和取代基，结构单元以六元环的嗪类和五元环的唑类为主；连接单元有—NH—、—N ═N—、—HN—NH—和—N ═N—N ═N—等，其中最常见的是偶氮基和肼基；取代基除了传统的含能基团—NH_2 和—NO_2 外，还有高能基团—N_3。

5.4.6.2　含能氧化剂

目前广泛应用的氧化剂是高氯酸铵（AP）、黑索今（RDX）和奥克托今（HMX）。由于AP燃烧的产物有污染气体HCl产生且燃烧比冲较低，故相继又合成新型的氧化剂，如ADN、HNF等。ADN和HNF均是能量高、不含卤素、感度低、特征信号低的新型氧化剂，AND 化学安定性更好。

5.4.6.3 含能黏合剂

用含能黏合剂替代惰性黏合剂是提高含能材料性能的有效途径。含能黏合剂的合成与应用符合含能材料高能、钝感、低易损的发展方向。按照含能黏合剂相对分子质量的大小及其用途，可分为热固性含能黏合剂和热塑性含能黏合剂。常用的热固型含能黏合剂主要有叠氮类含能预聚物黏合剂、硝酸酯类含能预聚物黏合剂和二氟氨基类含能预聚物黏合剂等，常用的热塑性含能热塑性弹性体黏合剂主要是叠氮类含能热塑性弹性体黏合剂。

习题

1. 化学武器按毒害作用可以分为几类，并分析各类的毒害作用。
2. 简述化学武器的防护方法。
3. 简述新概念非致命化学武器的分类，举例说明其作用机理。
4. 简述生物武器的主要特点。
5. 简述常见生物武器的危害。
6. 举例说明如何防护常见生物武器。
7. 简述炸药的分类及常用炸药的基本性质。
8. 简述化学推进剂的分类和各种推进剂的组成。

第 6 章
化学与电子信息材料

化学与电子信息

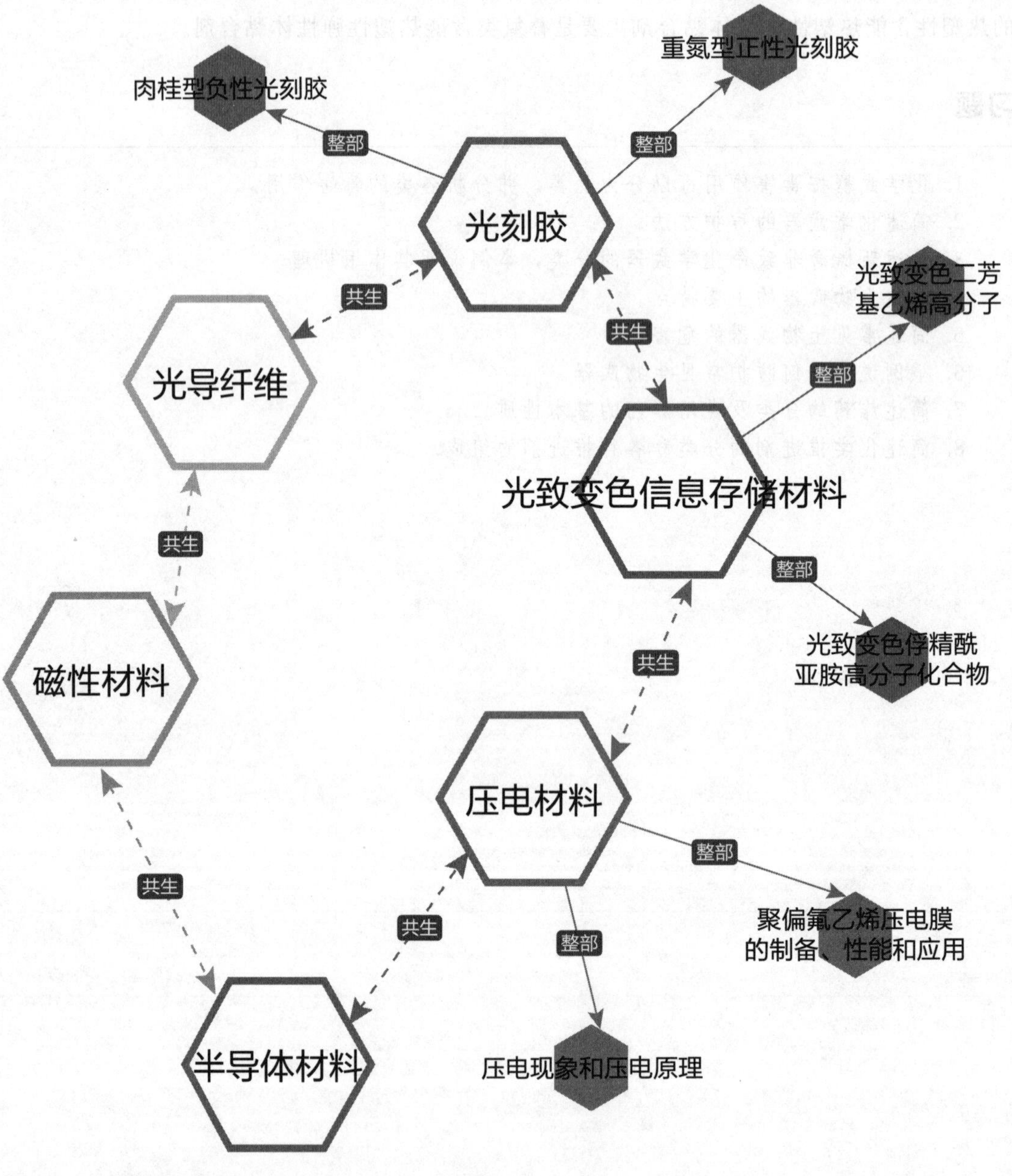

整部：即整体与部分的关系
属种：指一个概念的部分外延与另一个概念的全部外延重合的关系
递进：较前一知识，后一知识的程度或范围更进一层
依赖：前一知识的形成依赖后一知识，后一知识是学习前一知识的条件
应用：后一知识点是前一知识点的具体应用
共生：两个知识都是对同一个主题的不同方面进行介绍

材料、能源和电子信息是现代文明的三大支柱，而材料又是能源和电子信息技术的物质基础。例如信息的采集、记录、存储、显示、传输、处理和转换都离不开功能各异的电子信息材料。电子信息材料是指大规模集成电路、计算机、现代通信所必需的新材料以及发展和生产这些新材料所需的辅助材料，主要包括：半导体材料、磁性记录和存储材料、光导纤维、光刻胶、信息存储材料等。

6.1 半导体材料

半导体（semiconductor）技术是当今重要的科技领域之一。空间技术、新能源技术、电子信息技术、红外探测技术等都离不开半导体材料的使用。半导体材料是从 1947 年开始发展起来的，当时巴丁（J. Bardeen）和布拉顿（W. H. Brattain）发明了点接触晶体管，紧接着肖克利（W. B. Shockly）又发明了 p-n 结晶体管。这些半导体器件的出现，对半导体材料提出了新要求，因而推动了半导体材料的发展。

半导体材料的种类较多，按其化学组成可分为单质半导体和化合物半导体；按是否含杂质，可分为本征半导体和掺杂半导体。处在周期表 p 区的金属与非金属交界处的大多数元素单质多少都具有半导体特性，但具有实用价值、最优秀的单质半导体是硅和锗。化合物半导体多为ⅢA 和ⅣA 族元素的化合物，如 GaAs、InSb、AlP 等，其中 GaAs 用于计算机可使运算速度提高 10 倍以上，耗电只有硅半导体的 1/10，被认为是下一代最优秀的、能够取代硅的半导体材料。

如果将一个 p 型半导体与一个 n 型半导体相接触，组成一个 p-n 结，利用 p-n 结形成的接触电势差可对交变电源电压起整流作用以及对信号起放大作用。整个晶体管技术就是在 p-n 结的基础上发展起来的。利用半导体电导率随温度迅速变化的特点，可制作各种热敏电阻，用来制作测温元件；利用光照射能使半导体材料的电导率增大这一现象，可制作各种光敏电阻，用于光电自动控制、图像的静电复印以及制作半导体光电材料；利用温差能使不同半导体材料间产生温差电动势，可用以制作热电偶等。

半导体材料如单晶硅、多晶硅、砷化镓、硫化镉等，是制造利用太阳能所需的光电转换器件的材料。若在 p 型半导体表面沉积上极薄的 n 型杂质层，组成 p-n 结，这种半导体材料在光照射下，光线能完全透过这一薄层，满带中的电子吸收光子能量后跃迁到导带，并在半导体中同时产生电子和空穴。电子移到 n 区，空穴移到 p 区，使 n 区带负电荷，p 区带正电荷，形成光致电势差，如图 6-1 所示。利用这种光伏效应，可制成光电池使太阳能直接转化为电能。单晶硅是人们最早利用的太阳能光电转换材料，它的光电转换效率为 11%～14%。

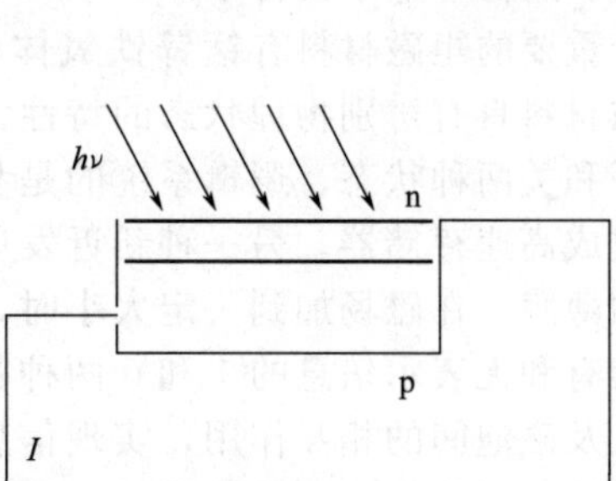

图 6-1　光伏效应示意图

现在许多国家都已建立了单晶硅太阳能发电站，虽说还无法与常规电能抗衡，但随着半导体技术的发展，特别是新型光电转换材料如非晶态硅薄膜使用和光电转换效率的提高，太阳能这种清洁的能源必将得到广泛的使用。

6.2 磁性材料

磁性材料是一种重要的电子信息材料。早期的磁性材料主要是金属及其合金。随着生产的发展，在电力工业、电信工程及高频无线电技术等领域，迫切要求提供一种具有很高电阻率的高效能磁性材料。在重新研究磁铁矿及其他具有磁性的氧化物的基础上，人们研制出了一种新型磁性材料——铁氧体。铁氧体属于氧化物系磁性材料，是以氧化铁和其他铁族元素或稀土元素氧化物为主要成分的复合氧化物，可用于制造能量转换、传输和信息存储的各种功能器件。

铁氧体磁性材料按其晶体结构可分为尖晶石型（MFe_2O_4）、石榴石型（R_3FeO_{12}）、磁铅石型（$MFe_{12}O_{19}$）、钙钛矿型（$MFeO_3$）。其中，M 为离子半径与 Fe^{2+} 相近的二价金属离子；R 为稀土元素。按铁氧体的用途不同，又可分为软磁、硬磁、矩磁和压磁等几类。

软磁材料是指在较弱的磁场下，容易磁化也容易退磁的一种铁氧体材料。有实用价值的软磁铁氧体主要是锰锌铁氧体（$Mn\text{-}ZnFe_3O_4$）和镍锌铁氧体（$Ni\text{-}ZnFe_3O_4$）。软磁铁氧体的晶体结构一般都是立方晶系尖晶石型，是目前各种铁氧体中用途较广、数量较大、品种较多、产值较高的一种材料，主要用作各种电感元件、录音磁带、录像磁头等。

硬磁材料是指磁化后不易退磁而能长期保留磁性的一种铁氧体材料，也称为永磁材料。硬磁铁氧体的晶体结构大都是六角晶系磁铅石型，其典型代表是钡铁氧体（$BaFe_{12}O_{19}$）。这种材料性能较好，成本较低，不仅可用作电信器件中的录音器、电话机及各种仪表的磁铁，而且在医学、生物和印刷显示等方面也得到了应用。

镁锰铁氧体（$Mg\text{-}MnFe_3O_4$）、镍铜铁氧体（$Ni\text{-}CuFe_2O_4$）及稀土石榴石型铁氧体（$3R_2O_3 \cdot 5Fe_3O_4$，其中 R 为三价稀土金属离子 Y^{3+}、Sm^{3+}、Gd^{3+} 等）是主要的旋磁铁氧体材料。磁性材料的旋磁性是指在两个互相垂直的直流磁场和电磁波磁场的作用下，电磁波在材料内部按一定方向的传播过程中，其偏振面会不断绕传播方向旋转的现象。旋磁现象实际应用在微波波段，因此旋磁铁氧体材料也称为微波铁氧体，主要用于雷达、通信、导航、遥测、遥控等电子设备中。

重要的矩磁材料有锰锌铁氧体和温度特性稳定的 Li-Ni-Zn 铁氧体、Li-Mn-Zn 铁氧体。矩磁材料具有辨别物理状态的特性，如电子计算机的 1 和 0 两种状态、各种开关和控制系统的开和关两种状态、逻辑系统的是和否两种状态等。几乎所有的电子计算机都使用矩磁铁氧体组成高速存储器。另一种新近发展的磁性材料是磁泡材料。这是利用某些石榴石型磁性材料的薄膜，在磁场加到一定大小时，磁畴会形成圆柱状的泡畴，貌似浮在水面上的水泡，以泡的有和无表示信息的 1 和 0 两种状态，由电路和磁场来控制磁泡的产生、消失、传输、分裂以及磁泡间的相互作用，实现信息的存储、记录和逻辑运算等功能，在电子计算机、自动控制等科学技术中有着重要的应用。

压磁材料是指磁化时能在磁场方向做机械伸长或缩短的铁氧体材料。目前，应用最多的是镍锌铁氧体、镍铜铁氧体和镍镁铁氧体等。压磁材料主要用于电磁能和机械能相互转换的超声器件、磁声器件及电信器件、电子计算机、自动控制器件等。

6.3 光导纤维

光纤通信的出现是信息传输的一场革命。它具有信息容量大、重量轻、占用空间小、抗电磁干扰、串话小和保密性强等明显优点，正在逐步替代电缆和微波通信。

光纤通信的基本原理是把声音变成电信号，由发光元件（如 GaP）变为光信号，由光导纤维传向远方，再由接收元件（如 CdS、ZnSe）恢复为电信号，使受话机发出声音。这种光通信的容量至少比目前的同轴电缆大 20 倍，中继距离长达上百千米，且可节约大量有色金属（每千米可节约铜 1.2t、铅 3.8t）。

光导纤维是基于光从一种折射率大的介质射入另一种折射率小的介质时，会发生全反射的原理制成的，主要由高折射率和透光度的内芯玻璃（芯料）和低折射率的涂层玻璃（皮料）构成，一般要求两种玻璃的热膨胀性能接近。芯材主要由非晶态石英玻璃组成，并掺杂 Ge、B、P 等氧化物，以改变折射率；皮料一般为高硅玻璃。为了保护光导纤维表面不受损伤，还需在其外层包裹一层塑料薄膜。光导纤维的制备工艺是，首先，将芯材熔炼浇铸成棒状，并对其进行光学冷加工和抛光；其次，将皮料玻璃制成圆管，并将棒状芯材插入皮料管中，电炉加热，拉成直径为 2mm 的单丝，多次拉丝，得到光导纤维。

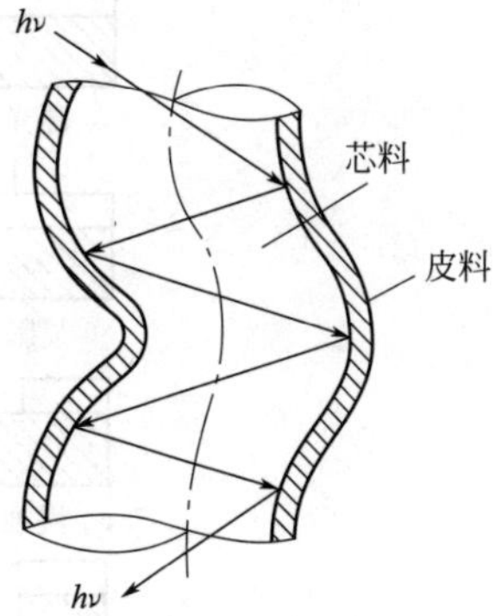

图 6-2　光传播示意图

由于光在芯料和皮料的界面上发生全反射，入射光几乎封闭在芯料内部。经过无数次全反射，光波以锯齿状的路线向前传播，由纤维的一端传向另一端（如图 6-2 所示）。目前实用的光导纤维主要是用高纯度石英玻璃（SiO_2）制成的，因皮料石英玻璃的折射率最低，因此在光传输过程中的损耗最小，已降至 $0.2dB \cdot km^{-1}$ 以下，已接近石英光纤的极限损耗值（$0.1dB \cdot km^{-1}$）。

6.4　光刻胶

感光树脂（photosensitive resin）是指在其主链和侧链中含有发色基团的、在光作用下能迅速发生分子内或分之间光化学反应，引起物理和化学性质改变的高分子，通常是指印刷和电子工业广泛使用的光刻胶。光刻胶吸收一定波长的光能量后，因发生光化学反应引起高分子的交联或降解，从而会导致高分子溶解度的变化，在溶剂中变得不溶或可溶解。根据这一特性，将光刻胶涂覆于基材上制成预涂感光版，在光的作用下进行表面图案化即光刻（图 6-3），光刻胶若发生光交联反应，溶剂显影时，感光部分高分子得到了保留，未曝光的高分子则被溶解，溶剂显影后得到与曝光掩模相反的负图像，即负片。反之，光刻胶若发生光分解反应，溶剂显影时，未曝光的部分得到了保留，而曝光部分的高分子则分解成可溶解性物质而被溶解，光照部分显影后形成与掩模一致的图像，即正片。

普通的光刻能够在毫米范围内产生宏观结构，可用于印刷版、印刷电路板等物件的制造，与传统的制版工艺相比，用光刻胶制版，具有自动化和高速化的特点。目前在大规模和超大规模集成电路中使用的微光刻技术发展迅速，而光刻胶是微电子技术中细微图形加工的关键材料之一，在大规模生产含微结构的计算机芯片过程中具有不可代替的作用，在未来对器件微型化需求的刺激下，新型光刻胶的研制、微光刻技术的完善和新光刻技术的开发必然会引起广泛的关注。

自 20 世纪 40 年代末和 50 年代初美国杜邦公司的艾伦（C. F. H. Allen）等和明斯科（L. M. minsk）等分别将肉桂酰基键合到聚苯乙烯和聚乙烯醇上得到光刻胶以来，以光刻胶为代表的各种感光树脂得到了飞速的发展。亚丙二酸乙二醇酯型、叠氮型、重氮型、查尔酮型、苯乙烯基吡啶型、苯基马来酰亚胺型、三氮烯型、聚酰亚胺型等感光树脂相继出现，并且在印刷、微电子工业、微结构制造等领域得到了广泛的应用。下面以肉桂型负性光刻胶和重氮型正性光刻胶为例，说明光刻胶的光化学反原理及其制备方法。

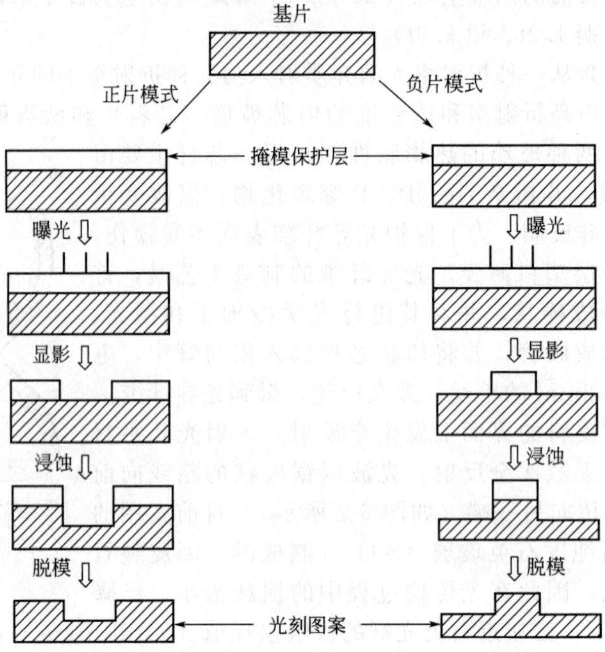

图 6-3　光刻过程示意图

6.4.1　肉桂型负性光刻胶

反式肉桂酸在稀溶液中，因分子间的距离远，难发生分子间的光反应，但可进行异构化反应。在固态时，反式肉桂酸有三种晶型：α、β 和 γ 晶型。其中 γ 晶型分子相距较远而不能发生光二聚反应。α 晶型中分子为头-尾排列，而 β 晶型中分子为头-头排列，因此，在约 260nm 紫外光照射下，α 和 β 型肉桂酸［2＋2］光二聚时分别形成头-尾和头-头构型的二聚体：

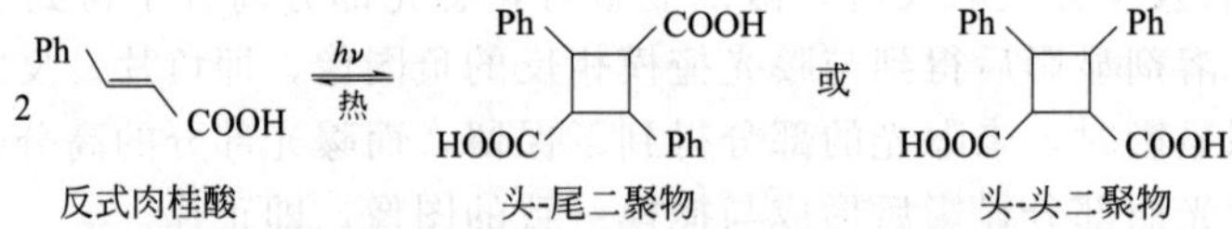

含肉桂酸酯基或肉桂酰基的光刻胶高分子的光化学反应同固体反式肉桂酸相似，肉桂基中的双键发生分子间的环化加成反应：

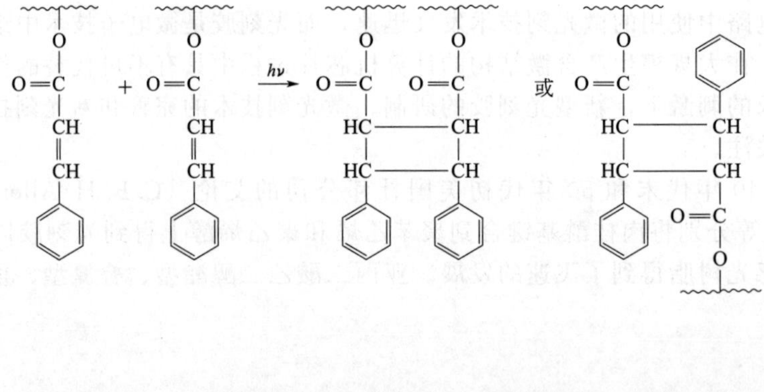

由于光交联作用，光照部分高分子在溶剂显影时，不被溶解，得到了保留，而未曝光的高分子则被溶解，溶剂显影后得到与曝光掩模相反的负图像（即负片）。因此，肉桂型光刻胶为负性光刻胶，可用作印刷版和印刷电路板的光致抗蚀材料。

肉桂型光刻胶通常可通过高分子与肉桂酸衍生物的化学反应制备。例如：含羟基的高分子（聚乙烯醇、聚乙二醇、丙烯酸羟乙酯-甲基丙烯酸甲酯共聚物、环氧树脂等）与（取代）肉桂酰氯反应可制备肉桂型负性光刻胶，反应式如下：

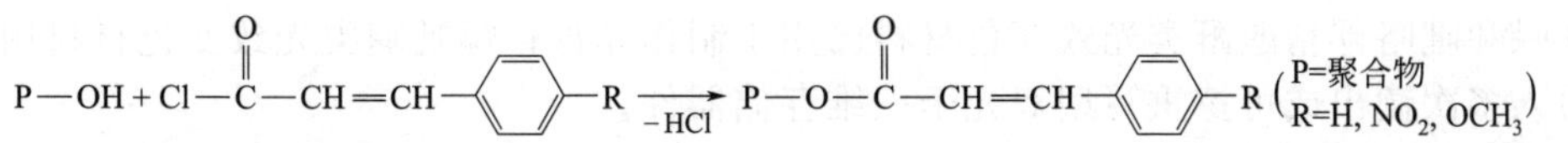

6.4.2 重氮型正性光刻胶

有机重氮化合物主要有两类：重氮盐和非盐类重氮化合物。重氮盐很容易通过芳胺的重氮化反应合成，非盐类重氮化合物的制备方法与重氮化方法有所差异，如应用最普遍的重氮萘醌-5-磺酰氯的合成反应为

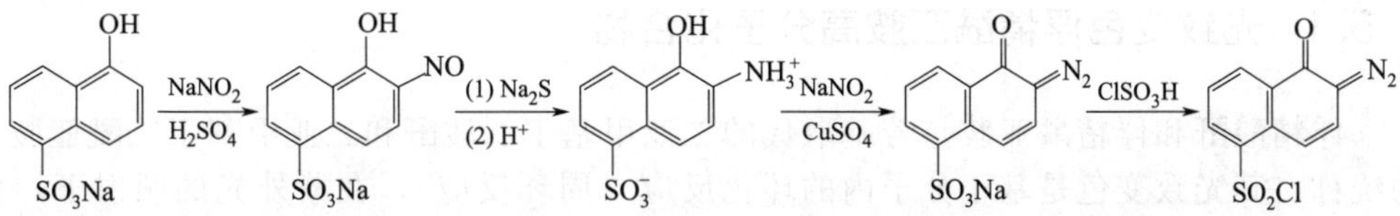

在集成电路和印刷光刻市场广泛使用的萘醌重氮化物不溶于水，在光照下，分解产生碳烯（carbene），经 Wangner-Meerwein 重排形成环烯酮（ketene），再与水反应生产吲哚羧酸，然后碱溶形成水溶性吲哚羧酸钠盐，反应式如下：

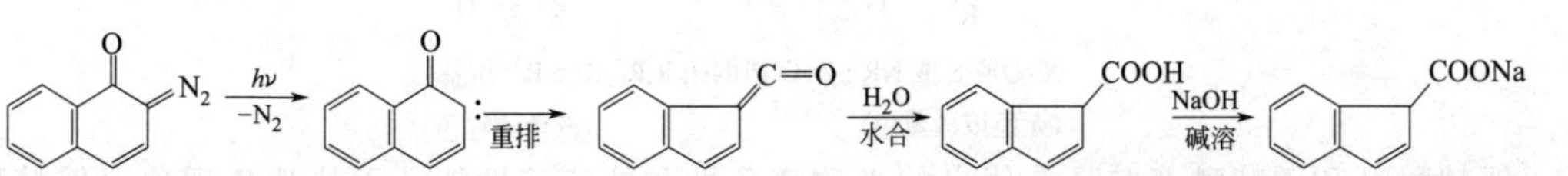

重氮化合物如萘醌重氮化物同特定的高分子直接复合可用作正性抗蚀材料。含重氮侧基的光刻胶可通过高分子的基团转化反应和含重氮基单体的聚合制备。例如：含羟基的高分子如聚乙烯醇、聚酯、聚醚、羟甲基丙烯酰胺共聚物、酚醛树脂、含酚羟基聚酰亚胺以及含氨基高分子与重氮萘醌-5-磺酰氯反应可以制备重氮型正性光刻胶，反应如下：

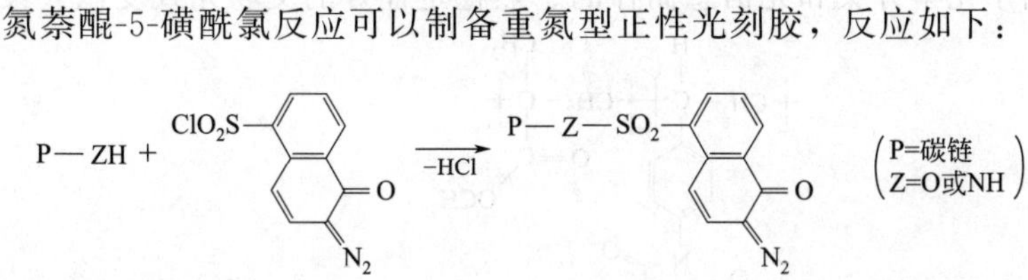

6.5 光致变色信息存储材料

光致变色化合物（A）受一定波长（λ_1）光的照射，发生互变异构、顺反异构、开环、闭环、基团迁移或氧化还原等光反应生成异构体（B），其吸收光谱发生明显的变化而导致

颜色的变化；且在另一波长（λ_2）的光照射或热的作用下发生可逆光反应或热反应，生成原来的化合物 A，从而又恢复到原来的颜色：

$$A(\lambda_1) \underset{h\nu_2\ 或\triangle}{\overset{h\nu_1}{\rightleftharpoons}} B(\lambda_2)$$

从信息存储的角度看，合适能量的光子作用到光致变色物质上使其变为另一不同颜色的构型，即可完成信息的存储过程；在另一种能量的光子或热的作用下所记录的信息可以被擦除，回到起始状态。由此可见，光致变色物质最适合于做可擦重写型光信息存储介质。例如，吲哚和吡咯俘精酸酐类光致变色材料已用于制作光盘；螺吡喃类光致变色材料用于制作一次写入多次读出或可擦重写型双光子三维存储器件。

光致变色物质用作光信息存储介质的优点是：存储密度高（理论上可达到 10^{15} bit・cm^{-2}）、灵敏度高、速度快（理论上可达到纳秒级）、可用低成本的旋转涂布法制作光盘、光性能易于通过分子设计来调控等。但此类光致变色材料要用作实用的光新型存储介质，还需解决其耐疲劳性能、存储寿命、记录阈值等问题。从目前的研究来看，俘精酸酐（或俘精酰亚胺）和二芳基乙烯高分子是有较高实用价值的光致变色信息存储材料。

6.5.1 光致变色俘精酰亚胺高分子化合物

俘精酸酐和俘精酰亚胺是芳基取代的二亚甲基丁二酸酐和二亚甲基丁二酰亚胺类化合物的统称。其光致变色是基于分子内的环化反应（周环反应），在紫外光的照射下，由无色或淡黄色的开环异构体变成蓝色或红色的闭环异构体：

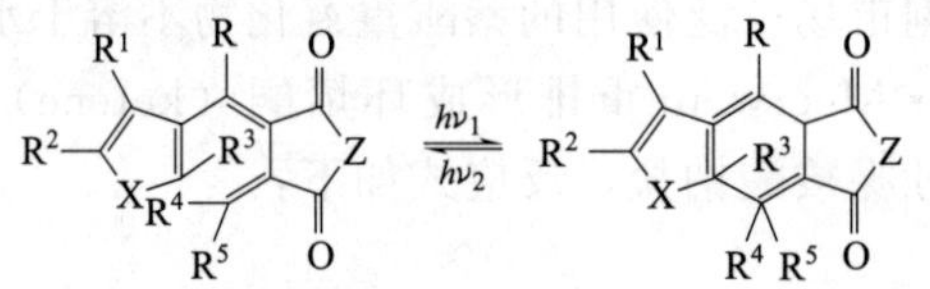

X=O或 S 或 NR′; Z=O 或 NH; R,R′, R^1～R^5=烷基

(无色或淡黄色)　　　　(蓝色或红色)

俘精酸酐和俘精酰亚胺具有优良的光致变色性和抗疲劳性能，无热褪色现象。俘精酸酐特别是 5-二甲基胺吲哚取代的俘精酸酐在实现非破坏性读出、可逆的擦写方面具有很好的操作性。光致变色俘精酰亚胺高分子一般可通过含俘精酰亚胺基团的单体聚合法将俘精酰亚胺光致变色基团键合于高分子上。含俘精酰亚胺结构单元的双烯烃单体与甲基丙烯酸甲酯一起共聚，得到用于光学开关和光信息储存的、热稳定性好的交联光致变色共聚物：

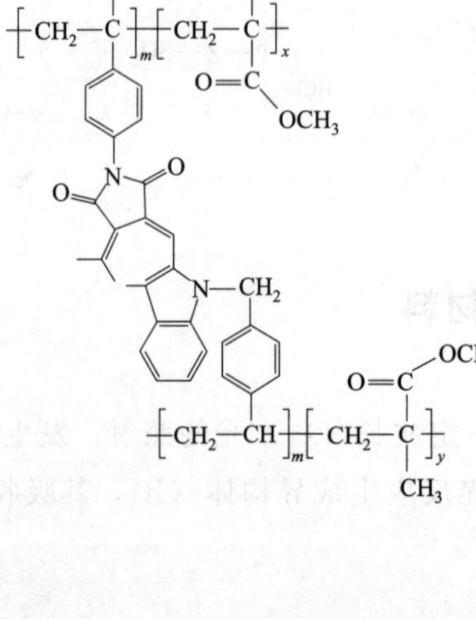

6.5.2　光致变色二芳基乙烯高分子

芳杂环基取代的二芳基乙烯类光致变色化合物普遍表现出良好的热不可逆性和抗疲劳性（开环/闭环循环大于 10^4 次）。例如，1,2-双(2-甲基-5-苯基-3-噻吩基)全氟环戊烯在黑暗及 30℃下非常稳定（大于 1900 年），但其有色异构体在室温和可见光下很容易回到其无色的异构体。芳杂环基取代的二芳基乙烯具有一个共轭的六电子的己三烯母体结构，同俘精酸酐类似，它的光致变色也是由于分子内的环化反应（周环反应）：

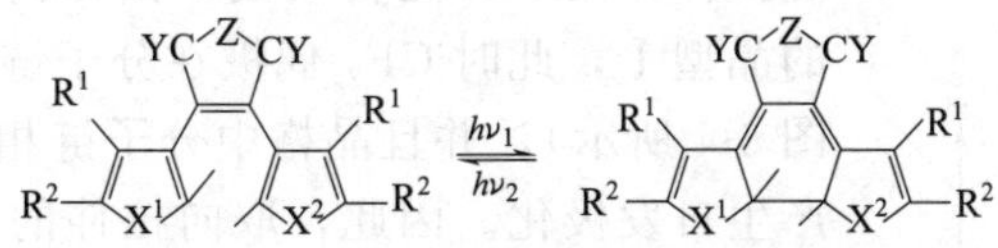

X^1, X^2=S 或 NR; Z=Y=O 或 Y=O, Z=NR 或 Y=F_2, Z=CF_2

（无色或淡黄色）　（红色或蓝色）

光致变色二芳基乙烯高分子一般可通过单体加聚、开环复分解聚合、Wittig 缩聚反应、氧化聚合、高分子基团反应来制备。例如，通过含 1,2-双(3-噻吩基）全氟环戊烯结构单元的对乙烯基苯甲酸酯进行加聚反应，可制备侧链含光致变色 1,2-双(3-噻吩基)全氟环戊烯基团的高分子材料：

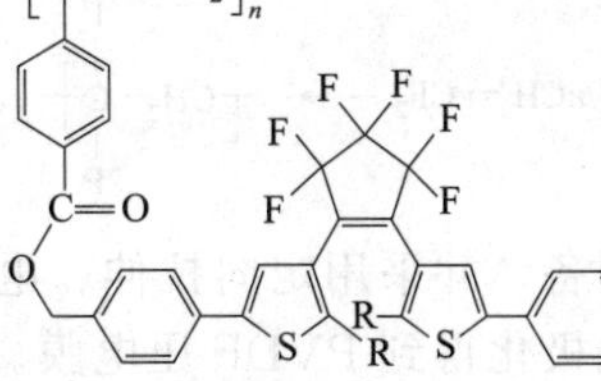

上述高分子化合物在溶液和固态均表现出优异的光色性能和快速的热褪色，在通过光写/热擦方式反复读写的显示和图像记录方面具有潜在的应用价值。

6.6　压电材料

物质受外力作用能够产生电荷或在电场作用下能够发生形变的性质称为压电性（piezoelectricity）。当物质受到机械或感应到振动信号时，在两电极面间将会有电压信号输出；反之，施加电信号时，也可以将电信号转换成振动信号。压电材料是一类能够实现机械能和电能互相转换的功能材料，主要包括压电陶瓷和压电高分子，在通信、噪声控制、无损检测、医疗、保安、电声设备及军事领域等均具有广阔的应用前景。

6.6.1　压电现象和压电原理

1880 年，居里兄弟（J. Curie 和 P. Curie）最早发现了单晶的压电性。随后，他们又用实验验证了逆压电效应，即给晶体施加电场时，晶体会产生几何形变。20 世纪 40 年代，人们发现了多晶压电陶瓷——钛酸钡铁电体，开始了压电材料的实际应用，但钛酸钡压电性弱并随温度变化。1954 年，贾非（B. Jaffe）等发现压电性优良的锆酸铅-钛酸铅固熔体（PZT），开创了压电陶瓷材料的新纪元。1920 年，日本的 F. Eguchi 用巴西棕榈蜡合成人类第一块驻极体（Electret）。1956 年，日本的 E. Fukada 研究了生物高分子的压电性。1969 年，日本的 H. Kwai 发现单轴拉伸的聚偏氟乙烯（polyvinylidene fluoride，PVDF）有较大的压电性，开创了高分子压电材料的研究领域。

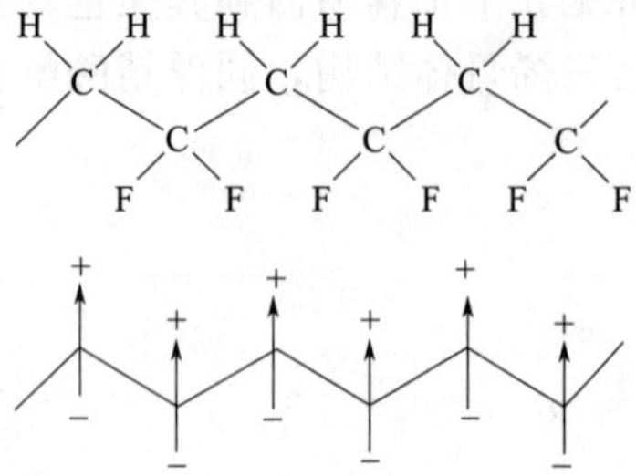

图 6-4　PVDF 的 β 构型分子结构

PVDF 为高度结晶的高分子，有三种晶型，α 相（晶型Ⅰ）、β 相（晶型Ⅱ）和 γ 相。α 相具有螺旋结构，分子链呈 TGTG 构型，偶极相互抵消，不具有压电性。但在高温拉伸作用下，能转变成平面锯齿状结构，即属斜方晶系的晶型Ⅰ，此时 CF_2 偶极在分子链成直角且方向一致（如图 6-4 所示），并且晶格中分子链相互平行且方向一致，会产生自发极化。因此，取向拉伸的 PVDF 薄膜在外加直流高压电作用下，发生极化，冷却后形成了薄膜两面带相反电荷的驻极体。PVDF 的压电效应可用偶极子模型来加以解释。拉伸时，偶极子沿薄膜厚度方向取向，导致驻极体表面电荷的变化而出现压电效应。

6.6.2　聚偏氟乙烯压电膜的制备、性能和应用

聚偏氟乙烯可通过偏二氟乙烯加聚合成：

$$n\mathrm{CH_2{=}CF_2} \longrightarrow \left[\mathrm{CH_2-\underset{F}{\overset{F}{C}}}\right]_n$$

PVDF 薄膜用热压和流延法制备，并采用定向拉伸、电场极化或高压结晶等方式制备具有压电性的 β 晶型薄膜，然后加电极化得到 PVDF 压电膜。

同无机压电陶瓷相比，压电高分子 PVDF 等具有声阻抗低、介电常数低、抗冲击、稳定性高、易加工成型、易制作成大面积元件等特点。虽说压电常数小于 PZT，但介电常数比 PZT 低很多，压电电场输出反而比 PZT 大一个数量级，且音响阻抗小、共振敏锐度大，容易得到短脉冲振荡。表 6-1 列出了 PVDF、聚氟乙烯（PVF）和压电陶瓷的主要性能。

表 6-1　压电高分子和压电陶瓷的物理性质

性　能	PVDF	PVF	PZT	$BaTiO_3$	水晶
压电应变常数 d_{31}/$pC \cdot N^{-1}$	20	1	110	78	2
电压输出常数 g_{31}/$10^{-3} V \cdot m \cdot N^{-1}$	174	20	11	5	50
热电系数/$\mu C \cdot m^{-2} \cdot K^{-1}$	25		289		
弹性系数/GPa	10		115		
介电常数 ε	13	5	1200	1700	4.5
声阻抗/$10^6 kg \cdot m^{-2}$	2.7		25	25	15
密度/$g \cdot cm^{-3}$	1.78	1.38	7.5	5.7	2.65

PVDF 具有声阻抗与水介质较接近等优点，所以是一种很有前途的声传感器材料，它克服了压电陶瓷 PZT 脆而重、做成大基阵时容易开裂、低频压电效果差等缺点，特别适合作拖曳线阵和大面积舷侧阵的水听器，是近代先进声呐水听器的理想换能材料。法国弹道导弹

核潜艇胜利号（S-616）上就安装了用压电 PVDF 制成的宽孔径基阵声呐。此外，PVDF 还常用作音频转换器、超声波探测器、水声换能器、电子琴键开关、激光功率表、热电光电摄像管、红外探测器元件、火焰探测器、触发军械引信装置等。

习题

1. 简述半导体材料的工作原理。
2. 简述铁氧体磁性材料的种类。
3. 简述光导纤维的光导原理。
4. 简述利用太阳能的光电基本原理。
5. 简述光刻胶用于印刷电路板的工作原理。
6. 简述光致变色信息存储材料的基本原理，分析它们的其他用途。
7. 什么是材料的压电性？简述其工作原理。
8. 压电材料在军事上有何用途？

参 考 文 献

[1] 浙江大学普通化学教研组．普通化学．7版．北京：高等教育出版社，2017.

[2] 曲保中，朱炳林．周伟红．新大学化学．4版．北京：科学出版社，2018.

[3] 谢克难．大学化学教程．北京：科学出版社，2006.

[4] 张炜．大学化学．北京：化学工业出版社，2008.

[5] 同济大学普通化学及无机化学教研室．普通化学．2版．北京：高等教育出版社，2022.

[6] 吴瑜端．海洋环境化学．北京：科学出版社，1982.

[7] 张正斌．海洋化学．青岛：中国海洋大学出版社，2004.

[8] John Rumble. CRC Handbook of Chemistry and Physics. 71st Ed. New York：Crc Press Inc，2023.

[9] Dean J A. Lang's Handbook of Chemistry. 11st Ed. New York：McGraw-Hill Book Co，1973.

[10] 张洪彬，韦桂欢，龙庆云．潜艇大气成分检测存在问题及发展对策．舰船科学技术，2024，46（17）：8-13.

[11] 李经．常规潜艇舱室大气环境控制技术与研究．舰船电子工程，2009，29（1）：42-45.

[12] 倪伟，颜欢，王朋辉，等．潜艇舱室供养技术研究进展．舰船科学技术，2016，38（9）：138-141.

[13] 孙新福，施红旗，姜勇．未来潜艇大气环境监测系统可行性研究．舰船科学技术，2010，32（9）：21-25.

[14] 李俊华，焦桂萍，邓辉，等．潜艇大气环境控制关键技术研究现状与展望．中国舰船研究，2022，17（5）：116-124.

[15] 葛付祥．浅析舰用锅炉水垢的生成、危害与防止．船舶工业技术经济信息，2005（5）：50-52.

[16] 刘芬芬，孙海军，路晓东，等．舰船锅炉炉内处理现状、问题及改进措施．舰船科学技术，2009，31（12）：40-43.

[17] 王方．现代离子交换与吸附技术．北京：清华大学出版社，2015.

[18] 蔡年生．铝/氧化银鱼雷动力电池的安全性分析．鱼雷技术，1998，6（1）：5-9.

[19] 蒋洪一，白瑞发，房哲飞，等．鱼雷动力电池研究进展综述．船电技术，2024，43（5）：57-61.

[20] 高新龙，王宇轩，李学海．从装备需求看鱼雷动力电池发展．鱼雷技术，2016，24（3）：206-210＋234.

[21] 高月．防不胜防的暗箭——现代鱼雷的发展及应用．舰载武器，2011，(7)：78-86.

[22] 蒋洪一，白瑞发，房哲飞，等．鱼雷动力电池研究进展综述．船电技术，2023，43（5）：57-61.

[23] 伍赛特．常规潜艇 AIP 系统应用可行性分析．上海节能，2023（10）：1488-1499.

[24] 袁斌，赵梦文，周毓轩，等．国外潜艇燃料电池 AIP 技术发展现状及趋势．船电技术，2023，43（11）：18-22.

[25] 黄振军，武晓云，林志民．燃料电池 AIP 潜艇用氢源技术的发展现状及分析．电源技术，2017，41（11）：1664-1666.

[26] 赵鑫，郭建强，王晓兵．燃料电池质子交换膜技术发展概述．汽车零部件，2023（12）：85-88.

[27] 李大鹏，张晓东．俄罗斯 AIP 潜艇电化学发电机装置．船电技术，2012，32（1）：5-8.

[28] 马媛艺．质子交换膜燃料电池在电动汽车中的应用．现代车用动力，2024，(2)：6-9＋23.

[29] 侯世忠．阴极保护技术的研究与应用．全面腐蚀控制，2018，32（10）：39-44＋65.

[30] 卢义明．浅析海警舰艇防腐蚀新技术．公安海警学院学报，2014，13（3）：6-8.

[31] 沈钟吕，周山，陈人金．防腐涂料生产与应用技术．北京：中国建材工业出版社，1994.

[32] 高南，华家栋，俞善庆，等．特种涂料．上海：上海科学技术出版社，1984.

[33] 赵金榜．环境友好型海洋防污涂料的类型及目前实际进展．上海染料，2023，51（3）：30-35.

[34] 张佐光．功能复合材料．北京：化学工业出版社，2004.

[35] 张玉龙．隐身材料．北京：化学工业出版社，2018.

[36] 刘棣华．粘弹阻尼减振降噪应用技术．北京：中国宇航出版社，1990.

[37] 陈宪刚．浅谈舰船用高分子阻尼材料的现状及应用．橡塑资源利用，2022，(2)：11-14.

[38] 李中云，王继承．多孔吸声材料吸声性能优化及工程应用．计量与测试技术，2024，51（3）：85-88＋92.

[39] 郭小晶．新型高分子阻燃隔声减振材料的研究与生产．化学工程与装备，2017，(9)：37-40.

[40] 张林芳．聚氨酯水声吸声材料的发展及应用．橡塑资源利用，2021，(5)：31-34＋38.

[41] 张亚如，夏炎．化学武器知多少——化学毒剂的基本介绍及其去污技术的发展．大学化学，2021，36（2）：57-65.

[42] 郭秋萍，鄢芳勇，周建，等．非致命武器发展现状及趋势．中国军转民，2024（11）：60-61.

[43] 莫志宏．化学武器发展研究．化学工程与装备，2014，(5)：163-164.

[44] Schnabel W. 高分子与光：基础与应用技术（中译本）．北京：化学工业出版社，2010.

[45] 朱思宇，高洁，晏晓东，等．基于离子液体和二芳基乙烯的离子凝胶的光致变色、导电、自修复及柔性传感性能．无机化学学报，2022，38（12）：2363-2371.

[46] 刘玉，董雨，康弘斌，等．两个色烯类有机光致变色体的结构分析．红河学院学报，2023，21（5）：129-132.

[47] 余红伟，魏徽，晏欣．化学原理及应用．北京：化学工业出版社，2015.

附　录

附录 1　一些物质的热力学性质（100kPa 和 298.15K）

物质	$\Delta_f H^{\ominus}_{m,B}$/kJ·mol^{-1}	$\Delta_f G^{\ominus}_{m,B}$/kJ·mol^{-1}	$S^{\ominus}_{m,B}$/J·K^{-1}·mol^{-1}
Ag(s)	0	0	42.55
AgCl(s)	−127.07	−109.78	96.2
Ag_2O(s)	−31.0	−11.2	121
Al(s)	0	0	28.3
Al_2O_3(α,刚玉)	−1676	−1582	50.92
Br_2(l)	0	0	152.23
Br_2(g)	30.91	3.11	245.46
HBr(g)	−36.4	−53.45	198.70
Ca(s)	0	0	41.6
CaC_2(s)	−62.8	−67.8	70.3
$CaCO_3$(方解石)	−1206.92	−1128.8	92.9
CaO(s)	−635.09	−604.2	39.75
$Ca(OH)_2$(s)	−986.50	−896.69	76.1
C(石墨)	0	0	5.740
C(金刚石)	1.879	2.900	2.38
CO(g)	−110.52	−137.17	197.67
CO_2(g)	−393.5	−394.36	213.64
CS_2(l)	89.70	65.27	151.3
CS_2(g)	117.4	67.12	237.4
CCl_4(l)	−135.4	−65.20	216.4
CCl_4(g)	−103	−60.60	309.8
HCN(l)	108.9	124.9	112.8
HCN(g)	135	125	201.8
Cl_2(g)	0	0	223.07
Cl(g)	121.67	105.68	165.20
HCl(g)	−92.307	−95.299	186.91
Cu(s)	0	0	33.15
CuO(s)	−157	−130	42.63
Cu_2O(s)	−169	−146	93.14
F_2(g)	0	0	202.3
HF(g)	−271	−273	173.78
Fe(s)	0	0	27.3
$FeCl_2$(s)	−341.8	−302.3	117.9
$FeCl_3$(s)	−399.5	−334.1	142
FeO(s)	−272		
Fe_2O_3(赤铁矿)	−824.2	−742.2	87.40
Fe_3O_4(磁铁矿)	−1118	−1015	146
$FeSO_4$(s)	−928.4	−820.8	108

续表

物质	$\Delta_f H^{\ominus}_{m,B}$/kJ·$mol^{-1}$	$\Delta_f G^{\ominus}_{m,B}$/kJ·$mol^{-1}$	$S^{\ominus}_{m,B}$/J·K^{-1}·mol^{-1}
$H_2(g)$	0	0	130.68
H(g)	217.97	203.24	114.71
$H_2O(l)$	−285.83	−237.18	69.91
$H_2O(g)$	−241.82	−228.57	188.83
$H_2(g)$	0	0	130.68
H(g)	217.97	203.24	114.71
$H_2O(l)$	−285.83	−237.18	69.91
$H_2O(g)$	−241.82	−228.57	118.83
$I_2(s)$	0	0	116.14
$I_2(g)$	62.438	19.33	260.7
I(g)	106.84	70.267	180.79
HI(g)	26.5	1.7	206.59
Mg(s)	0	0	32.5
MgO(s)	−601.83	−569.55	27
$Mg(OH)_2(s)$	−924.66	−833.68	63.14
Na(s)	0	0	51.0
$Na_2CO_3(s)$	−1131	−1084	136
$NaHCO_3(s)$	−947.7	−851.8	102
$Na_2O(s)$	−416	−377	72.8
$N_2(g)$	0	0	191.6
$NH_3(g)$	−46.11	−16.5	192.4
$N_2H_4(l)$	50.63	149.3	121.2
NO(g)	90.25	86.57	210.76
$NO_2(g)$	33.2	51.32	240.1
$N_2O(g)$	82.05	104.2	219.8
$N_2O_3(g)$	83.72	139.4	312.3
$N_2O_4(g)$	9.16	97.89	304.3
$N_2O_5(g)$	11	115	356
$HNO_3(g)$	−135.1	−74.72	266.4
$HNO_3(l)$	−173.2	−79.83	155.6
$NH_4HCO_3(s)$	−849.4	−666.0	121
$O_2(g)$	0	0	205.14
O(g)	249.17	231.73	161.06
$O_3(g)$	143	163	238.9
P(s,白磷)	0	0	41.1
P(红磷,三斜)	−18	−12	22.8
$P_4(g)$	58.91	24.5	280.0
$PCl_3(g)$	−287	−268	311.8
$PCl_5(g)$	−375	−305	364.6
$POCl_3(g)$	−558.48	−512.93	325.4
$H_3PO_4(s)$	−1279	−1119	110.5
S(正交)	0	0	31.8
S(g)	278.81	238.25	167.82
$H_2S(g)$	−20.6	−33.6	205.8
$SO_2(g)$	−296.83	−300.19	248.2
$SO_3(g)$	−395.7	−371.1	256.7
Si(s)	0	0	18.8
$SiH_4(g)$	34	56.9	204.6
SiO_2(石英)	−910.94	−856.64	41.84

续表

物质	$\Delta_f H^{\ominus}_{m,B}$/kJ·mol^{-1}	$\Delta_f G^{\ominus}_{m,B}$/kJ·mol^{-1}	$S^{\ominus}_{m,B}$/J·K^{-1}·mol^{-1}
SiO_2(s,无定形)	−903.49	−850.79	46.9
Zn(s)	0	0	41.6
$ZnCO_3$(s)	−394.4	−731.52	82.4
ZnO(s)	−348.3	−318.3	43.64
CH_4(g)	−74.81	−50.72	188.0
C_2H_6(g)	−84.68	−32.8	229.6
C_3H_8(g)	−103.8	−23.4	270.0
C_4H_{10}(g)	−124.7	−15.6	310.1
C_2H_4(g)	52.26	68.15	219.6
C_3H_6(g)	20.4	62.79	267.0
C_4H_8(g)	1.17	72.15	307.5
C_2H_2(g)	226.7	209.2	200.9
C_6H_6(l)	48.66	123.1	
CH_3OH(l)	−238.7	−166.3	127
C_2H_5OH(l)	−277.7	174.8	161
n-C_4H_9OH(l)	−327.1	−163.0	228
HCHO(g)	−117	−113	218.8
CH_3CHO(l)	−166.2	128.9	250
$(CH_3)_2CO$(l)	−248.2	−155.6	
HCOOH(l)	−424.7	361.3	129.0
CH_3COOH(l)	−484.5	−390	160
$(CH_3)_2O$(l)	−77.82	−11.7	153.8
$CHCl_2CH_3$(l)	−160	−75.6	211.8
CH_2ClCH_2Cl(l)	−165.2	−79.52	208.5
$CCl_2=CH_2$(l)	−24	24.5	201.5
$CCl_2=CH_2$(g)	2.4	25.1	289.0
CH_3NH_2(l)	−47.3	36	150.2
CH_3NH_2(g)	−23.0	32.2	243.4

注：数据摘自 D. R. Lide 著《Lange's Handbook of Chemistry》第 11 版，并按 1cal=4.184J 加以换算。标准态压力 $p^{\ominus}$已由 101.325kPa 换算为 100kPa。

附录 2 一些常见弱电解质在水溶液中的 $K_a^{\ominus}$ 或 $K_b^{\ominus}$ 值

电解质	酸碱定义式	温度/℃	$K_a^{\ominus}$或$K_b^{\ominus}$	p$K_a^{\ominus}$或 p$K_b^{\ominus}$
乙酸	$HAc \rightleftharpoons H^+ + Ac^-$	25	($K_a^{\ominus}$)1.76×10^{-5}	4.75
硼酸	$H_3BO_3 \cdot H_2O \rightleftharpoons [B(OH)_4]^- + H^+$	20	($K_a^{\ominus}$)7.3×10^{-10}	9.14
碳酸	$H_2CO_3 \rightleftharpoons H^+ + HCO_3^-$	25	($K_{a1}^{\ominus}$)4.30×10^{-7}	6.37
	$HCO_3^- \rightleftharpoons H^+ + CO_3^{2-}$	25	($K_{a2}^{\ominus}$)5.61×10^{-11}	10.25
氢氰酸	$HCN \rightleftharpoons H^+ + CN^-$	25	($K_a^{\ominus}$)4.93×10^{-10}	9.31
氢硫酸	$H_2S \rightleftharpoons H^+ + HS^-$	18	($K_{a1}^{\ominus}$)9.1×10^{-8}	7.04
	$HS^- \rightleftharpoons H^+ + S^{2-}$	18	($K_{a2}^{\ominus}$)1.1×10^{-12}	11.96
草酸	$H_2C_2O_4 \rightleftharpoons H^+ + HC_2O_4^-$	25	($K_{a1}^{\ominus}$)5.90×10^{-2}	1.23
	$HC_2O_4^- \rightleftharpoons H^+ + C_2O_4^{2-}$	25	($K_{a2}^{\ominus}$)6.40×10^{-5}	4.19
甲酸	$HCOOH \rightleftharpoons H^+ + HCOO^-$	20	($K_a^{\ominus}$)1.77×10^{-4}	3.75

续表

电解质	酸碱定义式	温度/℃	$K_a^\ominus$或$K_b^\ominus$	$pK_a^\ominus$或$pK_b^\ominus$
磷酸	$H_3PO_4 \rightleftharpoons H^+ + H_2PO_4^-$	25	$(K_{a1}^\ominus)7.52\times10^{-3}$	2.12
	$H_2PO_4^- \rightleftharpoons H^+ + HPO_4^{2-}$	25	$(K_{a2}^\ominus)6.23\times10^{-8}$	7.21
	$HPO_4^{2-} \rightleftharpoons H^+ + PO_4^{3-}$	25	$(K_{a3}^\ominus)2.2\times10^{-13}$	12.67
亚硫酸	$H_2SO_3 \rightleftharpoons H^+ + HSO_3^-$	18	$(K_{a1}^\ominus)1.54\times10^{-2}$	1.81
	$HSO_3^- \rightleftharpoons H^+ + SO_3^{2-}$	18	$(K_{a2}^\ominus)1.02\times10^{-7}$	6.91
亚硝酸	$HNO_2 \rightleftharpoons H^+ + NO_2^-$	12.5	$(K_a^\ominus)4.6\times10^{-4}$	3.37
氢氟酸	$HF \rightleftharpoons H^+ + F^-$	25	$(K_a^\ominus)3.53\times10^{-4}$	3.45
硅酸	$H_2SiO_3 \rightleftharpoons H^+ + HSiO_3^-$	（常温）	$(K_{a1}^\ominus)2\times10^{-10}$	9.70
	$HSiO_3^- \rightleftharpoons H^+ + SiO_3^{2-}$	（常温）	$(K_{a2}^\ominus)1\times10^{-12}$	12.00
氨水	$NH_3 \cdot H_2O \rightleftharpoons NH_4^+ + OH^-$	25	$(K_b^\ominus)1.77\times10^{-5}$	4.75

注：数据主要录自 D. R. Lide 著《CRC Handbook of Chemistry and Physics》，第 71 版，1990—1991。

附录 3 一些常见难溶物质的溶度积常数

难溶物质	化学式	温度/℃	$K_s^\ominus$
氯化银	$AgCl$	25	1.77×10^{-10}
溴化银	$AgBr$	25	5.35×10^{-13}
碘化银	AgI	25	8.51×10^{-17}
氢氧化银	$AgOH$	20	1.52×10^{-8}
铬酸银	Ag_2CrO_4	25	9.0×10^{-12}
硫酸钡	$BaSO_4$	25	1.07×10^{-10}
碳酸钡	$BaCO_3$	25	2.58×10^{-9}
铬酸钡	$BaCrO_4$	18	1.17×10^{-10}
碳酸钙	$CaCO_3$	25	4.96×10^{-9}
硫酸钙	$CaSO_4$	25	7.1×10^{-5}
磷酸钙	$Ca_3(PO_4)_2$	25	2.07×10^{-33}
氢氧化铜	$Cu(OH)_2$	25	5.6×10^{-20}
硫化铜	CuS	18	1.27×10^{-36}
氢氧化铁	$Fe(OH)_3$	18	2.64×10^{-39}
氢氧化亚铁	$Fe(OH)_2$	18	4.87×10^{-17}
硫化亚铁	FeS	18	4.59×10^{-19}
碳酸镁	$MgCO_3$	12	6.82×10^{-6}
氢氧化镁	$Mg(OH)_2$	18	5.61×10^{-12}
氢氧化锰	$Mn(OH)_2$	18	2.06×10^{-13}
硫化锰	MnS	18	4.65×10^{-14}
硫酸铅	$PbSO_4$	18	1.82×10^{-8}
硫化铅	PbS	18	9.04×10^{-29}
碘化铅	PbI_2	25	8.49×10^{-7}
碳酸铅	$PbCO_3$	18	1.46×10^{-13}
铬酸铅	$PbCrO_4$	18	1.77×10^{-14}
碳酸锌	$ZnCO_3$	18	1.19×10^{-10}
硫化锌	ZnS	18	2.93×10^{-29}
硫化镉	CdS	18	1.40×10^{-29}
硫化钴	CoS	18	3×10^{-26}
硫化汞	HgS	18	$4\times10^{-23}\sim2\times10^{-49}$

注：数据主要摘自 D. R. Lide 著《CRC Handbook of Chemistry and Physics》，第 71 版，1990—1991。

附录 4 一些配离子的稳定常数

配离子	$K^{\ominus}$(稳)	配离子	$K^{\ominus}$(稳)
$[Cd(NH_3)_6]^{2+}$	1.4×10^{5}	$[Hg(CN)_4]^{2-}$	2.51×10^{41}
$[Co(NH_3)_6]^{2+}$	1.29×10^{5}	$[Ag(SCN)_2]^{-}$	1.2×10^{9}
$[Co(NH_3)_6]^{3+}$	1.58×10^{35}	$[Cu(SCN)_2]^{-}$	1.51×10^{5}
$[Cu(NH_3)_2]^{+}$	7.24×10^{10}	$[Hg(SCN)_2]^{2-}$	1.7×10^{21}
$[Cu(NH_3)_4]^{2+}$	2.09×10^{13}	$[Al(OH)_4]^{-}$	1.07×10^{33}
$[Ni(NH_3)_6]^{2+}$	5.5×10^{8}	$[Cu(OH)_4]^{2-}$	3.16×10^{18}
$[Pt(NH_3)_6]^{2+}$	1.99×10^{35}	$[Zn(OH)_4]^{2-}$	4.57×10^{17}
$[Ag(NH_3)_2]^{+}$	1.1×10^{7}	$[AlF_6]^{3-}$	6.92×10^{19}
$[Zn(NH_3)_4]^{2+}$	2.88×10^{9}	$[HgCl_4]^{2-}$	1.17×10^{15}
$[Ag(S_2O_3)_2]^{3-}$	2.89×10^{13}	$[PtCl_4]^{2-}$	1.0×10^{16}
$[Ag(CN)_2]^{-}$	1.26×10^{21}	$[HgBr_4]^{2-}$	1×10^{21}
$[Cu(CN)_2]^{-}$	1×10^{24}	$[HgI_4]^{2-}$	6.76×10^{29}
$[Fe(CN)_6]^{3-}$	1×10^{42}	$[PbI_4]^{2-}$	1.17×10^{4}
$[Zn(CN)_4]^{2-}$	5.0×10^{16}	$[Ni(乙二胺)_3]^{2+}$	2.14×10^{18}

注：数据主要摘自 J. A. Dean 著《Lang's Handbook of Chemistry》，第 15 版，1999。

附录 5 一些电对的标准电极电势 (298.15K)

电对(氧化态/还原态)	电极反应(氧化态$+ze^-\rightleftharpoons$还原态)	$E^{\ominus}$/V
Li^+/Li	$Li^+ + e^- \rightleftharpoons Li$	−3.04
K^+/K	$K^+ + e^- \rightleftharpoons K$	−2.93
Ba^{2+}/Ba	$Ba^{2+} + 2e^- \rightleftharpoons Ba$	−2.90
Ca^{2+}/Ca	$Ca^{2+} + 2e^- \rightleftharpoons Ca$	−2.76
Na^+/Na	$Na^+ + e^- \rightleftharpoons Na$	−2.71
Mg^{2+}/Mg	$Mg^{2+} + 2e^- \rightleftharpoons Mg$	−2.37
Al^{3+}/Al	$Al^{3+} + 3e^- \rightleftharpoons Al$	−1.662
Mn^{2+}/Mn	$Mn^{2+} + 2e^- \rightleftharpoons Mn$	−1.185
$H_2O/H_2(g)$	$2H_2O + 2e^- \rightleftharpoons H_2(g) + 2OH^-$	−0.827
Zn^{2+}/Zn	$Zn^{2+} + 2e^- \rightleftharpoons Zn$	−0.762
Cr^{3+}/Cr	$Cr^{3+} + 3e^- \rightleftharpoons Cr$	−0.74
Fe^{2+}/Fe	$Fe^{2+} + 2e^- \rightleftharpoons Fe$	−0.447
Cd^{2+}/Cd	$Cd^{2+} + 2e^- \rightleftharpoons Cd$	−0.403
Co^{2+}/Co	$Co^{2+} + 2e^- \rightleftharpoons Co$	−0.28
Ni^{2+}/Ni	$Ni^{2+} + 2e^- \rightleftharpoons Ni$	−0.257
Sn^{2+}/Sn	$Sn^{2+} + 2e^- \rightleftharpoons Sn$	−0.138
Pb^{2+}/Pb	$Pb^{2+} + 2e^- \rightleftharpoons Pb$	−0.126
$H^+/H_2(g)$	$2H^+ + 2e^- \rightleftharpoons H_2$	0.0000

续表

电对(氧化态/还原态)	电极反应(氧化态$+ze^-\rightleftharpoons$还原态)	$E^{\ominus}/V$
$S_4O_6^{2-}/S_2O_3^{2-}$	$S_4O_6^{2-}+2e^-\rightleftharpoons 2S_2O_3^{2-}$	+0.08
S/H_2S	$S(s)+2H^++2e^-\rightleftharpoons H_2S(aq)$	+0.142
Sn^{4+}/Sn^{2+}	$Sn^{4+}+2e^-\rightleftharpoons Sn^{2+}$	+0.151
Cu^{2+}/Cu^+	$Cu^{2+}+e^-\rightleftharpoons Cu^+$	+0.158
SO_4^{2-}/H_2SO_3	$SO_4^{2-}+4H^++2e^-\rightleftharpoons H_2SO_3+H_2O$	+0.172
$AgCl/Ag$	$AgCl(s)+e^-\rightleftharpoons Ag+Cl^-$	+0.222
Hg_2Cl_2/Hg	$Hg_2Cl_2(s)+2e^-\rightleftharpoons 2Hg(l)+2Cl^-$	+0.2681
Cu^{2+}/Cu	$Cu^{2+}+2e^-\rightleftharpoons Cu$	+0.3419
$O_2(g)/OH^-$	$O_2(g)+2H_2O(l)+4e^-\rightleftharpoons 4OH^-$	+0.401
H_3SO_3/S	$H_2SO_3+4H^++4e^-\rightleftharpoons S+3H_2O$	+0.45*
Cu^+/Cu	$Cu^++e^-\rightleftharpoons Cu$	+0.521
$I_2(s)/I^-$	$I_2(s)+2e^-\rightleftharpoons 2I^-$	+0.536
H_3AsO_4/H_3AsO_3	$H_3AsO_4+2H^++2e^-\rightleftharpoons H_3AsO_3+H_2O$	+0.56*
$MnO_4^-/MnO_2(s)$	$MnO_4^-+2H_2O+3e^-\rightleftharpoons MnO_2(s)+4OH^-$	+0.60*
$O_2(g)/H_2O_2$	$O_2(g)+2H^++2e^-\rightleftharpoons H_2O_2$	+0.695
Fe^{3+}/Fe^{2+}	$Fe^{3+}+e^-\rightleftharpoons Fe^{2+}$	+0.771
Hg_2^{2+}/Hg	$Hg_2^{2+}+2e^-\rightleftharpoons 2Hg$	+0.797
Hg_2^{2+}/Hg	$Hg_2^{2+}+2e^-\rightleftharpoons 2Hg$	+0.797
Ag^+/Ag	$Ag^++e^-\rightleftharpoons Ag$	+0.800
Hg^{2+}/Hg	$Hg^{2+}+2e^-\rightleftharpoons Hg$	+0.851
$NO_3^-/NO(g)$	$NO_3^-+4H^++3e^-\rightleftharpoons NO(g)+2H_2O$	+0.957
$HNO_2^-/NO(g)$	$HNO_2^-+H^++e^-\rightleftharpoons NO(g)+H_2O$	+0.983
$Br_2(l)/Br^-$	$Br_2(l)+2e^-\rightleftharpoons 2Br^-$	+1.066
$MnO_2(s)/Mn^{2+}$	$MnO_2(s)+4H^++2e^-\rightleftharpoons Mn^{2+}+2H_2O$	+1.224
$O_2(g)/H_2O$	$O_2(g)+4H^++4e^-\rightleftharpoons 2H_2O$	+1.229
$Cr_2O_7^{2-}/Cr^{3+}$	$Cr_2O_7^{2-}+14H^++6e^-\rightleftharpoons 2Cr^{3+}+7H_2O$	+1.232
$Cl_2(g)/Cl^-$	$Cl_2(g)+2e^-\rightleftharpoons 2Cl^-$	+1.358
$PbO_2(s)/Pb^{2+}$	$PbO_2(s)+4H^++2e^-\rightleftharpoons Pb^{2+}+2H_2O$	+1.46*
$ClO_3^-/Cl_2(g)$	$ClO_3^-+12H^++10e^-\rightleftharpoons Cl_2(g)+6H_2O$	+1.47*
MnO_4^-/Mn^{2+}	$MnO_4^-+8H^++5e^-\rightleftharpoons Mn^{2+}+4H_2O$	+1.507
$HOCl/Cl_2(g)$	$2HOCl+2H^++2e^-\rightleftharpoons Cl_2(g)+2H_2O$	+1.63*
Au^+/Au	$Au^++e^-\rightleftharpoons Au$	+1.68
H_2O_2/H_2O	$H_2O_2+2H^++2e^-\rightleftharpoons 2H_2O$	+1.776
Co^{3+}/Co^{2+}	$Co^{3+}+e^-\rightleftharpoons Co^{2+}$	+1.808
$S_2O_8^{2-}/SO_4^{2-}$	$S_2O_8^{2-}+2e^-\rightleftharpoons 2S_2O_8^{2-}$	+2.010
$F_2(g)/F^-$	$F_2(g)+2e^-\rightleftharpoons 2F^-$	+2.866

注：标有＊的数据取自［澳］艾尔泛德和芬德利著《SI 化学数据表》，周宁怀译，高等教育出版社，1987 年。其余数据取自 D. RLide 著《CRC Handbook of Chemistry and Physics》，第 71 版，1990—1991。

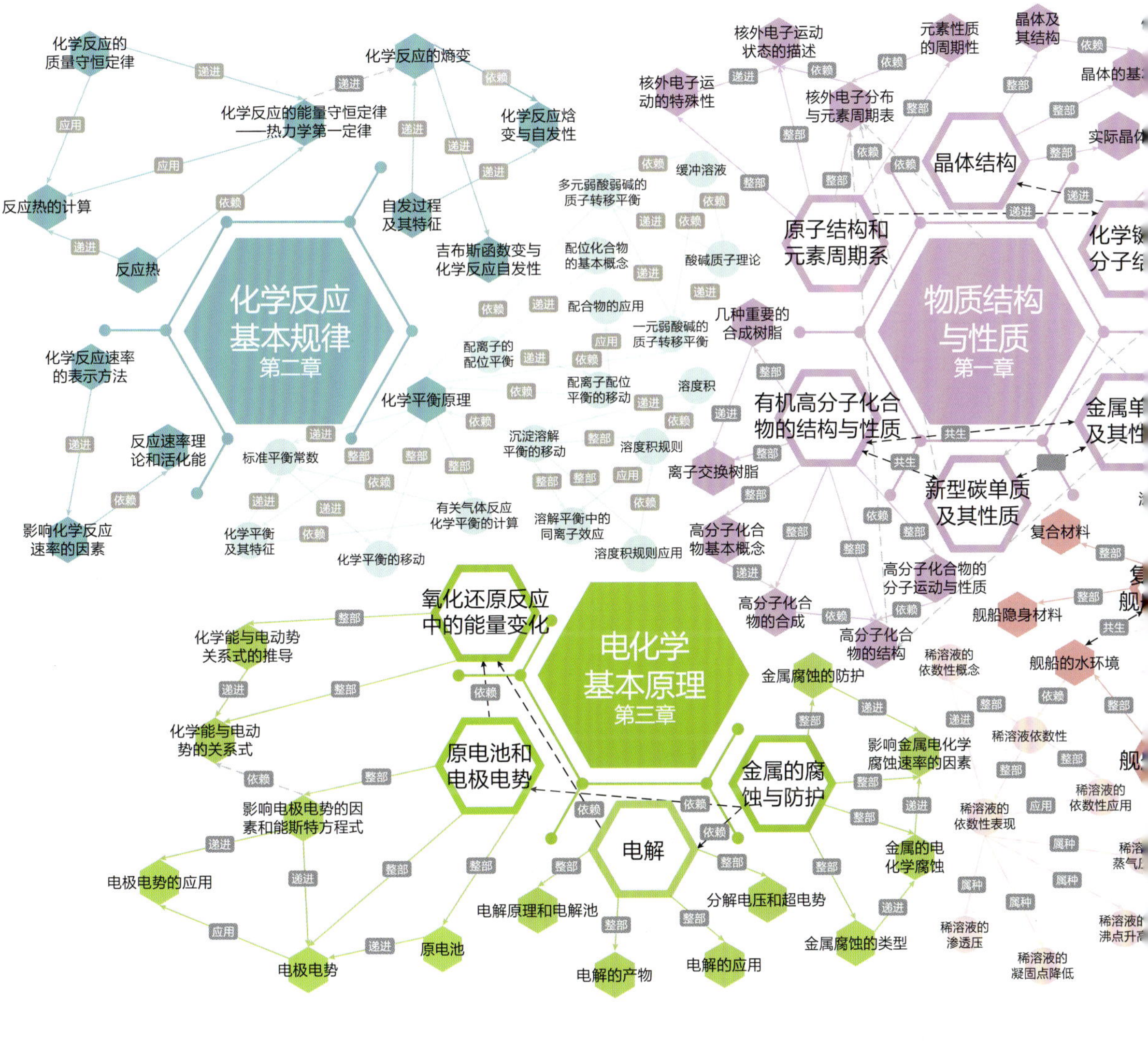

化学反应基本规律
第二章
化学反应的质量守恒定律
化学反应的熵变
化学反应的能量守恒定律——热力学第一定律
化学反应焓变与自发性
反应热的计算
自发过程及其特征
吉布斯函数变与化学反应自发性
反应热
化学反应速率的表示方法
反应速率理论和活化能
影响化学反应速率的因素
化学平衡原理
标准平衡常数
化学平衡及其特征
化学平衡的移动
有关气体反应化学平衡的计算
多元弱酸弱碱的质子转移平衡
缓冲溶液
配位化合物的基本概念
酸碱质子理论
配合物的应用
一元弱酸碱的质子转移平衡
配离子的配位平衡
配离子配位平衡的移动
溶度积
沉淀溶解平衡的移动
溶度积规则
溶解平衡中的同离子效应
溶度积规则应用
物质结构与性质
第一章
核外电子运动状态的描述
元素性质的周期性
晶体及其结构
核外电子运动的特殊性
核外电子分布与元素周期表
晶体结构
原子结构和元素周期系
化学键
几种重要的合成树脂
有机高分子化合物的结构与性质
金属单质及其性质
离子交换树脂
新型碳单质及其性质
高分子化合物基本概念
高分子化合物的分子运动与性质
高分子化合物的合成
高分子化合物的结构
复合材料
舰船隐身材料
舰船的水环境
稀溶液的依数性概念
稀溶液依数性
稀溶液的依数性表现
稀溶液的依数性应用
稀溶液的渗透压
稀溶液的凝固点降低
电化学基本原理
第三章
氧化还原反应中的能量变化
化学能与电动势关系式的推导
化学能与电动势的关系式
原电池和电极电势
影响电极电势的因素和能斯特方程式
电极电势的应用
电极电势
原电池
电解
电解原理和电解池
电解的产物
电解的应用
分解电压和超电势
金属的腐蚀与防护
金属腐蚀的防护
影响金属电化学腐蚀速率的因素
金属的电化学腐蚀
金属腐蚀的类型

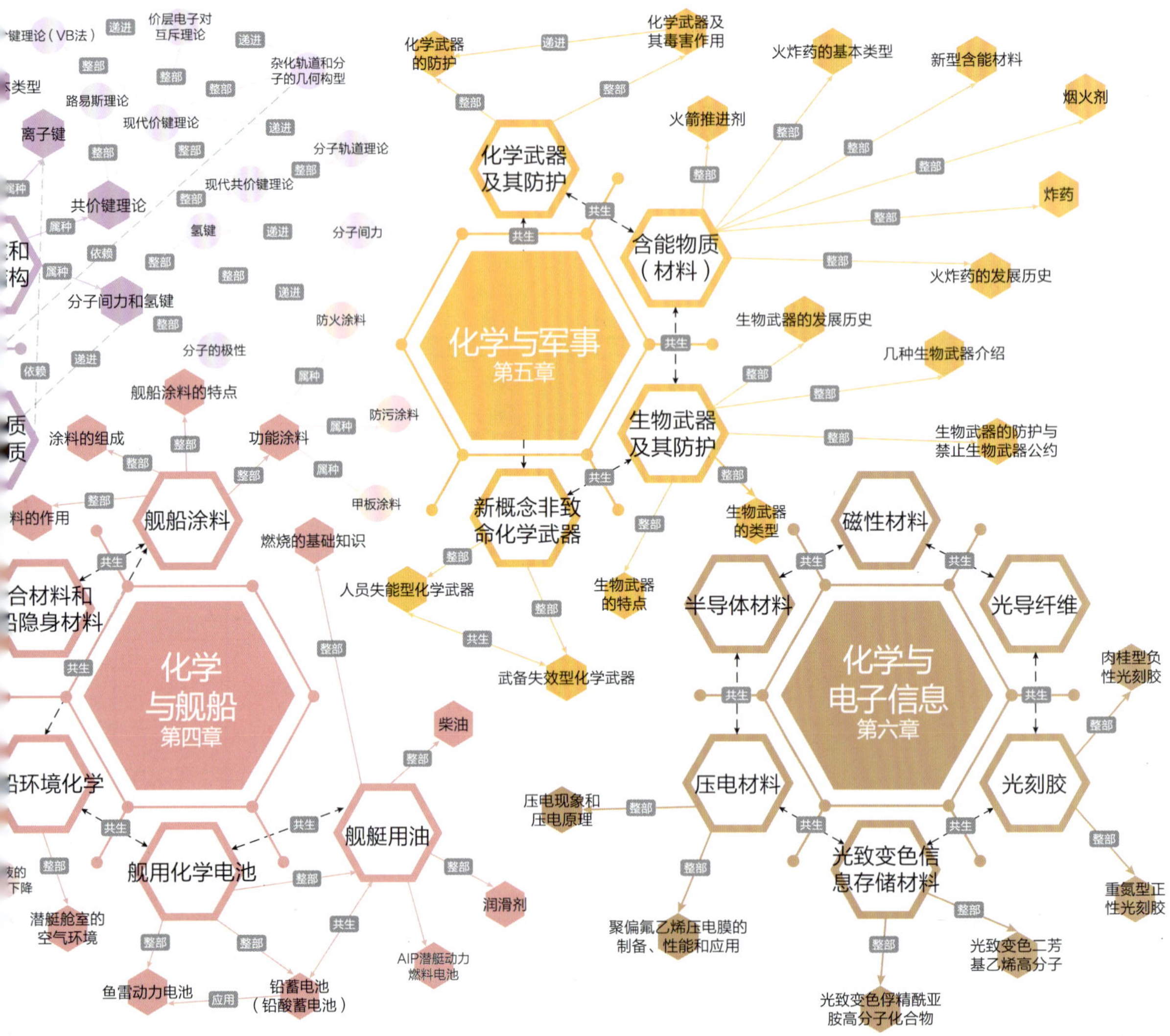

化学与军事
第五章
化学武器及其防护
含能物质（材料）
生物武器及其防护
新概念非致命化学武器
化学武器的防护
化学武器及其毒害作用
火炸药的基本类型
新型含能材料
烟火剂
炸药
火箭推进剂
火炸药的发展历史
生物武器的发展历史
几种生物武器介绍
生物武器的防护与禁止生物武器公约
生物武器的类型
生物武器的特点
人员失能型化学武器
武备失效型化学武器
化学与电子信息
第六章
磁性材料
半导体材料
光导纤维
压电材料
光刻胶
光致变色信息存储材料
肉桂型负性光刻胶
重氮型正性光刻胶
压电现象和压电原理
聚偏氟乙烯压电膜的制备、性能和应用
光致变色二芳基乙烯高分子
光致变色俘精酰亚胺高分子化合物
化学与舰船
第四章
舰船涂料
舰用化学电池
舰艇用油
柴油
润滑剂
AIP潜艇动力燃料电池
铅蓄电池（铅酸蓄电池）
鱼雷动力电池
潜艇舱室的空气环境
燃烧的基础知识
舰船涂料的特点
涂料的组成
功能涂料
防火涂料
防污涂料
甲板涂料
分子的极性
分子间力
分子间力和氢键
氢键
共价键理论
现代共价键理论
现代价键理论
分子轨道理论
杂化轨道和分子的几何构型
价层电子对互斥理论
路易斯理论
离子键
共生
整部
递进
属种
依赖
应用